浙江省普通高校“十三五”新形态教材辅导用书

有机化学学习指导

主　编　朱仙弟　蒋华江

副主编　金正能　吴家守　郭海昌　陈定奔　王传峰　郝飞跃

ZHEJIANG UNIVERSITY PRESS

浙江大学出版社

内容简介

本书共21章，外加综合训练。每章内容基本包括知识点与要求、化学性质与制备、重难点知识概要、典型例题、巩固提高五部分。综合训练为动态编写，通过二维码扫码获取，内容包括学业自测题和考研测试题两类。本书与国内同类教学辅导用书相比，具有目标要求明确、知识归纳简明扼要、重难点知识讲解透彻、精选例题与习题、注重解题思路与技巧分析等优点，使读者不但知其然，更能知其所以然。

本书是浙江省普通高校“十三五”新形态教材《有机化学》配套教学辅导用书，适合应用型本科院校化学、化工、制药、材料等专业学生学习及报考理工科研究生的学生备考使用，也可供有机化学教师参考。

图书在版编目（CIP）数据

有机化学学习指导／朱仙弟，蒋华江主编．—杭州：浙江大学出版社，2021.9(2025.1重印)

ISBN 978-7-308-21510-7

Ⅰ.①有… Ⅱ.①朱… ②蒋… Ⅲ.①有机化学—高等学校—教学参考资料 Ⅳ.①062

中国版本图书馆CIP数据核字(2021)第121368号

有机化学学习指导

朱仙弟　蒋华江　主编

责任编辑　季　峥(really@zju.edu.cn)

封面设计　春天书装

出版发行　浙江大学出版社

(杭州市天目山路148号　邮政编码310007)

(网址：http://www.zjupress.com)

排　　版　杭州青翊图文设计有限公司

印　　刷　杭州高腾印务有限公司

开　　本　787mm×1092mm　1/16

印　　张　17

字　　数　441千

版 印 次　2021年9月第1版　2025年1月第4次印刷

书　　号　ISBN 978-7-308-21510-7

定　　价　58.00元

前　　言

近几年，笔者有幸参加了多次学生和老师的期中、期末教学座谈会，每次会议虽然参加的人员不尽相同，但所反映的问题却是相同的。这些问题主要表现在以下方面。学生方面：教师都用PPT上课，不仅课堂知识容量大，而且教学进度相当快；课后分不清哪些是重点、难点，要完成课后的习题存在着很大的困难；除了上课外，很难见到老师，谈不上辅导与答疑；平时不主动预习、复习，也不阅读老师推荐的辅导书，临近考试时要求老师划重点、给资料，考试只求及格、不求优良；等等。教师方面：课时一压再压，而教学要求并未降低，上课时只能赶进度及放弃一些章节的讲解；学校对教师的考核注重科研，教师不愿将过多的精力放在教学上，更不会主动关心学生的学习情况；地方性本科院校的大部分学生的学习自觉性和主动性差，为了不让学生考试成绩太差，大多数教师会在考前给学生划重点、发资料、降低考试要求；等等。

有机化学是化学及其相关专业的一门重要的必修基础课程，也是众多高等院校研究生入学考试的必考科目。为了帮助学生对课本知识能进行有效的复习、巩固、补充与提高，灵活运用所学知识分析与解决问题，进而激发钻研有机化学的兴趣，提升化学修养，笔者参考了国内多种辅导用书，并结合自己多年的教学实践和地方性本科院校学生学习的实情，编写了本书。

本书按常规有机化学教材的体系编写，共21章，特点如下。

知识点与要求——以“了解、掌握、理解”三个能力层次，概括了本章的知识点与要求，便于学生明确学习各知识时应达到的目标。

化学性质与制备——以架构图形式给出各类化合物的化学性质和制备方法，力求复杂问题简单化、抽象问题直观化，简明扼要，便于学习与记忆。

重难点知识概要——结合多年教学经验，用简练流畅、通俗易懂的语言对本章的重点、难点及学生的困惑进行分析、总结、归纳，有利于学生自学、复习、巩固、提高和备考。

典型例题——精心挑选涵盖重点、难点知识，且具有一定难度的习题作为例题，通过详细的思路分析、实用的解题技巧、规范的解题步骤讲解，启发学生思维，以提高学生的解题能力。

巩固提高——精选以重点知识和综合应用为主的习题，让学生有更多的提升，为考研做准备。习题详细的解题分析与答案通过二维码扫码方式获取。

此外，为了便于读者检验自己的学习情况，特增加综合训练部分。该部分包括**学业自测题**和**考研测试题**两类模拟试题(以二维码扫码方式获取)。

为了让读者更好地使用本书，教学团队借助浙江省高等学校在线开放课程共享平台(https://www.zjooc.org.cn)构建了有机化学 MOOC 省级精品课程。读者可以登录该网站，加入课程，获取相关章节中的知识点视频、文本、测验等内容进行个性化学习，也可以在其中探讨学习中遇到的问题、交流学习信息与学习资源等。

蒋华江负责本书的策划、编排、1～4 章和学业自测题的编写，朱仙弟负责5～7 章、考研自测题的编写和全书的统稿，金正能编写 8～10 章，吴家守编写 11～13 章，郭海昌编写 14～16 章，陈定奔编写 17～19 章，郝飞跃编写 20～21 章，王传峰、姚武冰和沈阳负责全书的校对。此外，吴劼、金燕仙、叶盛青、高凯在本书编写过程中提出了宝贵的建议，在此向他们表示衷心的感谢!

鉴于笔者水平有限，书中难免存在不妥、错误之处，敬请各位同仁和读者批评指正。

编者

2021 年 2 月

目　　录

第1章 绪 论

一、知识点与要求

- ✧ 了解有机化学与有机化合物的含义。
- ✧ 了解有机化合物的特点。
- ✧ 熟悉共价键的本质和键参数、诱导效应概念。
- ✧ 掌握共价键的断裂方法与有机化学反应类型，熟悉自由基、碳正离子和碳负离子概念。
- ✧ 理解有机化学中的酸碱概念。
- ✧ 掌握有机化合物的结构式、结构简式和键线式的写法。

二、重难点知识概要

1. 同分异构体

分子式相同而结构和性质不同的化合物，称为同分异构体。同分异构现象在有机化学中极其普遍又非常重要，是有机化合物（简称有机物）数量庞大的原因之一。有机化合物同分异构分为构造异构和立体异构两大类。其中，构造异构包括碳架异构、位置异构、官能团异构和互变异构；立体异构是指构造相同、原子或基团在空间的排列不同而产生不同的异构体，包括构象异构和构型异构，而构型异构又有顺反异构和对映异构两类。

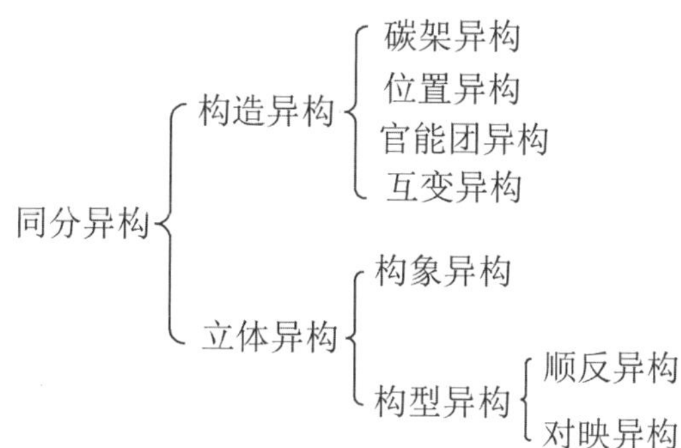

2. 诱导效应

诱导效应是分子中原子或基团的电负性不同而引起成键电子云沿着分子链向某一方向偏移的现象，用 I 表示。如：

$$\overset{\delta\delta\delta^+}{—C_3}\rightarrow\overset{\delta\delta^+}{C_2}\rightarrow\overset{\delta^+}{C_1}\rightarrow\overset{\delta^-}{Br}$$

诱导效应是一种永久的电子效应，沿着分子链传递时很快减弱，一般在传递到第三个碳原子后就可以忽略不计。

比较原子或基团的诱导效应时常以氢原子为标准。如果原子或基团的吸电子能力大于氢原子，那么该原子或基团引起的是吸电子诱导效应(－I)，表示为→A。如：

$$CH_3 \rightarrow CH_2 \rightarrow OH$$

—OH的-I

电负性越大，吸电子诱导效应就越强，如：

$$—F > —Cl > —Br > —I \qquad —NO_2 > —COOH$$

如果基团的吸电子能力小于氢原子，那么该基团引起的是给电子诱导效应(＋I)，表示为A→。如：

$$H_2C=CH \leftarrow CH_3$$

$—CH_3$ 的+I

产生给电子诱导效应的主要是烷基，给电子相对强度如下：

$$(CH_3)_3C— > (CH_3)_2CH— > CH_3CH_2— > CH_3—$$

3. 路易斯酸、碱与亲电、亲核试剂

路易斯酸碱理论是从电子对的给出与接受两方面来定义的。能够接受电子对的分子或离子称为路易斯酸，能够给出电子对的分子或离子称为路易斯碱。

亲电、亲核试剂可以从试剂中原子进攻带正、负电荷的方向来定义。能够进攻带负电荷或含富电子物质的试剂称为亲电试剂（“电”意为带负电），其本身是缺电子物质，如 H^+、AlF_3；能够进攻带正电荷或含缺电子物质的试剂称为亲核试剂（“核”意为带正电），其本身是富电子物质，如 OH^-、NH_3。

因此，缺电子的路易斯酸是亲电试剂，富电子的路易斯碱是亲核试剂。

4. 共价键断裂方式与反应类型

共价键是有机化合物分子中原子之间的主要结合形式，化学反应是旧键断裂成碎片，碎片结合成新键的过程。按照共价键的断裂和生成形式不同，通常把有机化学反应分为自由基反应、离子型反应和协同反应。

(1)自由基反应

共价键断裂时，成键电子对平均分配给两个原子的断裂方式称为均裂。如：

$$Cl:Cl \longrightarrow Cl\cdot + Cl\cdot$$

$$H_3C:H \longrightarrow H_3C\cdot + H\cdot$$

甲基

用鱼勾箭头“⌒”表示单个电子的转移方向。均裂产生的带有单个电子的原子或基团称为自由基，自由基为活性中间体，容易与其他分子继续反应，这种以自由基为活性中间体的反应称为自由基反应。光照、高温或自由基引发剂均能促使这类反应发生。

(2)离子型反应

共价键断裂时，成键电子对归一个原子所有的断裂方式称为异裂。如：

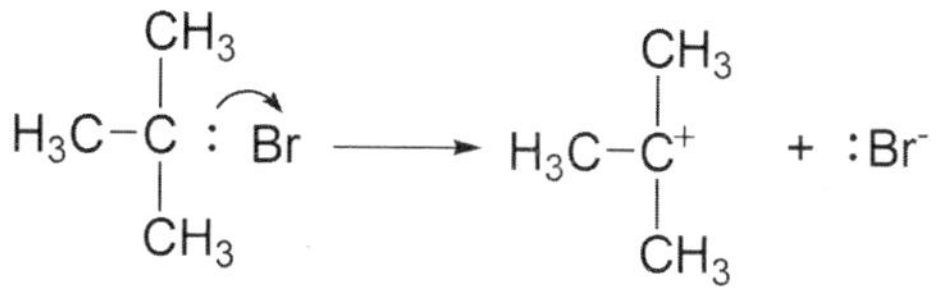

$$(CH_3)_3C : Br \longrightarrow (CH_3)_3C^+ + :Br^-$$

碳正离子

$$NH_2^- + H : C\equiv C\text{-}CH_3 \longrightarrow NH_3 + {}^-C\equiv C\text{-}CH_3$$

碳负离子

用弯箭头“⌒”表示一对电子的转移方向。异裂时，电负性较大的形成负离子，电负性较小的形成正离子。正、负离子也是活性中间体，容易继续发生反应。这种由共价键异裂产生的正离子或负离子参与的反应称为离子型反应。酸、碱或极性溶剂条件均能促使这类反应发生。

(3)协同反应

协同反应是指旧键断裂和新键形成同时进行，反应通常经过环状过渡态的一步完成的反应。如双烯合成反应中，原 π 键断裂和新 π 键及新 σ 键生成就是经过六元环状过渡协同一步完成的。

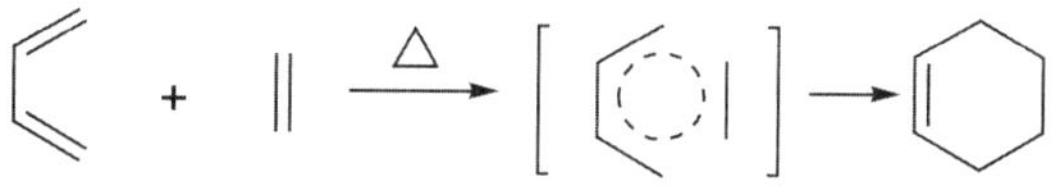

过渡态

协同反应只受光或热条件影响，而不受酸、碱或溶剂极性影响，反应过程中没有自由基或正、负离子中间体生成。

三、典型例题

例1 写出下列化合物的路易斯结构式和凯库勒结构式。

(1) CH_3Cl (2) CH_3CH_2OH (3) HNO_3 (4) H_2SO_4

[解析] 路易斯结构式即为电子式，用圆点表示分子中各原子之间成键及原子最外层的未成键电子的结构。书写时，除氢原子外，其他中性原子的外层电子结构应满足稳定的八隅体结构。凯库勒结构式的写法为：将路易斯结构式中各原子之间的成键电子用短线表示，而未成键的电子略去不写。

路易斯结构式如下：

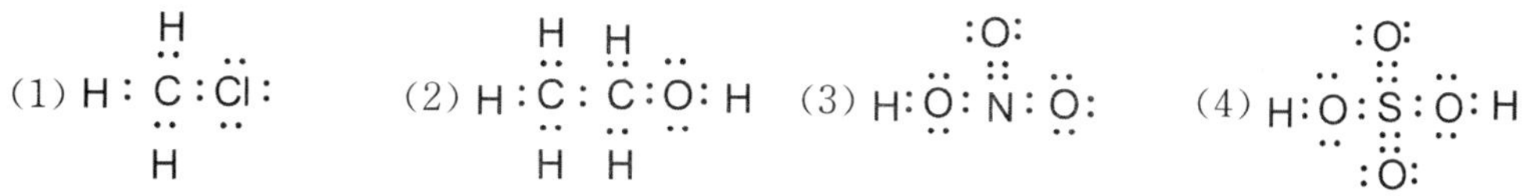

凯库勒结构式如下：

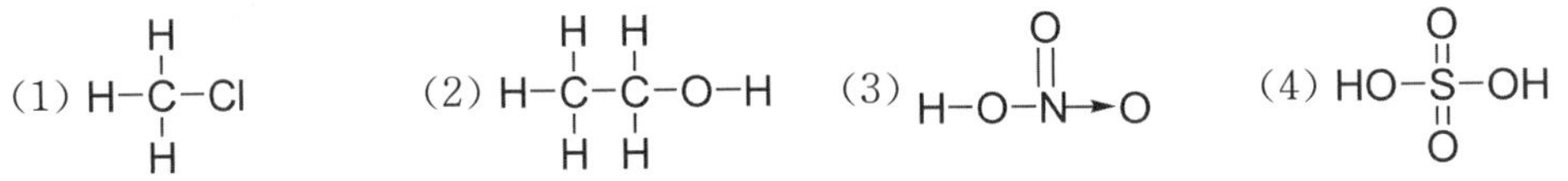

(1) $H-\overset{H}{\underset{H}{C}}-Cl$　(2) $H-\overset{H}{\underset{H}{C}}-\overset{H}{\underset{H}{C}}-O-H$　(3) $H-O-\overset{O}{\overset{\|}{N}}\rightarrow O$　(4) $HO-\overset{O}{\overset{\|}{\underset{\|}{\underset{O}{S}}}}-OH$

(硝酸中,→为氮原子提供一对电子的配位键)

例 2　下列化合物中,哪些是路易斯酸,哪些是路易斯碱,哪些既是路易斯酸又是路易斯碱?

(1) H^+　(2) CH_3NH_2　(3) $AlCl_3$　(4) H_3C^+

(5) $CH_3CH_2O^-$　(6) CH_3COOH　(7) CH_3NO_2　(8) CH_3OCH_3

[解析]　路易斯酸通常为正离子、缺电子的分子及分子中的强极性基团;路易斯碱通常为负离子及含有孤对电子的化合物。故:(1)、(3)、(4)、(7)为路易斯酸;(2)、(5)、(8)为路易斯碱;(6)乙酸中 COO—H 强极性,使 H 带较高的正电荷,可作为路易斯酸;同时,C═O 中 O 带较高的负电荷,又可作为路易斯碱。

例 3　已知水的 $pK_a=15.7$,乙炔的 $pK_a=25$。下列反应能否进行,为什么?

$$HC\equiv C-H + OH^- \longrightarrow HC\equiv C^- + H_2O$$

[解析]　pK_a 值小,表示该物质酸性强,故酸性为:$H_2O > HC\equiv CH$,相应共轭碱的碱性为:$OH^- < HC\equiv C^-$,酸碱反应方向是"两强"反应生成"两弱",所以,上述反应不能进行,其逆反应可以进行。

$$\underset{强碱}{HC\equiv C^-} + \underset{强酸}{H_2O} \longrightarrow \underset{弱酸}{HC\equiv C-H} + \underset{弱碱}{OH^-}$$

四、巩固提高

1. 写出下列化合物的路易斯结构式和凯库勒结构式。

(1) CH_3CH_2Br　(2) HCHO　(3) CH_3CN　(4) CH_3OCH_3

2. 按指定性质,排列次序。

(1)共价键极性从强到弱

A. H—C, H—F, H—N, H—O　　B. C—F, C—Br, C—O, C—N

(2)分子极性从强到弱

$H_2O, CCl_4, CH_3OCH_3, CH_3OH$

3. 写出分子中只有三个碳原子、含下列官能团的对应结构简式。

(1) 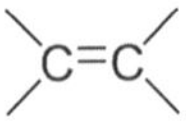 $>C=C<$　(2) —OH　(3) —O—　(4) —COOH

4. 写出下列共价键断裂的产物。

(1) $C_2H_5O—OC_2H_5$ 均裂　(2) $C_2H_5—H$ 均裂

(3) $CH_3CH_2—MgBr$ 异裂　(4) $(CH_3)_3C—Br$ 异裂

5. 将下列结构式改成键线式。

(1) 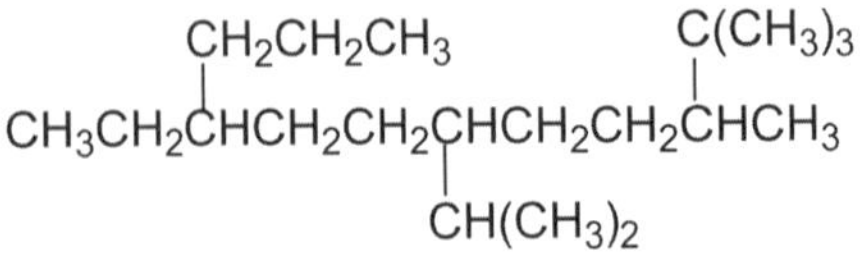 $CH_3CH_2\underset{}{\overset{CH_2CH_2CH_3}{C}}HCH_2CH_2\underset{CH(CH_3)_2}{C}HCH_2CH_2\overset{C(CH_3)_3}{C}HCH_3$　(2) $CH_3CH=CHCH_2CH_2C\equiv CCH_2CH_2CH_2OH$

(3) 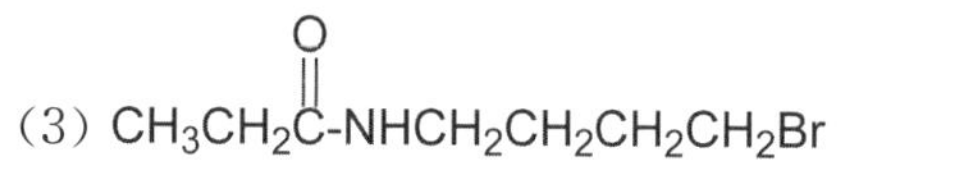

(4) CH_3CH_2—C(=CH—O—)...:

H
CH_3CH_2—C=C—C-CHO
HC—O

6. 将下列化合物按路易斯酸、路易斯碱加以分类。

(1) Ag^+ (2) $FeCl_3$ (3) NH_3

(4) H_2O (5) H_3C^- (6) CH_3OH

解析与答案

(1)

第2章 烷 烃

一、知识点与要求

- ✧ 了解烷烃碳的结构特点，碳和氢原子种类、同分异构体的类型。
- ✧ 掌握烷烃构象的透视式、纽曼投影式的写法，各构象的能量高低与稳定性的关系。
- ✧ 掌握烷烃的系统命名法，熟悉常见烷基的名称、结构和稳定性。
- ✧ 了解烷烃的结构与物理性质，如熔点、沸点与结构的关系。
- ✧ 了解烷烃燃烧焓与各异构体相对稳定性的关系。
- ✧ 掌握烷烃卤代反应的机理和特点，了解烷烃的制备方法。

二、化学性质与制备

1. 烷烃的化学性质

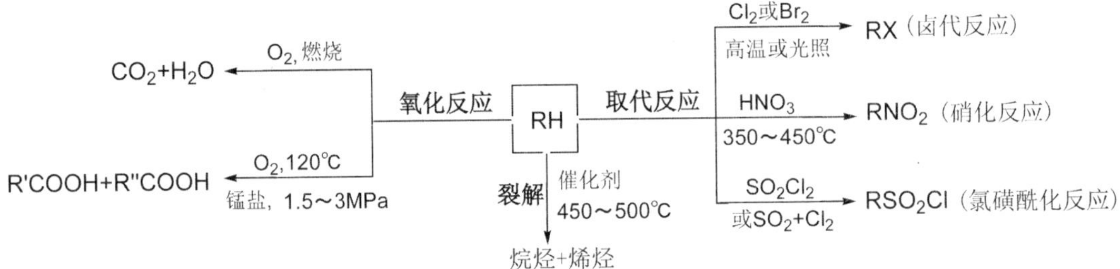

2. 烷烃的制备

(1)不饱和烃还原

$$C_nH_{2n}\ (\text{烯烃}) \xrightarrow[\text{Pt,Pd或Ni}]{H_2} C_nH_{2n+2}\ (\text{烷烃}) \xleftarrow[\text{Pt,Pd或Ni}]{H_2} C_nH_{2n-2}\ (\text{炔烃或二烯烃})$$

(2)卤代烷还原

$$RX \xrightarrow{Zn,H^+} RH$$

$$RX \xrightarrow{Na} R\text{-}R\ (\text{武慈反应})$$

$$RX \xrightarrow{Mg} RMgX\ (\text{格氏试剂}) \xrightarrow{H_2O} RH$$

$$RX \xrightarrow{Li} RLi\ (\text{烷基锂}) \xrightarrow{CuX} R_2CuLi\ (\text{二烷基铜锂})$$

$$R_2CuLi\ (\text{二烷基铜锂}) + R'X\ (\text{伯卤代烃}) \longrightarrow R\text{-}R'$$

三、重难点知识概要

1. 烷烃碳的结构与构象

(1)结构

烷烃碳原子都是 sp^3 杂化，C—C 和 C—H 均为 σ 键，键角接近 $109°28'$ 的四面体构型。由于 σ 键的键能较大，不易断裂，所以烷烃的化学性质稳定，在常温下，与强酸、强碱和强氧化剂均不发生反应。

(2)构象

由于 σ 键相对可以自由旋转而不发生断裂，从而使分子中原子或基团在空间形成不同的排列方式，即构象异构。烷烃有无数个构象异构体，各构象异构体之间能量差值很小，可以快速转变，所以无法分离出其中任一种构象异构体。如 1,2-二溴丁烷四种极端构象的透视式和纽曼(Newman)投影式如下：

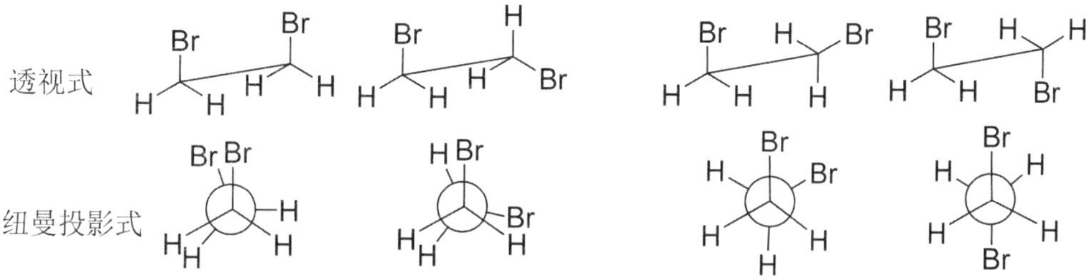

透视式

纽曼投影式

全重叠式构象　部分重叠式构象　邻位交叉式构象　对位交叉式构象

重叠式构象中，电子对之间距离近，排斥力大，能量高，不稳定，其中以大体积原子或基团最近的全重叠式构象能量最高，最不稳定；交叉式构象中，电子对之间距离远，排斥力小，能量低，较稳定，以大体积原子或基团最远的对位交叉式构象能量最低，稳定性最高。所以，1,2-二溴丁烷四种极端构象的稳定性高低顺序为：

对位交叉式构象>邻位交叉式构象>部分重叠式构象>全重叠式构象

应注意，若分子内能形成氢键的构象，则基团排斥力为次要判断依据。如：

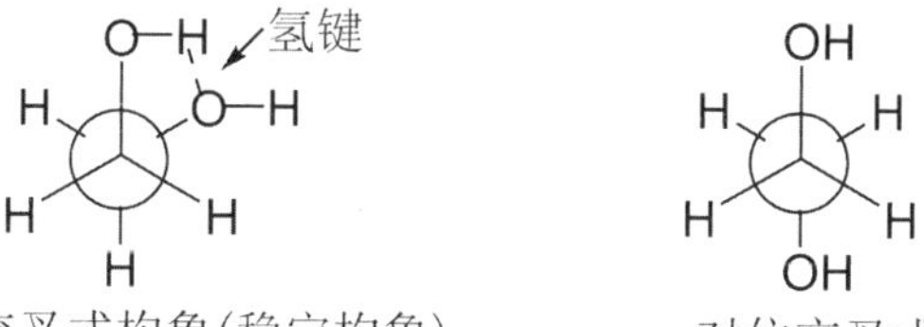

氢键

邻位交叉式构象(稳定构象)　对位交叉式构象

邻位交叉式构象中，因分子内形成氢键，能量较对位交叉式构象低，所以邻位交叉式构象为稳定构象。

2. 烷烃的命名

(1)选择主链

选择最长的碳链为主链；若最长的碳链有多条，则选择取代基多的碳链为主链。如：

$$
\begin{array}{c}
\qquad\qquad\qquad CH_3 \\
CH_3CH_2\underset{\displaystyle CH_3}{CH}CH_2CH\underset{\displaystyle \underset{\displaystyle CH_3}{CH\text{-}CH_3}}{CH}CH_2CH_3
\end{array}
$$

最长的 8 个碳原子链有 2 条，其中虚线碳链有 3 个取代基，实线碳链有 4 个取代基，应选取实线碳链为主链。

(2)主链编号

编号的原则为使每一个取代基的编号尽可能最小，即逐一比较两种编号方法，选取首先遇到取代基的一端开始编号。若首先遇到的取代基位次均相同，则应选择“次序规则”中，不优基团为小号的一端开始编号。如：

A. $\overset{1}{C}H_3\overset{2}{C}H_2\overset{3}{C}H(CH_3)\overset{4}{C}H(CH_2CH_3)\overset{5}{C}H_2\overset{6}{C}H(CH_3)\overset{7}{C}H_2\overset{8}{C}H_3$

B. $\overset{1}{C}H_3\overset{2}{C}H_2\overset{3}{C}H(CH_3)\overset{4}{C}H(CH_3)\overset{5}{C}H(CH_2CH_3)\overset{6}{C}H_2\overset{7}{C}H_3$

A 中从左、右端分别开始编号，甲基位次均为 3，乙基位次分别为 4 与 5，选取乙基位次小的左端开始编号。B 中从左、右端分别开始编号，取代基位次均为 3、4、5，相同，按照“次序规则”，乙基优于甲基，选择不优基团甲基为小号(3 号位)的左端开始编号。

(3)写支链

依“次序规则”，按照不优基团先列出的顺序从左到右写出支链的位置、数目和名称。如上述 A 的名称为 3,6-二甲基-4-乙基辛烷，B 的名称为 3,4-二甲基-5-乙基庚烷。

3. 烷基的结构和稳定性

(1)结构

烷烃去掉一个氢原子叫烷基。烷基碳原子是 sp^2 杂化，三个杂化轨道位于同一平面，以三角形的键角形成三个 σ 键，未成键自由基电子位于未杂化的 p 轨道上，且垂直于三个 σ 键所在的平面，如图 2-1 所示。

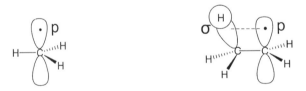

图 2-1　甲基的结构　　图 2-2　乙基的 σ-p 超共轭

(2)稳定性

因为未成键自由基电子具有强烈的获取电子配对的倾向，所以自由基是很活泼的基团。如果能增加自由基碳原子上的电子云密度，自由基的稳定性就增加。图 2-2 为乙基的结构，因 C—C 可自由旋转，会有一个 C—H 的 σ 键与未杂化的 p 轨道平行，导致 σ 键电子云与 p 轨道从侧面发生部分交盖(即 σ-p 超共轭)，使得自由基碳原子上的电子云密度增加，稳定性增大。σ-p 超共轭越多，自由基就越稳定，所以，烷基稳定性从高到低的顺序为：

$$R_3C\cdot > R_2CH\cdot > RCH_2\cdot > \cdot CH_3$$

4. 烷烃的物理性质和燃烧焓

(1)熔点

烷烃的熔点随着相对分子质量的增加而升高。直链烷烃中，每增加一个碳原子，偶数碳原子烷烃的熔点比奇数碳原子的升高得多，这是因为偶数碳链两端碳处于反式，奇数碳链两端碳处于顺式，分子对称性反式高于顺式。在相同碳原子数的异构体中，分子结构对称性好，熔点较高。

(2)沸点

烷烃的沸点随着相对分子质量的增加而有规律地升高；在相同碳原子数的异构体中，含支链越多，沸点越低；支链数相同时，分子对称性越好，沸点越高。

(3)燃烧焓

烷烃完全燃烧生成二氧化碳和水时，所放出的热量称为燃烧焓；燃烧焓数值越大，说明烷烃分子所含的能量越高，越不稳定。

5. 卤代反应机理及特点

$$CH_4 + Cl_2 \xrightarrow{h\nu\text{ 或 }\triangle} CH_3Cl + HCl$$

(1)反应机理

链引发：

$$Cl_2 \xrightarrow{h\nu} 2Cl\cdot$$

链增长：

$$CH_4 + Cl\cdot \longrightarrow \cdot CH_3 + HCl \text{（定速步骤）}$$

$$\cdot CH_3 + Cl_2 \longrightarrow CH_3Cl + Cl\cdot$$

链终止：

$$\cdot CH_3 + Cl\cdot \longrightarrow CH_3Cl$$

$$Cl\cdot + Cl\cdot \longrightarrow Cl_2$$

$$\cdot CH_3 + \cdot CH_3 \longrightarrow CH_3CH_3$$

(2)特点

①反应机理为共价键均裂的自由基型历程；

②中间体烷自由基的稳定性决定卤代反应的速度和反应的取向；

③烷自由基稳定性：$R_3C\cdot > R_2CH\cdot > RCH_2\cdot > \cdot CH_3$；

④烷烃中氢原子被卤素取代的活性：$3^\circ H > 2^\circ H > 1^\circ H > CH_3{-}H$；

⑤卤素反应活性：$F_2 > Cl_2 > Br_2 > I_2$；

⑥可发生多取代，生成多卤代烷。

四、典型例题

例 1 命名下列化合物。

(1) 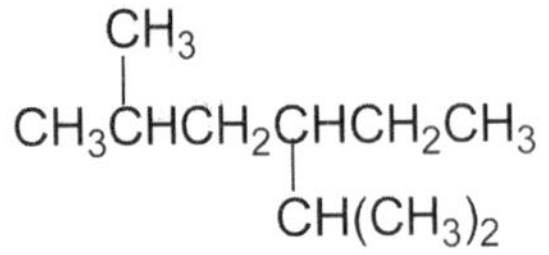 $\mathrm{CH_3CH(CH_3)CH_2CH(CH(CH_3)_2)CH_2CH_3}$

(2) $\mathrm{CH_3CH_2\text{-}CH(CH_3)\text{-}CH(C(CH_3)_3)\text{-}CH_2\text{-}CH(CH(CH_3)_2)CH(CH_2CH_3)_2}$

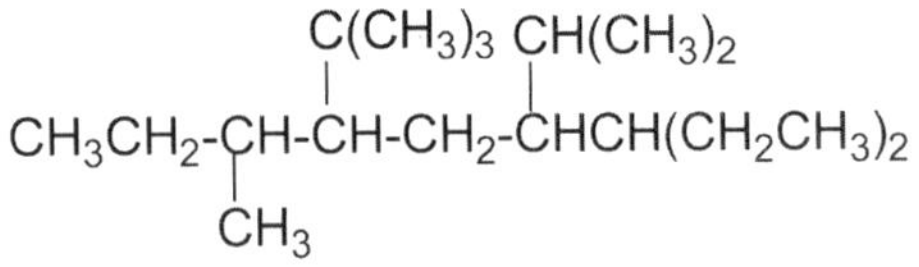

［解析］ (1)有 6 个碳原子的最长碳链有 2 条：一条只有甲基和异丙基 2 个取代基；另一条有 2 个甲基和 1 个乙基。选取代基多的为主链；从左、右端分别开始编号并比较，甲基均为 2 号，乙基分别为 4 号和 3 号，选择右端开始编号，根据取代基优先次序，名称为 2,5-二甲基-3-乙基己烷。

(2)有 9 个碳原子的最长碳链为壬烷，从左、右端分别开始编号并比较，对应甲基、乙基均为 3 号，叔丁基、异丙基均为 4 号，4 个基团优先次序为：叔丁基＞异丙基＞乙基＞甲基。选取不优基团甲基为小号的左端开始编号，名称为 3-甲基-7-乙基-6-异丙基-4-叔丁基壬烷。

例 2 已知：

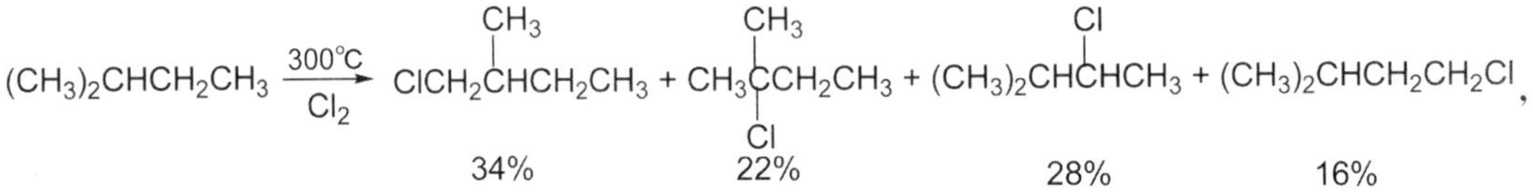

$$\mathrm{(CH_3)_2CHCH_2CH_3 \xrightarrow[Cl_2]{300℃} \underset{34\%}{ClCH_2CH(CH_3)CH_2CH_3} + \underset{22\%}{CH_3CCl(CH_3)CH_2CH_3} + \underset{28\%}{(CH_3)_2CHCHClCH_3} + \underset{16\%}{(CH_3)_2CHCH_2CH_2Cl}}$$，

推算该烃中伯、仲、叔氢原子被氯取代的活性比。

［解析］ 伯氢有 9 个，其氯代产物共有 34% + 16% = 50%；仲氢有 2 个，氯代产物占 28%；叔氢有 1 个，氯代产物占 22%。因此，氯代反应相应氢的活性比为：

$$1°\mathrm{H}:2°\mathrm{H}:3°\mathrm{H}=\frac{50\%}{9}:\frac{28\%}{2}:\frac{22\%}{1}\approx 1:2.5:4$$

例 3 按指定性质从高到低排列次序。

(1)熔点：A. 正戊烷；B. 异戊烷；C. 新戊烷。

(2)沸点：A. 3,3-二甲基戊烷；B. 正庚烷；C. 2-甲基庚烷；D. 正戊烷；E. 2-甲基己烷。

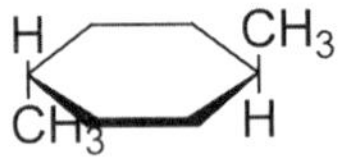

(3)自由基稳定性：A. 正丁基；B. 仲丁基；C. 叔丁基；D. 甲基。

(4)燃烧焓：A.（椅式环己烷，$\mathrm{CH_3}$、H / H、$\mathrm{CH_3}$）；B.（椅式环己烷，H、$\mathrm{CH_3}$ / $\mathrm{CH_3}$、H）；C.（椅式环己烷，H、H / $\mathrm{CH_3}$、$\mathrm{CH_3}$）。

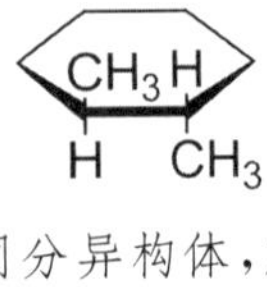

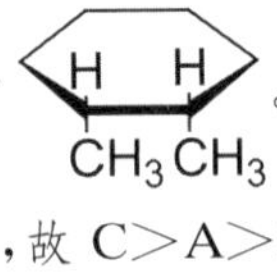

［解析］ (1)同分异构体，对称性越好，熔点越高，故 C＞A＞B。

(2)烷烃为非极性分子，沸点高低主要取决于相对分子质量大小；同分异构体支链少，沸点高，故 C＞B＞E＞A＞D。

(3)自由基稳定性为 σ-p 超共轭越多，自由基越稳定，故 C＞B＞A＞D。

(4)可以通过比较化合物稳定性来比较燃烧焓的大小，化合物越稳定，分子所含能量越低，燃烧焓数值越小。甲基为大体积基团，距离远，基团间斥力越小，越稳定，所以燃烧焓数值大小为 C＞A＞B，因燃烧焓为负值，故燃烧焓大小为 B＞A＞C。

例 4 甲烷和氯气的反应通常在光照或加热至 250℃ 时才能发生，但在无光照条件下，如加入少量(0.02%)的四乙基铅［$\mathrm{Pb(C_2H_5)_4}$］，则加热至 140℃ 就能顺利进行氯化反应，试用反应机理解释之。(提示:四乙基铅在加热时,易发生 Pb—C 键的均裂。)

[解析] 因为四乙基铅在加热时发生 Pb—C 键均裂,产生自由基,从而引发反应,机理如下:

链引发
$$Pb(C_2H_5)_4 \xrightarrow{\triangle} 4C_2H_5\cdot + Pb\cdot$$
$$\cdot C_2H_5 + Cl_2 \longrightarrow CH_3CH_2Cl + Cl\cdot$$

链增长
$$CH_4 + Cl\cdot \longrightarrow \cdot CH_3 + HCl$$
$$\cdot CH_3 + Cl_2 \longrightarrow CH_3Cl + Cl\cdot$$

……

五、巩固提高

1.用系统命名法命名下列化合物。

(1) $CH_3CH_2CH(CH(CH_3)_2)CH(CH_3)CH_2CH_3$

(2) $CH_3CH(CH_3)CH_2CH_2CH_2CH(CH_3)CH(CH_3)CH_2CH_3$

(3) $(CH_3CH_2)_2CHC(CH_3)_3$

(4)

(5)

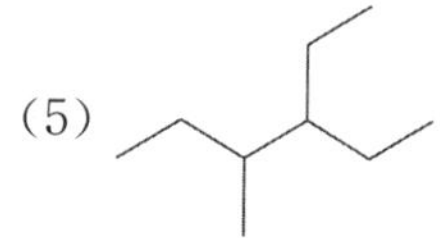

(6)

2.写出下列名称对应的结构简式。

(1)新戊基

(2)甲基乙基异丙基甲烷

(3)2-甲基-4-仲丁基-4-叔丁基辛烷

(4)4-丙基-5-异丁基癸烷

3.写出分子中只含有一个季碳原子、一个叔碳原子、一个仲碳原子与多个伯碳原子的最简单烷烃的可能结构,并用系统命名法命名。

4.用纽曼投影式表示 2,3-二甲基丁烷的各交叉式和重叠式构象异构体,并比较它们的稳定性。

5.在光照条件下,甲烷氯代反应按如下机理进行:

$$Cl_2 \xrightarrow{h\nu} 2Cl\cdot$$
$$CH_4 + Cl\cdot \longrightarrow \cdot CH_3 + HCl$$
$$\cdot CH_3 + Cl_2 \longrightarrow CH_3Cl + Cl\cdot$$

其中,链增长阶段为什么不按如下机理进行?

$$CH_4 + Cl\cdot \longrightarrow CH_3Cl + H\cdot$$
$$\cdot H + Cl_2 \longrightarrow HCl + Cl\cdot$$

6.有机过氧化物是一种常用的自由基引发剂，因为过氧键受热时易均裂为自由基，如叔丁基过氧化物均裂反应：

$$(CH_3)_3C\text{-}O\text{-}O\text{-}C(CH_3)_3 \xrightarrow{30℃} 2(CH_3)_3C\text{-}O\bullet$$

异丁烷和 CCl_4 的混合物在 130～140℃时十分稳定，但加入少量叔丁基过氧化物后就很快发生反应，主要产物是叔丁基氯和氯仿，同时也有少量的叔丁醇，其量相当于所加入的过氧化物量。试写出该反应链引发与链增长的机理。

7.假设烷烃溴化时，相应氢原子被溴代的活性比为伯氢：仲氢：叔氢＝1：80：1600。计算异戊烷溴化时得到的各一溴取代物的相对含量。

8.等物质的量的乙烷和新戊烷的混合物与少量氯气反应，得到的氯乙烷与新戊基氯的物质的量比为 1：2.3，试比较乙烷和新戊烷中伯氢的相对活性。

9.下列各对化合物是否相同？若不相同，则属于何种异构体？

(1)　　(2)

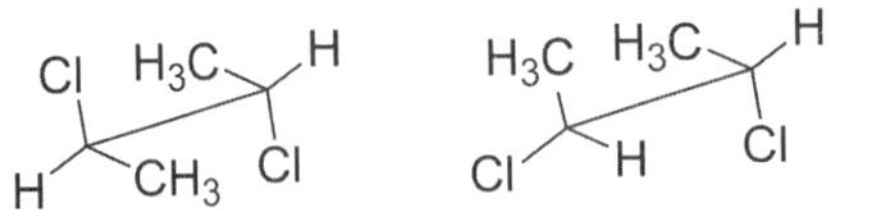

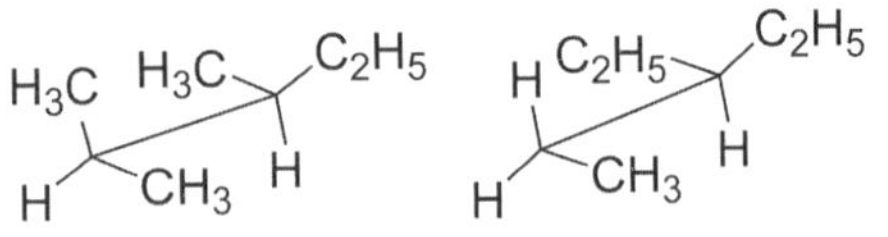

(3) 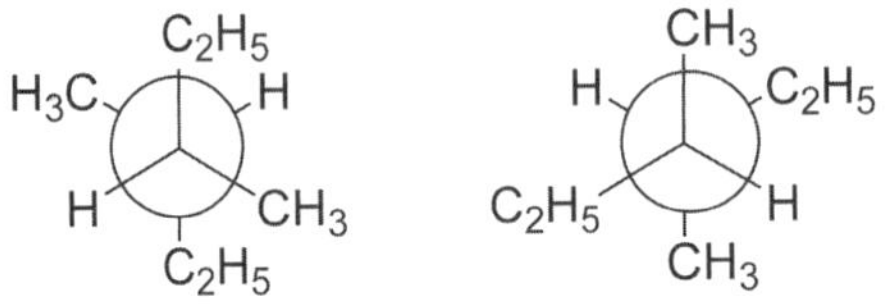　　(4)

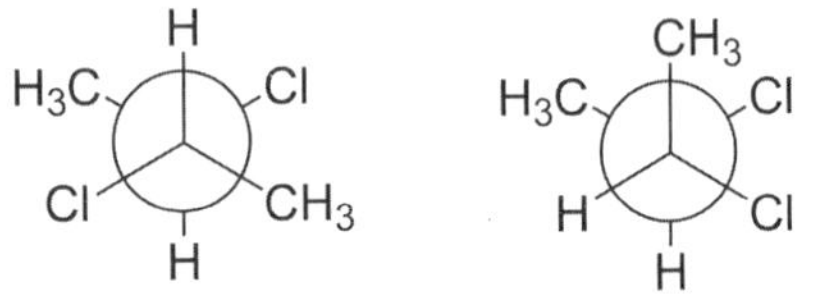

(5) 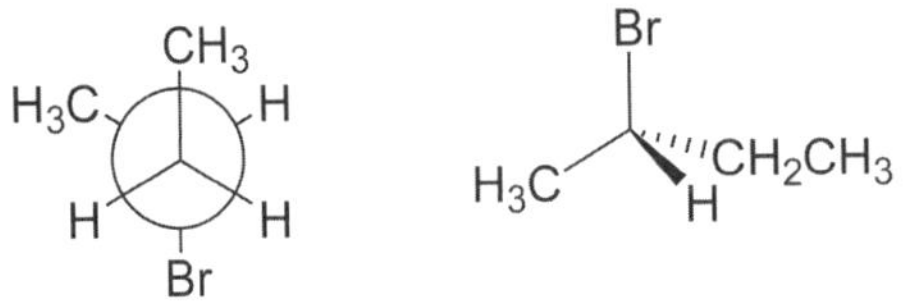　　(6)

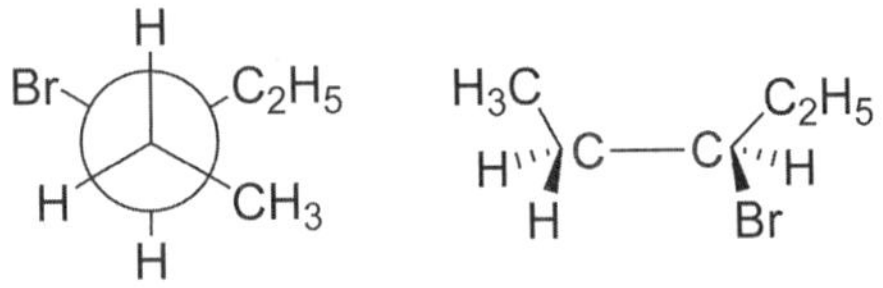

解析与答案

(2)

第3章　烯　烃

一、知识点与要求

✧ 了解烯烃的结构和物理性质，掌握烯烃及顺反异构体的命名方法。

✧ 了解烯烃催化氢化反应、氢化热与烯烃稳定性的关系。

✧ 熟悉烯烃的亲电加成反应，理解亲电加成反应机理，能用烃基的电子效应、碳正离子稳定性阐明不对称加成反应（马氏规则）的本质。

✧ 掌握烯烃加成的过氧化物效应和 α-H 的取代反应，理解自由基加成与取代反应机理。

✧ 掌握烯烃的氧化反应，了解烯烃的聚合反应。

✧ 掌握烯烃的制备方法。

二、化学性质与制备

1. 烯烃的化学性质

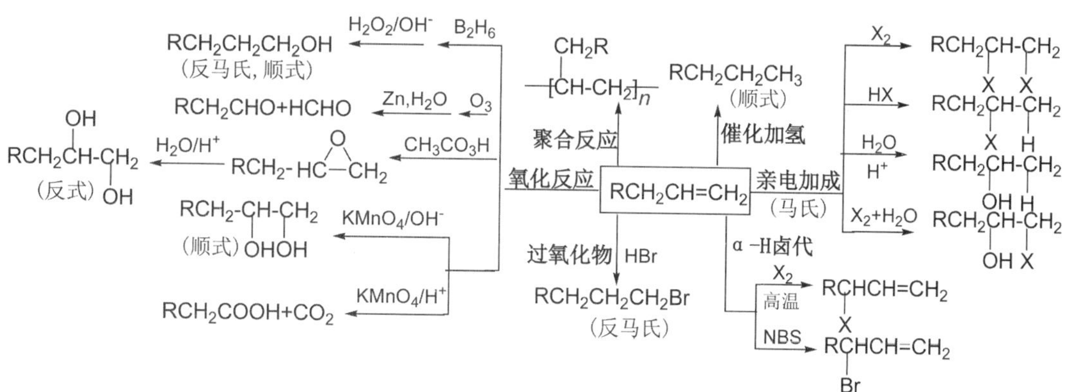

2. 烯烃的制备

(1)炔烃的还原

$$R\text{-}C\equiv C\text{-}R' \xrightarrow{Na,NH_3(液)} \underset{H}{\overset{R}{}}C=C\underset{R'}{\overset{H}{}} \ (反式)$$

$$R\text{-}C\equiv C\text{-}R' \xrightarrow[Pd\text{-}BaSO_4]{H_2} \underset{H}{\overset{R}{}}C=C\underset{H}{\overset{R'}{}} \ (顺式)$$

(2)卤代烃和醇的消去

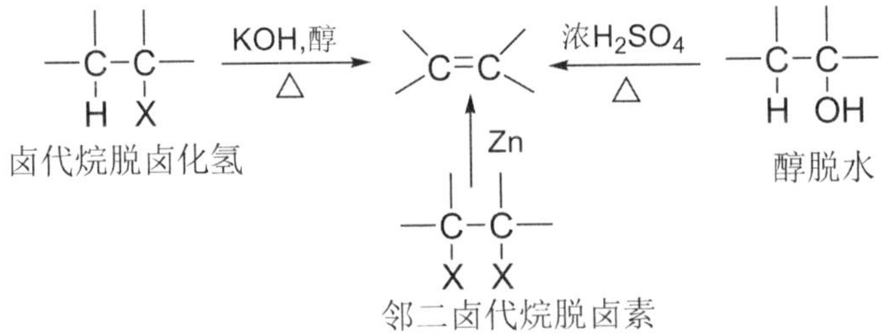

$$-\overset{|}{\underset{H}{C}}-\overset{|}{\underset{X}{C}}- \xrightarrow[\triangle]{KOH,醇} >C=C< \xleftarrow[\triangle]{浓H_2SO_4} -\overset{|}{\underset{H}{C}}-\overset{|}{\underset{OH}{C}}-$$

卤代烷脱卤化氢　　　　醇脱水

$$-\overset{|}{\underset{X}{C}}-\overset{|}{\underset{X}{C}}- \xrightarrow{Zn} >C=C<$$

邻二卤代烷脱卤素

三、重难点知识概要

1. 烯烃的结构与顺反异构

(1)结构

双键两个碳原子为 sp^2 杂化，碳碳双键中一个是以杂化轨道重叠形成的 σ 键，另一个是以未杂化的 p 轨道从侧面重叠形成的 π 键，由于 π 键电子云离碳原子核较远，所以 π 键是易受亲电试剂进攻的富电子键。

(2)顺反异构

双键为平面结构，且两个碳原子相对不能旋转，当双键两个碳原子上各自连有不同基团时，会产生顺反异构。命名时，按“次序规则”分别比较双键碳各自连接基团的优先顺序，如果两个较优基团在双键同一侧，命名为 *Z*-构型，在异侧命名为 *E*-构型。如：

$(H)(H_3C)C=C(CH_2CH_3)(CH_3)$

(*E*)-3-甲基-2-戊烯

(顺)-3-甲基-2-戊烯

$(Br)(H_3C)C=C(CH_2CH_3)(CH_3)$

(*Z*)-3-甲基-2-溴-2-戊烯

(顺)-3-甲基-2-溴-2-戊烯

注意：顺、反和 *Z*、*E* 是两种标记方法，两者没有一一对应关系。

2. 烯烃催化氢化

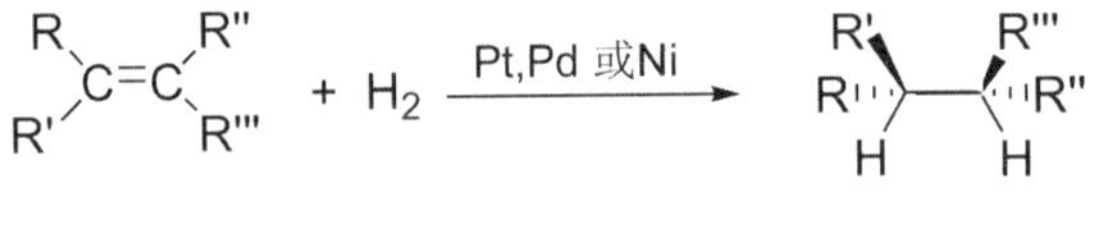

$$(R)(R')C=C(R'')(R''') + H_2 \xrightarrow{Pt,Pd或Ni} (R)(R')(H)C-C(H)(R''')(R'')$$

特点：

①两个氢原子从双键的同一侧进攻，即顺式加成。

②烯烃加氢为放热反应(氢化热)，双键碳原子上取代基越多，烯烃越稳定，氢化热数值也越小。

3. 亲电加成反应机理

(1)加卤素单质的机理

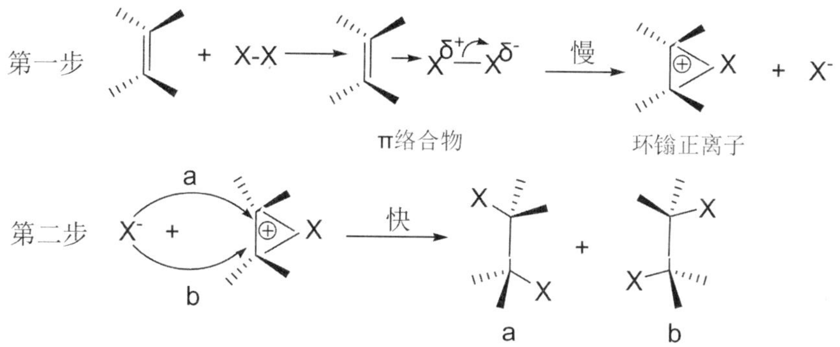

特点：

①第一步，生成中间体环鎓正离子为定速步骤。

②第二步，卤素负离子可从环鎓正离子背面分别进攻两个碳原子，得到两种反式构型的加成产物 a、b；若溶液中有其他亲核试剂，则会与卤素负离子竞争进攻环鎓正离子，生成副产物。

③卤素单质亲电加成反应活性为：$F_2 > Cl_2 > Br_2 > I_2$。

(2)加 E^+Z^- 的机理

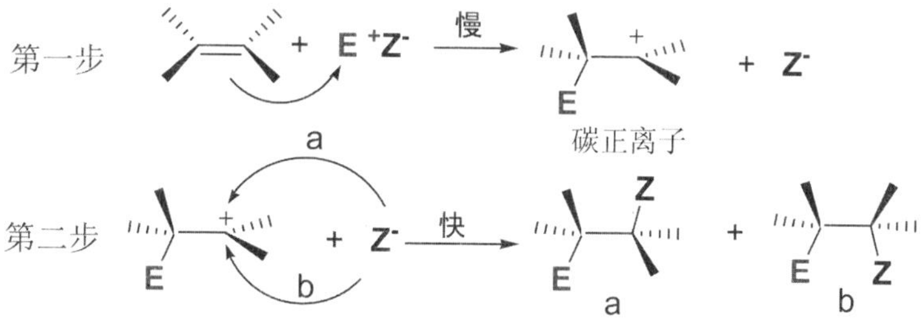

E^+Z^- = HX,HOH,XOH,$HOSO_3H$

特点：

①第一步，阳离子进攻双键碳原子，生成较稳定的碳正离子中间体，碳正离子稳定性为：$R_3C^+ > R_2CH^+ > RCH_2^+ > H_3C^+$。若得到伯或仲碳正离子，则可能与邻位碳上的氢原子或取代基发生重排，生成更稳定的碳正离子。

②第二步，阴离子可以从碳正离子平面的上、下方进攻，生成两种构型的反式加成产物 a、b。

③氢卤酸加成反应活性为：HI＞HBr＞HCl＞HF。

④烯烃加成反应活性为：$(CH_3)_2C=C(CH_3)_2 > (CH_3)_2C=CHCH_3 > (CH_3)_2C=CH_2 > CH_3CH=CH_2 > CH_2=CH_2$。

4. HBr 加成的过氧化物效应

$$RCH=CH_2 + HBr \xrightarrow{\text{过氧化物}} RCH_2CH_2Br$$

特点：

①过氧化物效应只限于与 HBr 加成，得到反马氏规则的产物。

②机理为自由基加成。

链引发 R-O-O-R $\xrightarrow{\triangle}$ 2R-O·

R-O· + HBr ⟶ ROH + Br·

链增长 Br· + $RCH=CH_2$ ⟶ $R\dot{C}H-CH_2Br$(2°自由基较1°自由基稳定)

$R\dot{C}H-CH_2Br$ + HBr ⟶ RCH_2CH_2Br + Br·

……

5. 烯烃硼氢化-氧化反应

$$RCH=CH_2 + (BH_3)_2 \longrightarrow (RCH_2CH_2)_3B \xrightarrow{H_2O_2,OH^-} R\text{-}\underset{H}{CH}\text{-}\underset{OH}{CH_2}$$

特点：

①硼原子加在含氢多的双键碳上，相当于得到反马氏规则的醇。

②产物醇中连接上的氢原子和羟基是从双键同一侧进攻加成的，即为顺式加成。

6. 氧化反应

(1)过氧酸氧化

1-甲基环己烯 $\xrightarrow{CH_3COOOH}$ 环氧化物 $\xrightarrow{H_3O^+}$ 反式邻二醇 + 反式邻二醇（对映体）

特点：生成邻二醇的两个羟基取于反式位置。

(2)冷 $KMnO_4$ 或 OsO_4 氧化

1-甲基环己烯 $\xrightarrow{OsO_4}$ 环状锇酸酯 $\xrightarrow{H_2O_2}$ 顺式邻二醇 + 顺式邻二醇（对映体）

1-甲基环己烯 $\xrightarrow{KMnO_4(冷、稀)}$ 环状锰酸酯 $\xrightarrow{H_2O/OH^-}$ 顺式邻二醇

特点：生成邻二醇的两个羟基取于顺式位置。

7. 碳正离子的结构和稳定性

(1)结构

碳正离子可看作是烷自由基失去未杂化 p 轨道上一个基电子所致，即碳为 sp^2 杂化，未杂化 p 轨道是空的，如图 3-1 所示。

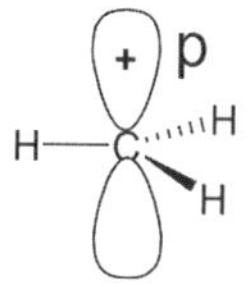

图 3-1 H_3C^+的结构

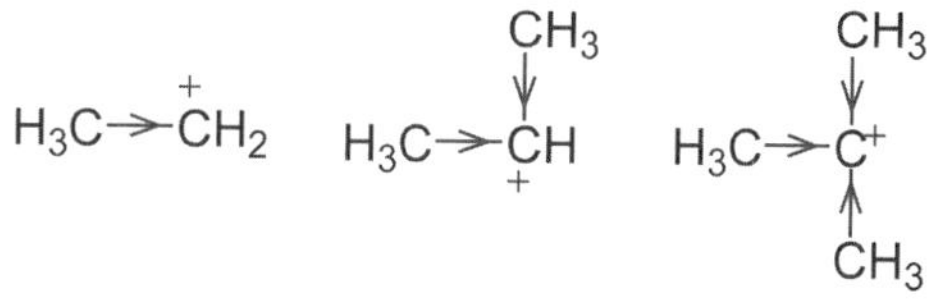

图 3-2 甲基的供电子诱导效应

(2)稳定性

碳原子上正电性越低,碳正离子越稳定。不同碳正离子稳定性高低可以用诱导效应或超共轭效应来解释。当与烷基连接时,因为 sp^3 杂化的烷基碳原子的 s 成分(占 1/4)小于 sp^2 杂化的碳正离子的 s 成分(占 1/3),所以烷基具有给电子性(轨道 s 成分越高,电负性越大),电子云向碳正离子方向偏移,从而使碳正离子的正电性降低趋于稳定,即发生供电子诱导效应(+I)(见图 3-2)。供电子基越多,碳正离子越稳定。

与烷自由基结构相似,C—H 的 σ 键与未杂化 p 空轨道相互平行,σ 键电子云与 p 轨道从侧面发生交盖,发生 σ-p 超共轭效应,使正电荷分散到整个共轭体系中,从而降低了碳原子的正电性,稳定性增加,如图 3-3 所示。σ-p 超共轭效应越多,稳定性越高。

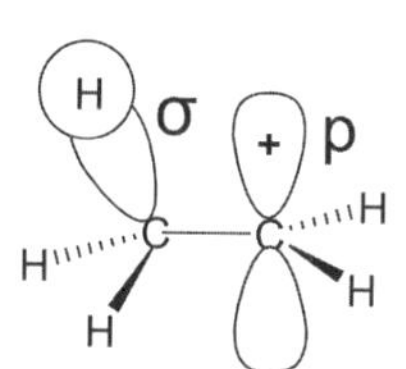

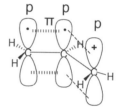

图 3-3 $CH_3CH_2^+$ 中 σ-p 超共轭

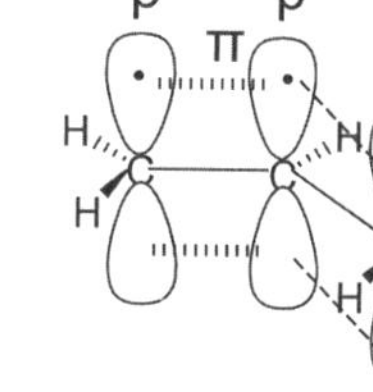

图 3-4 烯丙碳正离子中的 p-π 共轭

图 3-4 为烯丙碳正离子($CH_2=CH—CH_2^+$)结构,空的 p 轨道与 π 键从侧面交盖,形成了高度离域的大 π 键(三中心二电子键),即发生 p-π 共轭效应,使正电性高度分散而降低,稳定性显著提高。

综上所述,碳正离子稳定性次序为:

$$烯丙碳正离子 > R_3C^+ > R_2CH^+ > RCH_2^+ > H_3C^+$$

四、典型例题

例 1 完成下列反应,有立体结构的写出其构型。

(1) $Cl\text{-}CH=CH_2 + HBr \longrightarrow$

(2) $F_3C\text{-}CH=CH_2 + HCl \longrightarrow$

(3) 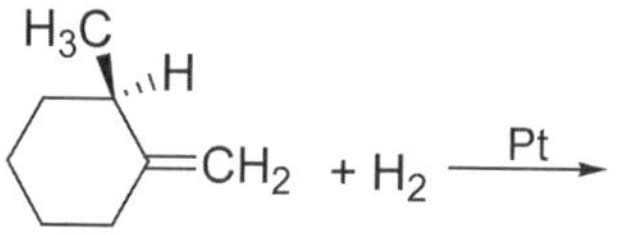 H_3C, H, $=CH_2 + H_2 \xrightarrow{Pt}$

(4) CH_3 $+ Br_2 \xrightarrow{CCl_4}$

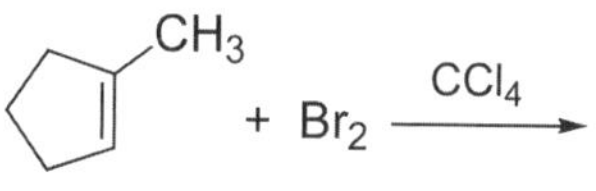

(5) 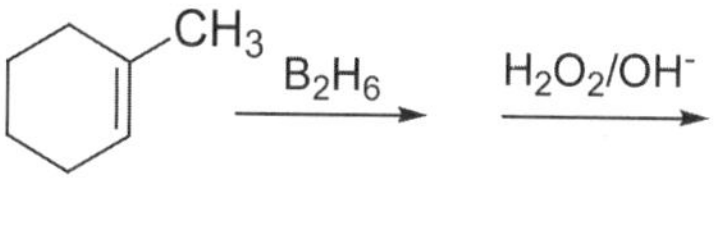 CH_3 $\xrightarrow{B_2H_6} \xrightarrow{H_2O_2/OH^-}$

(6) $H_3C-CH=CH-CH_3$（顺式）$\xrightarrow{KMnO_4/OH^-}$

$\xrightarrow{CH_3CO_3H/H_3O^+}$

(7) 1-甲基-1-溴-4-亚甲基环己烷 $=CH_2$ + HBr $\xrightarrow{R-O-O-R}$

$\longrightarrow$

(8) $(CH_3)_3CCH=CH_2$ + HOBr $\longrightarrow$

［解析］ (1)、(2)亲电加成反应的第一步是生成稳定的碳正离子，它们的碳正离子如下：

$\ddot{Cl}-CH=CH_2 \xrightarrow{H^+}$ $\ddot{Cl}-\overset{+}{C}H-CH_3$　p-p共轭，正电荷分散，稳定

$\ddot{Cl}-CH_2-\overset{+}{C}H_2$

$F_3C-CH=CH_2 \xrightarrow{H^+}$ $F_3C-CH_2-\overset{+}{C}H_2$

$F_3C-\overset{+}{C}H-CH_3$　CF_3是强吸电子基，直接与碳正离子相连，正电荷得不到分散，不稳定

所以，(1)、(2)主要产物如下：

$$Cl-CH=CH_2 + HBr \longrightarrow Cl-CHBr-CH_3$$

$$F_3C-CH=CH_2 + HCl \longrightarrow F_3C-CH_2-CH_2Cl$$

(3)催化加氢，发生的是顺式加成，两个氢原子从空间位阻较小的甲基背面同一侧进攻。

2-甲基-1-亚甲基环己烷 + H-H $\xrightarrow{Pt}$ 顺-1,2-二甲基环己烷

(4)与 Br_2 加成，首先生成环溴鎓正离子，然后 Br^- 从背面进攻环溴鎓正离子，得到反式加成产物。

1-甲基环戊烯 + Br_2 $\xrightarrow{CCl_4}$ 反-1,2-二溴-1-甲基环戊烷（两种对映体）

(5)硼氢化-氧化得到反马氏规则醇，且氢原子和羟基位于同一侧（顺式加成）。

1-甲基环己烯 $\xrightarrow{B_2H_6}$ $\xrightarrow{H_2O_2/OH^-}$ 反-2-甲基环己醇（两种对映体）

(6)碱性 $KMnO_4$ 氧化烯烃，两个羟基从双键同一侧与两个碳原子相连，得到顺式邻二醇；过氧化物氧化烯烃先生成环氧化合物，再水解，得到反式邻二醇。

$$H_3C-CH=CH-CH_3 \xrightarrow{KMnO_4/OH^-} \text{顺式邻二醇}$$

$$H_3C-CH=CH-CH_3 \xrightarrow{CH_3CO_3H/H_3O^+} \text{反式邻二醇（两种构型）}$$

(7)烯烃在过氧化物存在的条件下，与 HBr 反应是自由基加成，得到反马氏规则产物；在无过氧化物存在的条件下，与 HBr 反应是亲电加成，得到马氏规则产物。因为自由基碳和正离子碳均为同平面的 sp^2 杂化，所以下一步反应可以从平面的上、下方进攻，得到两种构型的产物。

1-溴-1-甲基-4-亚甲基环己烷 + HBr $\xrightarrow{R\text{-}O\text{-}O\text{-}R}$ 1-溴-1-甲基-4-(溴甲基)环己烷（两种构型）

1-溴-1-甲基-4-亚甲基环己烷 + HBr $\longrightarrow$ 1,4-二溴-1,4-二甲基环己烷（两种构型）

(8)烯烃与 HOBr 是亲电加成，生成仲碳正离子，与邻位甲基重排可转化为较稳定的叔碳正离子，所以得到马氏和重排后两种产物。

$$(CH_3)_3CCH=CH_2 + Br^+ \longrightarrow CH_3\text{-}C(CH_3)_2\text{-}\overset{+}{C}H\text{-}CH_2Br \xrightleftharpoons{\text{重排}} CH_3\text{-}\overset{+}{C}(CH_3)\text{-}CH(CH_3)\text{-}CH_2Br \ \text{叔碳正离子,较稳定}$$

$$CH_3\text{-}\overset{+}{C}H\ldots \xrightarrow{OH^-} CH_3\text{-}C(CH_3)_2\text{-}CH(OH)\text{-}CH_2Br$$

$$\ldots \xrightarrow{OH^-} CH_3\text{-}C(CH_3)(OH)\text{-}CH(CH_3)\text{-}CH_2Br$$

例 2　推测下列反应的机理。

(1) $CH_3\text{-}CH(CH_3)\text{-}CH=CH_2 + HCl \longrightarrow CH_3\text{-}C(CH_3)(Cl)\text{-}CH_2CH_3$

(2) 1-甲基-1-乙烯基环戊烷 $\xrightarrow{H^+}$ 1,2-二甲基环己烯

(3) $2\,(CH_3)_2C=CH_2 \xrightarrow{H^+} (CH_3)_3C\text{-}CH=C(CH_3)_2$

［解析］　(1)亲电试剂 H^+ 首先进攻双键碳形成仲碳正离子，与邻位氢原子重排后生成较稳定的叔碳正离子，然后与 Cl^- 结合生成产物。

$$CH_3\text{-}CH(CH_3)\text{-}CH{=}CH_2 + H^+ \longrightarrow CH_3\text{-}CH(CH_3)\text{-}\overset{+}{C}H\text{-}CH_3 \text{（仲碳正离子）} \xrightleftharpoons{\text{重排}} CH_3\text{-}\overset{+}{C}(CH_3)\text{-}CH_2\text{-}CH_3 \text{（叔碳正离子）} \xrightarrow{Cl^-} CH_3\text{-}CCl(CH_3)\text{-}CH_2CH_3$$

(2)与 H^+ 加成生成仲碳正离子，与邻位碳链可重排成较稳定的叔碳正离子，然后脱去一个邻位 H^+，生成较稳定的烯烃(双键上支链较多的烯烃)。

$$\text{1-甲基-1-乙烯基环戊烷} \xrightarrow{H^+} \text{仲碳正离子} \xrightleftharpoons{\text{重排}} \text{叔碳正离子} \xrightarrow{-H^+} \text{1,2-二甲基环己烯}$$

(3)与 H^+ 加成生成碳正离子，碳正离子作为亲电试剂进攻另一烯烃双键仲碳原子，生成叔碳正离子，然后脱去一个邻位 H^+，生成稳定的烯烃。

$$(CH_3)_2C{=}CH_2 \xrightarrow{H^+} CH_3\text{-}\overset{+}{C}(CH_3)_2 \xrightarrow{CH_2{=}C(CH_3)_2} CH_3\text{-}C(CH_3)_2\text{—}CH_2\overset{+}{C}(CH_3)_2 \xrightarrow{-H^+} (CH_3)_3C\text{-}CH{=}C(CH_3)_2$$

例 3 用指定原料合成下列化合物。

(1) $CH_3CH{=}CH_2 \longrightarrow CH_2ClCHClCH_2Cl$

(2) 甲基环己烷 ⟶ 2-甲基环己醇（立体构型如图：CH₃、H、H、OH）

［解析］ 有机合成是指以简单的有机物和无机物为原料，通过化学反应得到较复杂的有机物的过程。从原料到产物可能有多条路线，合理的设计路线应该具备以下条件：①原料易得且廉价；②主反应产率高，副反应少，反应条件缓和且容易控制；③设计路线短。设计方法有从反应物到产物的正推法、从产物到反应物的逆推法，还有正逆推相结合法。关键是熟悉各类有机物的化学性质及相互转化关系。

(1)产物要求每个碳原子上均连有一个氯原子，一个双键上可各加上一个氯原子，采用逆推法分析合成。

$$CH_2ClCHClCH_2Cl \xleftarrow{Cl_2/CCl_4} CH_2{=}CHCH_2Cl \xleftarrow[\text{高温}]{Cl_2} CH_2{=}CHCH_3$$

$$CH_2{=}CHCH_3 \xrightarrow{Cl_2/CCl_4} CH_2Cl\text{-}CHCl\text{-}CH_3 \xrightarrow[\text{(副反应太多,不好)}]{Cl_2,\text{光照}} CH_2ClCHClCH_2Cl$$

(2)目标产物为反马氏规则的醇，且羟基和氢在同一侧(顺式)，可用硼氢化-氧化反应，逆推法合成如下：

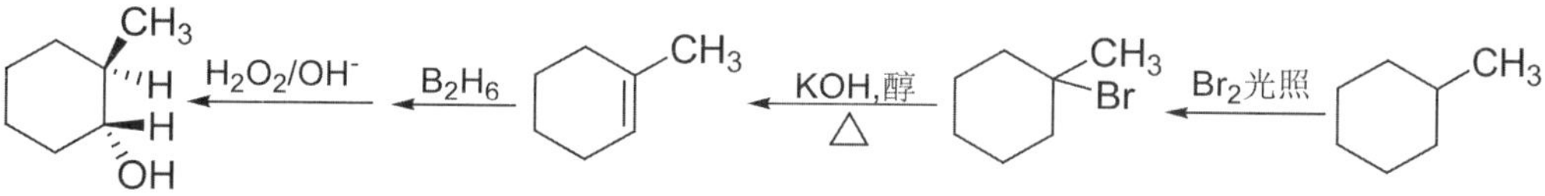

H_2O_2/OH^- B_2H_6 KOH,醇 △ Br_2光照

例4 化合物A的分子式为C_7H_{12}。它与高锰酸钾溶液共热，得到环己酮，A经浓硫酸加热处理，可得到相同分子式的化合物B。B与高锰酸钾溶液共热则得到$CH_3CO(CH_2)_4COOH$。B与溴水混合得C。C与氢氧化钠的醇溶液共热生成D。D经臭氧氧化还原生成$OHCCH_2CH_2CHO$和CH_3COCHO。试推测化合物A～D的结构式。

[解析] 本题的突破点是烯烃氧化产物与烯烃结构的关系。B与A分子式相同，从B氧化产物可得B的结构为，C的结构为。C转化为D为消去反应，D为不饱和烃，从其氧化产物可得D的结构为。A氧化为环己酮，少一个碳，说明双键在环外，不在环内，不难推测其结构为，A转化为B是在酸作用下的异构化反应。A、B、C、D之间转化关系如下：

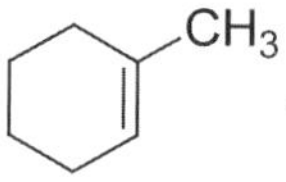

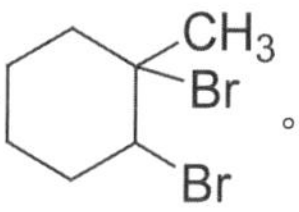

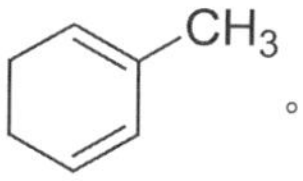

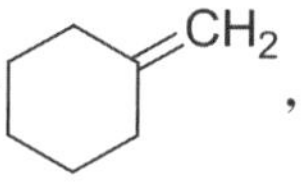

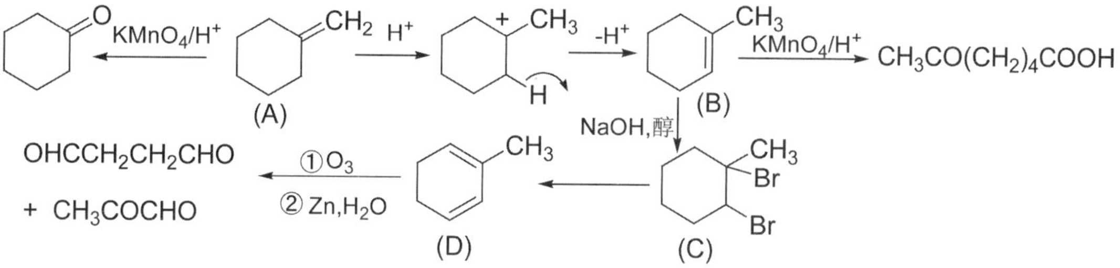

$KMnO_4/H^+$ (A) H^+ $-H^+$ (B) $KMnO_4/H^+$ $CH_3CO(CH_2)_4COOH$

NaOH,醇 (C) (D) ①O_3 ②Zn,H_2O $OHCCH_2CH_2CHO$ + CH_3COCHO

五、巩固提高

1.命名下列化合物。

(1) 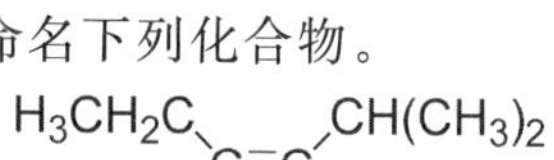 $(H_3CH_2C)(H_3C)C{=}CH(CH(CH_3)_2)$

(2) $(H_3C)(H)C{=}C(CH_2CH_2CH_3)(CH(CH_3)_2)$

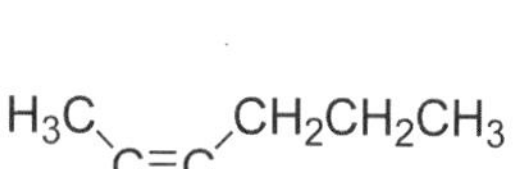

(3) 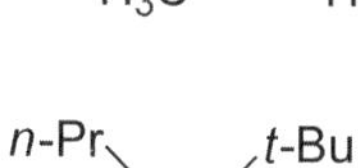 $(n\text{-}Pr)(Me)C{=}C(t\text{-}Bu)(Et)$

(4) 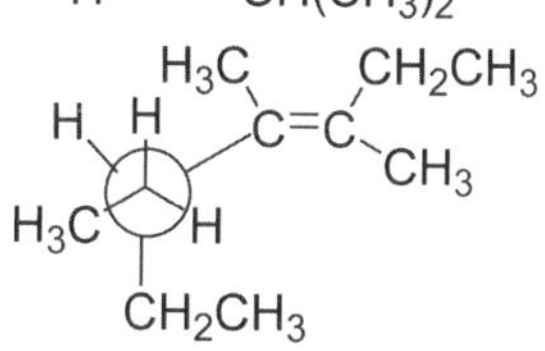 $(H_3C)(R)C{=}C(CH_2CH_3)(CH_3)$（R 以纽曼投影式表示：前碳连 H、H、$H_3C$，后碳连 H、$CH_2CH_3$）

2.写出下列基团或化合物的结构式。

(1)4-烯丙基-3-丙烯基环己烯

(2)(顺)-3,4-二甲基-3-己烯

(3)(*Z*)-3-甲基-4-异丙基-3-庚烯

(4)(*E*)-2,3-二甲基-1-氯-2-戊烯

3.将下列化合物按指定性质从大到小排列。

(1)碳正离子稳定性

A. $CH_2=CHCH_2^+$　B. $CH_3\overset{+}{C}HCH_3$　C. $CH_3CH=CHCH_2^+$　D. $CH_3CH_2CH_2^+$

(2)亲电加成反应活性

A. $CH_2=CHCl$　B. $CH_3CH=CHCH_3$

C. $CH_3CH=C(CH_3)_2$　D. $CH_2=CH-CF_3$

(3)氢化焓数值

A. $CH_3CH=CH_2$　B. $CH_2=CH_2$

C. $(CH_3)_2C=C(CH_3)_2$　D. $CH_3CH=CHCH_3$

(4)熔点

A. 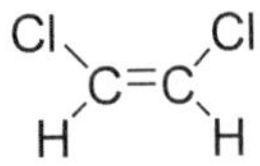 (Cl)(H)C=C(Cl)(H)（顺式）　B. (Cl)(H)C=C(H)(Cl)（反式）　C. $(H_3C)(H)C=C(H)(CH_3)$（反式）　D. 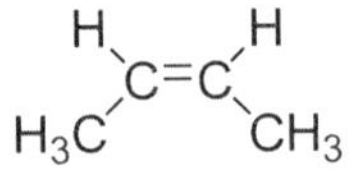 $(H)(H_3C)C=C(H)(CH_3)$（顺式）

4.写出下列反应的主要产物。

(1) $CH_3OCH=CH_2 + HOCl \longrightarrow$

(2) $O_2NCH=CH_2 + HCl \longrightarrow$

(3)  亚甲基环己烷($=CH_2$) $+ HBr \xrightarrow{ROOR}$

(4) $CH_3CH=CH_2 + Br_2 \xrightarrow{NaCl/H_2O}$

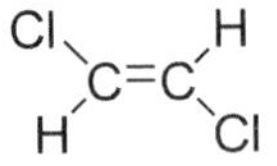

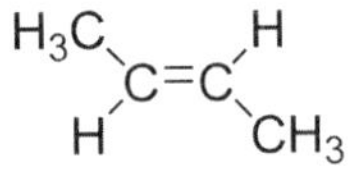

(5) 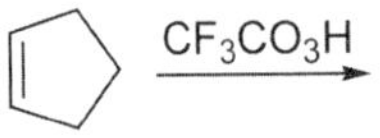 环戊烯 $\xrightarrow{CF_3CO_3H}$

(6) 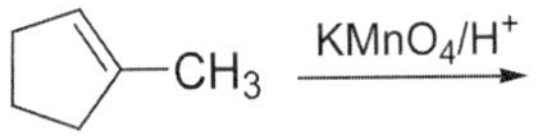 1-甲基环戊烯($-CH_3$) $\xrightarrow{KMnO_4/H^+}$

(7) 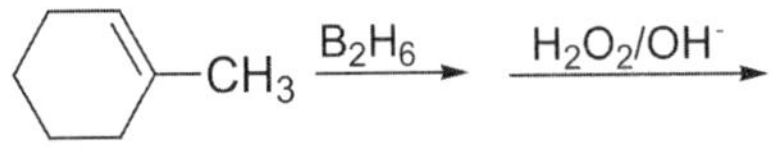 1-甲基环己烯($-CH_3$) $\xrightarrow{B_2H_6}\xrightarrow{H_2O_2/OH^-}$

(8) 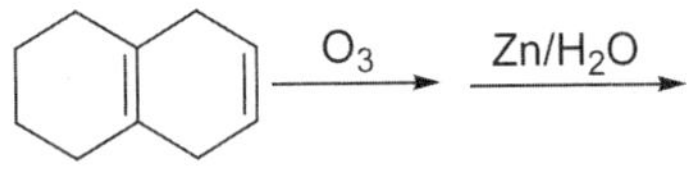 六氢萘（双环二烯） $\xrightarrow{O_3}\xrightarrow{Zn/H_2O}$

(9) $CH_2=CHCH_2CH_3 + Cl_2 \xrightarrow{300℃}$

(10) 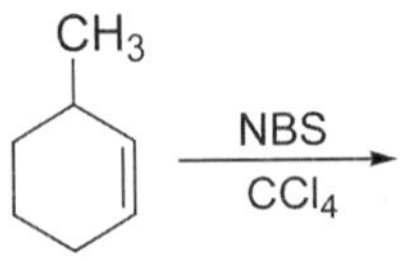 3-甲基环己烯(CH_3) $\xrightarrow[CCl_4]{NBS}$

5.写出下列反应产物的立体结构。

(1) 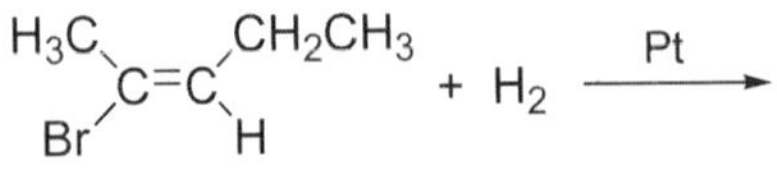 $(H_3C)(Br)C=C(CH_2CH_3)(H) + H_2 \xrightarrow{Pt}$

(2) 环己烯 $+ Br_2 \xrightarrow{CCl_4}$

(3) 手性3-甲基环己烯（CH_3楔键，H虚键） $\xrightarrow{KMnO_4/OH^-}$

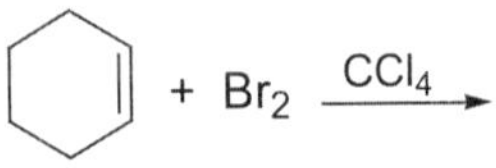

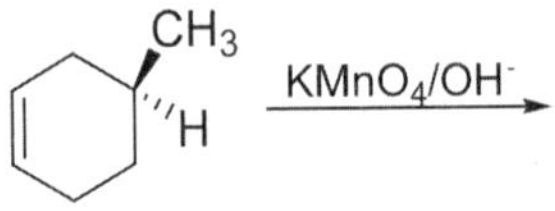

(4) CH_3 $\xrightarrow{B_2H_6}$ $\xrightarrow{H_2O_2/NaOH}$

(5) H_3C H $\xrightarrow{C_6H_5CO_3H/H_3O^+}$

6.推测下列反应机理。

(1) $CH_3CH{=}CH_2 + Cl_2 \xrightarrow{\triangle} ClCH_2CH{=}CH_2 + HCl$

(2) $(CH_3)_3CCH{=}CH_2 + H_2O \xrightarrow{H^+} (CH_3)_2C(OH)CH(CH_3)_2$

(3) $(CH_3)_2C{=}CHCH_2CH_2CH{=}CH_2 \xrightarrow{H^+}$ H_3C CH_3

(4) CH_3 $-CH{=}CH_2$ + HOCl ⟶ CH_3 OH CH_2Cl

7.用指定的原料合成(无机试剂任选,下同)下列产物。

(1) $CH_3CHBrCH_3 \longrightarrow CH_3CH_2CH_2Br$

(2) $CH_3CH{=}CH_2 \longrightarrow$ $ClH_2C\text{-}HC\text{—}CH_2$ (O)

(3) CH_3 ⟶ $CH_3CO(CH_2)_4COOH$

(4) Br ⟶ Br OH

(5) CH_3 ⟶ CH_3 OH

(6) ⟶ OH OH 与 OH OH

8.推导结构式。

(1)某烃 A 可吸收 1mol 氢气,得到相对分子质量为 84 的烃 B。A 经臭氧氧化-还原只生成一种产物 C(不含—CHO),若 A 与 HOBr 反应,也只得到单一产物 D。试推测 A~D 的结构。

(2)用强碱处理分子式为 $C_7H_{15}Br$ 的 A,得到 B、C、D 三种化合物,分别催化氢化 B、C、D,都得到 2-甲基己烷。B 硼氢化-氧化得到 E,C、D,硼氢化-氧化得到 E 和 F,E 和 F 的量近似相等且互为异构体。试推测 A~F 的结构。

解析与答案

(3)

第 4 章　炔烃和二烯烃

一、知识点与要求

✧ 了解炔烃、共轭二烯烃的结构和物理性质，掌握炔烃、二烯烃、烯炔的命名。

✧ 了解共轭与共振的概念，掌握共振结构式的书写方法。

✧ 熟悉炔烃的亲电加成反应、亲核加成反应、氧化反应、还原反应及炔氢的酸性。

✧ 掌握共轭二烯烃的 1,2 与 1,4-加成反应、双烯合成(Diels-Alder)反应。

✧ 掌握炔烃的制备方法。

二、化学性质与制备

1. 炔烃的化学性质

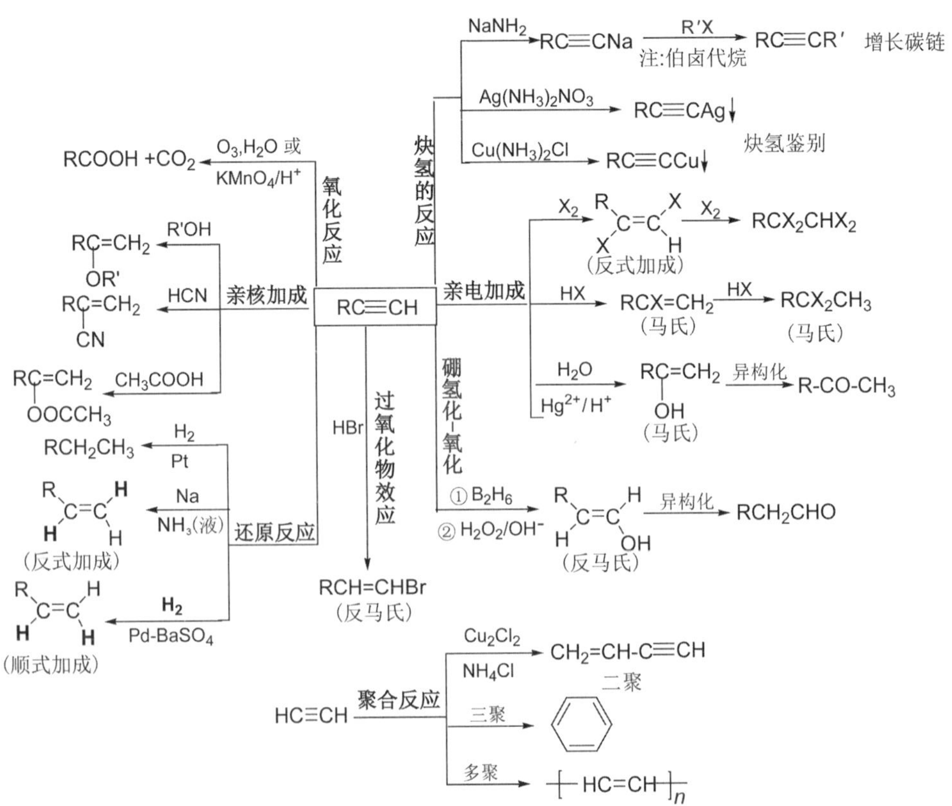

2. 共轭二烯烃的化学性质

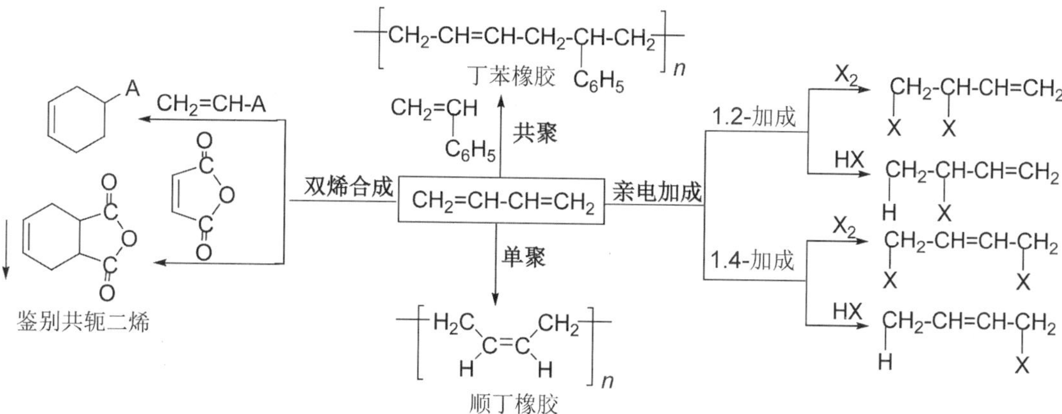

3. 炔烃的制备

(1)邻二卤代烷脱卤化氢反应

$$-\overset{H}{\underset{X}{C}}-\overset{H}{\underset{X}{C}}- \xrightarrow{KOH\ \text{醇}} -\overset{H}{C}=\underset{X}{C}- \xrightarrow{NaNH_2} -C\equiv C-$$

(2)邻四卤代烷脱卤素反应

$$-\overset{X}{\underset{X}{C}}-\overset{X}{\underset{X}{C}}- \xrightarrow{Zn} -C\equiv C-$$

(3)炔钠与伯卤代烷亲核取代反应

$$RC\equiv C^-Na^+ + \underset{\text{只能为伯卤代烷}}{R'X} \longrightarrow RC\equiv C\text{-}R' + NaX$$

三、重难点知识概要

1. 烷、烯、炔结构比较

比较内容	CH_4	C_2H_4	C_2H_2
碳杂化方式	sp^3	sp^2	sp
碳空间构型	H–C(H)(H)–H	$H_2C{=}CH_2$	$H-C\equiv C-H$
C—H 极性(酸性)	⟶ 增强		
碳负离子稳定性	$H_3C^- < CH_2{=}CH^- < CH{\equiv}C^-$		

续表

比较内容	CH_4	C_2H_4	C_2H_2
碳负离子碱性	$H_3C^- > CH_2=CH^- > CH\equiv C^-$		
碳正离子稳定性	$H_3C^+ > CH_2=CH^+ > CH\equiv C^+$		

杂化轨道中 s 成分越高，碳原子的电负性越大，吸电子能力越强。当负电荷集中在电负性大的原子上，负离子就越稳定；相反，当正电荷集中在电负性小的原子上，正离子越稳定。

2. 亲电加成反应

$$R—C\equiv C—R' + A^+B^- \longrightarrow (R)(A)C=C(B)(R')\ \text{反式}$$

$$A^+B^- = X_2,\ HX,\ HOH$$

(1)机理

第一步 $R—C\equiv C—R' + A^+B^- \longrightarrow (R)(A)C=C^+(R')$

第二步 $(R)(A)C=C^+(R') + B^- \longrightarrow (R)(A)C=C(B)(R')$

(2)特点

①符合马氏规则。

②生成反式加成产物烯，烯可继续发生亲电加成反应。

③因为中间体烯碳正离子不如烷碳正离子稳定，所以亲电加成反应炔烃较烯烃难；当分子内既有双键又有叁键时，亲电加成首先发生在双键碳上。

④烯醇化合物在一般条件下不稳定，易异构为稳定的羰基化合物。

$$(R)(A)C=C(OH)(R') \rightleftharpoons R\text{-}CH(A)\text{-}C(=O)\text{-}R'$$

3. 亲核加成反应

$$R—C\equiv C—H + H^+Y^- \xrightarrow{KOH} (R)(Y)C=C(H)(H)$$

$$H^+Y^- = HOR,\ HCN,\ HOOCR$$

(1)机理

$$H^+Y^- + KOH = K^+Y^- + H_2O$$

第一步 $R—C\equiv C—H + Y^- \longrightarrow (R)(Y)C=\bar{C}\text{-}H$

第二步 $(R)(Y)C=\bar{C}\text{-}H + H^+Y^- \longrightarrow (R)(Y)C=C(H)(H) + Y^-$

烷基是供电子基，负电荷越分散，负离子越稳定，所以中间体负离子 $R(Y)C{=}\bar{C}{-}H$ 较 $R{-}\bar{C}(H){=}C(H)Y$ 稳定。

(2)特点

①反应的第一步是阴离子进攻叁键，生成乙烯型碳负离子，由亲核试剂进攻引起的加成反应称为亲核加成反应。

②中间体碳负离子稳定性决定反应产物的取向和反应的活性，叁键较双键易发生亲核加成反应。

4. 硼氢化-氧化反应

$$R{-}C{\equiv}C{-}H + (B^{+}H^{-}_3)_2 \longrightarrow \underset{\text{顺式加成}}{R(H)C{=}C(H)B\lt} \xrightarrow{H_2O_2/OH} \underset{\text{反马氏规则}}{R(H)C{=}C(H)OH} \rightleftharpoons RCH_2CHO$$

5. 还原反应

(1)林德拉(Lindlar)催化还原

$$R{-}C{\equiv}C{-}R' \xrightarrow[\text{Pa-BaSO}_4]{H_2} \underset{\text{顺式加成}}{R(H)C{=}C(H)R'}$$

(2)Na+液氨还原

$$R{-}C{\equiv}C{-}R' \xrightarrow{\text{Na, NH}_3(\text{液})} \underset{\text{反式加成}}{R(H)C{=}C(H)R'}$$

特点：

①两种加氢还原反应只停留在烯烃阶段。

②林德拉催化还原得到的是顺式烯烃，Na+液氨还原得到的是反式烯烃。

③叁键较双键易发生催化氢化反应。

6. 共轭体系与共振结构式

(1)共轭体系

共轭是一种电子的离域共享作用。电子离域共享的结果是使电子或电荷分散，体系趋于稳定。常见有下列几种情况：

- 共轭体系
  - π-π共轭体系　$\overset{\pi^2}{CH_2=CH}-\overset{\pi^2}{CH=CH_2}$
  - p-π共轭体系
    - 等电子p-π共轭　$\overset{\pi^2}{CH_2=CH}-\overset{p^1}{\dot{C}H_2}$
    - 缺电子p-π共轭　$\overset{\pi^2}{CH_2=CH}-\overset{p^0}{\overset{+}{C}H_2}$
    - 多电子p-π共轭　$\overset{\pi^2}{CH_2=CH}-\overset{p^2}{\overset{-}{C}H_2}$　$\overset{\pi^2}{CH_2=CH}-\overset{p^2}{\ddot{C}l}$
  - p-p共轭体系　$CH_3-\overset{p^0}{\overset{+}{C}H}-\overset{p^2}{\ddot{O}}-R$
  - 超共轭体系
    - σ-π超共轭体系　$\overset{H|\sigma}{CH_2}\overset{\pi}{CH=CH_2}$
    - σ-p超共轭体系　$\overset{H|\sigma}{CH_2}-\overset{p}{\overset{+}{C}H_2}$　$\overset{H|\sigma}{CH_2}-\overset{p}{\dot{C}H_2}$

(2)共振结构式

由于电子离域,无法用一个经典结构式表示共轭体系的真实状态,所以可以用几个可能的经典结构式来表示,真实分子是这几个经典结构的共振杂化体,其中,稳定的经典结构对共振杂化体的贡献较大。

1)共振结构式书写规则

①各经典结构式之间原子空间位置不能移动;

②各经典结构式之间成对电子数与不成对电子数要相同。

2)经典结构式贡献大小判断

①相同结构,贡献相等;

②没有正负电荷的结构式比有正负电荷的贡献大;

③原子外层满足八电子的结构式比不满足的贡献大;

④负电荷在电负性大的原子上或正电荷在电负性小的原子上的结构式贡献大。

7. 双烯合成反应

共轭二烯烃(双烯体)与含有 C═C 或 C≡C 的不饱和化合物(亲双烯体)发生 1,4-加成,生成六元环烯的反应称为双烯合成反应。

双烯体 + 亲双烯体 ⇌ (环己烯)

特点:

①双烯合成反应通过环状过渡态进行协同成环反应,具有高度的立体专一性,即反应前后双烯体和亲双烯体保持原来的立体构型。如:

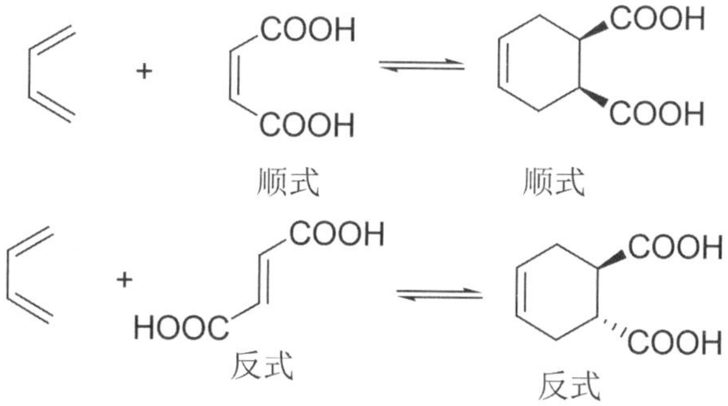

COOH COOH COOH COOH

顺式 顺式

COOH COOH HOOC COOH

反式 反式

②双烯体上连有供电子基、亲双烯体上连有吸电子基，对反应有利，反应速率快。

③1-取代双烯体与单取代亲双烯体反应主要生成邻位产物；2-取代双烯体与单取代亲双烯体反应则主要生成对位产物。

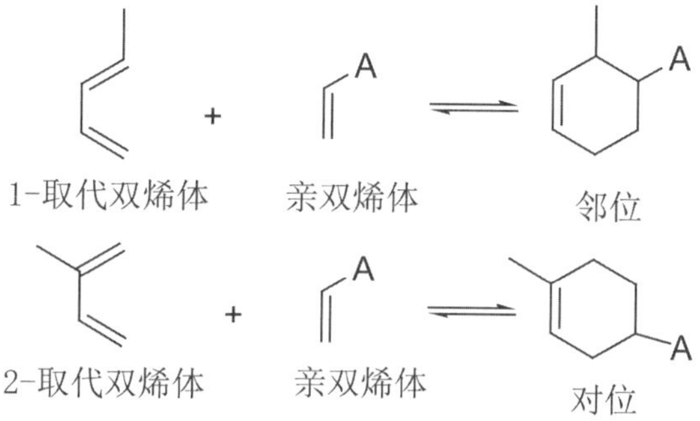

A A

1-取代双烯体 亲双烯体 邻位

A A

2-取代双烯体 亲双烯体 对位

四、典型例题

例 1 下列各共振结构式中，哪些是错误的？

(1) $CH_2=C=C=CH_2$ (A) ⟷ $HC\equiv C-CH=CH_2$ (B)

(2) $CH_3CH=CH\dot{C}H_2$ (A) ⟷ $CH_3\dot{C}H-CH_2=CH_2$ (B) ⟷ $CH_3\dot{C}H-\dot{C}H_2CH_3$ (C)

(3) $CH_2=CH-\overset{+}{C}H-CH_3$ (A) ⟷ $\overset{+}{C}H_2-CH=CH-CH_3$ (B) ⟷ $CH_2=CH-CH_2-\overset{+}{C}H_2$ (C)

(4) 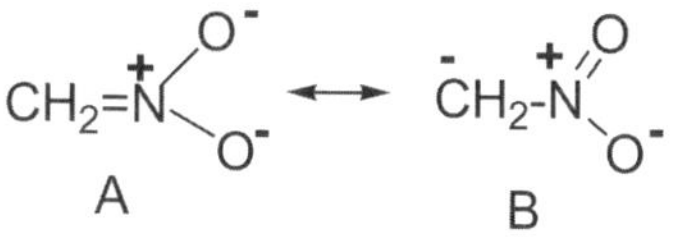 $CH_2=\overset{+}{N}(O^-)(O^-)$ (A) ⟷ $\overset{-}{C}H_2-\overset{+}{N}(=O)(O^-)$ (B)

［解析］ (1)错，B 相对于 A 有 H 位置移动。

(2)错，C 相对于 A、B，未成对电子数不相等。

(3)错，C 相对于 A、B 有 H 位置移动。

(4)正确。

例 2 下列共振结构式中，哪个经典结构式对杂化体的贡献较大？

(1) $CH_3\text{-}\overset{\ddot{O}:}{\overset{\|}{C}}\text{-}\ddot{N}H_2$ (A) $\longleftrightarrow$ $CH_3\text{-}\overset{:\ddot{O}:^-}{\overset{|}{C}}\text{=}\overset{+}{N}H_2$ (B)　(2) $CH_2\text{=}CH\text{-}O^-$ (A) $\longleftrightarrow$ $\bar{C}H_2\text{-}CH_2\text{=}O$ (B)

(3) $CH_3\text{-}\overset{+}{C}H\text{-}\ddot{\underset{..}{Cl}}:$ (A) $\longleftrightarrow$ $CH_3\text{-}CH\text{=}\overset{+}{\underset{..}{Cl}}:$ (B)　(4) $CH_2\text{=}CH\text{-}\overset{+}{C}H\text{-}O^-$ (A) $\longleftrightarrow$ $\overset{+}{C}H_2\text{-}CH\text{=}CH\text{-}O^-$ (B)

(5) $CH_2\text{=}CH\text{-}\overset{+}{C}H\text{-}CH_3$ (A) $\longleftrightarrow$ $\overset{+}{C}H_2\text{-}CH\text{=}CH\text{-}CH_3$ (B)

[解析] (1)A 大，没有电荷分离。

(2)A 大，负电荷在电负性大的 O 上。

(3)B 大，正电荷在电负性小的 C 上。

(4)A 大，电荷分离距离近。

(5)相等。

例 3 写出下列反应的主要产物。

(1) $CH_3C\equiv CH + HBr(过量) \longrightarrow$

(2) $CF_3C\equiv CH + H_2O \xrightarrow{Hg^{2+}, H_2SO_4}$

(3) $CH_3C\equiv CH \xrightarrow[\text{② } H_2O_2/OH^-]{\text{① } B_2H_6}$

(4) $CH_3C\equiv CCH_3 \xrightarrow[NH_3(液)]{Na}$

(5) $CH_2\text{=}CHC\equiv CCH_3 \xrightarrow[Lindlar催化剂]{H_2}$

(6) $CH_3CH\text{=}CH\text{-}CH_2\text{-}C\equiv CH \xrightarrow{1mol\ Br_2}$

(7) $CH_3CH\text{=}CH\text{-}CH_2\text{-}C\equiv CH \xrightarrow[KOH]{CH_3OH}$

(8) $CH_2\text{=}CH\text{-}CH_2\text{-}C\equiv CH \xrightarrow[\text{② } H_2O/H^+]{\text{① } CH_3CO_3H}$

(9) $CH_2\text{=}C(CH_3)\text{-}CH\text{=}CH_2 \xrightarrow{1mol\ HCl}$

(10) H_3C-取代丁二烯 (2-甲基-1,3-丁二烯) + $CH_2\text{=}CH\text{-}CHO \xrightarrow{\triangle}$

(11) $H_3C\text{-}O$-取代丁二烯 (2-甲氧基-1,3-丁二烯) + 顺式 $CH_3OOC\text{-}CH\text{=}CH\text{-}COOCH_3 \xrightarrow{\triangle}$

(12) 己二烯（两端带 CH_3、H） + 反式 $H_3COOC\text{-}CH\text{=}CH\text{-}COOCH_3 \xrightarrow{\triangle}$

[解析] (1)亲电加成反应,符合马氏规则。

$$CH_3C\equiv CH + HBr(过量) \longrightarrow CH_3\text{-}CBr_2\text{-}CH_3$$

(2)亲电加成反应,因 CF_3 为强吸电子基,故 H 加在 2 号碳上,产生的碳正离子稳定,得到烯醇,异构化为稳定的羰基产物。

$$CF_3C\equiv CH + H_2O \xrightarrow{Hg^{2+},H_2SO_4} CF_3\text{-}C(H)=CH(OH) \rightleftharpoons CF_3CH_2CHO$$

(3)硼氢化-氧化后生成烯醇,烯醇不稳定,异构化为羰基产物。

$$CH_3C\equiv CH \xrightarrow[② H_2O_2/OH^-]{① B_2H_6} CH_3\text{-}C(H)=CH(OH) \rightleftharpoons CH_3CH_2CHO$$

(4)炔烃用 Na+液氨还原为反式的烯烃。

$$CH_3C\equiv CCH_3 \xrightarrow[NH_3(液)]{Na} \text{(反式)}\ H_3C(H)C=C(H)CH_3$$

(5)林德拉催化只还原炔烃为顺式的烯烃,不还原烯烃。

$$CH_2=CHC\equiv CCH_3 \xrightarrow[Lindlar催化剂]{H_2} \text{(顺式)}\ H_2C=HC(H)C=C(H)CH_3$$

(6)烯烃比炔烃易发生亲电加成反应。

$$CH_3CH=CH\text{-}CH_2\text{-}C\equiv CH \xrightarrow{1mol\ Br_2} CH_3\text{-}CH(Br)\text{-}CH(Br)\text{-}CH_2C\equiv CH$$

(7)炔烃与醇能发生亲核加成反应,烯烃不能发生亲核加成反应。

$$CH_3CH=CH\text{-}CH_2\text{-}C\equiv CH \xrightarrow[KOH]{CH_3OH} CH_3CH=CH\text{-}CH_2\text{-}C(OCH_3)=CH_2$$

(8)烯烃能被过氧酸氧化为环氧化合物,然后水解得到反式的邻二醇,而炔烃不能被氧化。

$$CH_2=CH\text{-}CH_2\text{-}C\equiv CH \xrightarrow[② H_2O/H^+]{① CH_3CO_3H} CH_2(OH)\text{-}CH(OH)\text{-}CH_2\text{-}C\equiv CH$$

(9)1,2 与 1,4-亲电加成反应,H^+ 首先进攻 1 号碳,形成烯丙叔碳正离子,较进攻 4 号碳形成的烯丙仲碳正离子要稳定。

$$\underset{1}{CH_2}=\underset{2}{C}(CH_3)\text{-}\underset{3}{CH}=\underset{4}{CH_2} \xrightarrow{1mol\ HCl} CH_3\text{-}C(Cl)(CH_3)\text{-}CH=CH_2 + CH_3\text{-}C(CH_3)=CH\text{-}CH_2Cl$$

(10)2-取代双烯体主要生成对位产物。

H_3C + CHO $\xrightarrow{\triangle}$ H_3C CHO

(11)亲双烯烃基团位于顺式，产物中构型不变。

$H_3C\text{-}O$ + $COOCH_3$ $COOCH_3$ $\xrightarrow{\triangle}$ $H_3C\text{-}O$ $COOCH_3$ $COOCH_3$

(12)双烯体两甲基位于反式，亲双烯体基团位于反式，产物中基团构型保持不变，大基团之间处于反式，较稳定。

CH_3 H CH_3 H + $COOCH_3$ H_3COOC $\xrightarrow{\triangle}$ H CH_3 $COOCH_3$ $COOCH_3$ H_3C H

例 4　用化学方法鉴别下列化合物。

丁烷　1-丁烯　1-丁炔　1,3-丁二烯

[解析]　化合物鉴别答题要求：①选择的化学方法操作简单，反应条件要求低；②反应出现的现象明显。常用简明易辨、层次清晰的图解法来表述。

丁烷、1-丁炔、1,3-丁二烯、1-丁烯 $\xrightarrow{Br_2/CCl_4}$ 丁烷：- 无变化；其余：+ 褪色、+ 褪色、+ 褪色

+ 褪色三者 $\xrightarrow{Ag(NH_3)_2NO_3}$ + 白色沉淀；- 无变化；- 无变化

两个"无变化"者 $\xrightarrow{\text{顺丁烯二酸酐}}$ + 白色沉淀；- 无变化

例 5　写出下列反应可能的机理。

(1) 亚甲基环己烷 + Br_2 $\xrightarrow{\triangle}$ 1-(CH_2Br)环己烯 + HBr

(2) $HC\equiv CH + CH_3COOH \xrightarrow{KOH} CH_3COOCH{=}CH_2$

(3) $CH_2{=}CH\text{-}C(CH_3){=}CH_2 + HBr \longrightarrow CH_2Br\text{-}CH{=}C(CH_3)\text{-}CH_3 + CH_2{=}CH\text{-}CBr(CH_3)\text{-}CH_3$

[解析]　(1)烯烃与卤素加热为自由基取代历程：溴自由基首先结合 α-H，生成烯丙自由基，烯丙自由基的 p-π 共轭效应，存在共振结构式。

链引发　$Br_2 \xrightarrow{\triangle} 2\,Br\cdot$

链增长　$\cdot Br$ + 亚甲基环己烷 ⟶ 环己基自由基（亚甲基邻位） + HBr

（烯丙基自由基共振式） ⟷ 1-亚甲基自由基环己烯 $CH_2\cdot$

环己烯基 $CH_2\cdot$ + Br_2 ⟶ 环己烯基 CH_2Br + $Br\cdot$

(2)亲核加成反应历程：乙酸与碱中和，先生成亲核试剂 CH_3COO^-。

$$CH_3COOH + KOH \longrightarrow CH_3COOK + H_2O$$

$$CH_3COO^- + HC\equiv CH \longrightarrow CH_3COOCH{=}CH^-$$

$$CH_3COOCH{=}CH^- + CH_3COOH \longrightarrow CH_3COOCH{=}CH_2 + CH_3COO^-$$

(3)亲电加成反应历程：H^+ 首先进攻双键碳，生成较稳定的烯丙碳正离子，由于烯丙碳正离子 p-π 共轭效应，存在共振结构，所以有 1,2 与 1,4-加成产物。

$$CH_2{=}CH{-}C(CH_3){=}CH_2 + H^+Br^- \longrightarrow CH_2{=}CH{-}\overset{+}{C}(CH_3){-}CH_3 + Br^-$$

$$CH_2{=}CH{-}\overset{+}{C}(CH_3){-}CH_3 \longleftrightarrow \overset{+}{C}H_2{-}CH{=}C(CH_3){-}CH_3 \xrightarrow{Br^-} CH_2Br{-}CH{=}C(CH_3){-}CH_3 + CH_2{=}CH{-}CBr(CH_3){-}CH_3$$

例 6　用指定的原料合成下列化合物。

(1) $HC\equiv CH \longrightarrow CH_3CH_2CH_2CHO$

(2) $CH_3CH_2C\equiv CH \longrightarrow$ 顺式 $H_3C(H)C{=}C(H)CH_3$

(3) $HC\equiv CH$; $CH_3CH{=}CH_2 \longrightarrow$ 顺-4-甲基-1,2-环己二醇（HO、HO、CH_3）

(4) $CH_2{=}CH{-}CH{=}CH_2 \longrightarrow$ 1,2-二溴-4,5-二（溴甲基）环己烷（Br、Br、CH_2Br、CH_2Br）

[解析]　(1)本题是一个碳链增长的合成过程。带有炔氢的碳链增长可用炔钠与卤代烷反应来实现，醛基由炔氢的硼氢化-氧化来生成，采用逆推法：

$$CH_3CH_2CH_2CHO \xleftarrow{H_2O_2/OH^-} \xleftarrow{B_2H_6} CH_3CH_2C\equiv CH \leftarrow \left[\begin{array}{l} HC\equiv CNa \xleftarrow{NaNH_2} HC\equiv CH \\ \quad\quad\quad\quad\quad\quad\quad \downarrow Pd\text{-}BaSO_4, +H_2 \\ CH_3CH_2Br \xleftarrow{HBr} CH_2=CH_2 \end{array}\right.$$

(2)本题碳链长度不变,利用官能团之间的转化反应来合成2-丁炔即可,炔烃采用二卤代物消去来实现,逆推法如下:

$$\underset{H\quad\quad H}{\overset{H_3C\quad\quad CH_3}{C=C}} \xleftarrow[Pd\text{-}BaSO_4]{+H_2} CH_3C\equiv CCH_3 \xleftarrow{KOH,醇} CH_3CH_2CBr_2CH_3 \xleftarrow{HBr} CH_3CH_2C\equiv CH$$

(3)本题由链状化合物合成六元环状化合物,采用双烯合成反应实现,由所提供原料乙炔合成丁二烯,顺式邻二醇由生成的环烯烃用碱性高锰酸钾氧化得到,正推法如下:

$$2HC\equiv CH \xrightarrow[HCl]{Cu_2Cl_2\text{-}NH_4Cl} CH_2=CH\text{-}C\equiv CH \xrightarrow[Lindlar催化剂]{H_2} \left.\begin{array}{r} CH_2=CH\text{-}CH=CH_2 \\ CH_3CH=CH_2 \end{array}\right] \xrightarrow{\triangle}$$

$$\text{4-甲基环己烯} \xrightarrow{KMnO_4/OH^-} \text{顺-4-甲基-1,2-环己二醇 (HO, HO, }CH_3\text{)}$$

(4)本题由链状合成六元环化合物,产物中环上二溴可由环烯加溴得到,故二烯体为丁二烯,逆推法如下:

$$\text{(Br, Br, }CH_2Br, CH_2Br\text{ 取代环己烷)} \xleftarrow[CCl_4]{Br_2} \text{(}CH_2Br, CH_2Br\text{ 取代环己烯)} \xleftarrow{\triangle} \left[\begin{array}{l} \text{丁二烯} \\ \downarrow Br_2, CCl_4 \\ BrCH_2CH=CHCH_2Br \end{array}\right.$$

五、巩固提高

1. 命名下列化合物。

(1) (键线式结构)

(2) H_3C、H 与 H_3C、H、C_2H_5 取代的共轭二烯(结构式)

(3) (键线式结构)

(4) $C_2H_5(H_3C)C=C(H)CH_2C\equiv CCH_3$

2. 将下列化合物按指定性质从大到小排序。

(1)碳正离子稳定性

A. $CH_3\overset{+}{C}HCH_3$　　B. $CH_2=CH\overset{+}{C}H_2$　　C. $CH_3CH=\overset{+}{C}H$　　D. $CH_3C\equiv\overset{+}{C}$

(2)碳负离子稳定性

A. $CH_3C\equiv\bar{C}$　　B. $CH_3CH=\bar{C}H$　　C. $CH_3CH_2\bar{C}H_2$　　D. $CH_3\bar{C}HCH_3$

(3)与 HBr 加成反应活性

A. $CH_3CH_2CH=CH_2$　　B. $CH_3CH_2C\equiv CH$

C. $CH_2=CH\text{-}CH=CH_2$　　D. $CH_2=C(CH_3)\text{-}CH=CH_2$

(4)与异戊二烯发生双烯合成反应的活性

A. $CH_2=CH\text{-}CH_3$　　B. $CH_2=CH\text{-}OCH_3$　　C. $CH_2=CH\text{-}CN$　　D. $CH_2=CH\text{-}CH_2Br$

3.写出下列各步反应的主要产物。

(1) $C_2H_5C\equiv CH \xrightarrow{NaNH_2} \xrightarrow{C_2H_5Cl} \xrightarrow{Na,NH_3(液)}$

(2) $CH_3C\equiv CH \xrightarrow{CH_3CH_2MgBr} \xrightarrow{CH_3CH_2Br} \xrightarrow[\text{Lindlar催化剂}]{H_2}$

(3) $CH_2=CH\text{-}CH_2—C\equiv CH \xrightarrow[Hg^{2+},H_2SO_4]{H_2O}$

(4) $CH_3CH_2C\equiv CH \xrightarrow[\text{② } H_2O_2/OH^-]{\text{① } B_2H_6}$

(5) $CH_2=C(CH_3)\text{-}CH=CH_2 \xrightarrow{1mol\ HBr}$

(6) 1,3-环己二烯 + $H_3COOC\text{-}CH=CH\text{-}COOCH_3$（反式） $\xrightarrow{\triangle}$

(7) $CH_3CH=CH\text{-}CH=CHCH_3$（H 同侧） + $CH(COOCH_3)=CH(COOCH_3)$（顺式） $\xrightarrow{\triangle}$

(8) $CH_2=CH\text{-}CH=CH_2$ + 1-氰基环己烯（CN） $\xrightarrow{\triangle}$

4.用化学方法区分下列各组化合物。

(1)丁烷、1-丁烯、1-丁炔和 2-丁炔

(2)1-戊炔、2-戊炔和 1,3-戊二烯

5.解释下列现象。

(1)烯烃比炔烃容易发生亲电加成反应，但当炔烃与 Cl_2 或 Br_2 作用时，产物可以停留在烯烃阶段。

(2)1,3-丁二烯和 HCl 在醋酸中于室温下加成，可以得到 78%的 $CH_3CHClCH=CH_2$ 和 22%的 $CH_3CH=CHCH_2Cl$ 混合物，此混合物再经长时间加热，则混合物的组成改变为前者仅占 25%，后者却占 75%。

6.画出下列结构的共振结构式。

(1) $CH_3\text{-}CH\text{=}CH\text{-}\overset{+}{C}H_2$

(2) $\overset{+}{}$ =CH_2

(3) O^-

7.以乙炔为唯一的有机原料合成下列化合物。

(1) $CH_3CH_2CH_2CHO$

(2) H_3C H C=C H CH_3

(3) H CH_2CH_3 C=C CH_3CH_2 H

(4) O

8.以 C 原子数≤4 的烃为原料合成下列化合物。

(1) O

(2) CHO

(3) HO CH_2Cl HO

(4) H_3C $CH_2CH\text{=}CH_2$ C=C H H

9.分子式均为 C_6H_{10} 的 A、B、C 三种化合物分别催化加氢，A、B 都生成正己烷，C 得到 D(C_6H_{12})。A 与硝酸银的氨溶液作用，有白沉淀生成；B、C 经臭氧氧化及锌粉水解，B 得到甲醛和丁二醛，而 C 得到 5-羰基己醛。试推断 A～D 的结构式。

解析与答案

(4)

第 5 章　脂环烃

一、知识点与要求

✧ 了解脂环烃的类型，掌握单环、螺环、桥环的命名方法。

✧ 了解环烷烃的结构与环稳定性的关系，掌握脂环烃的化学性质。

✧ 掌握环己烷和取代环己烷的稳定构象。

✧ 了解环烷烃制备方法。

二、化学性质与制备

1. 环烷烃的化学性质

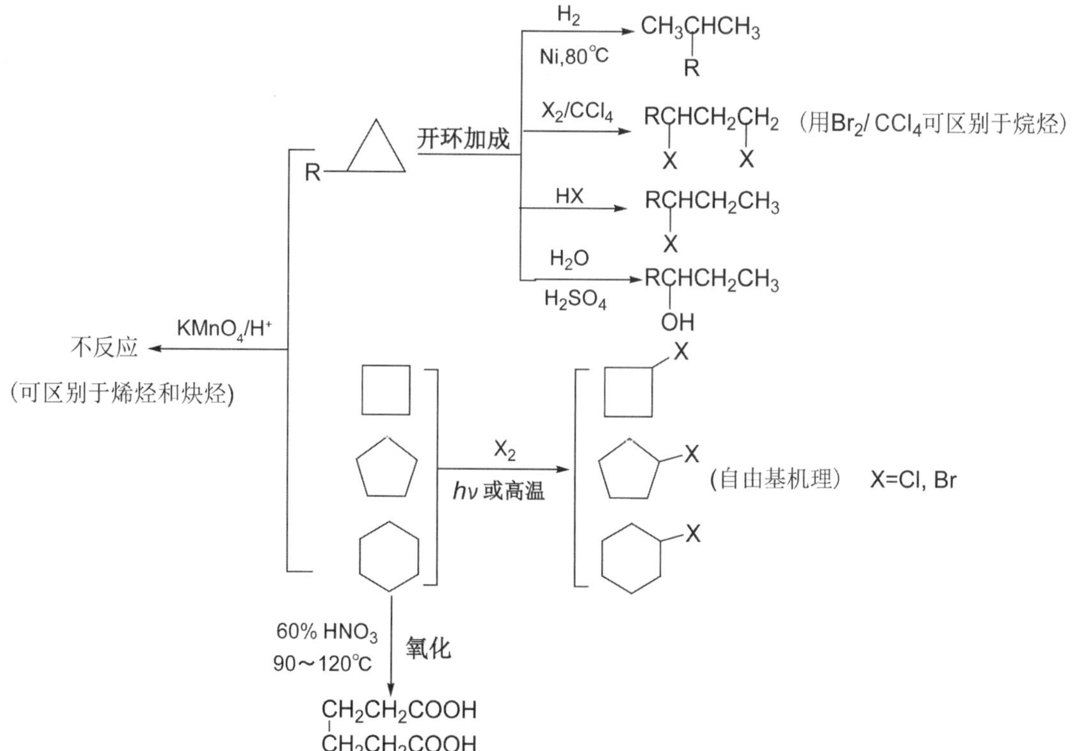

2. 环烯烃和共轭环二烯烃的化学性质

环烯烃的化学性质与链状烯烃一样，容易发生加氢、亲电加成、硼氢化-氧化、氧化和 α-H 卤代等反应。共轭环二烯烃的化学性质与共轭二烯烃相同，能发生 1,2-加成、1,4-加成和双烯合成等反应。具体参见烯烃（见第 3 章）和二烯烃（见第 4 章）的化学性质。

3. 环烷烃的制备

(1)不饱和环烃的加氢还原

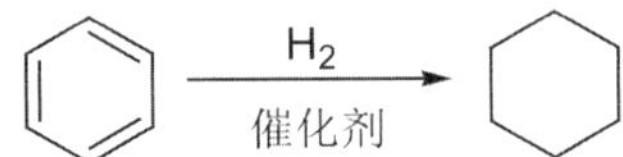

(2)双烯合成反应

H_2, Ni; △

(3)二卤代物脱卤素反应

$CH_2ClCH_2CH_2Cl \xrightarrow[\text{催化剂}]{Zn}$ 环丙烷

(4)烯烃与卡宾(碳烯)环化加成

$RCH=CHR' \xrightarrow{:CH_2}$ R-环丙烷-R′

三、重难点知识概要

1. 环烷烃结构与稳定性

环烷烃中碳原子均是 sp^3 杂化，受环大小、几何形状的限制，碳原子的键角就不一定是 109°28′，由此即产生角张力。键角与 109°28′差值越大，角张力越大，环就越不稳定；差值越小，角张力越小，环就越稳定。三元与四元小环，碳与碳之间轨道交盖是不充分的弯曲键，环的角张力大，所以小环不稳定，容易发生开环加成反应。其他环烷烃轨道交盖方式与链状烷烃相似，角张力小，环稳定，易发生自由基历程的取代反应。

2. 取代环丙烷的开环反应

取代环丙烷与 H_2 反应时，环的破裂发生在取代基小的边，即含氢最多的碳碳键断裂；与其他物质反应时，环的破裂发生在含氢最多与含氢最少的碳碳键，产物符合马氏规则。若是 HBr 并有过氧化物存在，产物符合反马氏规则。

CH_3-$\underset{CH_3}{CH}$-$CH_3 \xleftarrow[Ni,80℃]{H_2}$ H_3C-环丙烷 $\xrightarrow{HBr}$ $CH_3\underset{Br}{CH}CH_2CH_3$

H_3C-环丙烷 $\xrightarrow[RO-OR]{HBr}$ $CH_3CH_2CH_2CH_2Br$

3. 取代环己烷的稳定构象

①环己烷的稳定构象为椅式构象。

②一元取代环己烷，取代基处在平伏键(e 键)上的构象为稳定构象。

③多元取代环己烷，e 键上取代基多的为稳定构象，大体积取代基位于 e 键的构象稳定。

4. 十氢萘的稳定构象

十氢萘有反式和顺式两种异构体，其稳定构象可以看成是两个椅式环己烷构象分别以 e、e 稠合和 e、a 稠合而成，反式较顺式稳定。

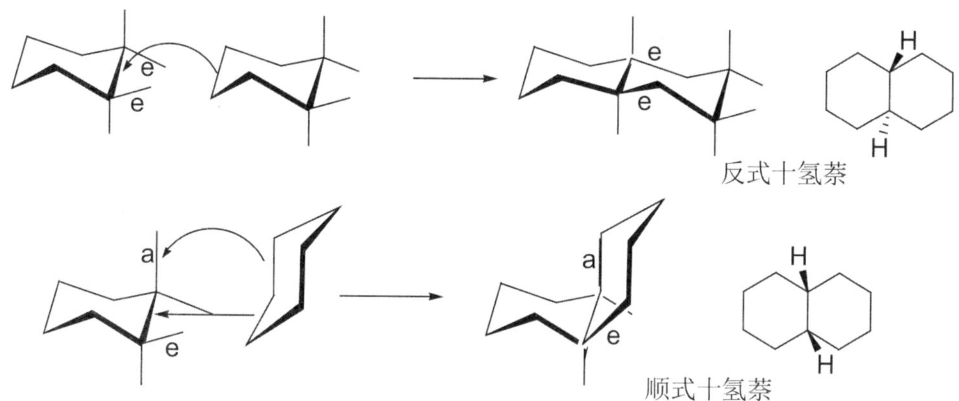

四、典型例题

例 1　用系统命名法命名下列化合物。

(1) H_3C … $CH(CH_3)_2$　(2) H_3C　(3) H_3CH_2C

(4) CH_3 … H_3C　(5) CH_2CH_3 … CH_3

[解析]　(1)以环为母体，将环碳原子编号，编号时满足取代基位置小号和不优基团小号原则。名称为(反)1-甲基-3-异丙基环己烷。

(2)、(3)以环为母体，先满足双键位置最小原则，再满足取代基位置最小原则，环单烯不用标明双键位置，其他要标明双键位置。名称分别为 3-甲基环戊烯、5-乙基-1,3-环己二烯。

(4)该化合物为桥环，以构成环的碳原子总数命名为“某烷”，加上词头“双环”，再把各桥路碳原子数由大到小写入[?.?.?]内，编号从一个桥头开始，经最长桥路到另一个桥头，再编次长桥路，最后编最短桥路，注意满足官能团或取代基位置最小原则。名称为 3,7-二甲基二环[4.2.2]癸烷。

(5)螺环化合物以构成环的碳原子总数为母体，加词头“螺”，再把螺原子外的环的碳原子数由小到大写入[?.?]内，编号从小环中与螺碳原子相邻的碳开始，先编小环，经螺碳再编大环，注意满足官能团或取代基位置最小原则。名称为 10-甲基-2-乙基螺[4.5]-6-癸烯。

例 2 写出下列化合物的稳定构象。

(1)(顺)-1-甲基-4-叔丁基环己烷　　(2)(反)-1-甲基-4-叔丁基环己烷

(3) 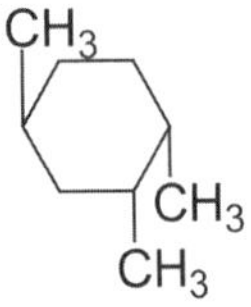 CH_3, CH_3, CH_3　　(4) 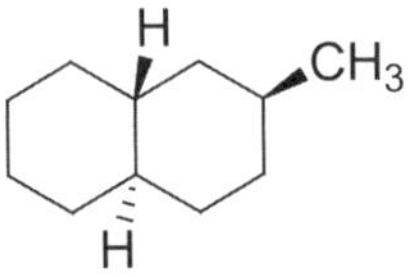 H, CH_3, H

[解析] (1)、(2)、(3)椅式构象为环己烷的稳定构象，取代基尽可能位于 e 键上及大基团位于 e 键时的构象是稳定构象；(4)为反式十氢萘，两个椅式环己烷构象分别以 e、e 稠合[见三(4)]。

(1)  CH_3, $(H_3C)_3C$　　(2)  $(H_3C)_3C$, CH_3

(3) H_3C, CH_3, CH_3 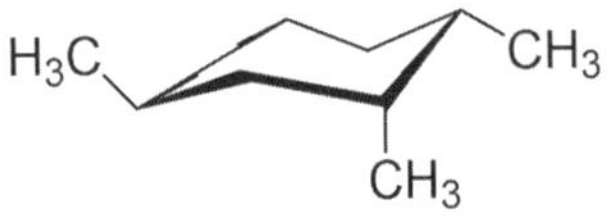　　(4) 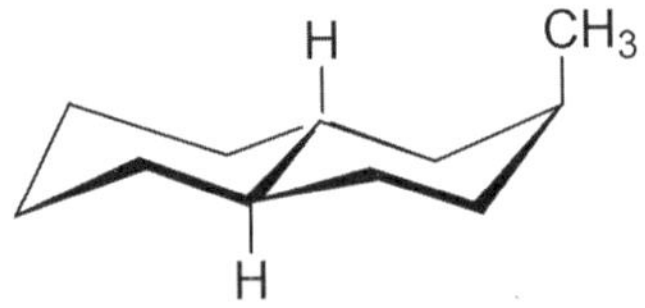 H, CH_3, H

例 3 在烷烃、环戊烷或更大的环烷烃中，1mol CH_2 的燃烧热约为 664kJ/mol；而环丙烷和环丁烷中，1mol CH_2 的燃烧热分别为 697kJ/mol 和 686kJ/mol。解释燃烧热存在差别的原因。

[解析] 可用成键轨道的重叠程度或角张力来解释。环丙烷和环丁烷中的碳原子均为 sp^3 杂化，碳原子之间以弯曲的轨道相互交盖成键，由于轨道交盖程度比一般烷烃的要小，所以分子具有较高的能量而不稳定，其中，环丁烷轨道交盖程度高于环丙烷，而环戊烷或更大的环烷烃碳原子之间以正常非弯曲轨道相互交盖成键，稳定性与烷烃相近，所以 1mol CH_2 的燃烧热以环丙烷最大，烷烃最小。(或以 sp^3 杂化碳原子形成的三元环与四元环的键角与四面体的 109°28′键角存在较大的差别，角张力较大；环烷烃或更大的环烷烃的键角与烷烃的 109°28′相近，几乎不存在角张力；因四元环的键角与 109°28′键角的差距较三元环的小，所以三元环的角张力较四元环的大，能量高。)

五、巩固提高

1. 命名下列化合物。

(1) 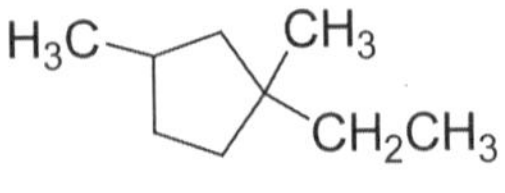 H_3C, CH_3, CH_2CH_3　　(2) 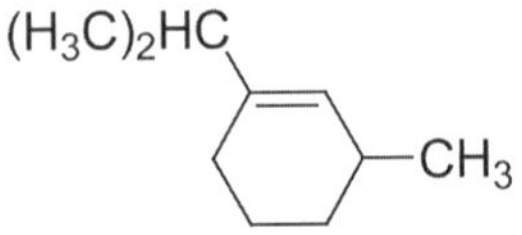 $(H_3C)_2HC$, CH_3　　(3) H_3C, CH_3

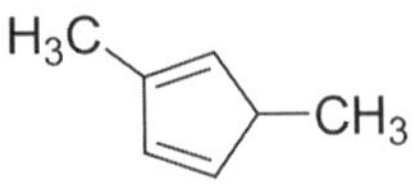

(4) 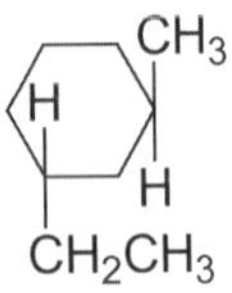 CH_3, H, H, CH_2CH_3　　(5) 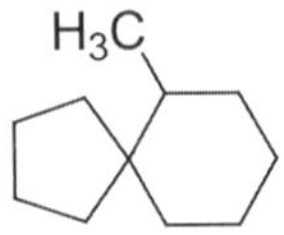 H_3C　　(6) 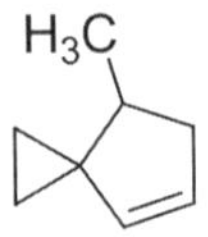 H_3C

(7) 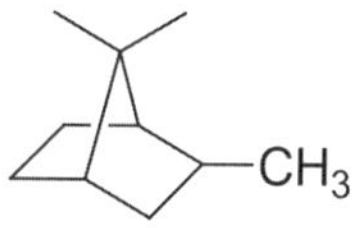 CH_3　　(8) 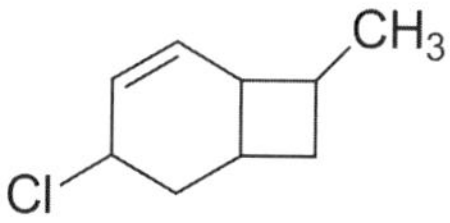 CH_3 Cl　　(9) 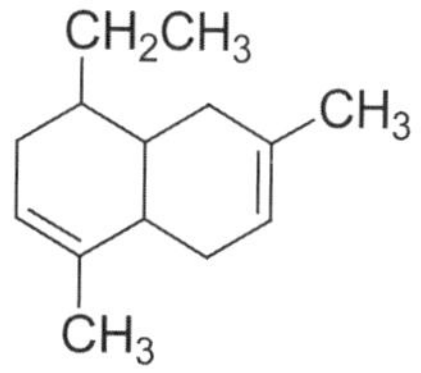 CH_2CH_3 CH_3 CH_3

2.写出下列化合物的结构式。

(1)(反)-1,2-二甲基环戊烷

(2)3-甲基-1,4-环己二烯

(3)环丙基环戊烷

(4)3,4-二甲基-5-环丁基庚烷

(5)1,4-二乙基二环[2.2.2]辛烷

(6)三环[[4.2.2.0]癸烷

(7)4-甲基螺[2.4]庚烷

(8)2-甲基螺[4.5]-6-癸烯

3.画出下列化合物最稳定的构象。

(1)(反)-1-甲基-2-异丙基环己烷

(2)(反)-1-乙基-3-叔丁基环己烷

(3) 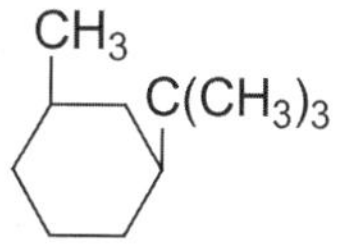 CH_3 $C(CH_3)_3$

(4) 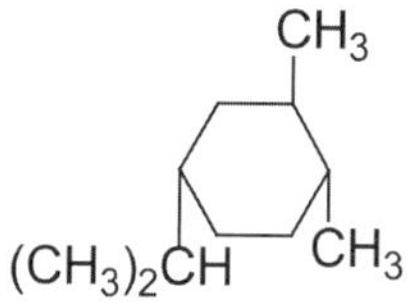 CH_3 $(CH_3)_2CH$ CH_3

(5) 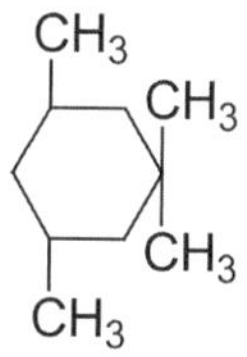 CH_3 CH_3 CH_3 CH_3

(6) 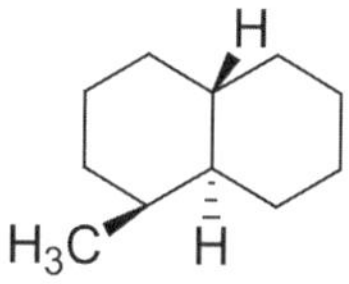 H H_3C H

4.比较下列各组化合物的燃烧焓。

(1) 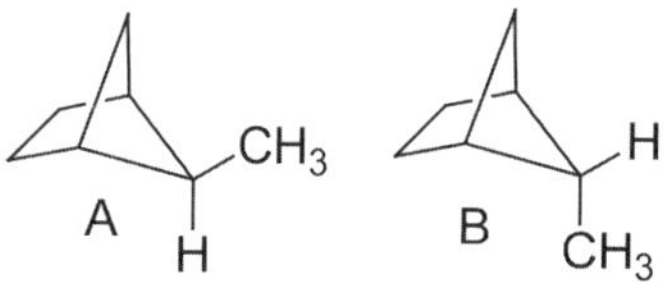 A: CH_3, H　B: H, CH_3

(2) A　B: CH_3

(3) A: H, H　B: H, H

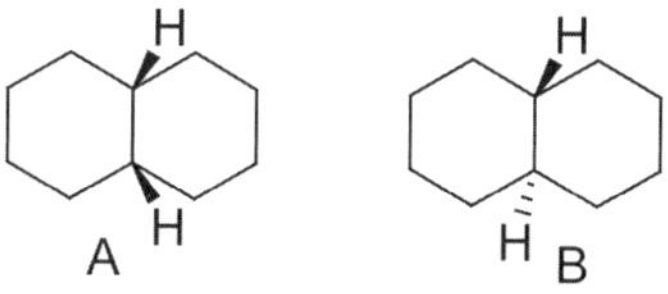

(4) 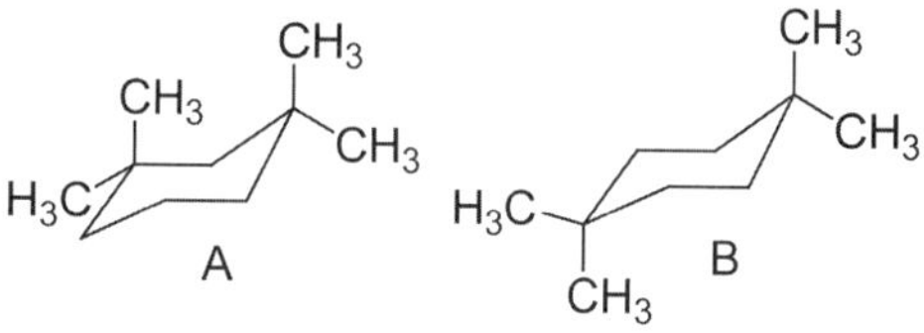 A: CH_3, CH_3, CH_3, H_3C　B: CH_3, CH_3, H_3C, CH_3

5.写出下列反应的主要产物。

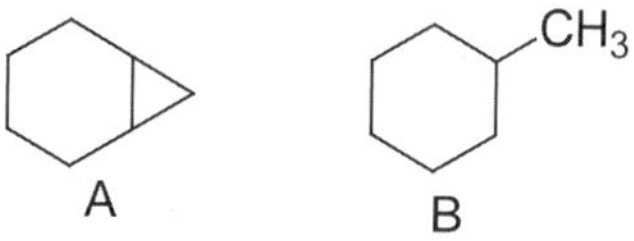

(1) 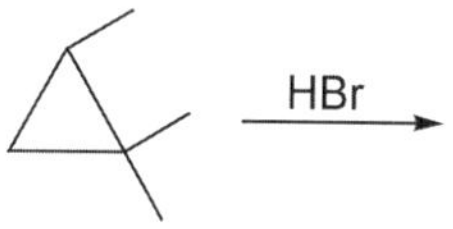 $\xrightarrow{HBr}$

(2) $\xrightarrow{Br_2}$

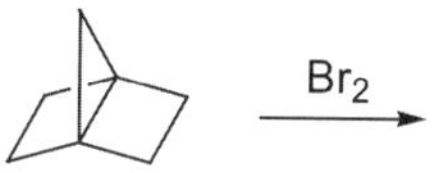

(3) 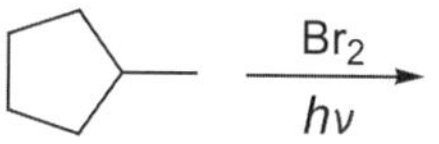 $\xrightarrow[h\nu]{Br_2}$

(4) 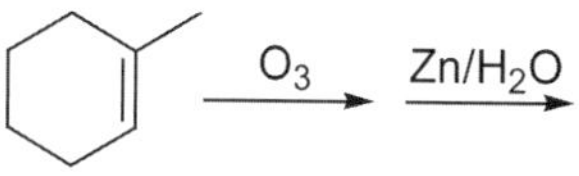 $\xrightarrow{O_3}\xrightarrow{Zn/H_2O}$

(5) 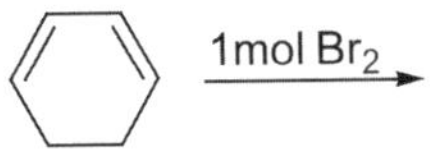 [1,3-环己二烯] $\xrightarrow{1mol\ Br_2}$

(6) 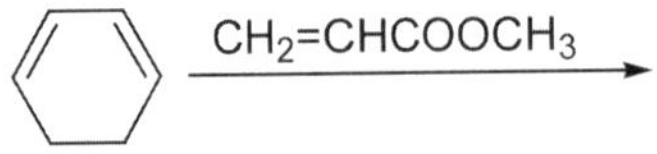 [1,3-环己二烯] $\xrightarrow{CH_2=CHCOOCH_3}$

(7) 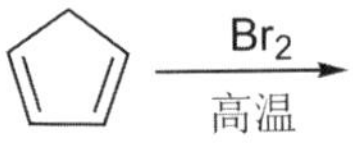 [环戊二烯] $\xrightarrow[高温]{Br_2}$

(8) 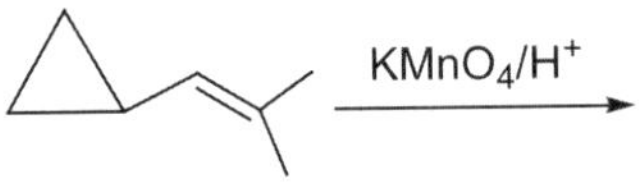 [环丙基-2-甲基丙烯] $\xrightarrow{KMnO_4/H^+}$

6.用化学方法区别己烷、环己烷、环己烯和1,3-环己二烯。

解析与答案

(5)

第6章　芳　烃

一、知识点与要求

- ✧ 了解苯的结构与性质的关系，掌握苯、萘、蒽、菲及其衍生物的命名。
- ✧ 掌握苯环的亲电取代反应及机理、苯环上亲电取代的定位规则及应用、苯环的氧化反应、苯环侧链的α-H卤代和氧化反应。
- ✧ 掌握萘的亲电取代、氧化、还原反应，取代萘的亲电取代的定位规则。
- ✧ 了解蒽、菲的化学性质。
- ✧ 掌握非苯芳烃芳香性的判别方法——休克尔规则。
- ✧ 了解单环芳烃的制备方法。

二、化学性质与制备

1. 苯环的化学性质

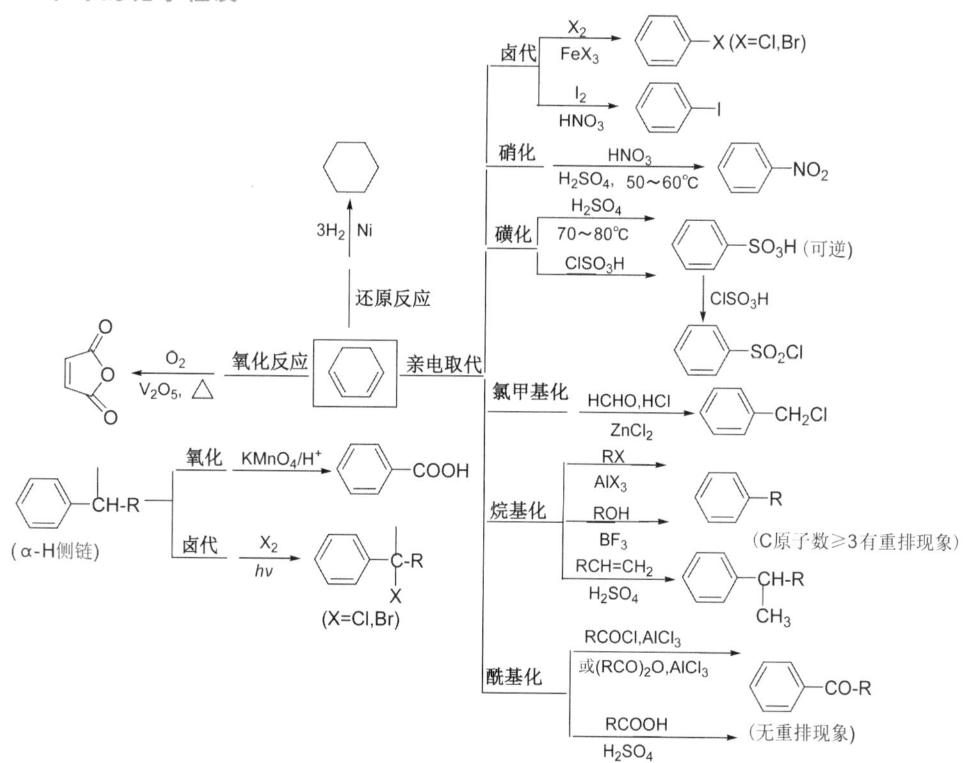

2. 萘的化学性质

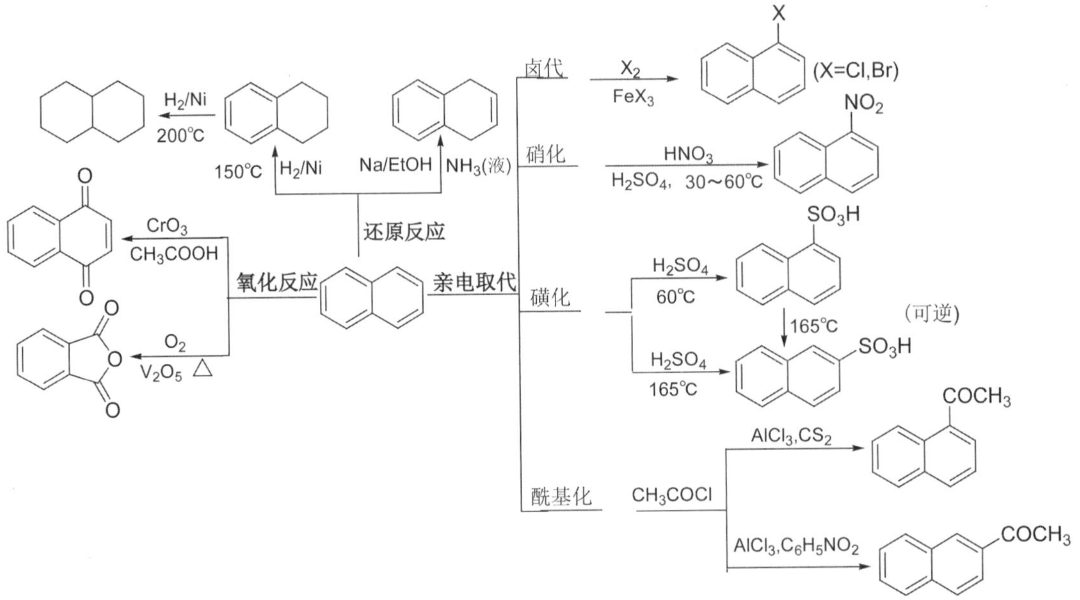

卤代 X_2 / FeX_3 (X=Cl,Br)

硝化 HNO_3 / H_2SO_4，30～60℃ NO_2

磺化 H_2SO_4 60℃ SO_3H；165℃ (可逆)；H_2SO_4 165℃ SO_3H

酰基化 CH_3COCl $AlCl_3$,CS_2 $COCH_3$；$AlCl_3$,$C_6H_5NO_2$ $COCH_3$

亲电取代

还原反应 Na/EtOH NH_3(液)；H_2/Ni 150℃；H_2/Ni 200℃

氧化反应 CrO_3 / CH_3COOH；O_2 / V_2O_5 △

3. 蒽的化学性质

氧化反应 $K_2Cr_2O_7$ / H_2SO_4

加成反应 Na/EtOH；Br_2/CCl_4 0℃ H Br H Br △

取代反应 △ Br_2/CCl_4 Br

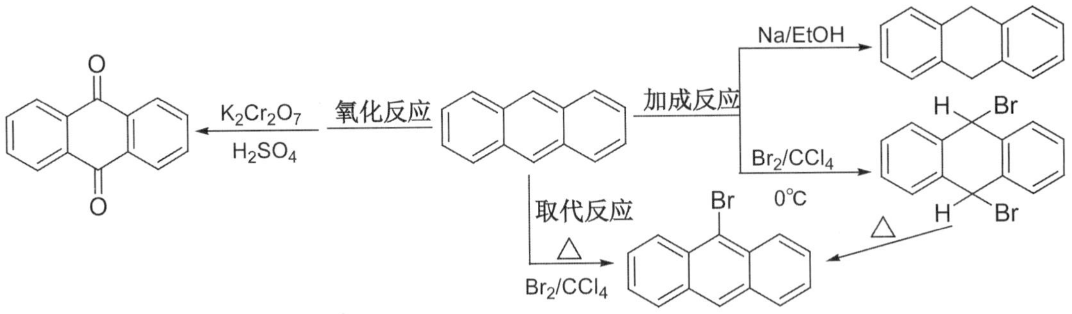

4. 菲的化学性质

氧化反应 CrO_3/CH_3COOH

加成反应 Na/EtOH；Br_2/CCl_4 0℃ Br Br △

取代反应 △ Br_2/CCl_4 Br

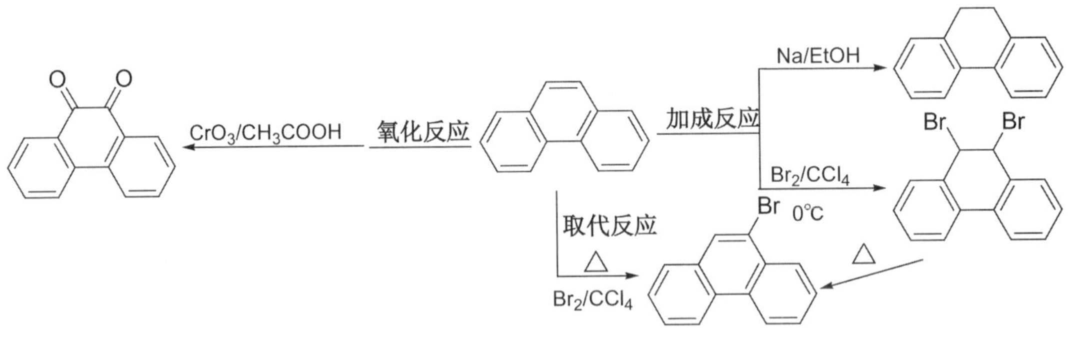

5. 单环芳烃的制备

(1)环烷烃催化脱氢

$$\text{甲基环己烷} \xrightarrow[\text{催化剂}]{-3H_2} \text{甲苯}$$

(2)烷烃脱氢环化、再脱氢

$$CH_3CH_2CH_2CH_2CH_2CH_3 \xrightarrow[\text{催化剂}]{-H_2} \text{环己烷} \xrightarrow[\text{催化剂}]{-3H_2} \text{苯}$$

(3)环烷烃异构化、脱氢

$$\text{甲基环戊烷} \xrightarrow[\text{催化剂}]{\text{异构化}} \text{环己烷} \xrightarrow[\text{催化剂}]{-3H_2} \text{苯}$$

三、重难点知识概要

1. 苯环的稳定性与红外光谱特征

苯环为平面正六边形，C 均为 sp^2 杂化，每个未杂化的 p 轨道互相平行且垂直于环平面，相互之间侧面交盖形成完全离域的闭合共轭大 π 键。苯环具有特殊的稳定性，易发生亲电取代反应，难发生加成和氧化反应。苯环的红外光谱：在 $1625 \sim 1575 cm^{-1}$ 和 $1525 \sim 1475 cm^{-1}$ 有两个苯环骨架的伸缩振动吸收峰，在 $3100 \sim 3010 cm^{-1}$ 有 C—H 伸缩振动吸收峰。

2. 苯环亲电取代反应机理

(1)机理

①亲电试剂进攻苯环 π 电子，形成 π 络合物和 σ 络合物。

$$\text{苯} \underset{}{\overset{E^+}{\rightleftharpoons}} \underset{\pi\text{络合物}}{\text{苯}\cdot E} \underset{}{\overset{\text{慢}}{\rightleftharpoons}} \underset{\sigma\text{络合物}}{[C_6H_6E]^+}$$

②σ 络合物失去质子，生成取代产物。

$$[C_6H_6E]^+ \xrightarrow[\text{快}]{-H^+} C_6H_5E$$

(2)特点

①卤代、硝化、磺化、烷基化、酰基化、氯甲基化的亲电试剂生成反应如下：

$$X_2 + FeX_3 \longrightarrow FeX_4^- + \mathbf{X^+}$$

$$HONO_2 + 2H_2SO_4 \longrightarrow 2HSO_4^- + H_3O^+ + \mathbf{NO_2^+}$$

$$2H_2SO_4 \longrightarrow HSO_4^- + H_3O^+ + \mathbf{SO_3}$$

$$RX + AlX_3 \longrightarrow AlX_4^- + \mathbf{R^+}$$

$$RCOX + AlX_3 \longrightarrow AlX_4^- + \mathbf{RCO^+}$$

$$HCHO + HCl \longrightarrow Cl^- + CH_2{=}O^+H \longleftrightarrow {}^+CH_2OH$$

②形成 σ 络合物反应为定速步骤，其结构为五个碳原子四电子非闭合的离域 π 键。σ 络合物的稳定性可从共振结构来判断，其共振结构式有下列形式：

能使正电荷越分散，σ 络合物越稳定，亲电取代反应的活性就越强。

3. 磺化反应

(1)特点

苯与浓硫酸或发烟硫酸生成苯磺酸的反应是可逆反应，即生成的苯磺酸在稀硫酸中加热，磺酸基被 H 取代，脱去磺酸基，生成苯。

$$C_6H_5SO_3H + H_2O \xrightarrow{稀H_2SO_4} C_6H_6 + H_2SO_4$$

(2)应用

根据磺化反应特点，在有机合成中常利用磺酸基来暂时占据苯环上某些位置。如：

方法 1

$$C_6H_5CH_3 + Br_2 \xrightarrow{Fe} p\text{-}BrC_6H_4CH_3 + o\text{-}BrC_6H_4CH_3$$

方法 2

$$C_6H_5CH_3 \xrightarrow[100℃]{H_2SO_4} p\text{-}CH_3C_6H_4SO_3H \xrightarrow[Fe]{Br_2} \text{2-Br-4-}SO_3H\text{-}C_6H_3CH_3 \xrightarrow{H^+, H_2O} o\text{-}BrC_6H_4CH_3$$

方法1:甲基是邻对位基团,生成的对位和邻位溴代甲苯不易分离,影响产物的产率。

方法2:先磺化反应让$—SO_3H$占据对位,而$—SO_3H$又是间位定位基,这样—Br主要进入邻位,然后稀酸水解,得到邻位产物,产率较高,是较合理的合成路线。

4. 傅-克烷基化和酰基化反应

(1)傅-克烷基化反应

卤代烃、烯和醇为**烷基化试剂**,在$AlCl_3$等路易斯酸催化下,生成烷基碳正离子R^+作为亲电试剂。其特点:

①C原子数≥3的烷基碳正离子可能重排为更稳定的碳正离子作为亲电试剂,得到异构化的产物。如:

$$C_6H_6 + (CH_3)_2CHCH_2OH \xrightarrow{HF} C_6H_5—C(CH_3)_3$$

$$CH_3\text{-}CH(CH_3)\text{-}CH_2OH \xrightarrow{H^+} CH_3\text{-}CH(CH_3)\text{-}CH_2\overset{+}{O}H_2 \xrightarrow{-H_2O} CH_3\text{-}CH(CH_3)\text{-}\overset{+}{C}H_2 \underset{}{\overset{重排}{\rightleftharpoons}} CH_3\text{-}\overset{+}{C}(CH_3)\text{-}CH_3$$

当环丙烷作为烷基化试剂,则不发生重排。

$$C_6H_6 + \triangle \xrightarrow{AlCl_3} C_6H_5—CH_2CH_2CH_3$$

②多取代。由于烷基为活化苯环的邻对位定位基,所以烷基化反应易得到多烷基取代产物。如:

$$\text{1,3,5-三甲苯} \xleftarrow[100℃]{AlCl_3} C_6H_6 + CH_3Cl(过量) \xrightarrow[0℃]{AlCl_3} \text{1,2,4-三甲基苯}$$

低温(0℃)时为动力学控制,生成1,2,4-三甲基苯的反应速率快;高温(100℃)时为热力学控制,1,3,5-三甲苯较1,2,4-三甲基苯稳定。

③当苯环上连有强的间位定位基,如$—NO_2$、—CN、$—SO_3H$、—COR等,难发生烷基化反应。

(2)酰基化反应

酰氯、酸酐和羧酸为酰基化试剂,在$AlCl_3$等路易斯酸催化下,生成酰基正离子$RC^+{=}O$作为亲电试剂。其特点:

①酰基正离子$RC^+{=}O$不发生重排。

②酰基为钝化苯环的间位定位基,不发生多酰基取代反应。

③当苯环上连有强的间位定位基,不发生酰基化反应。

④酰基化反应为不可逆反应。

⑤因酰基化产物与催化剂络合，故催化剂用量较大，至少是酰基化试剂的二倍以上。

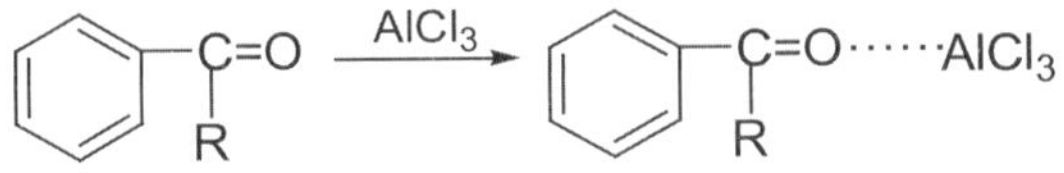

$$C_6H_5C(R){=}O \xrightarrow{AlCl_3} C_6H_5C(R){=}O\cdots\cdots AlCl_3$$

5. 苯环亲电取代活性和定位规律

(1)亲电取代活性

当苯环上连有能使苯环的电子云密度增大的基团时(活化基)，亲电取代反应的活性比苯大；当连有能使苯环的电子云密度减小的基团时(钝化基)，亲电取代反应的活性比苯小。常见活化基和钝化基如下。

活化基及其活化能力：

$—O^- > —N(NH_3)_2 > —NH_2 > —OH > —OCH_3 > —NHCOCH_3 > —OCOCH_3 > —R > —C_6H_6$

钝化基及其钝化能力：

$—N^+(CH_3)_3 > —NO_2 > —CN > —SO_3H > —CHO > —COCH_3 > —COOH > —CCl_3 > —Cl$

(2)定位规律及解释

①邻对位定位基：一元取代苯发生亲电取代反应时，活化基及卤素有利于亲电试剂进攻它们的邻位和对位，因为生成的 σ 络合物的共振结构式中，能使其正电荷更加分散，而进攻间位，生成的 σ 络合物的共振结构式中，正电荷得不到有效的分散。这类取代基与苯直接相连的原子，一般只有单键、带孤对电子或负电荷(苯基例外)。

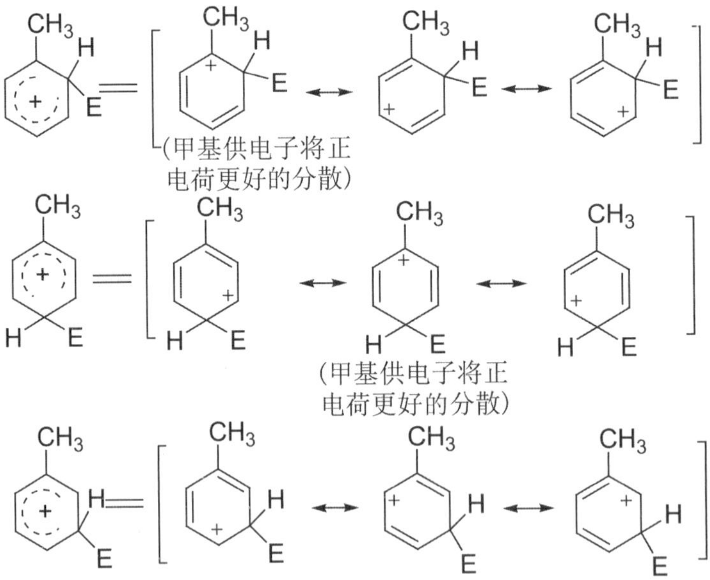

(甲基供电子将正电荷更好的分散)

(甲基供电子将正电荷更好的分散)

②间位定位基：一元取代苯发生亲电取代反应时，钝化基(除卤素外)有利于亲电试剂进攻它们的间位，因为进攻邻对位会生成共振结构式中正电荷更高的 σ 络合物，进攻间位不存在这种 σ 络合物。这类取代基与苯环直接相连的原子，一般有重键或带正电荷。

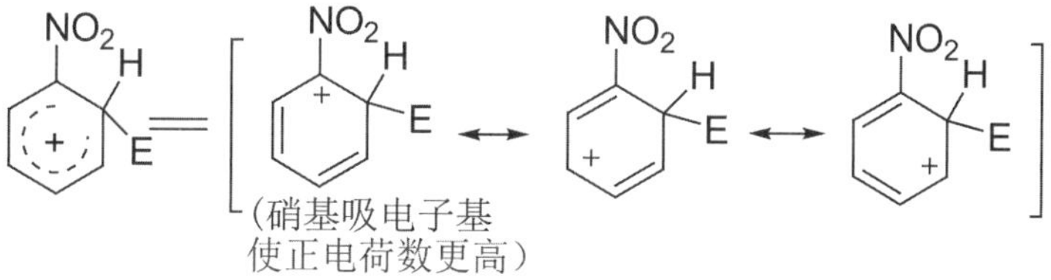

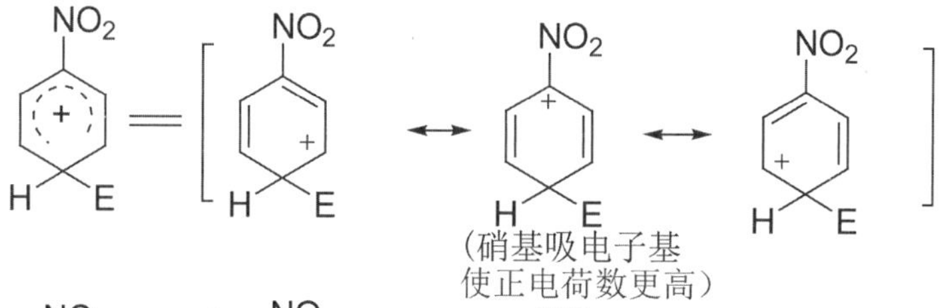

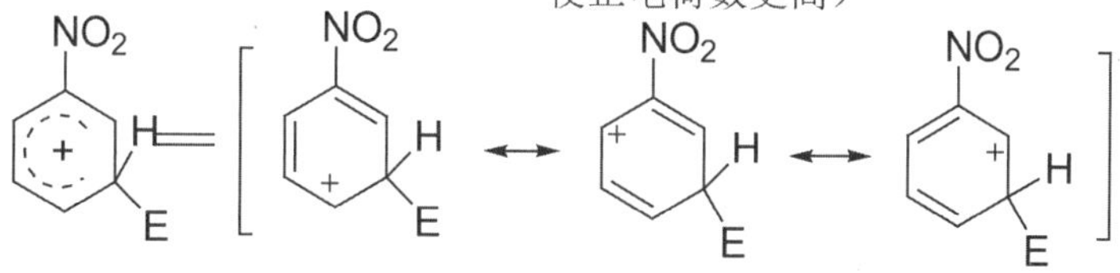

(硝基吸电子基使正电荷数更高)

(硝基吸电子基使正电荷数更高)

③二元取代苯发生亲电取代反应时,若两取代基不同类,新基团进入位置由邻对位基团决定;若两取代基同类,新基团进入位置由活化能力(或钝化能力)强的基团决定。

6. 取代萘亲电取代反应定位规律

(1)当萘的 α 位上有邻对位取代基时,新基团主要进入同环的 α 位。如:

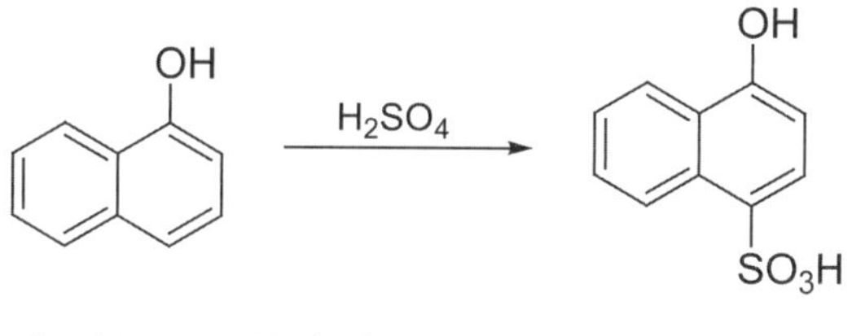

H_2SO_4

(2)当萘的 β 位上有邻对位取代基时,新基团主要进入同环邻位的 α 位。如:

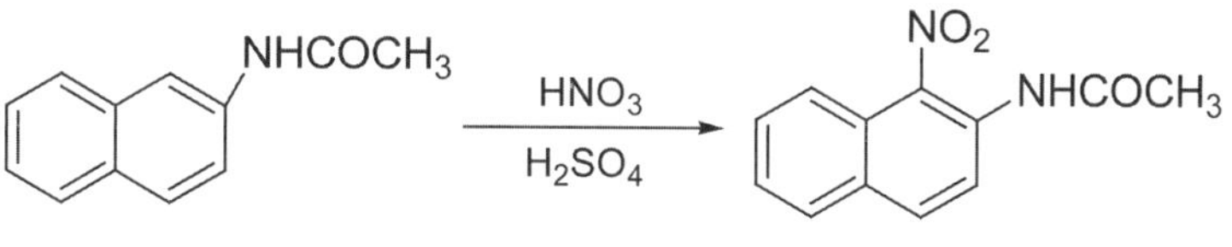

HNO_3 / H_2SO_4

(3)当萘的 α 位或 β 位上有间位取代基时,新基团主要进入另一环的 α 位。如:

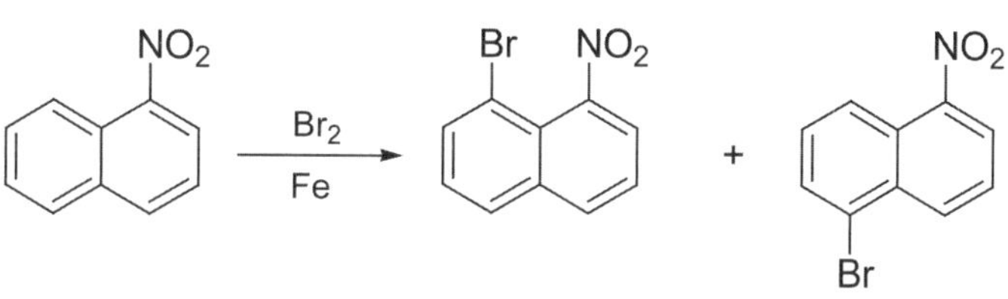

Br_2 / Fe

7. 非苯系芳烃

用休克尔规则推断非苯系芳烃有无芳香性,要满足以下两个条件。

①单环共轭多烯成环的碳原子必须是同一平面或接近同一平面。如：

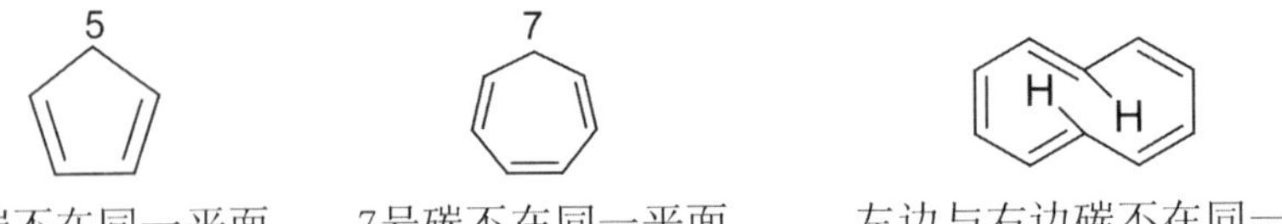

②π 电子数则是未杂化 p 轨道互相平行交盖的离域大 π 键中的电子的数目，要符合休克尔规则。如：

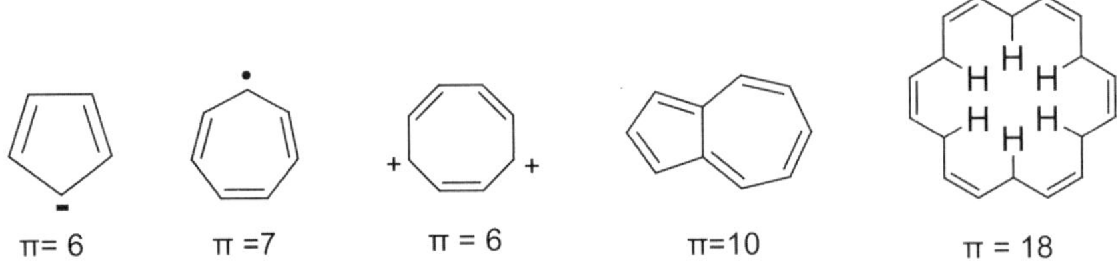

四、典型例题

例 1　用系统命名法命名。

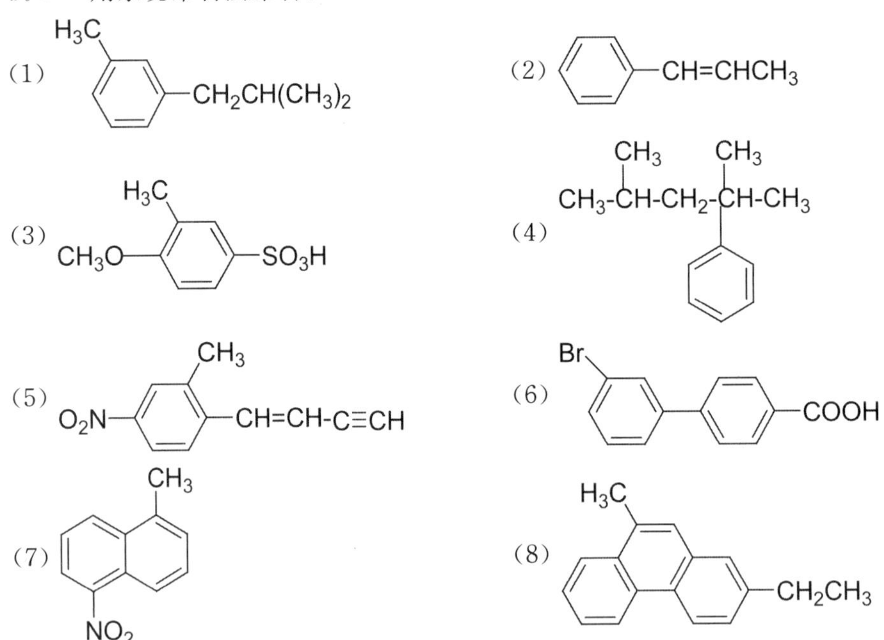

[解析]　含苯环化合物命名时，若侧链是简单的烷基、卤素、硝基或亚硝基，以苯为母体，按支链小号原则，将苯环编号；若是复杂的烷基和其他基团，均以侧链为主体，将苯环作为取代基，按链状化合物命名法编号命名。当遇到支链中的支链时，以基团原子为 1 号，对支链进行编号命名，其名称加上括号。萘、蒽、菲有相对固定的编号方法。

(1)3-甲基异丁苯　　(2)1-苯基-1-丙烯

(3)3-甲基-4-甲氧基苯磺酸　　(4)2,4-二甲基-2-苯基戊烷

(5)1-(2-甲基-4-硝基苯基)-1-丁烯-3-炔　　(6)4-(3-溴苯基)-苯甲酸

(7)1-甲基-5-硝基萘　　(8)9-甲基-2-乙基菲

例2　写出下列反应的主要产物。

(1) 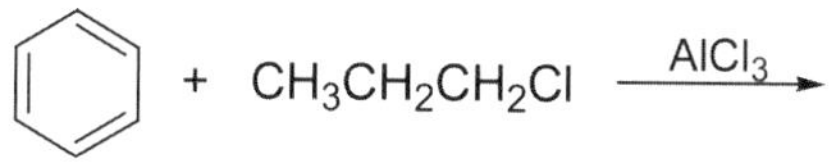 + $CH_3CH_2CH_2Cl$ $\xrightarrow{AlCl_3}$

(2) CH_3 + $(CH_3)_2C{=}CH_2$ $\xrightarrow{H^+}$

(3) OH $\xrightarrow{HF}$

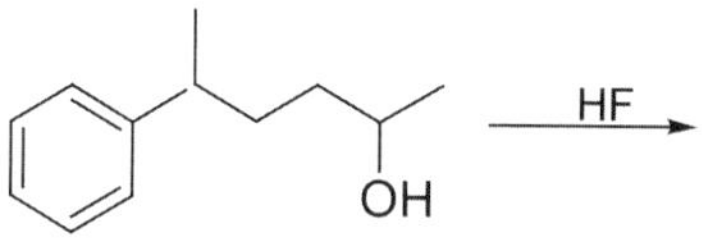

(4) 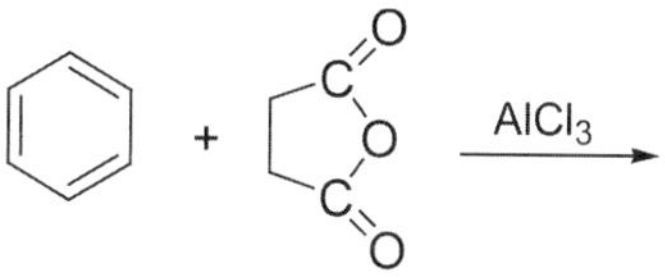 + C=O, O, C=O $\xrightarrow{AlCl_3}$

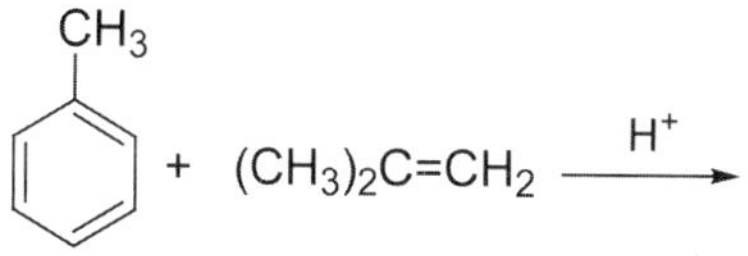

(5) 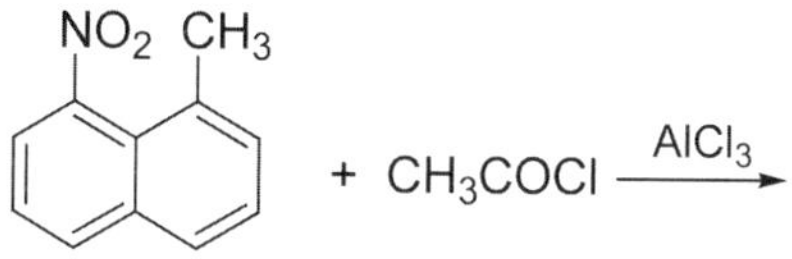 NO_2 CH_3 + CH_3COCl $\xrightarrow{AlCl_3}$

(6) 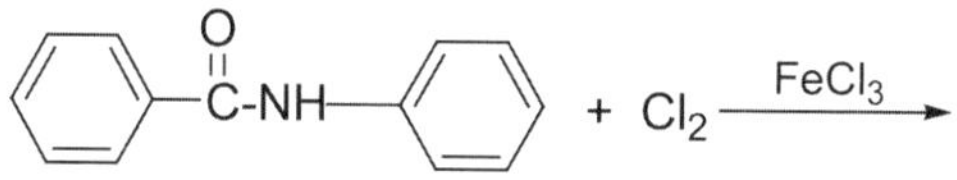 O, C-NH + Cl_2 $\xrightarrow{FeCl_3}$

(7) 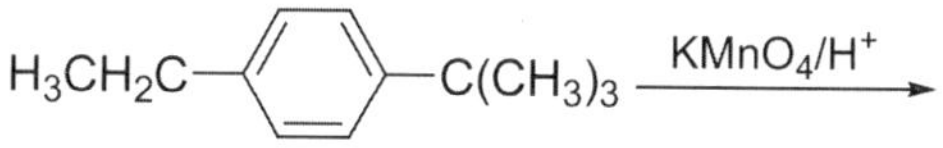 H_3CH_2C— —$C(CH_3)_3$ $\xrightarrow{KMnO_4/H^+}$

(8) 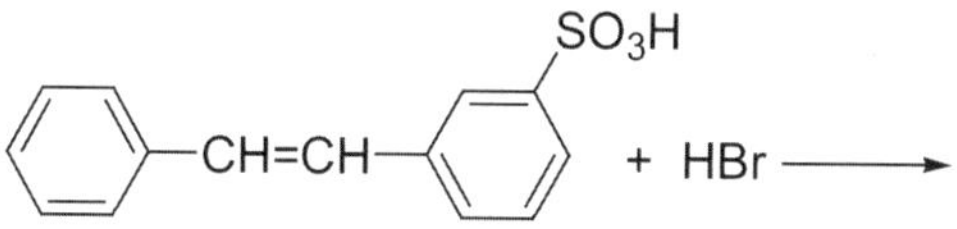 SO_3H, —CH=CH— + HBr ⟶

(9) 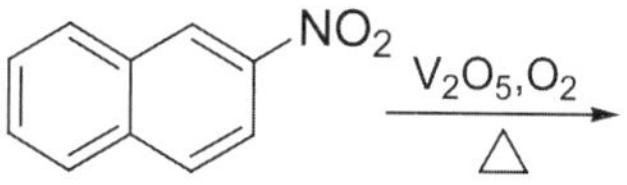 NO_2 $\xrightarrow[\triangle]{V_2O_5,O_2}$

(10) 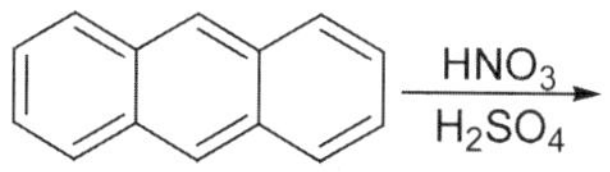 $\xrightarrow[H_2SO_4]{HNO_3}$

[解析]　(1)、(2)、(3)为烷基化反应，碳正离子作为亲电试剂，不稳定的碳正离子可能重排为较稳定的碳正离子。(1)重排；(2)不重排，进攻对位空间位阻小；(3)不重排，直接进攻邻位生成六元环。

(1) 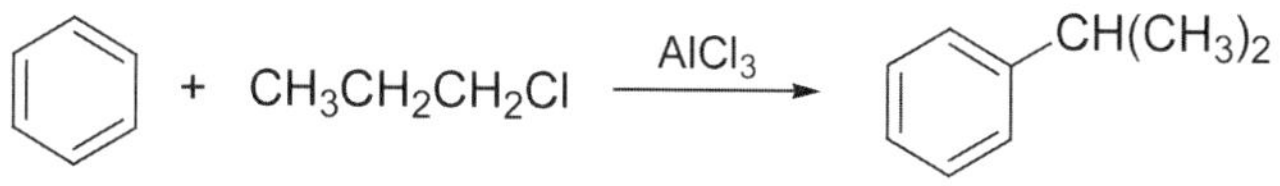 + $CH_3CH_2CH_2Cl$ $\xrightarrow{AlCl_3}$ $CH(CH_3)_2$

(2) CH_3 + $(CH_3)_2C{=}CH_2$ $\xrightarrow{H^+}$ H_3C— —$C(CH_3)_3$

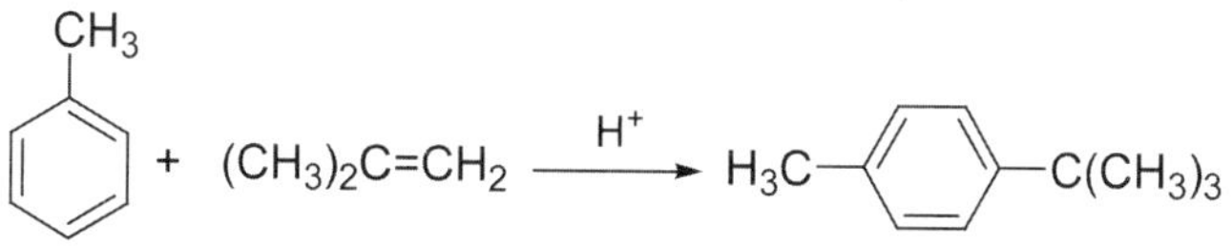

(3) 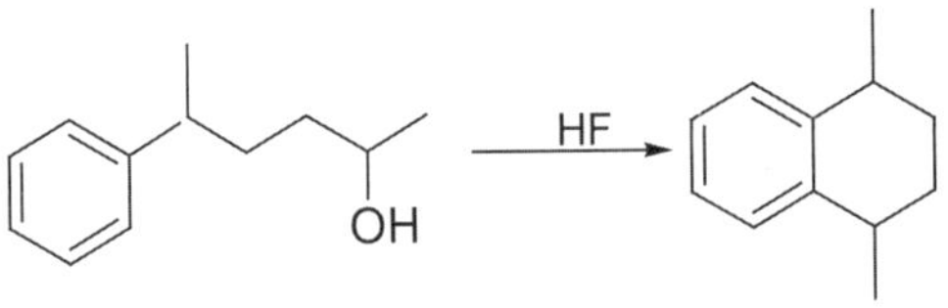 [reaction scheme: 5-phenylhexan-2-ol →(HF) 1,4-dimethyltetralin]

(4)、(5)为酰基化反应，没有重排，酰基进攻电子云密度大的苯环；(6)电子云密度大的苯环易发生亲电取代；(7)有 α-H 的侧链，不管碳链多长，都氧化为—COOH。

(4) 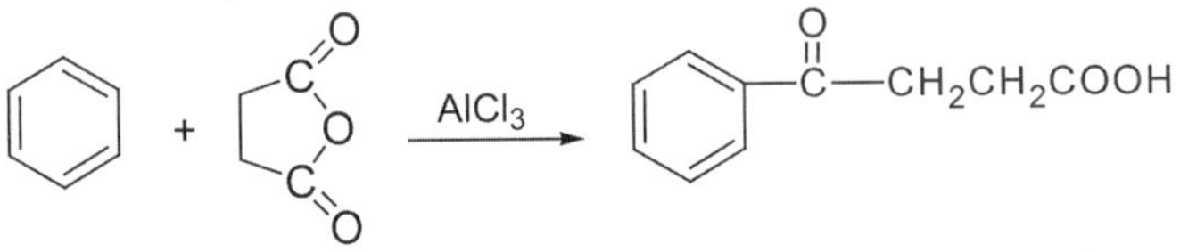 benzene + succinic anhydride $\xrightarrow{AlCl_3}$ C_6H_5—CO—CH_2CH_2COOH

(5) 1-nitro-8-methylnaphthalene + CH_3COCl $\xrightarrow{AlCl_3}$ (NO₂, CH₃, $COCH_3$ substituted naphthalene) + (NO₂, CH₃, $COCH_3$ substituted naphthalene)

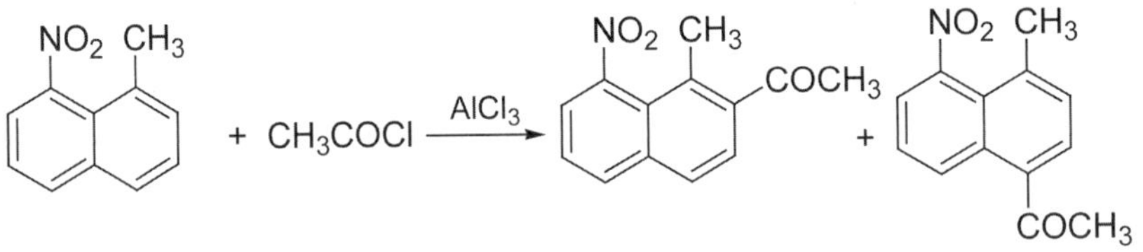

(6) 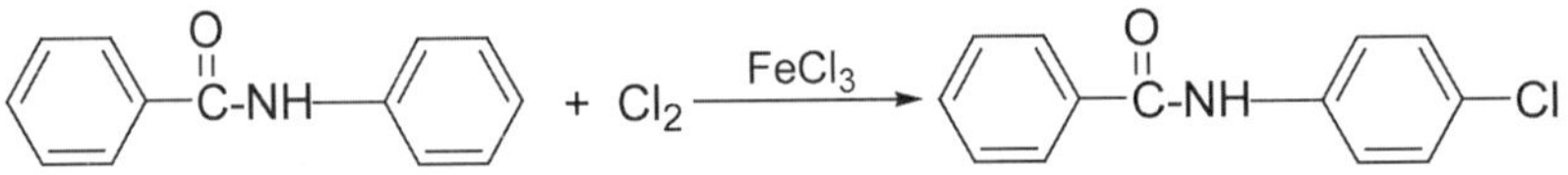 C_6H_5—C(=O)-NH—C_6H_5 + Cl_2 $\xrightarrow{FeCl_3}$ C_6H_5—C(=O)-NH—C_6H_4—Cl

(7) 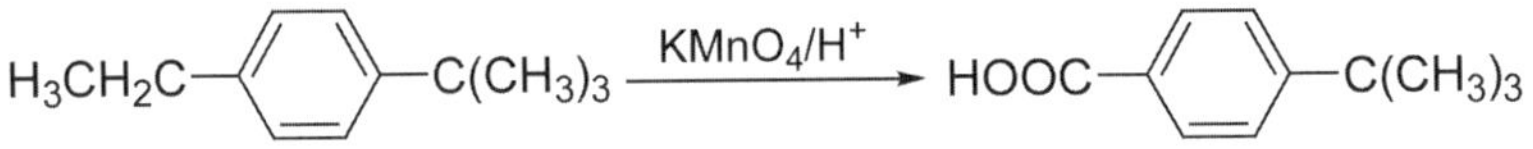 H_3CH_2C—C_6H_4—$C(CH_3)_3$ $\xrightarrow{KMnO_4/H^+}$ HOOC—C_6H_4—$C(CH_3)_3$

(8)H^+进攻双键右边碳，能形成较稳定的碳正离子；(9)电子云密度高的苯环易发生氧化；(10)9、10 号位是蒽的亲电取代反应活性位。

(8) 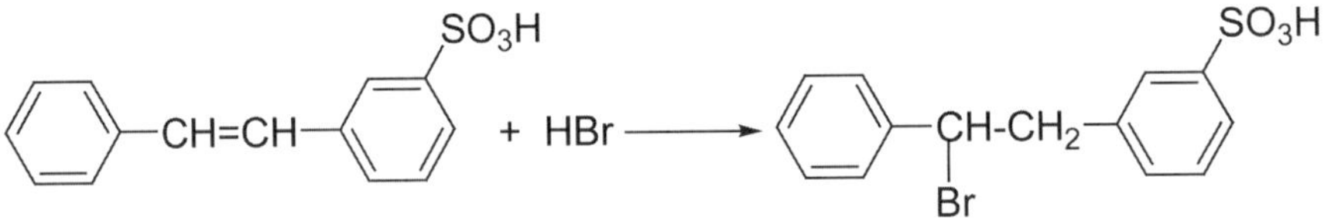 C_6H_5—CH=CH—C_6H_4(SO_3H) + HBr → C_6H_5—CH(Br)-CH_2—C_6H_4(SO_3H)

(9) 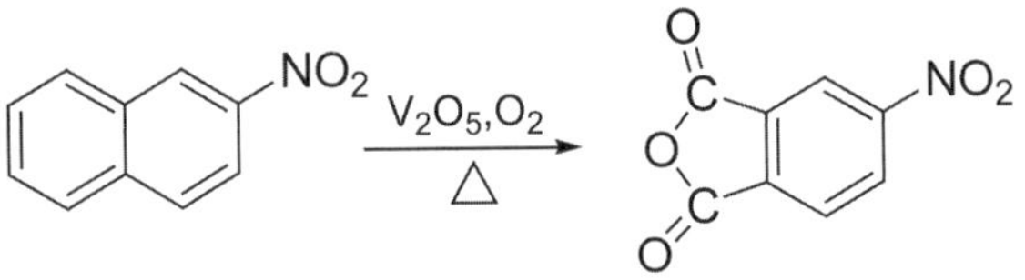 2-nitronaphthalene $\xrightarrow[\triangle]{V_2O_5,O_2}$ 4-nitrophthalic anhydride (O=C—O—C=O, NO_2)

(10) 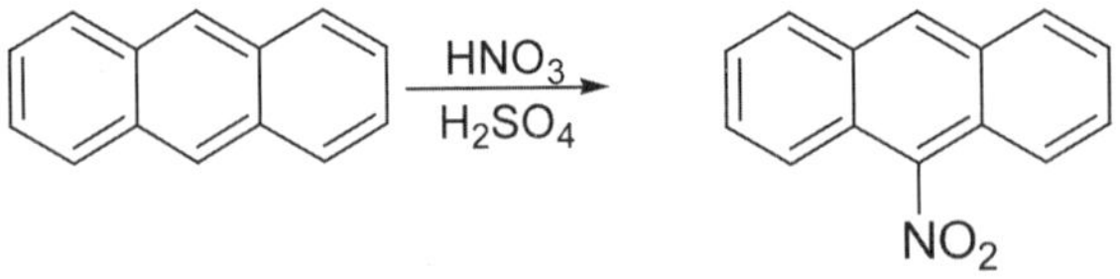 anthracene $\xrightarrow[H_2SO_4]{HNO_3}$ 9-nitroanthracene (NO_2)

例 3 预测下列化合物发生一硝基化反应时硝基优先取代的位置。

(1) 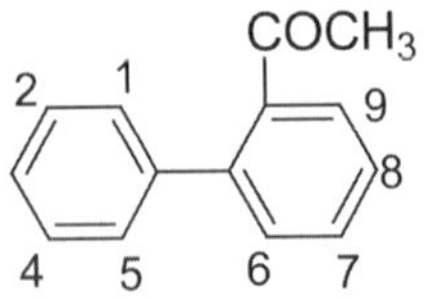 [biphenyl with $COCH_3$; positions numbered 1–9]

(2) [biphenyl with OCH_3; positions numbered 1–9]

(3) [naphthalene with OH and H_3C; positions numbered 1–6]

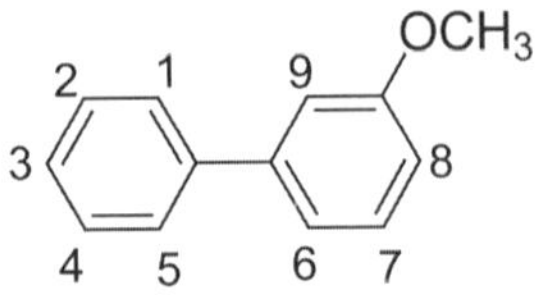

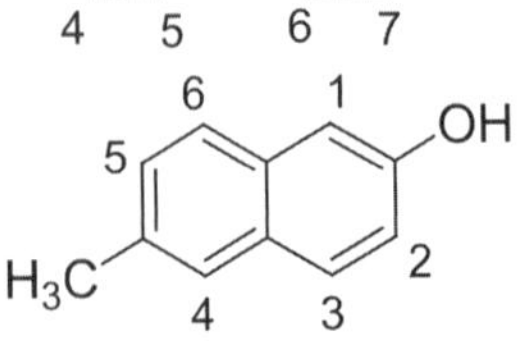

［解析］ (1) CH_3CO—为钝化基，硝化反应发生在左边的苯环上，对左边的苯环来说，右边的苯环是邻对位基团，故硝基取代应是 1(5) 或 3 号位，考虑到 1(5) 号位与右边的苯距离近，反应空间位阻大，所以硝基优先取代是 3 号位。

(2) —OCH_3 是活化苯环的邻对位基团，硝化反应发生在右边的苯环 8、9 号位上，考虑到左边的苯环的空间位阻，硝基优先取代 8 号位。

(3) 萘的亲电取代反应活性位为 α，因—OH 活化能力较—CH_3 强，—OH 位于 β 位，其邻位的 1 号位是硝基优先取代反应位。

例 4　用共振理论解释。

(1) 苯乙烯中的乙烯基是邻位定位基。

(2) 氯苯亲电取代慢于苯，但氯是邻对位定位基。

(3) 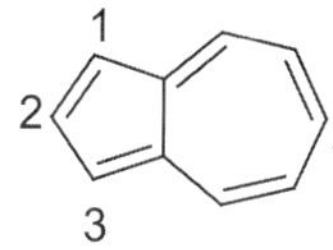

亲电取代发生在五元环的 1、3 号位。

［解析］ (1) 亲电试剂进攻邻对位、间位形成的 σ 络合物的共振结构式如下：

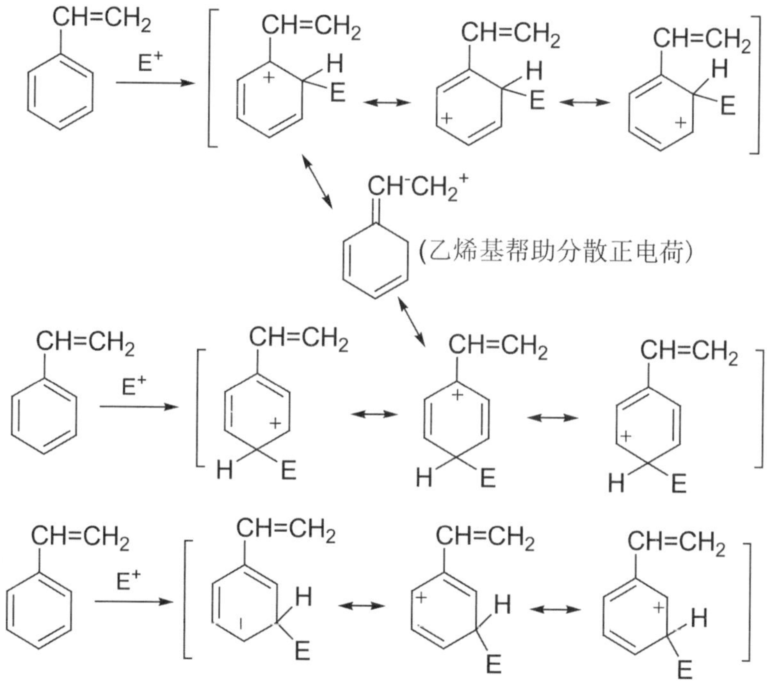

取代在邻对位时，生成的 σ 络合物中的正电荷可以分散到乙烯基上；取代在间位时，乙烯基没有起到分散正电荷的作用。所以，进攻邻对位时生成的 σ 络合物稳定，乙烯基为邻对位定位基。

(2) 因 Cl 的电负性大于 C，其吸电子诱导效应使苯环电子云密度降低，因而氯苯的亲电取代反应较苯环慢。亲电试剂进攻邻位或对位时，所生成的 σ 络合物共振结构中，Cl 原子上一对 p 电子通过 p-p 共轭效应，可以分散正电荷；而进攻间位时，生成的 σ 络合物共振结构中，没有这种共轭效应将其正电荷分散，所以氯是邻对位定位基。

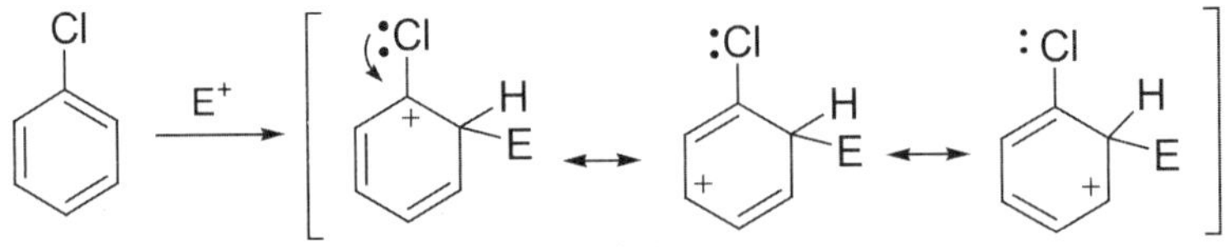

p-p 共轭效应，稳定

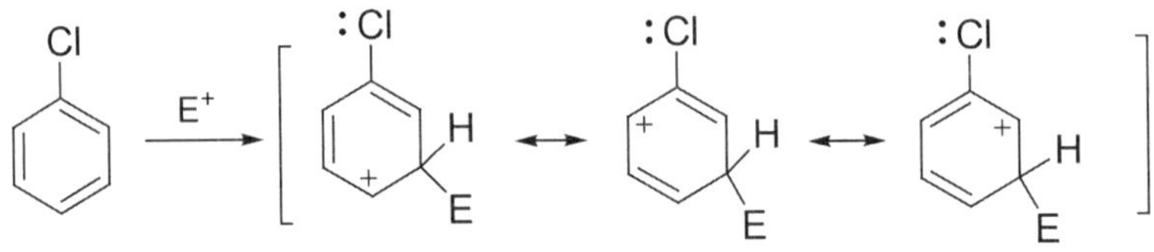

(3)该化合物同平面，π电子数为10，符合休克尔规则，有芳香性，因具有偶极距，可表示为：

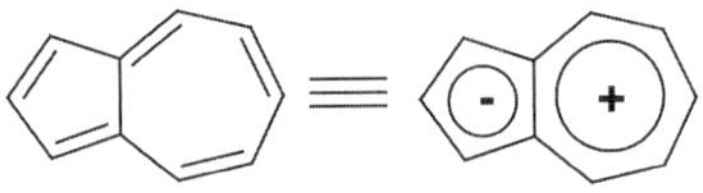

两环分别有6个电子，相当于五元环多一电子，七元环少一电子，所以电子云密度以五元环最高，亲电取代首先发生在五元环上。亲电试剂进攻1(3)、2号位的σ络合物共振结构式如下：

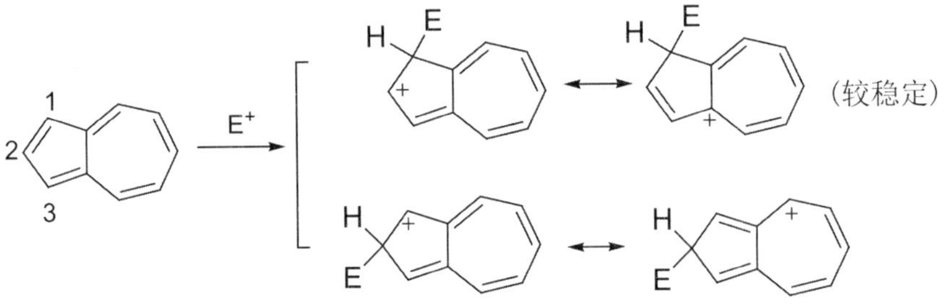

(较稳定)

进攻1(3)号位生成σ络合物的正电荷能被更好地分散，结构更稳定，所以，1(3)号位是亲电试剂首先进攻的反应位。

例5 写出下列反应可能的机理。

(1) 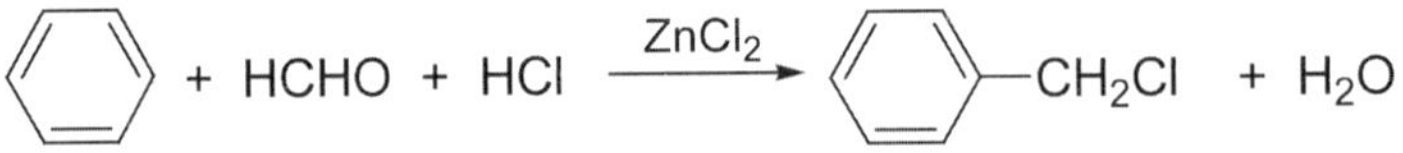 $C_6H_6 + HCHO + HCl \xrightarrow{ZnCl_2} C_6H_5CH_2Cl + H_2O$

(2) $m\text{-}H_3C\text{-}C_6H_4\text{-}CH_2CH_2\text{-}C(CH_3)_2\text{-}CH_2Cl \xrightarrow{AlCl_3}$ (1-乙基-1,5-二甲基茚满：H_3C, CH_2CH_3, H_3C)

(3) $H_3CO\text{-}C_6H_4\text{-}CH_2COCl + CH_2{=}CH_2 \xrightarrow{AlCl_3}$ (6-甲氧基-2-四氢萘酮，H_3CO)

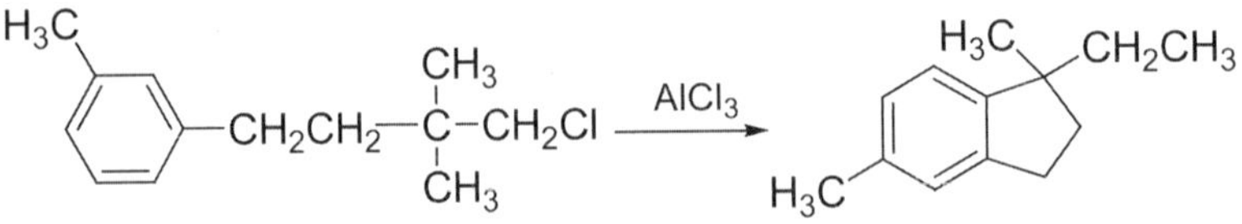

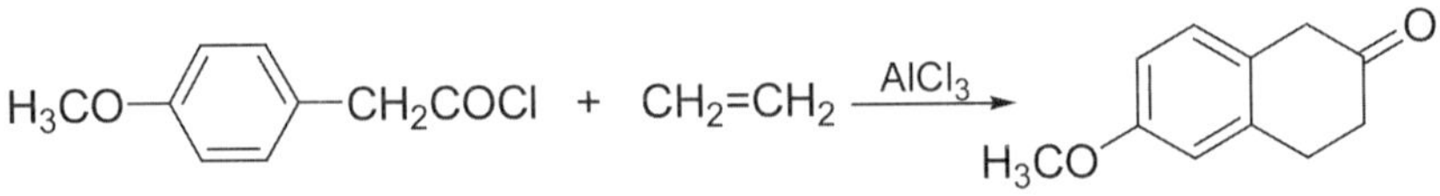

[解析] (1)参照苯环亲电取代反应机理。

$$CH_2{=}O + HCl + ZnCl_2 \longrightarrow CH_2{=}O^{+}H + ZnCl_3^{-}$$

$$CH_2=O^+H \longleftrightarrow {}^+CH_2OH$$

(2)首先形成烷基碳正离子，重排为稳定的叔碳正离子，然后作为亲电试剂进攻苯的空间位阻小的邻位，形成σ络合物，最后脱 H^+，生成产物。

重排

进攻邻位

(3)形成酰基碳正离子，作为亲电试剂进攻乙烯的π键，形成新的烷基碳正离子，然后与苯环发生亲电取代反应，生成产物(虽然—OCH_3 是较强的邻对位定位基，但进攻其间位形成六元环要比进攻其邻位形成七元环稳定得多)。

亲电取代

例6 以苯或甲苯及C原子数≤2的烃为原料，合成下列化合物。

(1) (2) (3)

[解析] (1)选用甲苯为起始物。甲基为邻对位定位基，如果直接溴代，得到的产物有邻对位一取代物、二取代物及三取代物，所以产物复杂，产率低。若用磺酸基的对位占位后再溴代，则可大大提高目标物产率。

$$\text{C}_6\text{H}_5\text{CH}_3 \xrightarrow[100^\circ\text{C}]{H_2SO_4} p\text{-}CH_3C_6H_4SO_3H \xrightarrow{Br_2,Fe} \text{2,6-二溴-4-甲基苯磺酸} \xrightarrow[\triangle]{H_3O^+} \text{2,6-二溴甲苯}$$

(2)选用苯为原料，三个基团发生取代反应的先后次序主要取决于两个因素：一是定位基的定位效应；二是亲电取代反应发生的难易，即原有基团对苯环电子云密度的影响。按基团定位效应，有三种方案：

①先磺化，再氯代，最后烷基化，因—SO_3H和—Cl都有钝化苯环的作用，使烷基化反应难以进行。

②先氯代，再烷基化，最后磺化，因—Cl为邻对位定位基，烷基化产物中还有较多的对位产物，邻位产物收率低。

③先烷基化，再高温磺化，最后氯代，从定位和反应活性分析，是三个方案中最好的。

$$CH_2{=}CH_2 + HBr \longrightarrow CH_3CH_2Br$$

$$C_6H_6 \xrightarrow[AlBr_3]{CH_3CH_2Br} C_6H_5CH_2CH_3 \xrightarrow[100^\circ\text{C}]{H_2SO_4} p\text{-}CH_3CH_2C_6H_4SO_3H \xrightarrow{Cl_2,Fe} \text{4-乙基-3-氯苯磺酸}$$

(3)本题有四个方案，优劣分析如下：

① $$C_6H_5CH_3 \xrightarrow[h\nu]{Cl_2} C_6H_5CH_2Cl$$
$$C_6H_6 \xrightarrow[H_2SO_4]{HNO_3} C_6H_5NO_2$$
$$\xrightarrow{AlCl_3} C_6H_5\text{—}CH_2\text{—}C_6H_4\text{—}NO_2$$

苯环上有钝化的间位定位基，烷基化反应难以进行。

② $$C_6H_5CH_3 \xrightarrow[h\nu]{Cl_2} C_6H_5CH_2Cl \xrightarrow[AlCl_3]{C_6H_6} C_6H_5\text{—}CH_2\text{—}C_6H_5$$

$$\xrightarrow[H_2SO_4]{HNO_3} C_6H_5\text{—}CH_2\text{—}C_6H_4\text{—}NO_2$$

亚甲基为邻对位定位基，硝化反应时取代上的硝基不止一个，产物复杂，产率低下。

③ $$C_6H_5CH_3 \xrightarrow[H_2SO_4]{HNO_3} O_2N\text{—}C_6H_4\text{—}CH_3 \xrightarrow[h\nu]{Cl_2} O_2N\text{—}C_6H_4\text{—}CH_2Cl$$

$$\xrightarrow[AlCl_3]{C_6H_6} C_6H_5\text{—}CH_2\text{—}C_6H_4\text{—}NO_2$$

第一步的硝化产物，除了对位，还有邻位及二硝基和三硝基产物，产物分离难，产率也低。

④

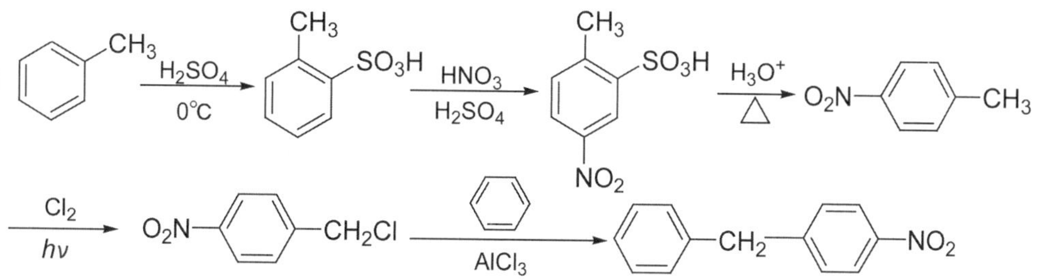

利用磺酸基定位，对硝基甲苯产率高，是四种线路中最佳的。

例7 某芳烃A的分子式为C_9H_8，能与$Cu(NH_3)_2Cl$反应生成红色沉淀，催化加氢得B(C_9H_{12})。将B用酸性$KMnO_4$氧化得到酸性化合物C为($C_8H_6O_4$)，C经加热失水得D($C_8H_4O_3$)。若将A与丁二烯作用，得到一个不饱和化合物E($C_{13}H_{14}$)，E催化脱氢得到2-甲基联苯。试推测A～E的结构式，并写出有关反应式。

[解析] A与$Cu(NH_3)_2Cl$反应生成红色沉淀，表明有—C≡CH，加氢产物B氧化为C中有4个氧原子，结合A有9个碳，则A的苯环上有—C≡CH和—CH_3两侧链。A与丁二烯的反应为A中—C≡CH作为亲双烯体的双烯合成反应，生成的E环内有2个双键的六元环，其六元环催化脱氢，又得一苯环，即产物2-甲基联苯，说明—C≡CH和—CH_3处于苯环邻位。结构式与反应式如下：

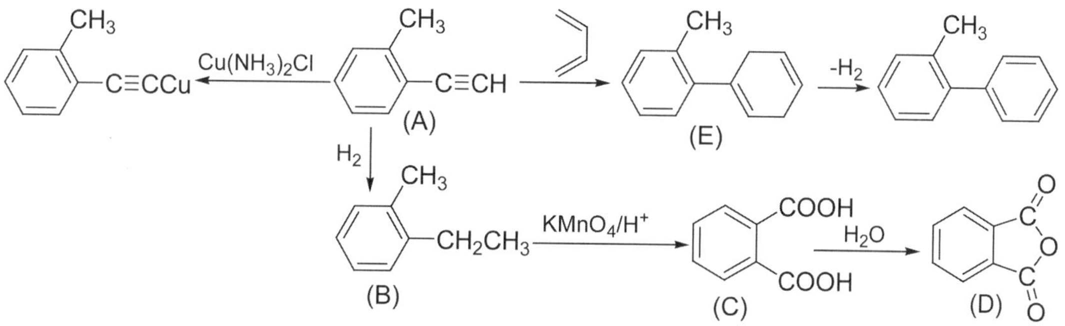

五、巩固提高

1.命名下列化合物。

(1)

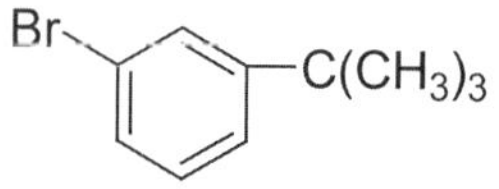

(2)

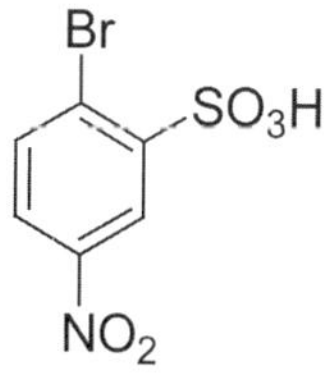

(3)

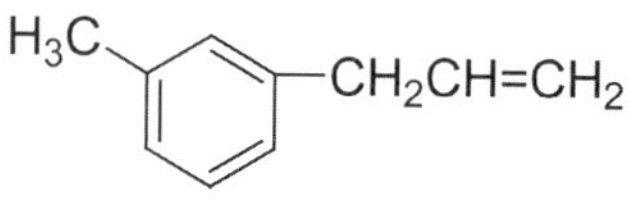

(4)

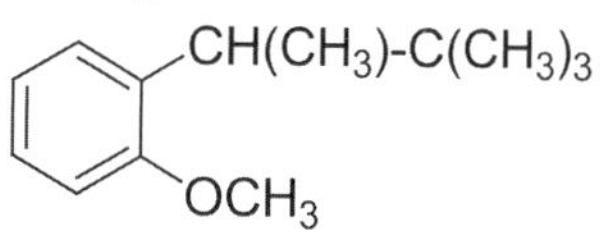

(5)

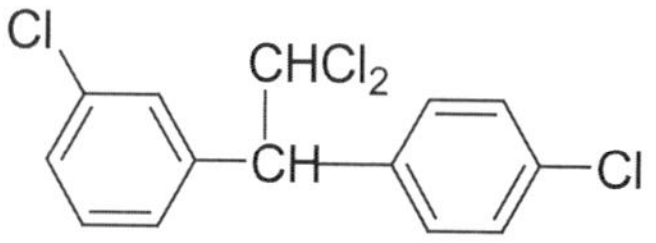

(6)

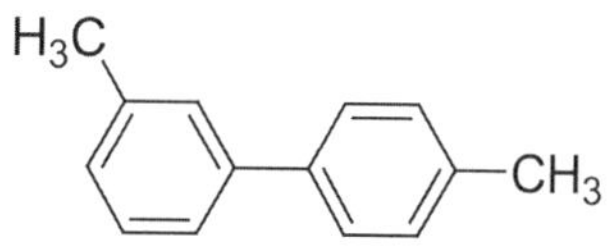

(7) 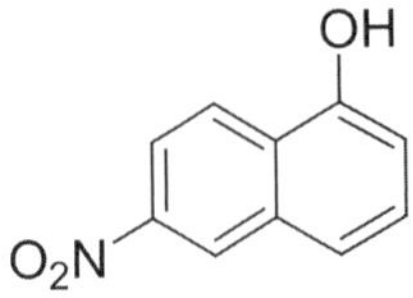 OH, O_2N

(8) 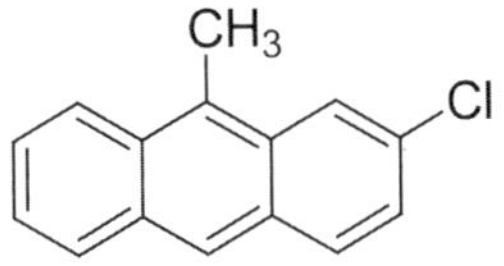 CH_3, Cl

(9) 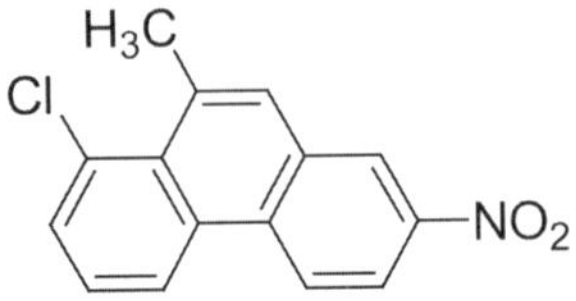 H_3C, Cl, NO_2

2.把下列各组化合物按硝化反应的活性从大到小排列。

(1)  A: benzene; B: $C_6H_5CH_3$; C: m-$C_6H_4(CH_3)_2$; D: p-$C_6H_4(CH_3)_2$

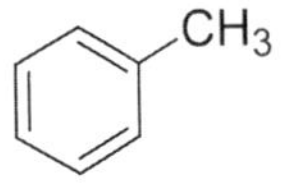

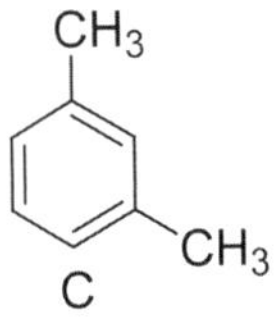

(2) A: C_6H_5Cl; B: $C_6H_5NO_2$; C: $C_6H_5CH_3$; D: C_6H_5COOH

(3) A: C_6H_5OH; B: $C_6H_5OC_2H_5$; C: $C_6H_5COOCH_3$; D: C_6H_5O-$COCH_3$

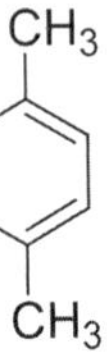

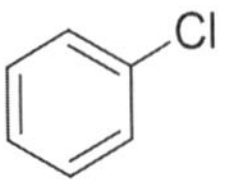

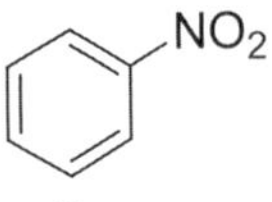

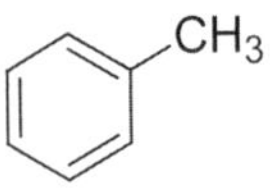

(4) A: p-$HOOC$-C_6H_4-CH_3; B: p-Cl-C_6H_4-NO_2; C: p-CH_3-C_6H_4-CH_3; D: p-O_2N-C_6H_4-NO_2

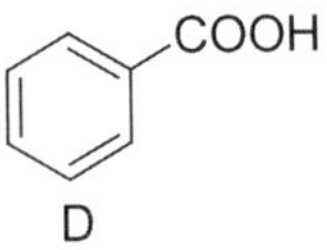

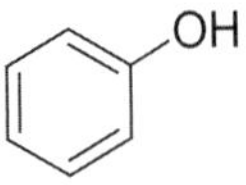

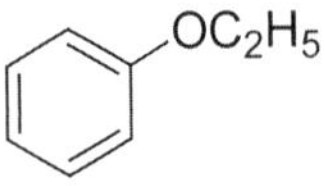

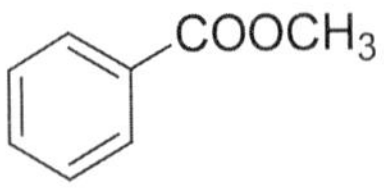

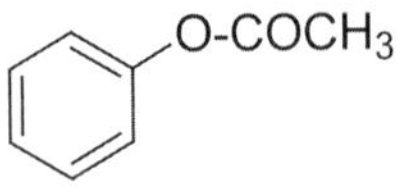

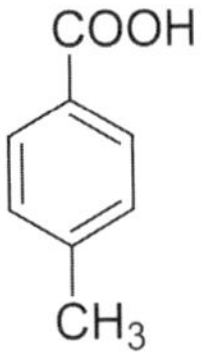

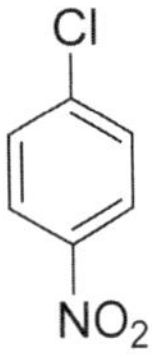

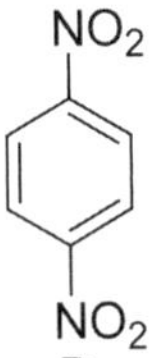

3.预测下列化合物进行酰基化反应时,酰基优先发生取代的位置。

(1) 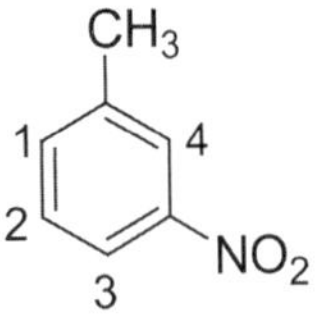 CH_3, NO_2; positions 1, 2, 3, 4

(2) Cl, $N(CH_3)_2$; positions 1, 2, 3, 4

(3) SO_3H, Br; positions 1, 2

(4) O-C(=O) ; positions 1, 2, 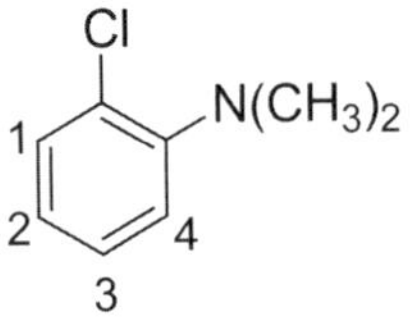 3, 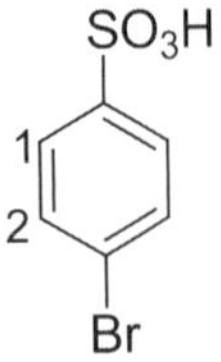 4, 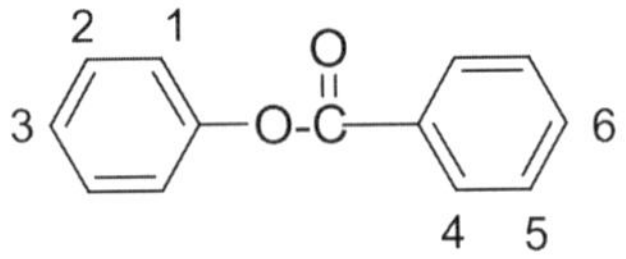 5, 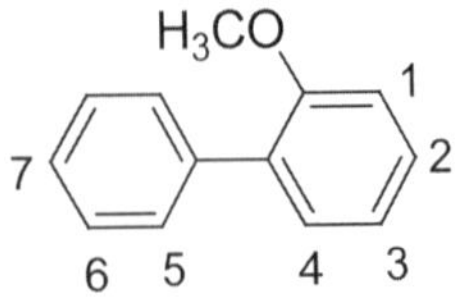 6

(5) H_3CO; positions 1, 2, 3, 4, 5, 6, 7

(6) NO_2; positions 1, 2, 3, 4, 5, 6, 7

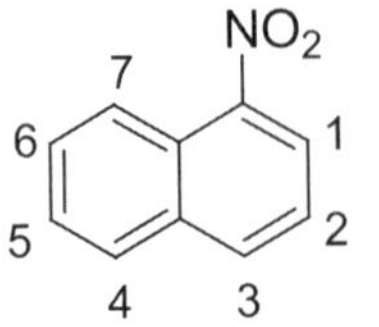

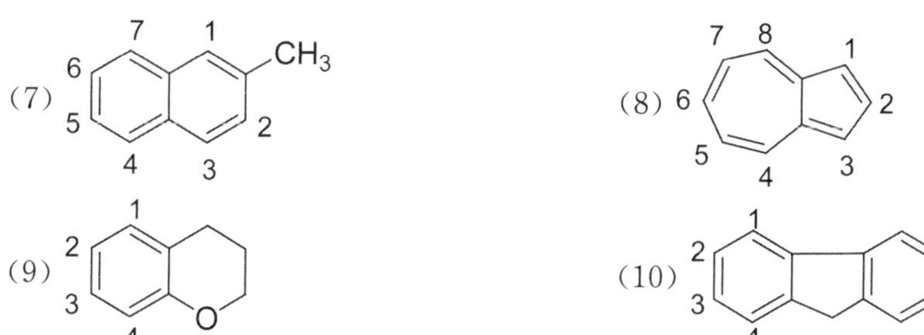

4. 根据休克尔规则判断下列各化合物是否有芳香性。

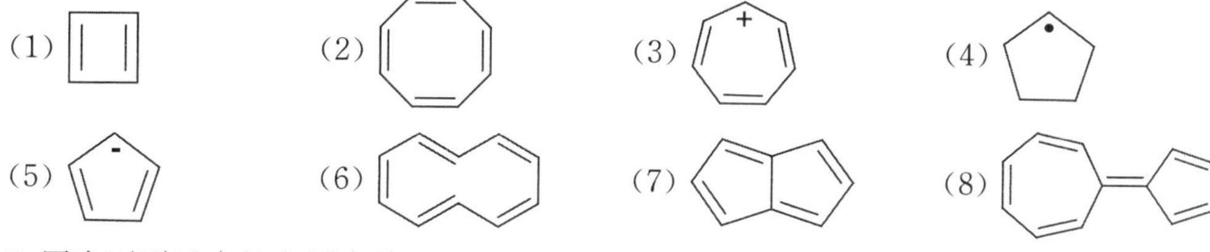

5. 写出下列反应的主要产物。

(1) $H_3C-C_6H_5$ + $CH_2=C(CH_3)-CH_2CH_3 \xrightarrow{BF_3}$

(2) $H_3C-C_6H_4-NO_2 \xrightarrow[FeCl_3]{Cl_2}$

(3) 2-氯联苯（Cl） $\xrightarrow[\triangle]{H_2SO_4}$

(4) 薁 $\xrightarrow[AlCl_3]{CH_3COCl}$

(5) 萘 + 丁二酸酐 $\xrightarrow[AlCl_3]{C_6H_5NO_2}$

(6) 蒽 + $CH_3CH=CH_2 \xrightarrow{H^+}$

(7) 1,2-二氢萘 $\xrightarrow{KMnO_4/H^+}$

(8) 菲 $\xrightarrow[H_2SO_4\ \triangle]{CrO_3}$

(9) 2-甲基萘（CH_3） $\xrightarrow[ZnCl_2,HCl]{HCHO}$

(10) $C_6H_5-\overset{O}{\overset{\|}{C}}-O-C_6H_5 \xrightarrow[H_2SO_4]{HNO_3}$

(11) $C_6H_5-CH=CH-CH_3 \xrightarrow{HBr}$

(12) C_6H_6 + $H_2C\overset{O}{—}CH_2$ $\xrightarrow{AlCl_3}$

(13) $C_6H_5-CH_2CH_2C(CH_3)(OH)-CH_3 \xrightarrow{H_2SO_4}$

(14) 间二甲苯（CH_3，CH_3）+ $(CH_3)_2CHCH_2Cl \xrightarrow[100℃]{AlCl_3}$

(15) $C_6H_5-CH=CH-CH_3 \xrightarrow[h\nu]{Cl_2}$

(16) 间位 CH_3 取代的苯环—CH_2CH_2COOH $\xrightarrow{HF}$

(17) $C_6H_5-CH=CH_2 \xrightarrow[AlCl_3]{CH_3COCl}$

(18) 2,3-二氢苯并呋喃 $\xrightarrow{H_2SO_4}$

(19) 2-硝基萘（NO_2）$\xrightarrow{KMnO_4/H^+}$

(20) $H_3CO-C_6H_4-C\equiv C-C_6H_5 \xrightarrow[HgSO_4/H_2SO_4]{H_2O}$

6.对下列反应提出合理的机理。

(1) C_6H_6 + $H_2SO_4 \longrightarrow C_6H_5-SO_3H$ + H_2O

(2) $C_6H_5-CH=CH_2 \xrightarrow{H^+}$ 1-甲基-3-苯基茚满（CH_3）

7.解释下列结果。

(1)叔丁苯硝化时只能得到约16%的邻位产物，而甲苯硝化时可得约50%的邻位产物。

(2)苯与 CH_3Cl 在 $AlCl_3$ 作用下生成甲苯和二甲苯，而苯与 CH_3COCl 在 $AlCl_3$ 下只生成单取代的苯乙酮。

(3)联苯发生亲电取代反应时，邻对位为取代反应位置。

8. 以苯、甲苯及C原子数≤2的烃为原料合成下列化合物。

(1) 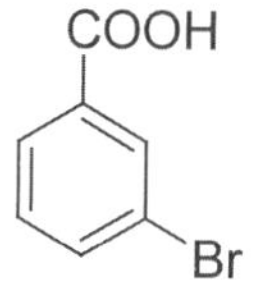 COOH Br

(2) Br Br NO_2

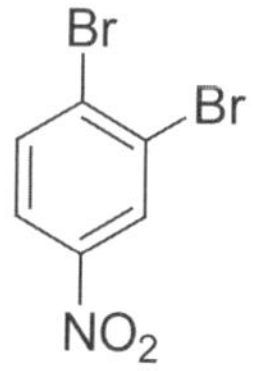

(3) 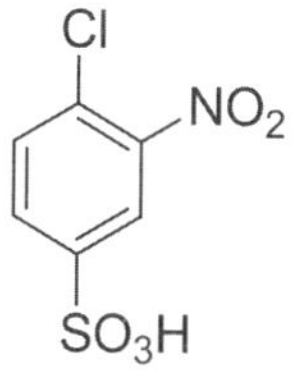 Cl NO_2 SO_3H

(4) 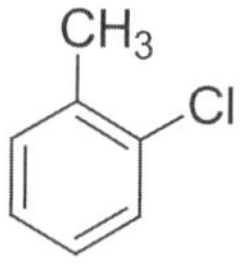 CH_3 Cl

(5) 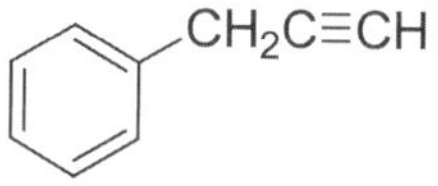 $CH_2C\equiv CH$

(6) 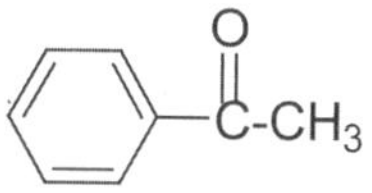 O C-CH_3

(7) 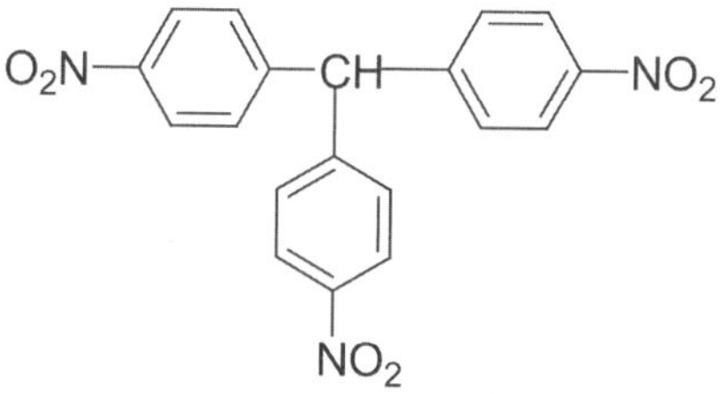 O_2N CH NO_2 NO_2

9. 化合物A的分子式为$C_{16}H_{16}$，可使溴的四氯化碳溶液褪色，常压催化氢化时可吸收1mol氢。A经酸性高锰酸钾氧化后只得到一个二元酸B[$C_6H_4(COOH)_2$]。B的一元溴化产物只有一种。试推测A、B的结构式，并写出各步反应式。

解析与答案
(6)

第 7 章　立体化学

一、知识点与要求

- ✧ 了解比旋光度、光学纯度、对映体过量百分数的概念及简单的计算。
- ✧ 掌握对映体、非对映体、外消旋体和内消旋体的概念，理解对映体、内消旋体与对称因素的关系。
- ✧ 了解手性分子的几种常见类型、立体构型的 D-L 与 R-S 标记法。
- ✧ 熟练掌握构型的立体结构式、立体透视式、费歇尔投影式、纽曼投影式的书写方法及相互转换方法。

二、重难点知识概要

1. 同分异构的类型

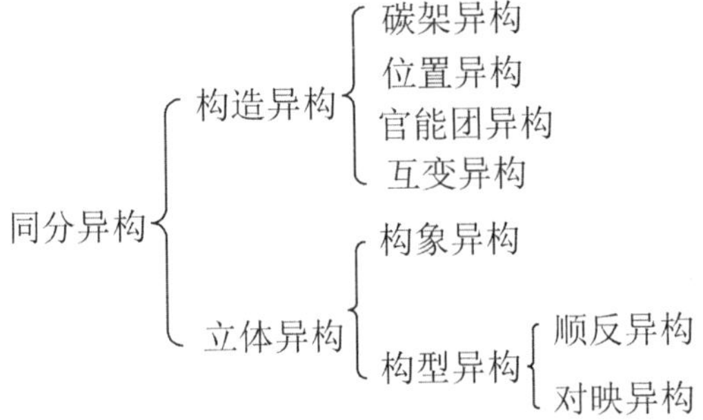

其中，构型是指分子内原子与原子团在“空间固定”的排列关系，如顺（反）-2-丁烯、R（S）-2-羟基丙酸。构象是指具有一定构型的分子由于单键的旋转或扭曲，原子或原子团在空间产生不同的排列，如乙烷的交叉式与重叠式、环己烷的椅式与船式。

2. 顺反异构的类型

①含 C═C 化合物的顺反异构

(*E*)-2-氯-2-丁烯
(顺)-2-氯-2-丁烯

(*Z*)-2-氯-2-丁烯
(反)-2-氯-2-丁烯

②含 C═N 化合物的顺反异构

(*Z*)-苯甲醛肟

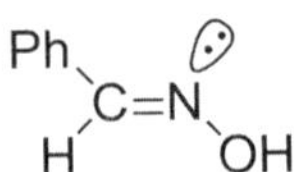

(*E*)-苯甲醛肟

③含 N═N 化合物的顺反异构

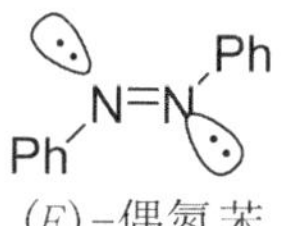

(*E*)-偶氮苯

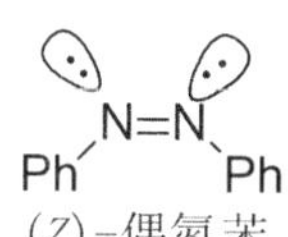

(*Z*)-偶氮苯

④含碳环化合物的顺反异构

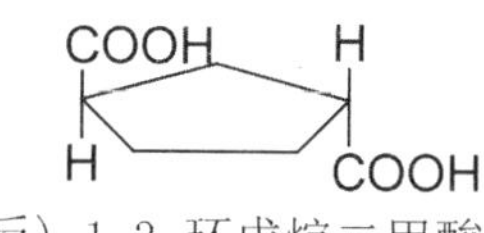

(反)-1,3-环戊烷二甲酸

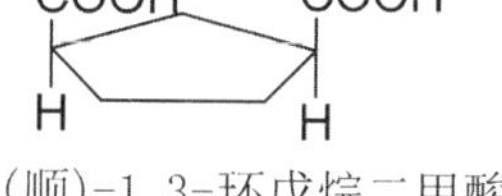

(顺)-1,3-环戊烷二甲酸

3. 对映异构的类型

(1)含手性碳原子的化合物

含1个手性碳原子的分子一定有旋光性；含2个或2个以上手性碳原子的分子可能有旋光性，也可能没有旋光性(如内消旋体)。

$CH_3CH_2\text{-}\overset{*}{C}H(Cl)\text{-}CH_3$
2个异构体

$HOOC\text{-}\overset{*}{C}H(OH)\text{-}\overset{*}{C}H(OH)\text{-}CH_3$
4个异构体

$HOOC\text{-}\overset{*}{C}H(OH)\text{-}\overset{*}{C}H(OH)\text{-}COOH$
3个异构体

(2)含其他手性原子的化合物

分子中含有四个键，键指向四面体的四个顶点，如果四个基团不同，就有旋光性，如砜类化合物和季铵盐等。

$C_6H_5\text{-}S(=O^{18})(=O^{16})\text{-}C_2H_5$
砜类化合物

$[C_6H_5CH_2\text{-}\overset{+}{N}(C_2H_5)(C_6H_5)\text{-}CH_3]Br^-$
季铵盐

棱锥结构的分子，如果中心原子与三个不同基团相连，也会产生旋光性，如膦化合物和亚砜类化合物。

$H_3C\text{-}P(C_2H_5)(C_6H_5)$
膦化合物

$C_6H_5\text{-}S(=O)\text{-}C_2H_5$
亚砜类化合物

(3)含手性轴的化合物

分子沿着通过中心的某个轴是不对称的，使分子整体产生手性，这种轴称为手性轴。

①丙二烯型化合物

手性轴

$H_3C(H)C=C=C(H)CH_3$ $\quad$ $H(H_3C)C=C=C(CH_3)H$

②螺环化合物

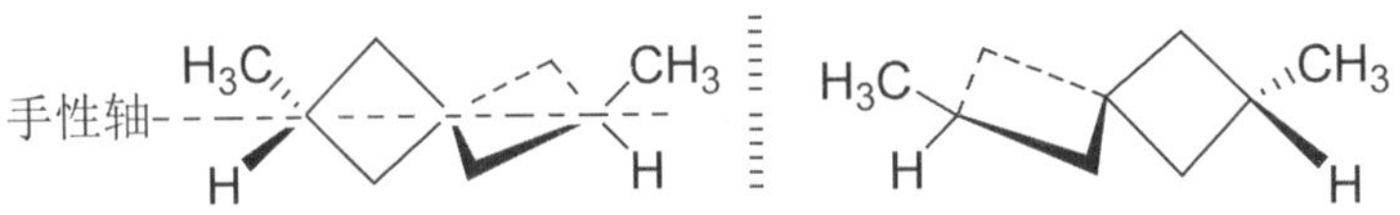

(4)阻转化合物

①联苯型化合物

当苯环邻位上连有体积较大的取代基时，两苯环之间的单键旋转受阻，使两苯环不能处在同一个平面上，若每个苯环取代基分布不对称，整个分子就有手性。

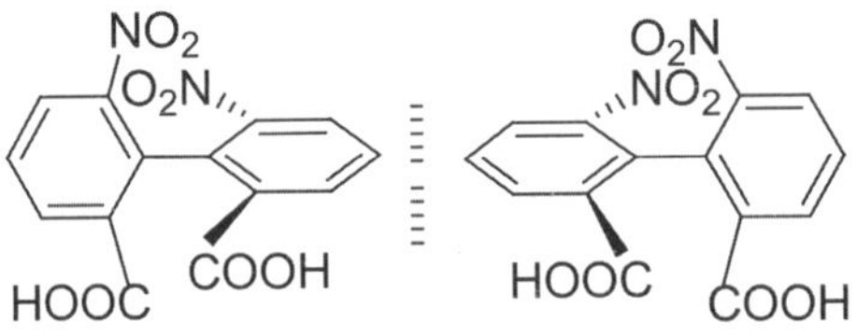

②把手型化合物

当苯环取代基足够大，而 n 较小，取代基被环醚挡住转不过去，若苯环上取代基分布是不对称的，整个分子就有手性。

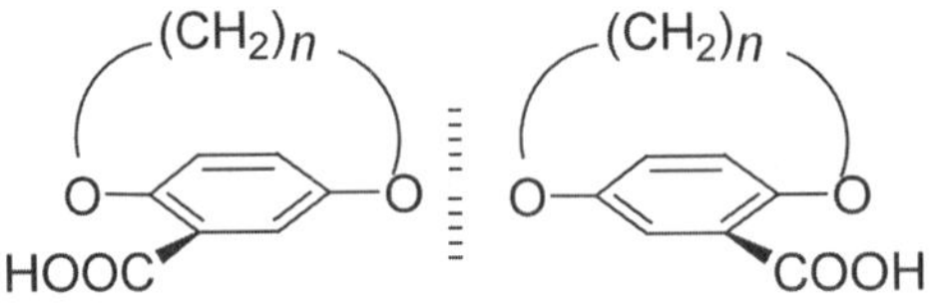

($n \leqslant 8$)

4. 分子手性与对称因素

判断一个分子是否具有手性的最可靠的方法是判断分子结构和它的镜像是否重叠，最简单的方法是判断分子是否存在对称面和对称中心。

(1)对称面(σ)

将分子切成互为对称的两半的一个平面，称为对称面。

(2)对称中心(i)

分子有一点 i，分子中任何一个原子或基团向 i 连线，在其延长线的相等距离处都能遇到相同的原子或基团，i 称为对称中心。

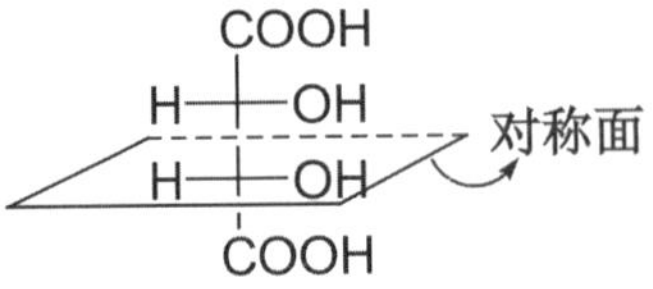

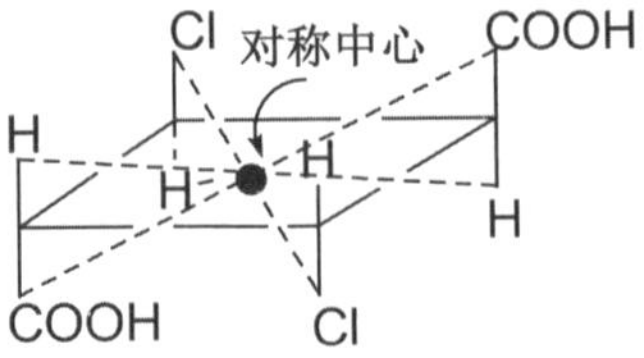

如果一个分子既没有对称面,也没有对称中心,那么该分子是手性分子。如果一个分子存在对称面或对称中心,该分子则为非手性分子。

5. 构型的标记方法

(1)D-L 标记

以甘油醛构型为标准,将主链垂直排列,在投影中最高氧化态的碳在上端,人为规定羟基在右侧为 D-构型,在左侧为 L-构型。含多个手性碳的,以编号最大的手性碳官能团为标准。

L-甘油醛　　D-甘油醛

L-氨基酸

D-葡萄糖

(2)赤式-苏式标记

在费歇尔投影式或重叠式构象中,2 个不同手性碳原子上相同基团处于同一侧,称为赤式,而处于异侧的称为苏式。

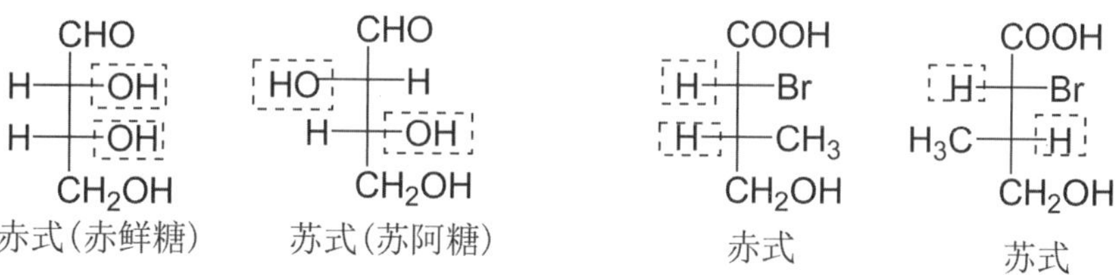

赤式(赤鲜糖)　苏式(苏阿糖)　赤式　苏式

(3)R-S 标记

①立体构型的 R-S 标记法

按次序规则将最小的基团放在观察者的对面,其余三个按大→中→小画弧线,若顺时针即为 *R* 型,逆时针即为 *S* 型。

(*S*)-2-羟基丙酸　　(*R*)-2-羟基丙酸

②费歇尔投影式的 R-S 标记法(横变竖不变)

当最小基团处于费歇尔投影式的竖线上时,其余三个按大→中→小在平面上画弧线,顺时针的为 *R* 型,逆时针的为 *S* 型(与立体构型方法相同,即小位竖不变)。

当最小基团处于费歇尔投影式的横线上时,其余三个按大→中→小在平面上画弧线,顺时针的为 *S* 型,逆时针的为 *R* 型(与立体构型方法相反,即小位横改变)。

CHO
HO—⊕—H
CH_2OH
(*S*)-甘油醛
(改变)

CHO
HO—⊕—CH_2OH
H
(*R*)-甘油醛
(不变)

不管哪种标记方法，都与物质的旋光方向无关，因为旋光方向是通过仪器测出来的，(+)或 *d* 表示右旋，(−)或 *l* 表示左旋。

6. 环状化合物的对映异构

环状化合物具有顺反异构体外，往往同时存在对映异构体，对于三元环、四元环、五元环、六元环，因环的翻转形成的构象异构体之间在室温下相互转化非常迅速，以至无法将它们分离出来，所以，在考虑对映异构体时，将环作为平面处理。

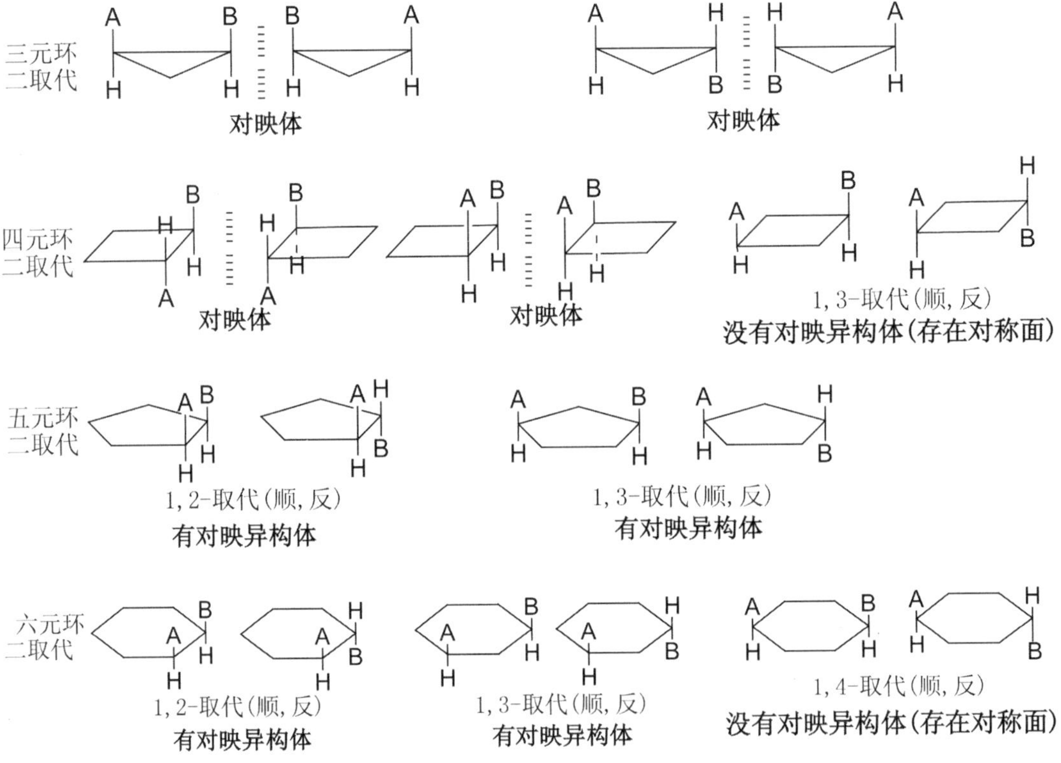

7. 费歇尔投影式与纽曼投影式之间的快速转换

费歇尔投影式的立体含义为横前竖后，转换时与纽曼投影式的重叠式相当，即竖竖叠、左左叠、右右叠，注意下竖基团在纽曼投影式的前下方。如：

COOH; H—OH; H—Br; CH_3 → COOH; H, OH; H, Br; CH_3 → H, OH, COOH; H, Br, CH_3 → OH, Br; H, H; H_3C, COOH

下竖基团　　　　前下位置

8. 光学纯度和对映体过量百分数

对映体混合物中手性物质的比旋光度除以该纯物质在相同条件下的比旋光度，称为该手性物质的光学纯度（P）。

$$\text{光学纯度}(P)=\frac{\text{混合样品实测的比旋光度}}{\text{纯物质的比旋光度}}\times 100\%$$

一个对映体的量超过另一个对映体的量的百分数称为对映体过量百分数（e.e%）。一般情况下其值等于光学纯度（P）。

$$\text{对映体过量百分数(e.e\%)}\begin{cases}\text{R过量时}=\dfrac{[R]-[S]}{[R]+[S]}\times 100\%=[R]\%-[S]\%=\text{光学纯度}(P)\\ \text{S过量时}=\dfrac{[S]-[R]}{[R]+[S]}\times 100\%=[S]\%-[R]\%=\text{光学纯度}(P)\end{cases}$$

三、典型例题

例1 下列各组化合物中，哪些是对映体、非对映体和同一化合物？

(1) 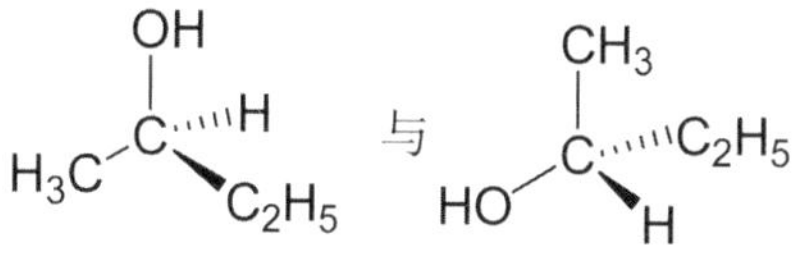 与 (2) 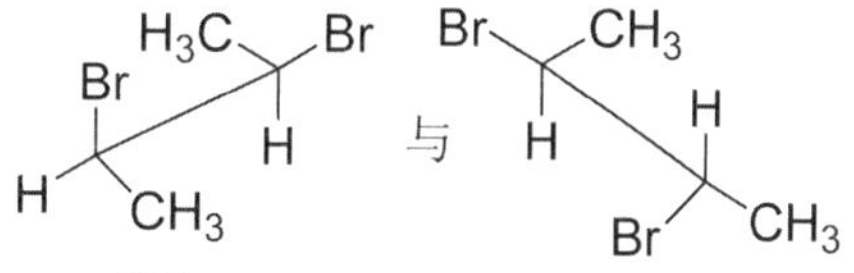 与

(3) 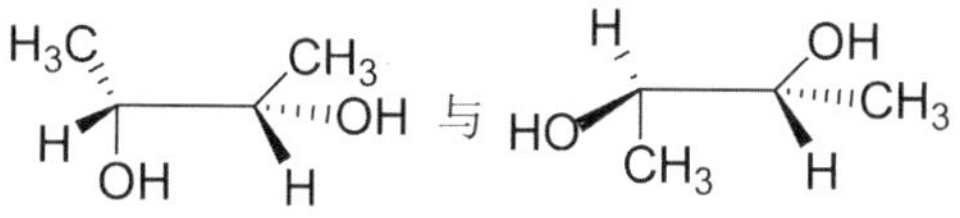 与 (4) 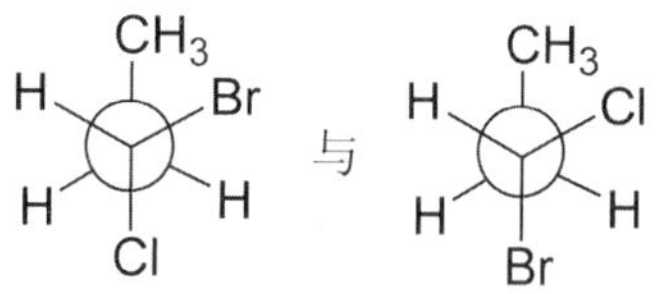 与

(5) 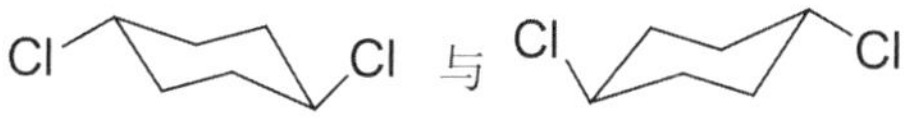 与 (6) 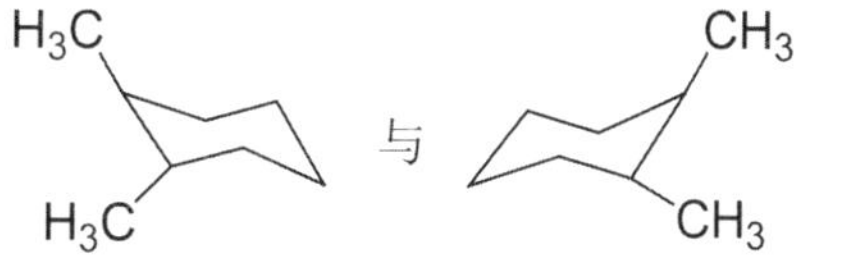 与

(7) 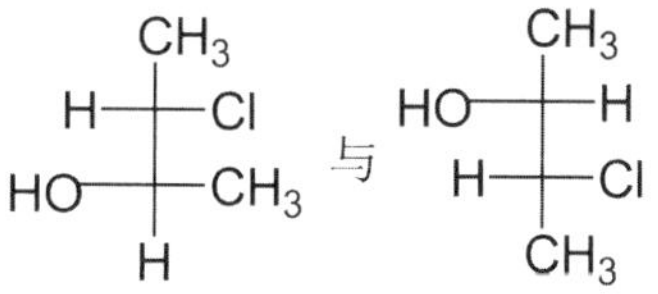 与 (8) 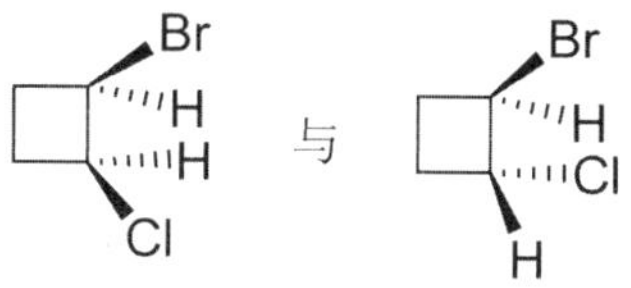 与

［解析］ 构造相同，则观察构型：如果构型相同（有对称面），为同一物质；如果构型不同、互为镜像关系，则为对映体；如果构型不同，不互为镜像关系，则为非对映体（或直接用 R-S 标记法来判别，因对称因素不容易找到）。

(1)同一化合物（均为 R 构型） (2)对映体（R,R 与 S,S）

(3)非对映体（R,S 与 R,R） (4)对映体（S 与 R）

(5)同一化合物（镜像重叠，也没手性碳） (6)对映体（S,S 与 R,R，镜像关系）

(7)非对映体（R,S 与 R,R） (8)非对映体（S,R 与 R,R）

例 2 指出下列化合物中手性碳原子和立体异构体的个数。

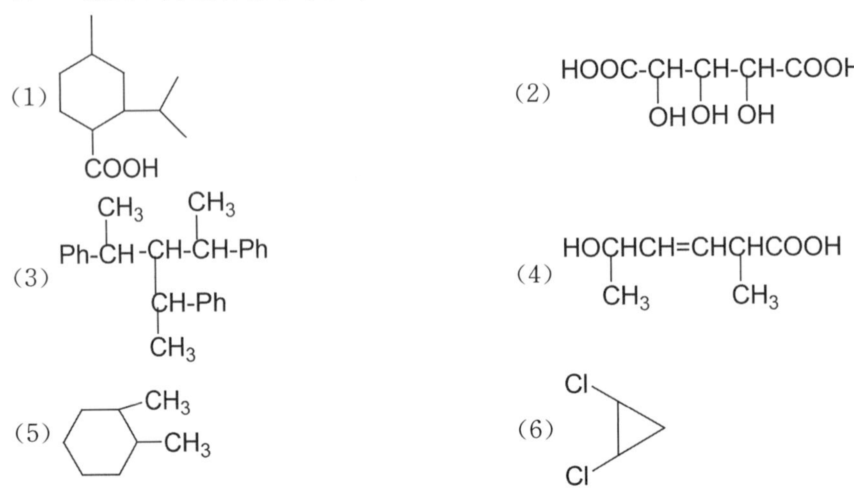

[解析] (1)有 3 个不同的手性碳原子,可产生 4 对对映体($2^3=8$ 个构型异构体)。

(2)有 2 个相同手性碳原子,可产生 1 对对映体和 2 个内消旋体(4 个构型异构体)。

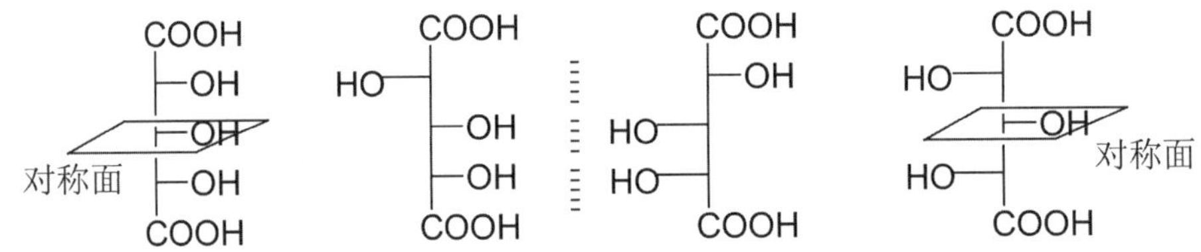

(3)有 3 个完全相同的手性碳原子,因中间碳为四面体对称构型,所以只有(3*R* | 3*S*)和(2*R*,1*S* | 2*S*,1*R*)2 对对映体(4 个构型异构体)。

(4)有 2 个不同手性碳原子,1 个能产生顺反异构的双键,有 8 个构型异构体。

(5)有 2 个完全相同手性碳原子,可产生 3 个构型异构体(1 对对映体和 1 个内消旋体)。

(6)有 2 个完全相同的手性碳原子,可产生 3 个构型异构体(1 对对映体和 1 个内消旋体)。

例 3 某化合物经立体选择反应后得到一对新的对映体,经测定,$[\alpha]_D^{20}=-10.14°$。已知纯左旋体的$[\alpha]_D^{20}=-50.72°$,求所得产物的以下数据:(1)光学纯度;(2)左旋体与右旋体的含量;(3)左旋体过量百分数。

[解析] (1)反应后测得$[\alpha]_D^{20}=-10.14°$,表明左旋体量超过右旋体量,则左旋体的光学纯度为:

$$P=\frac{\text{混合样品实测的比旋光度}}{\text{纯物质的比旋光度}}\times 100\% =\frac{10.14}{50.72}\times 100\% =20\%$$

(2) 左旋体光学纯度为 20%,表明所得产物中还有 80% 的外消旋体,因此,产物中右旋体含量 40%,左旋体含量 20% + 40% = 60%。

(3)左旋体过量百分数为:60% - 40% = 20%。

四、巩固提高

1. 比较$(2R,3R)$-2,3-二氯丁烷与$(2S,3S)$-2,3-二氯丁烷、$(2R,3S)$-2,3-二氯丁烷在下列性质方面的异同。

(1)沸点　　(2)熔点　　(3)相对密度

(4)比旋光度　　(5)折光率　　(6)水中溶解度

(7)水解反应速率　　(8)红外光谱　　(9)核磁共振谱

(10)气相色谱中的滞留时间

2. 命名下列化合物。

(1)　　(2)　　(3)

(4)　　(5)　　(6)

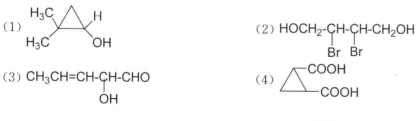

3. 判断下列化合物是否有光学活性。

(1)　　(2)

(3)　　(4)

(5)　　(6)

4. 下列化合物中有几个手性碳原子？各有几个立体异构体？

(1)

(2) $HOCH_2$-CH(Br)-CH(Br)-CH_2OH

(3) CH_3CH=CH-CH(OH)-CHO

(4)

(5) $(CH_3$-CH(Cl)$)_4$C

(6)

5.按要求写出下列立体结构之间的转换(最稳定的纽曼投影式)。

(1) Cl、H、CH_3、H、CH_3、Br(纽曼投影式) ——→ 费歇尔投影式

(2) H_3C、HO、H、H、OH、CH_3(楔形式) ——→ 费歇尔投影式

(3) (2*R*,3*R*)-2,3-二氯-3-苯基丙烷 ——→ 纽曼投影式

(4) (2*R*,3*S*)-2,3-丁二醇 ——→ 纽曼投影式

6.用费歇尔投影式写出3-氯-4-溴-1-戊烯的所有构型异构体,并用R-S标记法标记,以C_3—C_4为旋转轴,用纽曼投影式表示各异构体的优势构象。

7.某化合物经立体选择反应后得到一对新的对映体,经测定,混合物的比旋光度为$[\alpha]_{测}=+21°$,其中*R*型占85%。求对映体过量百分数及*R*型异构体的纯比旋光度$[\alpha]_{纯}$。

解析与答案

(7)

第 8 章　卤代烃

一、知识点与要求

- ✧ 了解卤代烃的结构、分类和命名。
- ✧ 掌握卤代烃的亲核取代反应、消去反应、与金属反应、还原反应。
- ✧ 掌握并理解 S_N1、S_N2、E1、E2 反应历程，立体化学，影响因素。
- ✧ 掌握格氏试剂（RMgX）的性质。
- ✧ 理解不同结构的卤代烃亲核取代活性差别的原因。
- ✧ 掌握卤代烃的制备方法。

二、化学性质与制备

1. 卤代烃的化学性质

(1)亲核取代反应

$$\underset{(X=Cl,Br,I)}{\text{R-X}} + \text{A:Nu} \longrightarrow \text{R-Nu} + \text{AX}$$

A:Nu = Na-OH, Na-SH, Na-CN, Na-OR, Na-SR, Na-OAr,

Na-OOCR, Na-C≡CR, H-NH_2, H-NHR

$$\text{R-X} + AgNO_3 \xrightarrow{C_2H_5OH} \text{R-}ONO_2 + AgX\downarrow$$

反应活性：I ＞Br ＞ Cl

烯丙型， 叔 ＞仲 ＞伯 ＞乙烯型

（用于鉴别不同类型的卤代烃）

(2)消去反应

卤素与含氢少的β-碳上氢消去，获得主要产物为双键上取代基多的烯——札依采夫规则。

$$CH_3\text{-}CH_2\text{-}C(CH_3)(Br)\text{-}CH_3 \xrightarrow[C_2H_5OH]{C_2H_5ONa} \underset{71\%}{CH_3\text{-}CH{=}C(CH_3)\text{-}CH_3} + \underset{29\%}{CH_3\text{-}CH_2\text{-}C(CH_3){=}CH_2}$$

不饱和卤代烃消去时倾向于生成稳定的共轭体系产物，如：

$$C_6H_5-CH_2-\underset{Br}{CH}-\overset{CH_3}{CH}-CH_3 \xrightarrow[C_2H_5OH]{NaOH} C_6H_5-CH=CH-\overset{CH_3}{CH}-CH_3$$

(3)与金属反应

①与 Na 反应

$$R\text{-}X \xrightarrow{Na} RNa \xrightarrow{R'\text{-}X} R\text{-}R'$$

②与 Li 反应

$$R\text{-}X + Li \xrightarrow{\text{无水乙醚}} R\text{-}Li + LiX$$

③格氏试剂生成

$$R\text{-}X + Mg \xrightarrow[\text{或四氢呋喃}]{\text{无水乙醚}} R\text{-}MgX$$

容器必须干燥无水，无空气，可用氮气保护

(4)还原反应

卤代烃可以被氢化锂铝和硼氢化钠还原成烃。

$$CH_3CH_2\underset{X}{C}HCH_3 \xrightarrow{LiAlH_4} CH_3CH_2CH_2CH_3$$

2. 格氏试剂的性质

格氏试剂（RMgX）属于强亲核性和强碱性的物质，可与众多的缺电子中心发生反应，合成碳链增长的化合物，也可与一系列金属卤化物作用，生成其他金属有机化合物。RLi 与格氏试剂相似，但活性比格氏试剂高，受空间位阻影响较小。

(1)与活性氢的物质反应

$$R\text{-}MgX + \left\{\begin{matrix} H\text{-}X \\ H\text{-}OOCR \\ H\text{-}OPh \\ H\text{-}OH \\ H\text{-}OR \\ H\text{-}C\equiv C\text{-}R \\ H\text{-}NH_2 \end{matrix}\right. \longrightarrow R\text{-}H + \left\{\begin{matrix} MgX_2 \\ MgX(OOCR) \\ MgX(OPh) \\ MgX(OH) \\ MgX(OR) \\ MgX(C\equiv CR) \\ MgX(NH_2) \end{matrix}\right.$$

(2)与羰基化合物、CO_2 和环氧乙烷反应

$$R\text{-}MgX + \left\{\begin{matrix} O=C\lt \ (\text{醛,酮,羧酸酯}) \longrightarrow \gt C(R)\text{-}OMgX \xrightarrow{H_3O^+} \gt C(R)\text{-}OH \\ O=C=O \longrightarrow R\text{-}\overset{O}{\overset{\|}{C}}\text{-}OMgX \xrightarrow{H_3O^+} RCOOH \\ \text{环氧乙烷} \longrightarrow R\text{-}CH_2CH_2OMgX \xrightarrow{H_3O^+} RCH_2CH_2OH \end{matrix}\right.$$

3. 卤代烃的制备

(1)烷烃与芳烃的卤代

$$RH + X_2 \xrightarrow{\text{光或热}} RX + HX$$

$$C_6H_6 + X_2 \xrightarrow{FeX_3} C_6H_5X + HX \quad (X = Cl, Br)$$

烷烃氢的活性:3°H >2°H >1°H。

(2)烯烃、炔烃的加成或卤代

$$-C{=}C-C(-H)- \xrightarrow{NBS} -C{=}C-C(-Br)-$$

$$-C{=}C-C-H \xrightarrow{X_2} -C(X)-C(X)-C-H$$

$$-C{=}C-C-H \xrightarrow{HX} -C(H)-C(X)-C-H$$

$$-C{\equiv}C- \xrightarrow{2X_2} -CX_2-CX_2-$$

$$-C{\equiv}C- \xrightarrow{2HX} -CH_2-CX_2-$$

(3)醇的卤代

$$R\text{-}OH \xrightarrow{HX\text{ 或 }PX_3(PX_5)} R\text{-}X$$

$$R\text{-}OH \xrightarrow{SOCl_2} R\text{-}Cl$$

(4)卤素交换

$$R\text{-}X + NaI \xrightarrow{\text{丙酮}} R\text{-}I + NaX \quad (X = Cl, Br)$$

三、重难点知识概要

1. 烯卤、芳卤和烯丙基卤、苄卤的结构

卤素直接连在不饱和碳上称为烯卤或芳卤。卤素孤对 p 电子与 π 发生吸电子 p-π 共轭作用,使 C—X 键强度增加,双键 π 电子云密度降低,以致 C—X 和 π 键的反应活性均不如卤代烷和烯烃(或苯),不易发生亲核取代、消去及亲电加成反应。

$$\mathrm{>C{=}C(-\ddot{X})<} \qquad C_6H_5-\ddot{X} \qquad \mathrm{>C{=}C-C-X} \qquad C_6H_5-C-X$$

烯卤　　芳卤　　烯丙基卤　　苄卤

烯丙基卤和苄卤中的卤素与 α-碳原子相连,C—X 键异裂时,能形成具有 p-π 共轭的很稳定的烯丙碳正离子与苄碳正离子,所以烯丙基卤和苄卤中的卤素有很高的反应活性,容易

发生亲核取代和消去反应。

2. 碱性与试剂亲核性关系

碱性是指试剂结合质子的能力，亲核性是指试剂给出一对电子的能力。碱性受空间因素影响很小，而亲核性受空间因素影响较大。一般规律如下：

①亲核试剂中的亲核原子相同，其亲核性强弱与碱性强弱一致，即碱性强，亲核性也越强。如下列离子与分子的碱性和亲核性大小次序为：

$$RO^- > HO^- > ArO^- > RCOO^- > ROH > H_2O$$

注意：若试剂的体积增大，则亲核性与碱性相反。

碱性：$CH_3O^- < CH_3CH_2O^- < (CH_3)_2CHO^- < (CH_3)_3CO^-$

亲核性：$CH_3O^- > CH_3CH_2O^- > (CH_3)_2CHO^- > (CH_3)_3CO^-$

②亲核试剂中的亲核原子不相同时，亲核原子半径大，亲核性强。如下列离子的亲核性大小次序为：

$$H_2N^- > HO^- > F^-$$

$$I^- > Br^- > Cl^- > F^-$$

$$RS^- > RO^-$$

3. S_N1 与 S_N2 反应机理

表 8-1 S_N1 与 S_N2 反应机理比较

反应类型	单分子亲核取代(S_N1)反应	双分子亲核取代(S_N2)反应
反应机理	分两步进行，生成碳正离子中间体 (1) R-C—X ⇌(慢) R-C⁺ + X⁻ 平面结构 (2) R-C⁺ + Nu⁻ → R-C-Nu + R-C-Nu 平面上下等概率进攻 外消旋体	一步完成 Nu⁻ + C-X (sp^3) → [Nu--C--X] (sp^2) → Nu—C (sp^3) + X⁻ 从卤素背面进攻 过渡态 构型翻转
动力学	一级反应(单分子)：$v = k[RX]$	二级反应(双分子)：$v = k[RX][Nu^-]$
立体化学	一对外消旋体同时伴随部分构型转化	构型发生瓦尔登翻转
卤代烃反应活性	由碳正离子稳定性决定 ◆烯丙基卤，苄卤，3°>2°>1°>CH_3X>烯卤，芳卤，桥头叔卤代烃(桥头碳刚性结构，难以转化为平面) ◆X^- 越易离去，活性越强：RI>RBr>RCl	由 α-碳空间位阻大小决定 ◆烯丙基卤，苄卤，CH_3X>1°>2°>3°>烯卤，芳卤，桥头叔卤代烃(桥头碳的空间障碍) ◆X^- 越易离去，活性越强：RI>RBr>RCl

续表

反应类型	单分子亲核取代(S_N1)反应	双分子亲核取代(S_N2)反应
溶剂极性	质子性溶剂，极性越强，碳正离子溶剂化增加，反应越有利：RCOOH＞H_2O＞ROH	◆质子性溶剂，当亲核试剂是负离子时，极性越强，对反应不利；当亲核试剂是中性分子时，极性越强，对反应有利 ◆极性非质子溶剂(如 DMF、DMSO、丙酮)对反应有利
试剂亲核性	无明显影响	试剂亲核性强，对反应有利
重排现象	碳正离子可能重排为更稳定的碳正离子	无重排现象
催化剂	Ag^+、Hg_2^{2+} 等有促进作用	无明显影响

4. E1 与 E2 反应机理

表 8-2　E1 与 E2 反应机理比较

反应类型	单分子消去(E1)反应	双分子消去(E2)反应
反应机理	分两步进行，生成碳正离子中间体 (1) $\mathrm{H{-}C{-}C{-}X \xrightleftharpoons{慢} H{-}C{-}C^+ + X^-}$ (2) $\mathrm{B^- + H{-}C{-}C^+ \longrightarrow C{=}C + HB}$	一步完成 $\mathrm{B^- + H{-}C{-}C{-}X \rightleftharpoons \left[\begin{matrix} B{-}H \\ {-}C{-}C{-} \\ X \end{matrix}\right] \longrightarrow C{=}C + HB + X^-}$ H与X处于反式同平面
动力学	一级反应：$v = k[RX]$	二级反应：$v = k[RX][B^-]$
立体化学	无立体选择性	H—C—C—X 处于反式同平面位置
反应取向	札依采夫规则	札依采夫规则，当碱 B 体积大时，霍夫曼规则
卤代烃反应活性	由碳正离子稳定性决定 ◆烯丙基卤，苄卤，3°＞2°＞1° 桥头叔卤代烃桥头碳刚性结构，不发生消去反应 ◆X^- 越易离去，活性越强：RI＞RBr＞RCl	由过渡态稳定性决定 ◆烯丙基卤，苄卤，3°＞2°＞1° 桥头叔卤代烃不发生消去反应 ◆X^- 越易离去，活性越强：RI＞RBr＞RCl
溶剂极性	极性大，碳正离子离子化程度高，有利于 E1 反应	极性小，过渡态稳定，有利于 E2 反应

续表

反应类型	单分子消去(E1)反应	双分子消去(E2)反应
试剂碱性	稀碱、弱碱有利于 E1 反应	浓碱、强碱(如醇钠)有利于 E2 反应
竞争反应	S_N1 反应和碳正离子重排	S_N2 反应

5. E2 反应的立体化学特征

反式共平面是 E2 反应的立体化学特征，即要求消去的 H、X 和与它们相连的两个 C 原子(X—C—C—H)处于反式共平面的位置上。

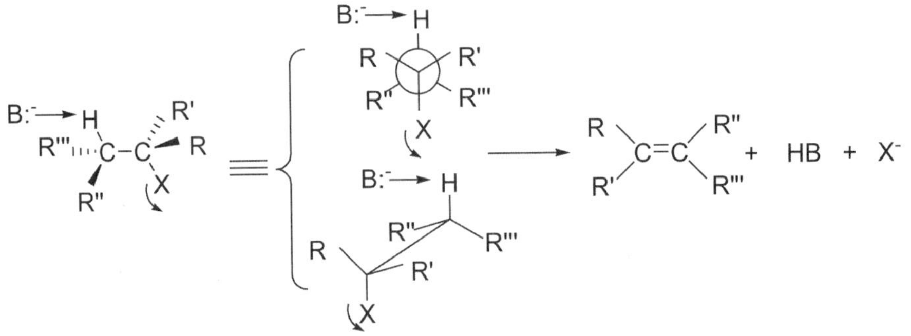
B:⁻
H
R'''
C—C
R'
R
R''
X
B:⁻
H
R
R'
R''
R'''
X
B:⁻
H
R''
R'''
R
R'
X
R
C=C
R''
R'
R'''
+ HB + X⁻

对于一定构型的反应物，按 E2 进行消去时，先写出 β-H 和 X 处于反式共平面的稳定构象(锯架式或纽曼投影式)，才能得出正确构型的产物。如：

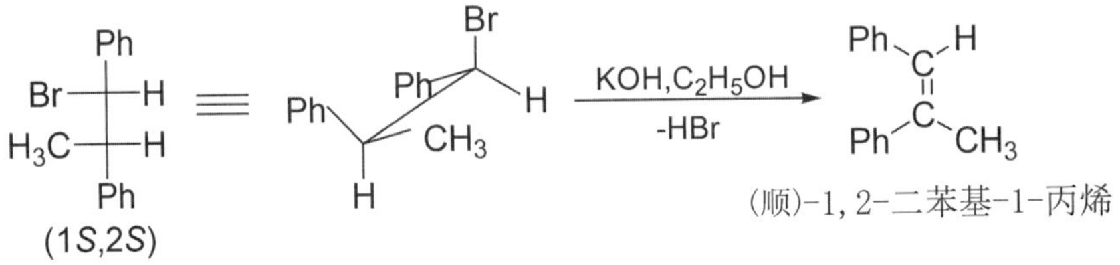
Ph
Br
H
H3C
H
Ph
(1S,2S)
Br
Ph
H
Ph
CH3
H
KOH,C2H5OH
-HBr
Ph
H
C
C
Ph
CH3
(顺)-1,2-二苯基-1-丙烯

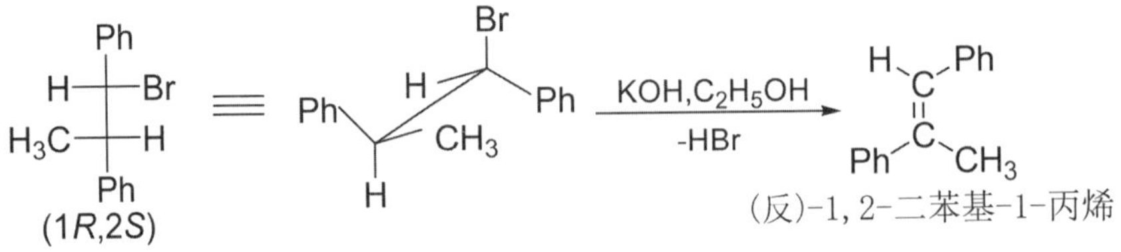
Ph
H
Br
H3C
H
Ph
(1R,2S)
Br
H
Ph
Ph
CH3
H
KOH,C2H5OH
-HBr
H
Ph
C
C
Ph
CH3
(反)-1,2-二苯基-1-丙烯

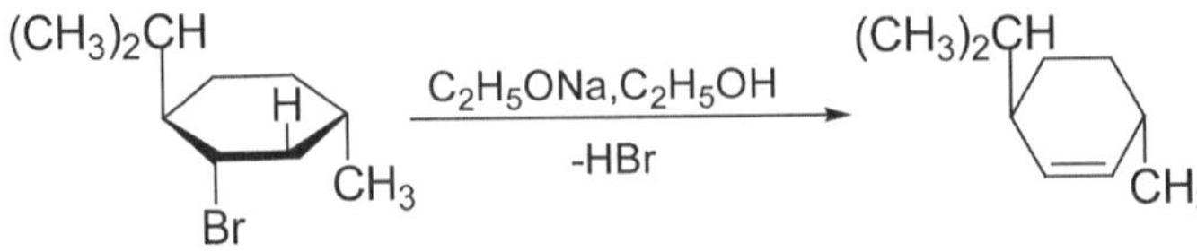
(CH3)2CH
H
CH3
Br
C2H5ONa,C2H5OH
-HBr
(CH3)2CH
CH3

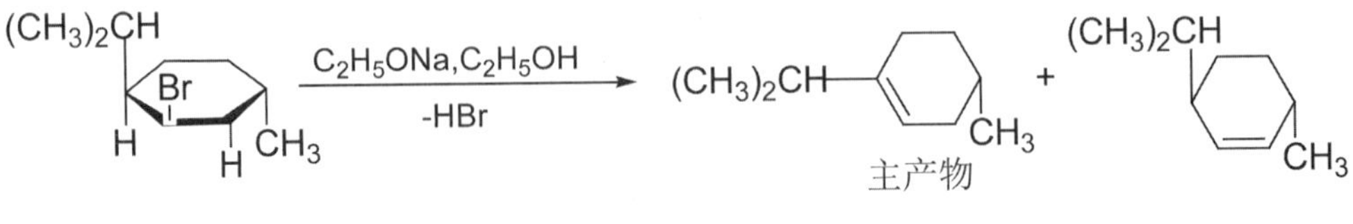
(CH3)2CH
Br
H
H
CH3
C2H5ONa,C2H5OH
-HBr
(CH3)2CH
CH3
主产物
+
(CH3)2CH
CH3

6. 卤代烷 S_N1、S_N2、E1 和 E2 反应归纳

表 8-3　S_N1、S_N2、E1 和 E2 反应归纳

CH_3X(卤甲烷)	RCH_2X(伯卤代烷)	R_2CHX(仲卤代烷)	R_3CX(叔卤代烷)
只发生 S_N2 反应	通常发生 S_N2 反应，位阻大的碱主要发生 E2 反应	弱碱、强亲核试剂发生 S_N2 反应，强碱发生 E2 反应	不发生 S_N2 反应，低温、溶剂化试剂发生 S_N1 和 E1 反应，弱碱发生 E2 反应

7. 双位离子亲核取代反应产物与机理关系

双位离子是指存在两个亲核中心的亲核试剂，如 CN^-、NO_2^-、SCN^- 等。

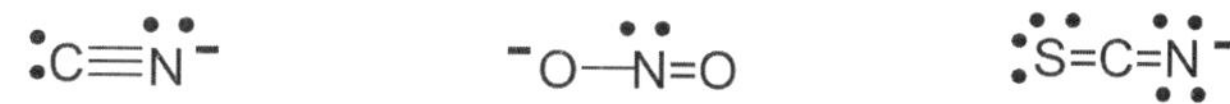

在 S_N1 反应中，因碳正离子首先形成，碳正离子则与电负性最强的带负电荷的原子结合；在 S_N2 反应中，中心碳原子与亲核性强的原子结合。如：

$$\text{R-Br} + \text{AgCN} \longrightarrow \text{R-NC} + \text{AgBr}$$
$$\text{R-Br} + \text{NaCN} \longrightarrow \text{R-CN} + \text{NaBr}$$

在 CN^- 中，N 原子电负性较 C 强，而 C 原子亲核性则大于 N。当与 AgCN 反应时，由于生成 AgBr 沉淀，促进碳正离子生成，发生 S_N1 反应，碳正离子与电负性强的 N 结合生成 RNC；当与 NaCN 反应时，发生 S_N2 反应，中心碳则与亲核性强的 C 结合生成 RCN。

四、典型例题

例 1　将下列各组化合物按照指定的活性由大到小排序。

(1) S_N1、S_N2 反应活性

A. 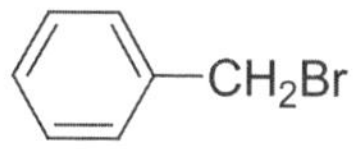 $-CH_2Br$　B. 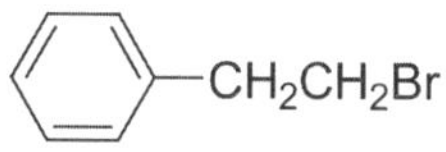 $-CH_2CH_2Br$　C. 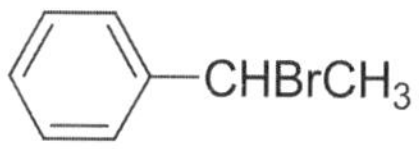 $-CHBrCH_3$

D. 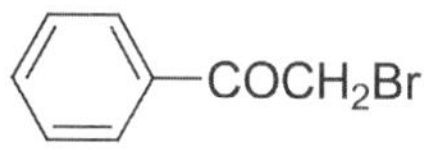 $-COCH_2Br$　E. 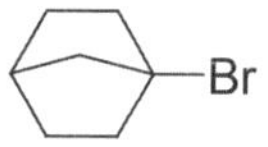 $-Br$　F. 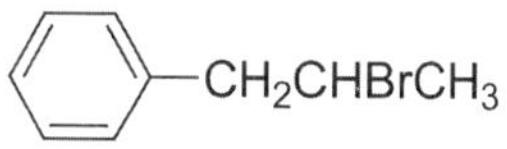 $-CH_2CHBrCH_3$

(2) 亲核性

A. 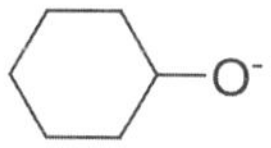 $-O^-$　B. 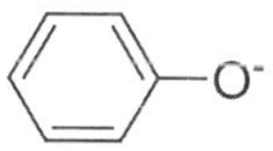 $-O^-$　C. 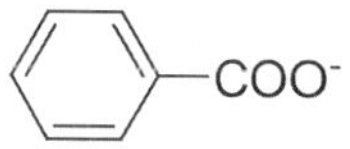 $-COO^-$

D. 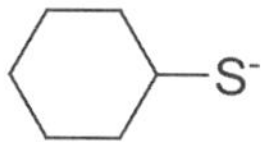 $-S^-$　E. 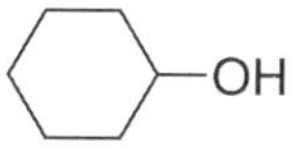 $-OH$

(3) 消去反应活性

A. 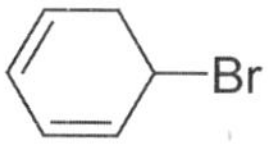 $-Br$　B. 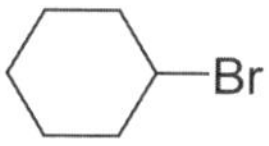 $-Br$　C. 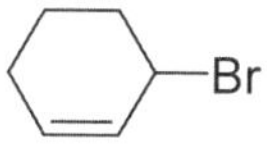 $-Br$

D. 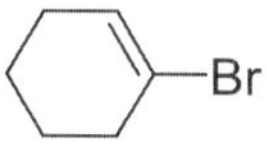 $-Br$　E.  $-Br$

(4)基团离去的难易

A. 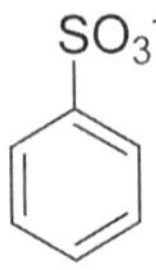 SO_3^-　　B. 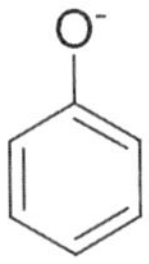 O^-　　C. 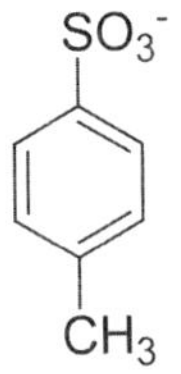 SO_3^- CH_3

D. 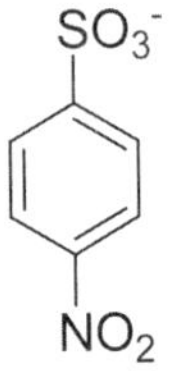 SO_3^- NO_2　　E. 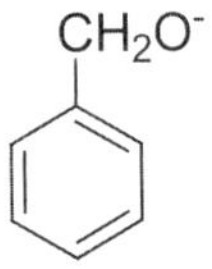 CH_2O^-　　F. 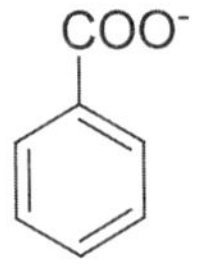 COO^-

[解析]　(1)S_N1 反应活性主要取决于碳正离子稳定性，α-卤代酮由于羰基吸电子而降低了碳正离子稳定性；刚性桥头碳正离子很难形成平面结构。S_N2 反应活性则取决于过渡态稳定性、空间位阻及中心碳的正电性高低。

S_N1 反应活性：C＞A＞F＞B＞D＞E　　　S_N2 反应活性：D＞A＞C＞B＞F＞E

(2)空间位阻相近时，相同亲核原子，亲核性与碱性相同。对于不同的亲核原子，亲核原子半径大，亲核性强，故亲核性大小为：D＞A＞B＞C＞E。

(3)生成烯烃越稳定，消去反应活性越大：A＞C＞E＞B＞D。

(4)基团碱性越弱，越容易离去，因为阴离子对应的共轭酸的酸性强弱次序为：D＞A＞C＞F＞B＞E，故阴离子的碱性由弱到强为：D＜A＜C＜F＜B＜E，基团离去由难到易为：D＞A＞C＞F＞B＞E。

例 2　按题意回答下列问题。

(1)伯卤代烷一般易发生 S_N2 反应，S_N1 反应活性很小，但 $CH_3CH_2OCH_2Cl$ 在乙醇中可以进行快速的 S_N1 反应，试解释之。

(2)为什么 NaI 能够催化 $CH_3CH_2CH_2Cl$，与 NaOH 反应生成 $CH_3CH_2CH_2OH$？

(3)下列桥环化合物为什么几乎不发生亲核取代反应和消去反应？

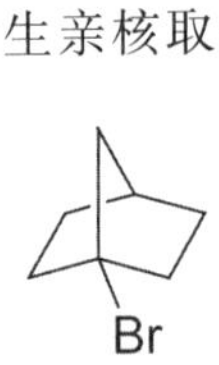

Br

(4)$CH_2Br—CHBr_2$ 发生 E2 反应时为什么生成 $CH_2═CBr_2$？

[解析]　(1)形成的碳正离子($CH_3CH_2OCH_2^+$)与邻位氧原子上的孤对电子发生 p-p 共轭，使碳正离子的正电荷分散得以稳定。

(2)I^- 是强亲核试剂，易与 $CH_3CH_2CH_2Cl$ 反应生成 $CH_3CH_2CH_2I$。$CH_3CH_2CH_2I$ 中 I 是一个比 Cl 更易离去的基团，与 NaOH 反应，生成 $CH_3CH_2CH_2OH$，释放出 I^-，I^- 循环参与反应而起催化作用。

(3)该化合物为桥头叔卤代烃，因桥头碳原子不易形成 sp^2 杂化同平面的碳正离子，所以不易发生 S_N1 和 E1 反应；因空间位阻试剂也不能从 Br 背面进攻使其构型翻转，所以 S_N2 反应也很难进行；至于 E2 反应，由于环较小，C—Br 与 β-H 接近于直角，很难形成反式同平面结构，所以不能有效地重叠而形成双键。

(4)E2 反应是碱进攻 β-H 形成过渡态，然后脱去 HBr 生成烯，由于 Br 的吸电子诱导效应，1 号碳上 H 原子的酸性较 2 号碳上 H 原子的强，所以碱进攻酸性强的 β-H，消去生成 $CH_2=CBr_2$。

例 3　写提出下列反应的合理机理。

(1) (S)-反应物（CH_3, H / CH_3, Cl） $\xrightarrow{NaOH}$ 产物（CH_3, OH / CH_3, H）6% (*R*) + 产物（CH_3, CH_3 / H, OH） + 产物（H, OH / CH_3, CH_3）94% (±)

(2) 费歇尔投影式（CH_3；H—D；H—Br；CH_3） $\xrightarrow[C_2H_5OH]{C_2H_5O^-}$ $H_3C(D)C=C(H)CH_3$ 40% + $H(H_3C)C=C(H)CH_3$ 60%

[解析]　(1)构型改变为 S_N2 机理，重排且外消旋产物为 S_N1 机理。

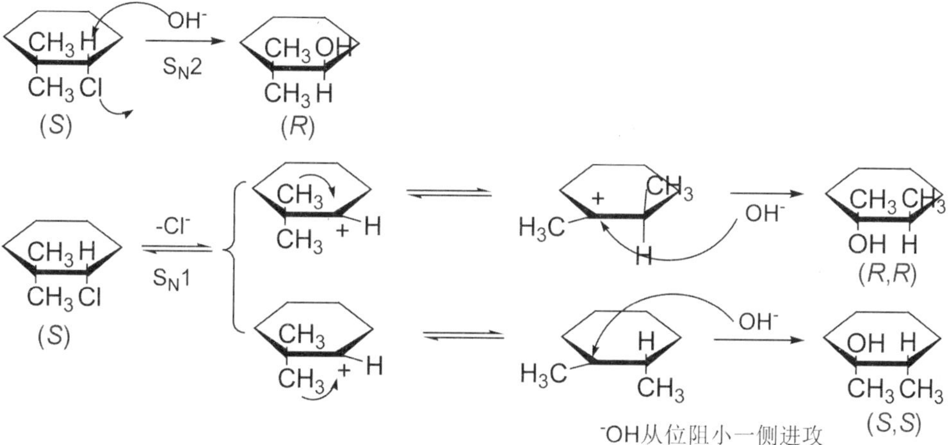

(2)仲卤代烷按反式同平面消去 HBr，(A)和(B)为原构型化合物消去时的立体构象，分别消去得到不含 D 的(反)-2-丁烯和含 D 的(顺)-2-丁烯，因构象(A)比(B)稳定性高，所以(反)-2-丁烯产物占优势。

(反)-2-丁烯 $\xleftarrow[C_2H_5OH]{C_2H_5O^-}$ (A) ≡ 费歇尔投影式（CH_3；H—D；H—Br；CH_3） ≡ (B) $\xrightarrow[C_2H_5OH]{C_2H_5O^-}$ $H_3C(D)C=C(H)CH_3$

(A)　　(B)

例 4　下列各组反应，哪一个反应速度较快，为什么？

(1) A. $CH_3CH_2CH_2Br + CN^- \longrightarrow CH_3CH_2CH_2CN + Br^-$

B. $(CH_3)_2CHCH_2Br + CN^- \longrightarrow (CH_3)_2CHCH_2CN + Br^-$

(2) A. $(CH_3)_2CHCl \xrightarrow[\triangle]{H_2O} (CH_3)_2CHOH + HCl$

B. $(CH_3)_3CCl \xrightarrow[\triangle]{H_2O} (CH_3)_3COH + HCl$

(3) A. $CH_3CH_2Cl + NaSH \longrightarrow CH_3CH_2SH + NaCl$

B. $CH_3CH_2Cl + NaOH \longrightarrow CH_3CH_2OH + NaCl$

(4) A. $CH_3CH_2Br + NaSH \xrightarrow{CH_3OH} CH_3CH_2SH + NaBr$

B. $CH_3CH_2Br + NaSH \xrightarrow{DMF} CH_3CH_2SH + NaBr$

(5) A. $CH_3CH_2CH_2Br + SCN^- \xrightarrow{C_2H_5OH\text{-}H_2O} CH_3CH_2CH_2SCN + Br^-$

B. $CH_3CH_2CH_2Br + SCN^- \xrightarrow{C_2H_5OH\text{-}H_2O} CH_3CH_2CH_2NCS + Br^-$

(6) A. 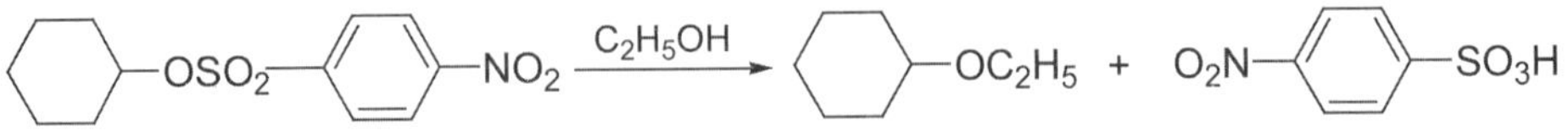 环己基$-OSO_2-C_6H_4-NO_2 \xrightarrow{C_2H_5OH}$ 环己基$-OC_2H_5 + O_2N-C_6H_4-SO_3H$

B. 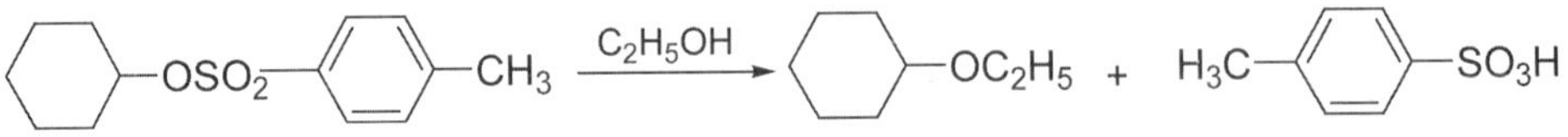 环己基$-OSO_2-C_6H_4-CH_3 \xrightarrow{C_2H_5OH}$ 环己基$-OC_2H_5 + H_3C-C_6H_4-SO_3H$

(7) A. 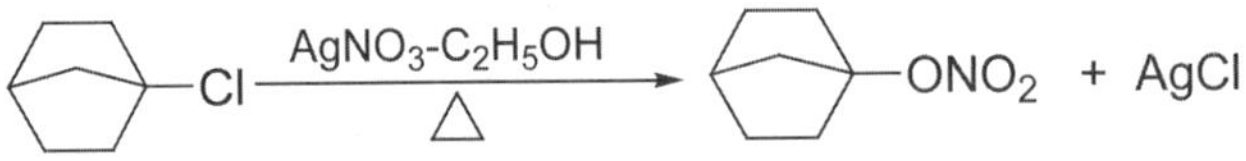 桥环$-Cl \xrightarrow[\triangle]{AgNO_3\text{-}C_2H_5OH}$ 桥环$-ONO_2 + AgCl$

B. 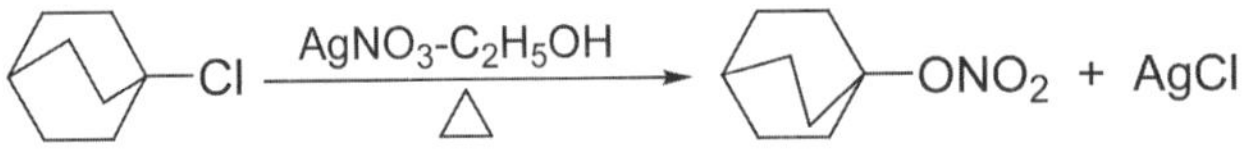 桥环$-Cl \xrightarrow[\triangle]{AgNO_3\text{-}C_2H_5OH}$ 桥环$-ONO_2 + AgCl$

(8) A $CH_3CH_2CHClCH_3 \xrightarrow[\triangle]{NaOH\text{-}C_2H_5OH} CH_3CH{=}CHCH_3 + NaCl$

B. $CH_2{=}CHCH_2CH_2Cl \xrightarrow[\triangle]{NaOH\text{-}C_2H_5OH} CH_2{=}CHCH{=}CH_2 + NaCl$

(9) A. 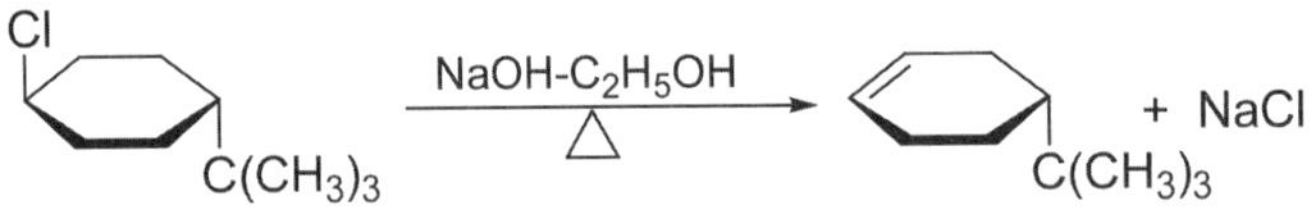 Cl、$C(CH_3)_3$取代环己烷 $\xrightarrow[\triangle]{NaOH\text{-}C_2H_5OH}$ $C(CH_3)_3$环己烯 + NaCl

B. 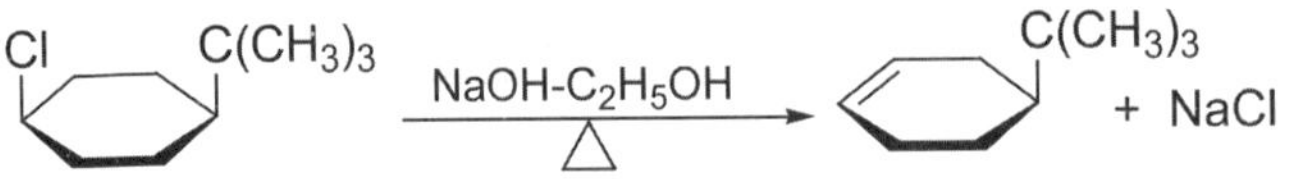 Cl、$C(CH_3)_3$取代环己烷 $\xrightarrow[\triangle]{NaOH\text{-}C_2H_5OH}$ $C(CH_3)_3$环己烯 + NaCl

[解析] (1)S_N2 反应,B 位阻大,A>B。

(2)强极性溶剂中进行 S_N1 反应,B 叔碳正离子稳定,B>A。

(3)S_N2 反应,S 亲核性比 O 强,A>B。

(4)S_N2 反应,极性非质子溶剂有利于反应,B>A。

(5)S_N2 反应,S 亲核性比 N 强,A>B。

(6)对硝基苯磺酸酸性比对甲基苯磺酸强,其共轭碱性相反,基团碱性弱离子能力强,A>B。

(7)S_N1 反应,B 桥路较 A 多一个 CH_2,形成碳正离子时环张力较 B 小,B>A。

(8)E2 反应,B 生成共轭二烯,过渡态稳定,B>A。

(9)E2 反应,为满足反应共平面消去要求,B 构象较 A 稳定,B>A(或碱进攻 B 的反式 β-H 时,空间位阻小)。

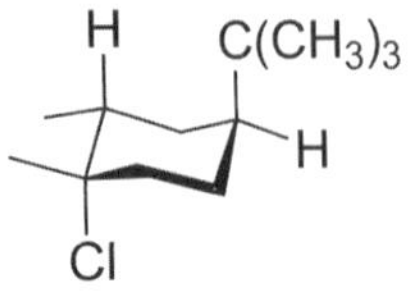

H　$C(CH_3)_3$　H　Cl

A.反式

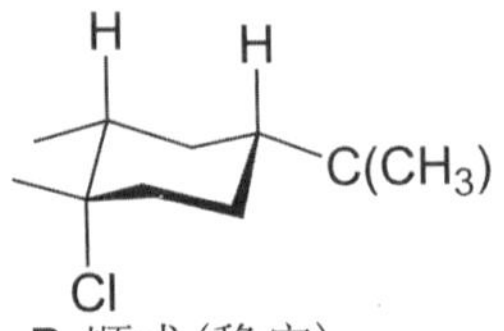

H　H　$C(CH_3)$　Cl

B.顺式(稳定)

例 5　写出下列反应的主要产物,指出属于哪类反应机理并扼要说明之。

(1) $CH_3CH_2CHBrCH_3$ (S) + NaCN $\longrightarrow$

(2) $CH_3CH_2CHBrCH_3$ (S) $\xrightarrow[HOAc]{AgOAc}$

(3) 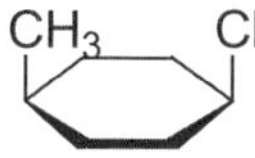 (含 CH_3、Cl 的环己烷椅式构象) + NaOH $\longrightarrow$

(4) 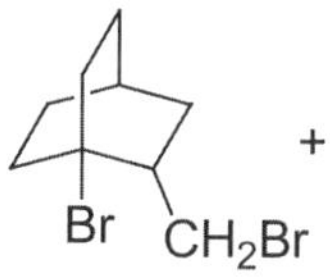 (桥头 Br、带 CH_2Br 的双环化合物) + NaSH $\longrightarrow$

(5) $ClCH_2CH_2CH_2-C(CH_3)(Cl)-CH_3$ $\xrightarrow[C_2H_5OH]{C_2H_5ONa}$

(6) 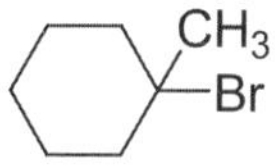 1-甲基-1-溴环己烷 $\xrightarrow{NaCN}$

(7) 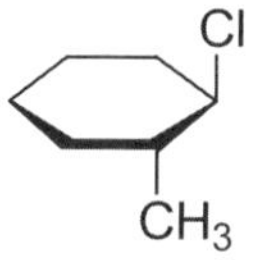 (含 Cl、CH_3 的环己烷椅式构象) $\xrightarrow{NaOH-C_2H_5OH}$

(8) $BrCH_2CH_2Br$ + Mg $\xrightarrow{无水乙醚}$

(9) $CH_3CH{=}CHCH_2Br$ + NaOH $\xrightarrow{Ag_2O}$

(10) $HOCH_2CH_2CH_2CH_2Cl$ $\xrightarrow{NaOH-H_2O}$

[解析]　(1)强亲核试剂与仲卤代烷发生 S_N2 反应,构型翻转为 *R* 型。

(2)形成 AgBr 沉淀,易生成碳正离子,发生 S_N1 反应,亲核试剂 OAc^- 从碳正离子两边以同等概率进攻得外消旋体。

(1) $CH_3CH_2CH(CN)CH_3$ (*R*)　　(2) $CH_3CH_2CH(OAc)CH_3$ (*S*) + $CH_3CH_2CH(OAc)CH_3$ (*R*)

(3)强亲核试剂与仲卤代烷发生 S_N2 反应,OH^- 从氯的背面进攻。

(4)桥头卤不反应,伯卤代烷发生 S_N2 反应。

(3) 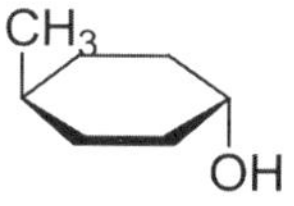 (含 CH_3、OH 的环己烷椅式构象)　　(4) 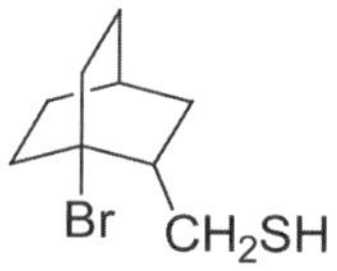 (桥头 Br、带 CH_2SH 的双环化合物)

(5)叔卤代烷发生消去反应,产物符合札依采夫规则,伯卤代烷活性小。

(6)叔卤代烷在碱中易发生消去反应,产物符合札依采夫规则。

(5) $CH_2CH_2CH{=}C(CH_3)$-CH_3（CH_2 上连 Cl）

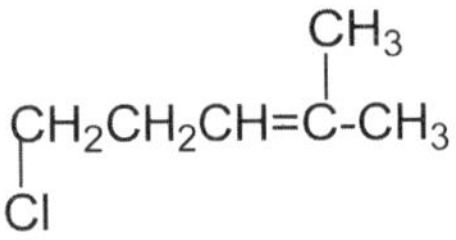

(6) 1-甲基环己烯（环己烯环上连 $-CH_3$）

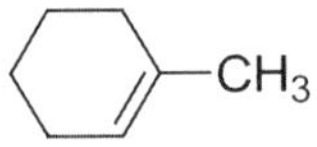

(7)Cl 与 β-H 以同平面消去。

(8)先生成有机镁，然后分子内与邻位溴发生 E2 反应，脱 $MgBr_2$ 生成乙烯。

(7) 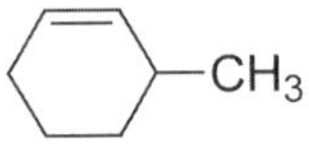 环己烯环上连 $-CH_3$

(8) $CH_2{=}CH_2$

(9)形成 AgBr 沉淀，生成伯碳正离子，碳正离子可重排成仲碳正离子，然后发生 S_N1 反应。

(10)先生成醇氧阴离子，然后醇氧离子从背面进攻氯原子，发生分子内 S_N2 反应。

(9) 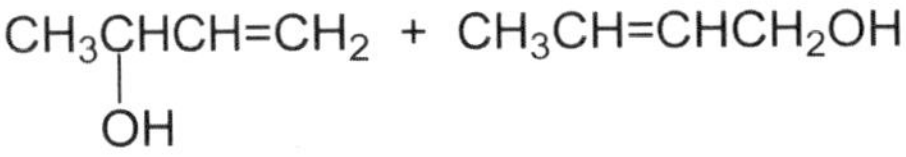 $CH_3CH(OH)CH{=}CH_2$ + $CH_3CH{=}CHCH_2OH$

(10) 四氢呋喃（五元环，环上含 O）

五、巩固提高

1.命名下列化合物。

(1) 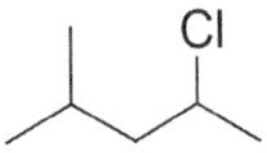 键线式（Cl）

(2) 环己烷环上连 CH_2Br 及甲基

(3) 苯环上连 $CH{=}CHF$ 及 Cl

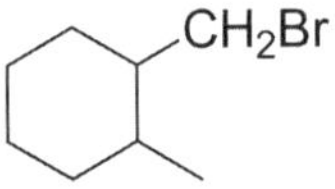

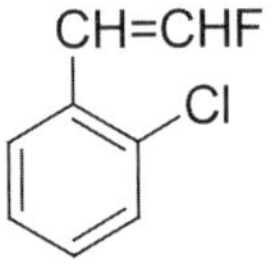

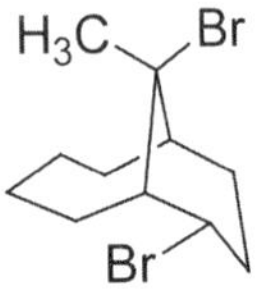

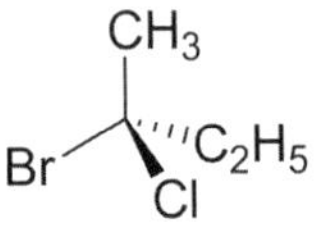

(4) 桥环化合物（H_3C、Br、Br）

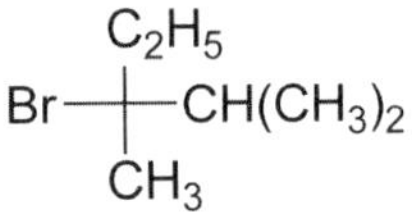

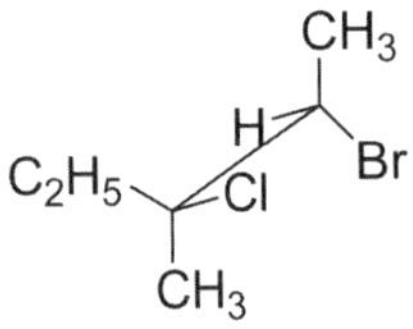

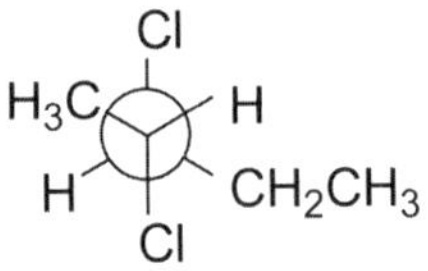

(5) 立体式：CH_3、Br、C_2H_5、Cl

(6) Br—C(C_2H_5)(CH_3)—$CH(CH_3)_2$

(7) C_2H_5、H、CH_3、Br、Cl、CH_3（锯架式）

(8) 纽曼投影式：Cl、H_3C、H、H、CH_2CH_3、Cl

(9) 椅式环己烷：Br、H、H、Br

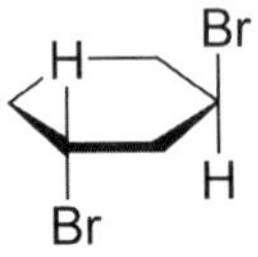

2.写出下列反应的主要产物。

(1) $(CH_3)_2CHBr$ + NaCN $\longrightarrow$

(2) $CH_3CH_2CH_2Cl$ + $AgNO_2$ $\longrightarrow$

(3) $(CH_3)_3CBr$ + H_2O $\xrightarrow{\triangle}$

(4) $(CH_3)_3CBr$ $\xrightarrow{C_2H_5ONa}$

(5) $(CH_3)_3CCHBrCH_3$ $\xrightarrow{KOH\text{-}C_2H_5OH}$

(6) $(CH_3)_2CHBrCH_3$ $\xrightarrow[Ph\text{-}CH_3]{(CH_3)_3COK}$

(7) 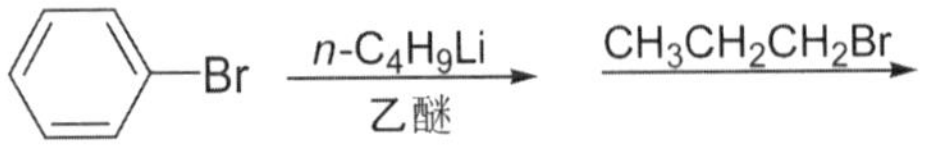 苯环—Br $\xrightarrow[\text{乙醚}]{n\text{-}C_4H_9Li}$ $\xrightarrow{CH_3CH_2CH_2Br}$

(8) $BrCH_2CH_2CH_2CH_2Br$ + Na_2S $\longrightarrow$

(9) $BrCH_2CH_2CH_2Br$ $\xrightarrow{Mg,\text{乙醚}}$

3.为下列反应提出合理的机理。

(1) $HOCH_2CH_2CH_2CH_2Cl + NaOH \xrightarrow{CH_3OH}$ 四氢呋喃（五元环，含 O）

(2) $BrCH_2CH_2CH_2CH_2CH_2Br + NH_3 \xrightarrow{C_2H_5OH}$ 哌啶（六元环，含 NH）

4.3-溴戊烷发生 E2 反应时，生成的 2-戊烯产物中，为什么反式多于顺式？

5.比较下列两种化合物发生 E2 反应时的速度，并分别写出其主要产物的结构。

A. 环己烷：H_3C（楔形键）、$CH(CH_3)_2$（虚线键）、Cl（楔形键）

B. 环己烷：H_3C（楔形键）、$CH(CH_3)_2$（虚线键）、Cl（虚线键）

6.把下列化合物从强到弱排列 S_N1 和 S_N2 反应的活性。

A. $CH_3CH(Cl)CH=CH_2$　B. $(H_3C)(H)C=C(H)(CH_2Cl)$　C. $(H_3C)(H)C=C(CH_3)(CH_2Cl)$

D. $(H_3C)_2C=C(H)(CH_2Cl)$　E. $(CH_3)_2C(Cl)CH=CH_2$　F. $CH_2=CHCH_2Cl$

7.写出下列反应主要产物的立体构型，并指明反应类型（S_N1、S_N2、E1、E2）。

(1) Fischer 投影式：上 CH_3，左 H，右 Br，下 CH_2CH_3　$+ NaI \xrightarrow{丙酮}$

(2) C（$CH_2CH_2CH_3$，H_3C 虚线键，H_3CH_2C 楔形键，Br）$+ CH_3OH \longrightarrow$

(3) 环己烷（H、C_2H_5；CH_3、Br）$+ H_2O \longrightarrow$

(4) 环己烷（CH_3、H；Cl、H）$+ NaOH \longrightarrow$

(5) 1-乙基-1-溴环己烷（CH_2CH_3，Br）$\xrightarrow{NaCN}$

(6) Fischer 投影式：上 CH_3，左 H，右 Br，下 CH_2CH_3　$\xrightarrow[\triangle]{NaOH-C_2H_5OH}$

(7) 环己烷（CH_3、Br）$\xrightarrow[\triangle]{NaOH-C_2H_5OH}$

(8) Fischer 投影式：上 C_6H_5，Br—C—H，Br—C—H，下 C_6H_5　$\xrightarrow[\triangle]{1mol\ KOH-C_2H_5OH}$

(9) 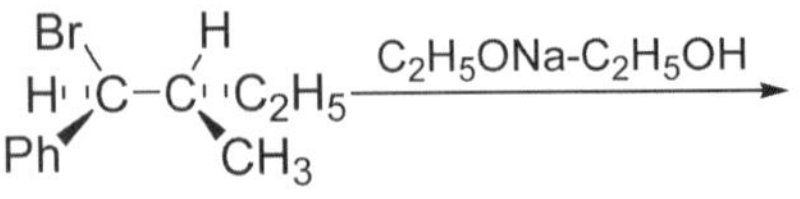 Br、H、Ph 与 H、CH_3、C_2H_5 取代的 H—C—C—C_2H_5 结构 $\xrightarrow{C_2H_5ONa\text{-}C_2H_5OH}$

(10) 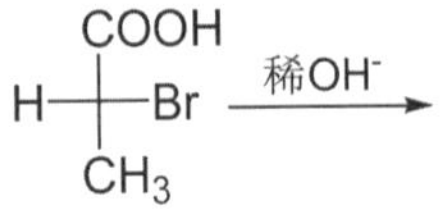 费歇尔投影式：COOH（上）、H—C—Br、CH_3（下） $\xrightarrow{稀OH^-}$

(11) 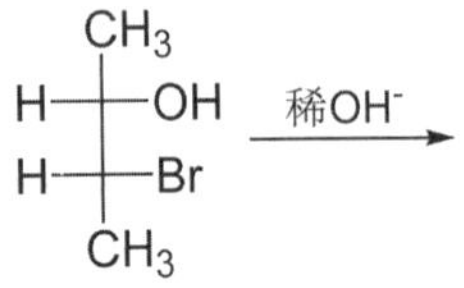 费歇尔投影式：CH_3（上）、H—C—OH、H—C—Br、CH_3（下） $\xrightarrow{稀OH^-}$

8.用指定的原料合成化合物。

(1) 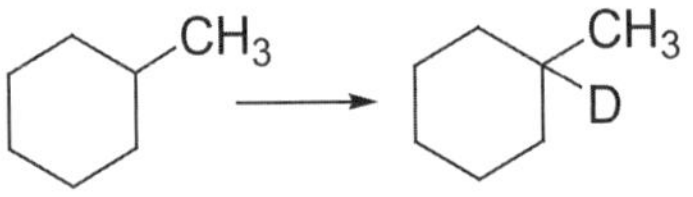 甲基环己烷 ⟶ 1-甲基-1-氘代环己烷（环上同一碳连 CH_3 和 D）

(2) 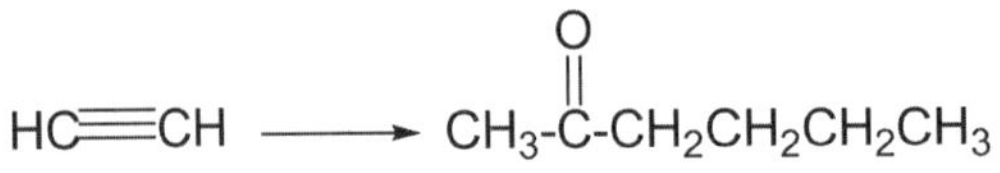 $HC\equiv CH \longrightarrow CH_3\text{-}\overset{O}{\overset{\|}{C}}\text{-}CH_2CH_2CH_2CH_3$

(3) 苯、$CH_3CH=CH_2$ ⟶ C_6H_5—$CH_2CH_2CH_2OCH_2CH_2CH_3$

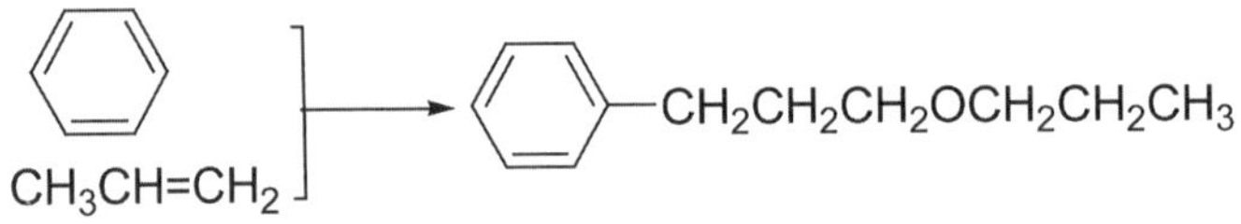

(4) 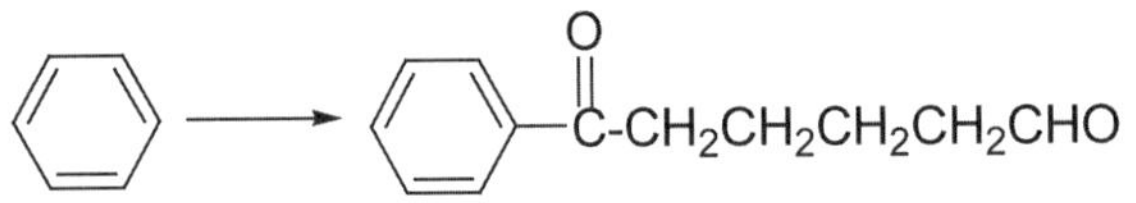 苯 ⟶ $C_6H_5\text{-}\overset{O}{\overset{\|}{C}}\text{-}CH_2CH_2CH_2CH_2CHO$

(5) 苯 ⟶ 2,6-二硝基苯胺（苯环上 NH_2，两个邻位各有 O_2N、NO_2）

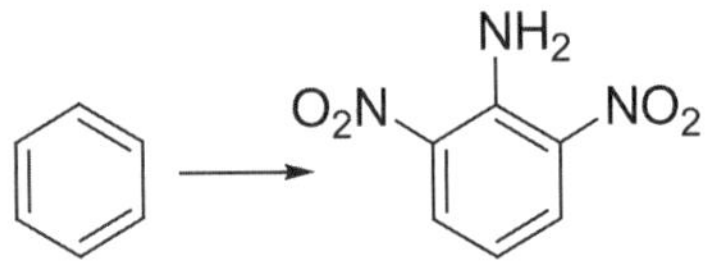

解析与答案

(8)

第9章　有机化合物的波谱分析

一、知识点与要求

- ✧ 了解紫外光谱产生原理，价电子跃迁类型，红移、蓝移、生色团、助色团的概念；掌握最大吸收波长与化合物结构的关系。
- ✧ 了解红外光谱产生原理、共价键的振动类型，掌握最大吸收波数与化合物结构的关系，熟悉常见官能团特征吸收峰。
- ✧ 了解^{1}H NMR 产生原理、核自旋耦合与裂分、化学位移、屏蔽效应等概念，掌握^{1}H NMR 在推测有机化合物结构中的应用。
- ✧ 了解质谱产生原理及基峰、分子离子、碎片离子等概念，掌握质谱法在推测化合物的相对分子质量、分子式及结构中的应用。

二、重难点知识概要

1. 紫外光谱

(1)基本原理

化合物吸收波长 100～400nm 的紫外光后，外层价电子从基态跃迁到能量较高的激发态而产生的光谱称为紫外光谱(UV)。化合物中的价电子有形成单键的 σ 电子、形成双键或叁键的 π 电子和未成键的 n 电子三种。吸收紫外光后引起的电子跃迁有四种，所需能量大小为：

$$\sigma\rightarrow\sigma^* > n\rightarrow\sigma^* > \pi\rightarrow\pi^* > n\rightarrow\pi^*$$

前两种在远紫外区(100～200nm)，后两种在近紫外区(200～400nm)。共轭体系越长，产生 $\pi\rightarrow\pi^*$ 跃迁所需的波长越长(红移)。

(2)生色团、助色团、红移与蓝移

①生色团：能产生共轭的 $\pi\rightarrow\pi^*$ 或 $n\rightarrow\pi^*$ 跃迁的基团称为生色团，例如共轭多烯烃、α,β-不饱和烯酮、苯、羰基、—NO_2、—C≡N 等。

②红移与蓝移：生色团的吸收峰向长波方向移动的现象称为红移，反之则称为蓝移。

③助色团：能使吸收峰产生红移的基团称为助色团，例如—OH、—OR、—NH_2、—SH 等含有孤对电子基团，产生 p-π 共轭而使吸收峰发生红移。

(3)谱图解析

紫外光谱只能提供分子内有没有共轭 π 键的结构信息，一般有如下规律：

①200～250nm 处有强吸收峰，表示分子中可能含有 2 个不饱和单位的共轭体系。

②260～300nm 处有强吸收峰，表示分子内可能有苯环存在。

③290nm 处有弱吸收峰，表示分子内可能有羰基等含杂原子的不饱和基团。

2. 红外光谱

(1)基本原理

化合物吸收波长 25～2.5μm(波数 400～4000cm^{-1})红外光后，引起成键原子振动(伸缩 γ 或弯曲 δ)所产生的吸收光谱称为红外光谱(IR)。其中，400～1350cm^{-1} 为指纹区，1350～4000cm^{-1} 为官能团区。

(2)重要基团的特征红外吸收

表 9-1 主要基团红外吸收光谱

基团结构(振动类型)	波数/ cm^{-1}(峰强度)	基团结构(振动类型)	波数/ cm^{-1}(峰强度)
A. 烷烃 C—H		**E. 醇酚**	
—CH_3(伸缩)	2872～2962(s)	—OH(伸缩)	3500～3650(s)(游离)； 3200～3400(s,b)(缔合)
—CH_3(弯曲)	1470～1430(m)； 1380～1370(s)	**F. 醛**	
—CH_2—(伸缩)	2853～2962(s)	C═O(伸缩)	1720～1740(s)
—CH_2—(弯曲)	1485～1445(m)	═C—H(伸缩)	2720～2820(s)
—CH—(弯曲)	1340(w)	**G. 酮、酰卤、酯、酸酐**	
B. 烯烃		酮 C═O(伸缩)	1705～1725(s)
═C—H(伸缩)	3090～3010(m)	酰卤 C═O(伸缩)	1770～1815(s)
═C—H(弯曲)		酯 C═O(伸缩)	1735～1750(s)
单取代烯	905～920(s)； 980～1000(s)	酸酐 C═O(伸缩)	1740～1790(s)； 1800～1850(s)
顺式取代烯	675～730(s)	**H. 羧酸**	
反式取代烯	960～975(s)	C═O(伸缩)	1705～1725(s)
同碳二取代烯	880～900(s)	—OH	3500～3560(m)(游离)； 2500～3000(s,b)(缔合)
三取代烯	840～790(s)	**I. 酰胺**	
C═C(伸缩)	1620～1680(m)	C═O(伸缩)	1630～1690(s)
C. 炔烃		N—H(伸缩)	3180～3350(m)(伯)； 一取代 3060～3320(m)(仲)
≡C—H (伸缩)	3300(s)	**K. 醇、醚、酯、羧酸**	
≡C—H (弯曲)	625～665(s)	C—O(伸缩)	1000～1300(s)

续表

基团结构(振动类型)	波数/ cm^{-1}(峰强度)	基团结构(振动类型)	波数/ cm^{-1}(峰强度)
C≡C (伸缩)	2100~2260(w)	**L. 胺**	
D. 芳烃		N—H(伸缩)	3400~3500(m)(伯); 3300~3500(m)(仲)
C═C	1450~1600(s)(3~4个吸收峰)	**M. 腈**	
═C—H(伸缩)	3050~3150(s)	C≡N (伸缩)	2220~2260(m)
═C—H(弯曲)		**N. 硝基**	
一取代	640~710(s); 730~770(s)	N═O(伸缩)	1300~1400(m); 1500~1600(s)
邻二取代	735~770(s)	**O. 亚胺与肟**	
间二取代	680~725(s); 750~810(s)	C═N(伸缩)	1640~1690(m)
对二取代	790~840(s)	**P. 偶氮**	
		N═N(伸缩)	1575~1630(m)

说明:s 表示强,m 表示中,w 表示弱,b 表示宽。

(3)谱图解析

熟悉各官能团的特征吸收是解析红外光谱图的基础。谱图解析一般步骤如下:

①先在官能团区找基团的特征吸收,再找相关峰。如 3300~3400cm^{-1} 为—OH、—NH_2;1660~1800cm^{-1} 为 C═O;1620~1680cm^{-1} 为 C═C;2000~2500cm^{-1} 为 C≡C、C≡N;1450~1600cm^{-1}有 1~4 个中强吸收峰为苯环。

②在 2700~3300cm^{-1} 检查 C—H。3000cm^{-1} 为饱和与不饱和 C—H 分界线;大于 3000cm^{-1}有吸收峰,为不饱和键或芳香环的 C—H;2800~2960cm^{-1} 吸收峰为—CH_3 与—CH_2—的 C—H。

③常采用否定的方法,以吸收峰的不存在,否定相应官能团的存在,再用肯定的方法推导出化合物的官能团,再找出相关峰。

3. 核磁共振谱

(1)基本原理

让处于磁场中的自旋核接受一定频率的电磁波辐射,当电磁波的能量正好等于两种核磁旋能级之差时,自旋核就从低能级跃迁到高能级,发生核磁共振,称为核磁共振谱(NMR)。主要有氢核磁共振谱(^1H NMR)和碳核磁共振谱(^{13}C NMR)。

(2)化学位移

氢在化合物中所处化学环境不同,由于屏蔽作用强弱不同,实际感受到的磁场强度不同,由此产生的核磁共振信号位置的变化称为化学位移(δ)。通常以[$(CH_3)_4Si$](TMS)为标准物,规定 $\delta=0$,其他化合物 δ 按下式计算。δ 值越大,表明 H 周围电子云密度越低,屏蔽作用越弱,共振出现在低磁场;δ 值越小,表明 H 周围电子云密度越高,屏蔽作用越强,共振出现在高磁场。

$$\delta=\frac{\gamma_{样品}-\gamma_{标准}}{\gamma_{仪器}}\times 10^6$$

表 9-2　常见氢的化学位移

质子类型	化学位移 δ/ppm	质子类型	化学位移 δ/ppm
伯氢：R—CH_3	0.9	氯化物：Cl—C—**H**	3～4
仲氢：R_2CH_2	1.3	醇 α-氢：HO—C—**H**	3.4～4
叔氢：R_3C—**H**	1.5	氟化物：F—C—**H**	4～4.5
烯烃 α-氢：C=C—C—**H**	1.7	酯氧碳氢：RCOO—C—**H**	3.7～4.1
碘化物：I—C—**H**	2～4	胺氢：R—NH_2	1～5
酯 α-氢：ROOC—C—**H**	2～2.2	醇羟基氢：RO—**H**	1～5.5
酸 α-氢：HOOC—C—**H**	2.2～2.6	烯氢：C=C—**H**	4.6～5.9
羰基 α-氢：—CO—C—**H**	2～2.7	芳氢：Ar—**H**	6～8.5
炔氢：—C≡C—**H**	2～3	醛基氢：R—CHO	9～10
苄氢：Ar—C—**H**	2.2～3	羧基氢：RCOO—**H**	10.5～12
醚 α-氢：R—O—C—**H**	3.3～4	酚羟基氢：ArO—**H**	4～12
溴化物：Br—C—**H**	2.5～4	烯醇氢：C=C—O—**H**	15～17

(3)自旋耦合裂分

由于相邻质子自旋作用会影响对方的核磁共振，使吸收峰发生分裂称为自旋耦合裂分。自旋耦合裂分所产生的谱线间距称为耦合常数（J，单位为 Hz）。峰的分裂数目符合（$n+1$）规律和（$n+1$）（$m+1$）规律（n 为邻位碳上环境完全相同的氢数目，m 为邻位碳上环境不相同的氢数目）。

(4)谱图解析

核磁共振氢谱图可以给出以下 3 个方面的分子结构信息：

①由峰的组数（化学位移值）可决定分子中有几种不同化学环境的质子；

②由峰的面积比可知每种质子的数目；

③由峰的分裂数可知哪些质子与之相邻。

4. 质谱

(1)基本原理

样品在高真空中受热气化，经高能电子流轰击，除产生分子离子外，还形成许多阳离子碎片，这些离子经电场加速后，按不同质荷比（m/z）依次通过可变磁场，被检测器一一记录得到的谱图称为质谱。分子离子和碎片离子通常只带一个正电荷，质荷比通常表示相对分子质量或碎片的式量。谱图中强度最高的峰为基峰，将其强度定为 100，其他为离子的相对强度（丰度）。

(2)谱图解析

质谱图有其他光谱不可比拟的优点，即可以测定未知物的相对分子质量，并由分子离子峰及碎片离子峰的相对强度推导分子式。

①分子离子的质荷比即为化合物的相对分子质量。

②常见碎片离子的质荷比见表 9-3。

表 9-3 常见碎片离子的质荷比

质荷比	碎片离子	质荷比	碎片离子
15	CH_3^+	77	$C_6H_5^+$
29	$CH_3CH_2^+$		
43	$CH_3CH_2CH_2^+$	91	$C_6H_5\overset{+}{C}H_2$
	$(CH_3)_2CH^+$	105	$C_6H_5C{=}O^+$
	$CH_3C{=}O^+$		

三、典型例题

例 1 排列下列化合物的最大紫外吸收波长(λ_{max})。

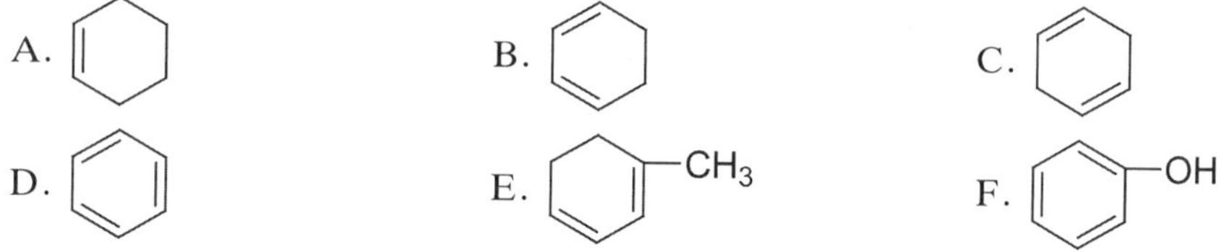

[解析] 共轭链越长(等长共轭链，支链多)，π 电子活动范围越大，越容易产生 $\pi\rightarrow\pi^*$ 跃迁，波长越长，F 中因 O 孤对电子与苯产生 p-π 共轭，使吸收波长发生红移。A＜C＜B＜E＜D＜F。

例 2 某化合物的分子式为 C_8H_8O。IR 谱：$3100cm^{-1}$ 以上无吸收，$1690cm^{-1}$ 处有强吸收，1600、1500、$1460cm^{-1}$ 处有较强吸收，2960、$1380cm^{-1}$ 处有中强吸收，770、$710cm^{-1}$ 处有强吸收。试确定其结构。

[解析] 该化合物的不饱和度为 5(≥4)，可能有苯环存在。

$$不饱和度=C原子数+1-\frac{H原子数}{2}-\frac{卤原子数}{2}+\frac{N原子数}{2}=5$$

IR 谱：在 $3100cm^{-1}$ 以上无吸收，表明分子中无—OH。

在 $1690cm^{-1}$ 处有强吸收→表明含有羰基，而在 2720～$2820cm^{-1}$ 处没有醛基═C—H 的吸收峰，说明该化合物是酮。

在 1600、1500、$1460cm^{-1}$ 处有较强吸收，表明含有苯环。

结合分子式，可推得化合物结构为苯乙酮，一取代在 640～$770cm^{-1}$ 处应有 2 个吸收峰，与题目中 770、$710cm^{-1}$ 处有强吸收符合。

例 3　某化合物分子式为 $C_8H_{11}NO$，其^{1}H NMR 谱数据(单位为 ppm)如下：δ6.7(4H，对称多重峰)；δ4.2(2H，四重峰)；δ3.6(2H，单峰)；δ1.3(3H，三重峰)。试推测其结构式。

[解析]　该化合物不饱和度为 4，可能有苯环，有四组峰，说明结构中有四种环境的氢。

δ6.7(4H，对称多重峰)→4H 表明苯环上有两个取代基，对称多重峰，二取代基为对位；

δ4.2 (2H，四重峰)→四重峰，邻位有三个 H，即—CH_3；

δ1.3(3H，三重峰)→三重峰，邻位有两个 H，结合 δ4.2，说明有 CH_3CH_2—；

δ3.6(2H，单峰)→单峰，邻位没有 H，可能为—NH_2。

综合上述信息，该化合物结构可能是 H_2N—C_6H_4—O-CH_2-CH_3（δ3.6：NH_2；δ6.7：苯环 H；δ4.2：CH_2；δ1.3：CH_3）。

例 4　对 2-甲基-2-丁醇的质谱图的主要碎片离子峰做出解释，说明它们是如何产生的。

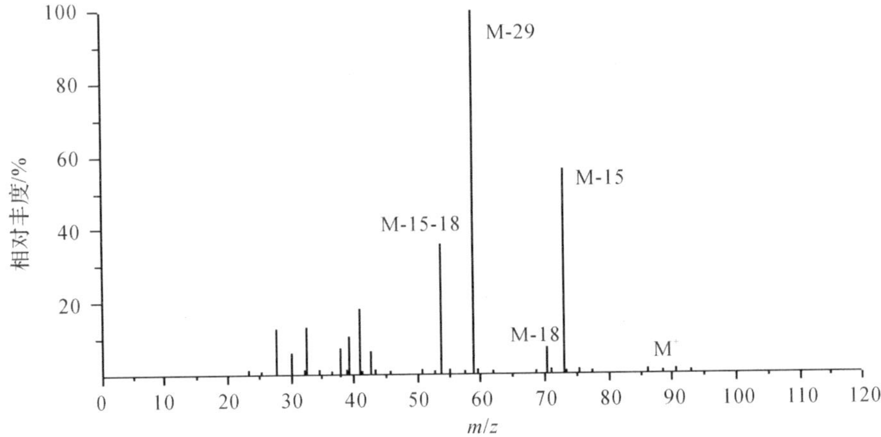

[解析]　由于醇分子高温下易脱水，所以分子离子峰没有出现，它的 4 个主要碎片离子可能通过以下一些反应形成。

CH_3CH_2-C(CH_3)(OH)-CH_3 $\xrightarrow{-e^-}$ $[CH_3CH_2$-C(CH_3)(OH)-$CH_3]^+$ →

→ $\cdot CH_3$ + CH_3CH_2-C(=$\overset{+}{O}$H)-CH_3　73(M-15)

→ $CH_3CH_2\cdot$ + CH_3-C(=$\overset{+}{O}$H)-CH_3　59(M-29)

→ $[CH_3CH$=C(CH_3)-$CH_3]^+$ 或 $[CH_3CH_2$C(CH_3)=$CH_2]^+$　70(M-18)

$[CH_3CH_2$C(CH_3)=$CH_2]^+$ → $\cdot CH_3$ + $\overset{+}{C}H_2$-C(CH_3)=CH_2　55(M-15-18)

四、巩固提高

1. 将下列各组化合物按最大紫外吸收波长由长到短排列。

(1) A. $CH_2=CH_2$　　B. $CH_2=CH\text{-}CH=CH\text{-}CH=CH_2$

C. $CH_2=CH\text{-}CH=CH_2$　　D. $C_6H_5\text{-}CH=CH\text{-}C_5H_6$

(2) A.　　B.　　C.

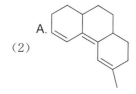

2. 下列化合物中，哪些能产生自旋-自旋耦合？如果有耦合，指出各种 H 分裂的峰数。

(1) H(Cl)C=C(Cl)H　　(2) $H_3C\text{-}C_6H_4\text{-}CH_3$　　(3) $CH_3\text{-}\overset{O}{\overset{\|}{C}}\text{-}CH_2CH_2\text{-}\overset{O}{\overset{\|}{C}}\text{-}CH_3$

(4) CD_3CH_2Cl　　(5) $ClCH_2CH_2Br$　　(6) $CH_3\text{-}C(CH_3)_2\text{-}CH_2CH_3$

(7) $CH_3CH(Br)CH_3$　　(8) H(H)C=C(Br)Cl

3. 2-甲基戊烷的质谱图如下所示，分子离子峰和基峰各在哪里？m/z 为 71、57、43、29 的碎片离子峰对应的碎片结构是什么？

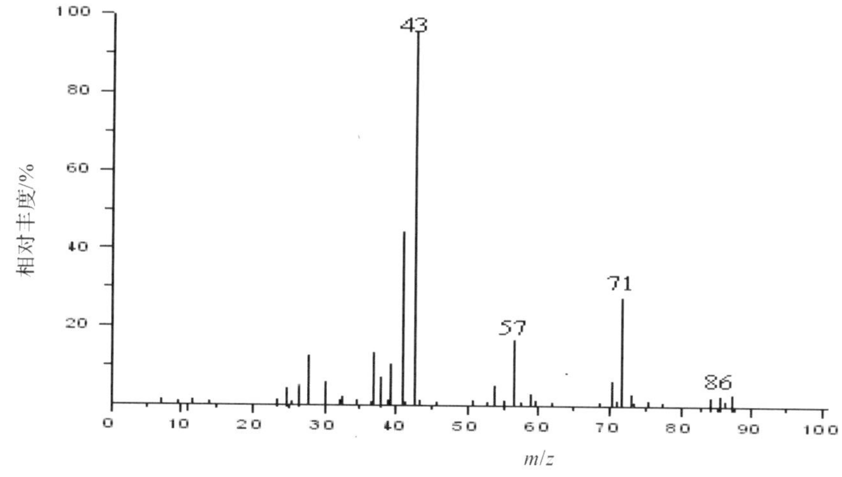

4. 根据所给的波谱数据，推测化合物的可能结构，并指出各数据的归属。

(1) 分子式为 C_8H_8O。IR：3020、1680、1600、1580、1360、750、700cm^{-1}处有吸收峰。

(2) 分子式为 C_4H_9Cl。^1H NMR：δ1.04ppm（二重峰，6H），δ1.95ppm（多重峰，1H），δ3.35ppm（二重峰，2H）。

(3) 分子式为 $C_{15}H_{14}O$。^1H NMR：δ2.02ppm（单峰，3H），δ5.08ppm（单峰，1H），δ7.25ppm（多重峰，10H）。

(4) 分子式为 $C_6H_{10}O_3$。^1H NMR：δ1.2ppm（三重峰，3H），δ2.2ppm（单峰，3H），

δ3.5ppm(单峰,2H),δ4.1ppm(四重峰,2H)。IR 显示有两个 C═O。

5.根据下列化合物的分子结构,判别在核磁共振氢谱中各质子与峰的对应关系。

(1)$CH_3CH_2OCH(CH_3)_2$

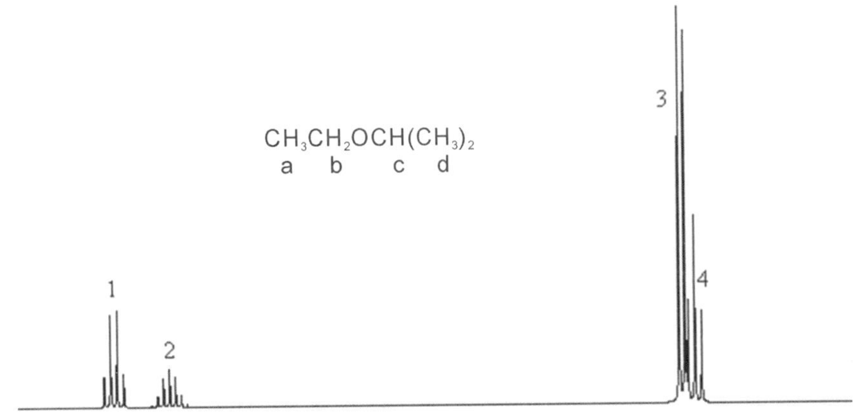

(2)$CH_3OCH(CH_3)CH_2CH_3$

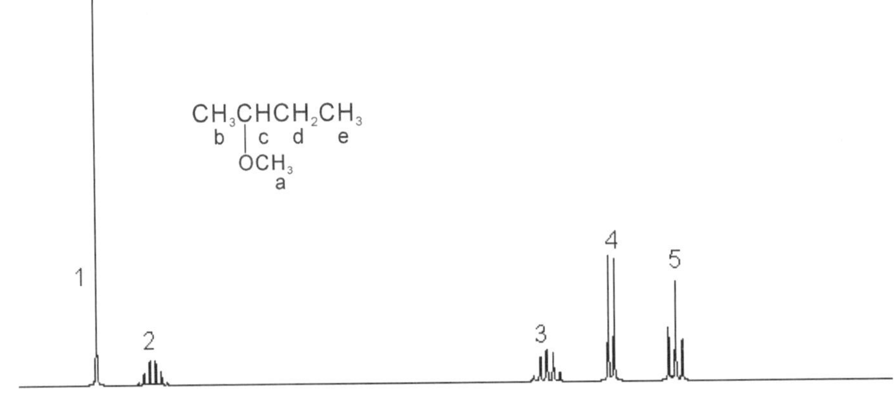

解析与答案

(9)

第10章 醇、酚和醚

第1节 醇

一、知识点与要求

- ✧ 了解饱和伯醇、饱和仲醇、饱和叔醇、烯丙醇、苄醇的结构特征，氢键对醇物理性质的影响，醇的IR和^{1}H NMR特征；掌握醇的命名方法。
- ✧ 熟练掌握醇的酸性、羟基取代反应及其机理、氧化反应、脱水反应及其机理。
- ✧ 掌握邻二醇与HIO_4氧化反应，频哪醇重排反应及其机理。
- ✧ 掌握醇的制备方法，尤其是烯烃制备醇和格氏试剂制备醇。

二、化学性质与制备

1. 醇的化学性质

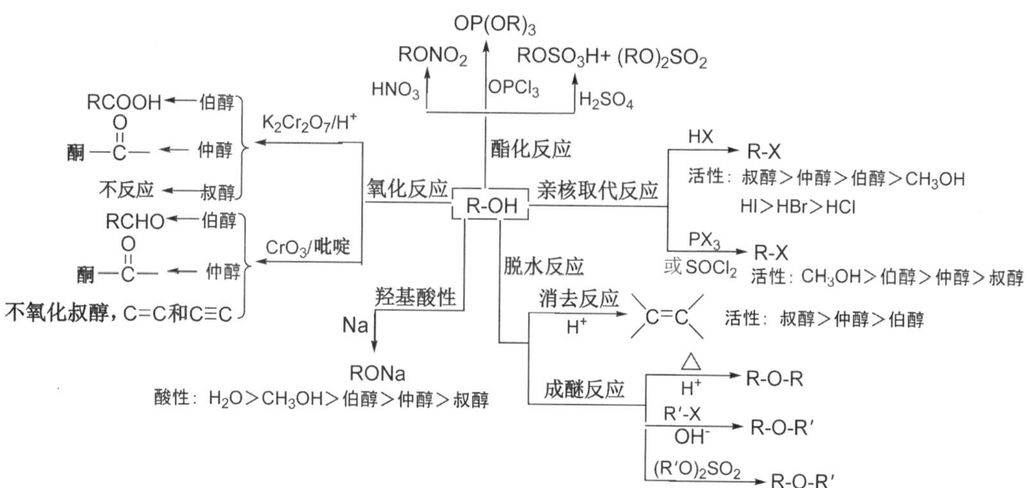

2. 邻二醇化学性质

$$\begin{matrix}R \\ R'\end{matrix}\!\!>C=O + O=C\!\!<\!\!\begin{matrix}R'' \\ R'''\end{matrix} \xleftarrow[\text{氧化反应}]{HIO_4} R'-\underset{OH}{\overset{R}{C}}-\underset{OH}{\overset{R''}{C}}-R''' \xrightarrow[\text{频哪醇重排}]{H^+} R'-\underset{R''}{\overset{R}{C}}-\overset{O}{\overset{\|}{C}}-R'''$$

3. 醇的制备

(1)由烯烃制备

①烯烃直接水合

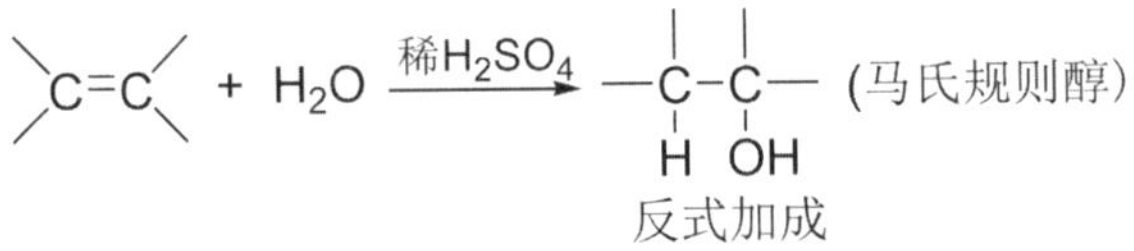
稀H_2SO_4
(马氏规则醇)
反式加成

亲电加成机理，经过碳正离子中间体，可能得到重排产物醇。

②烯烃硼氢化-氧化

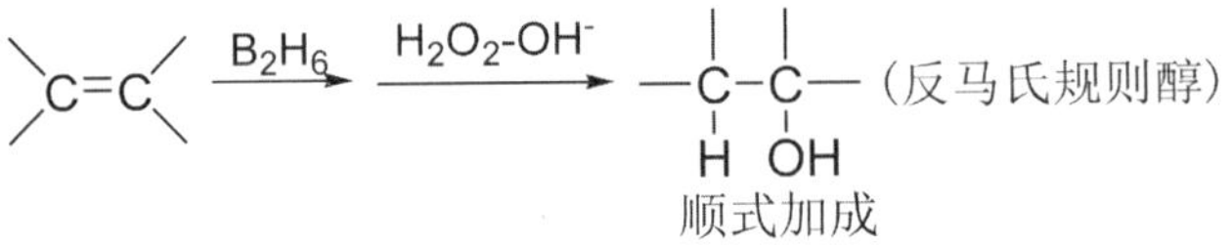
B_2H_6
H_2O_2-OH^-
(反马氏规则醇)
顺式加成

③烯烃制备邻二醇

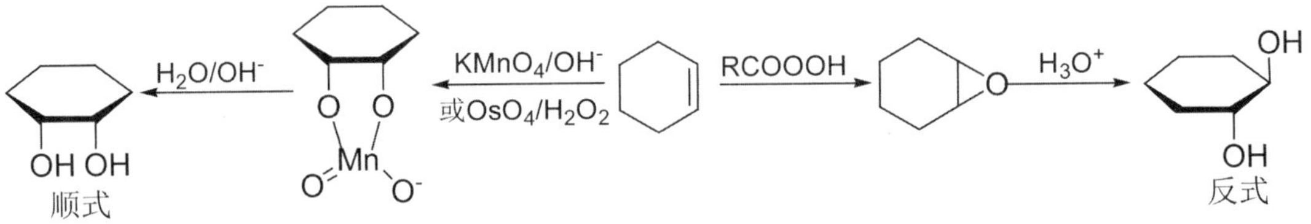
H_2O/OH^-
$KMnO_4/OH^-$
或OsO_4/H_2O_2
RCOOOH
H_3O^+
顺式
反式

(2)由卤代烃水解制备

$$R\text{-}X + KOH \xrightarrow{H_2O} R\text{-}OH + KX$$

常用较易得到的伯卤代烃来制备醇，因仲、叔卤代烃在碱性条件下易发生消去反应。

(3)由羰基化合物还原制备

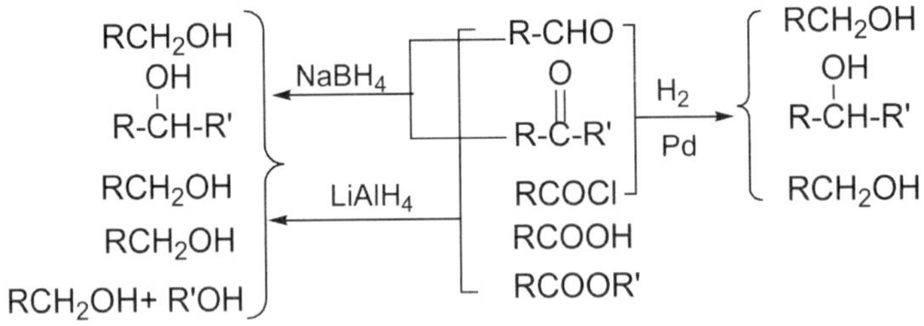
RCH_2OH
R-CH(OH)-R'
RCH_2OH
RCH_2OH
RCH_2OH+ R'OH
$NaBH_4$
$LiAlH_4$
R-CHO
R-CO-R'
RCOCl
RCOOH
RCOOR'
H_2
Pd

$NaBH_4$ 和 $LiAlH_4$ 均不能还原 C═C 和 C≡C，但 **$NaBH_4$ 还原性**比 $LiAlH_4$ 弱，$NaBH_4$ 不能还原酰卤、羧酸和羧酸酯。

(4)由格氏试剂制备

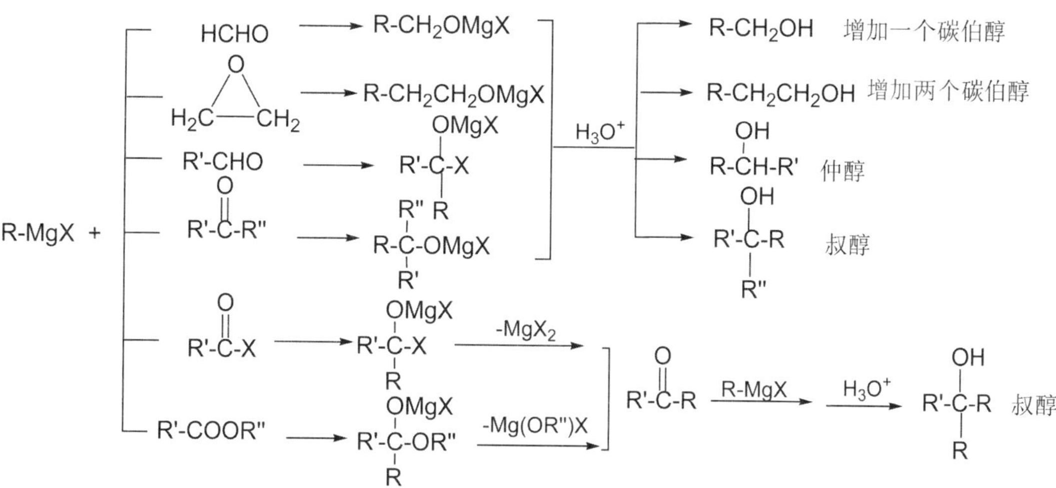

三、重难点知识概要

1. 醇羟基的亲核取代反应机理

(1)醇与 HX 反应

不同醇与 HX 反应的机理是不同的：伯醇主要按 S_N2 机理进行；仲醇、叔醇及烯丙醇等按 S_N1 机理进行。

S_N2 机理(伯醇)：

$$R\text{-}CH_2OH + HX \longrightarrow R\text{-}CH_2O^+H_2 + X^- \longrightarrow X\text{-}CH_2\text{-}R + H_2O$$

S_N1 机理(仲醇、叔醇、烯丙醇)：

$$R-\underset{R''}{\overset{H(R')}{C}}-OH + HX \xrightarrow{-X^-} R-\underset{R''}{\overset{H(R')}{C}}-O^+H_2 \xrightarrow{-H_2O} R-\underset{R''}{\overset{H(R')}{C^+}} \xrightarrow{-X^-} R-\underset{R''}{\overset{H(R')}{C}}-X$$

碳正离子中间体可能会发生重排，卤素可从碳正离子平面的上、下方进攻得到构型不同的两种卤代烃。

(2)醇与 PX_3、PCl_5 或 $SOCl_2$ 反应

醇与 PX_3(X = Cl，Br，I)、PCl_5 及 $SOCl_2$ 反应，生成卤代烃，通常按 S_N2 机理进行，反应过程没有碳正离子生成，不会有重排产物生成。

$$3CH_3CH_2CH_2\text{-}OH + PX_3 \longrightarrow (CH_3CH_2CH_2O)_3P + 3HX$$

$$(CH_3CH_2CH_2O)_2\text{-}P\text{-}O\text{-}\underset{CH_2CH_3}{CH_2} + HX \xrightarrow{-X^-} (CH_3CH_2CH_2O)_2\text{-}P\text{-}\underset{H}{\overset{+}{O}}\text{-}\underset{CH_2CH_3}{CH_2} \xrightarrow[S_N2]{X^-}$$

$$(CH_3CH_2CH_2O)_2\text{-}P\text{-}OH + CH_3CH_2CH_2X$$

$$CH_3CH_2CH_2OH + SOCl_2 \longrightarrow CH_3CH_2CH_2\text{-}O\text{-}\overset{\overset{O}{\|}}{S}\text{-}Cl + HCl$$

$$CH_3CH_2CH_2\text{-}O\text{-}\overset{\overset{O}{\|}}{S}\text{-}Cl + Cl^- \xrightarrow{S_N2} CH_3CH_2CH_2Cl + SO_2 + Cl^-$$

2. 醇脱水反应机理

(1)消去反应

醇在强酸催化下脱水生成烯烃，多为 E1 机理，因有碳正离子生成，故反应活性大小为：叔醇＞仲醇＞伯醇，并有重排产物，产物一般符合札依采夫规则。

$$(CH_3)_3C\text{-}CH(OH)\text{-}CH_3 \xrightarrow{H^+} (CH_3)_3C\text{-}CH(\overset{+}{O}H_2)\text{-}CH_3 \xrightarrow{-H_2O} (CH_3)_3C\text{-}\overset{+}{C}H\text{-}CH_3 \xrightarrow{-H^+} (CH_3)_3C\text{-}CH{=}CH_2\ (\text{次})$$

$$(CH_3)_3C\text{-}\overset{+}{C}H\text{-}CH_3 \xrightarrow{\text{重排}} H_3C\text{-}\overset{+}{C}(CH_3)\text{-}CH(CH_3)\text{-}CH_3$$

$$CH_2{=}C\text{-}CH(CH_3)_2\ (\text{次}) \xleftarrow{-H^+} H_3C\text{-}\overset{+}{C}(CH_3)\text{-}CH(CH_3)\text{-}CH_3 \xrightarrow{-H^+} (CH_3)_2C{=}C(CH_3)_2\ (\text{主})$$

(2)分子间脱水反应

醇在强酸催化下脱水生成醚，伯醇按 S_N2 机理进行，仲醇、叔醇、烯丙醇按 S_N1 机理进行。

伯醇(S_N2 机理)：

$$RCH_2OH + H^+ \rightleftharpoons RCH_2\text{-}\overset{+}{O}H_2 \underset{S_N2}{\overset{HOCH_2R}{\rightleftharpoons}} RCH_2\text{-}\overset{+}{O}H(CH_2R) \overset{-H^+}{\rightleftharpoons} RCH_2OCH_2R$$

仲醇、叔醇及烯丙醇(S_N1 机理)：

$$R\text{-}OH + H^+ \rightleftharpoons R\text{-}\overset{+}{O}H_2 \rightleftharpoons R^+ + H_2O$$

$$R^+ + R\text{-}OH \rightleftharpoons R\text{-}\overset{+}{O}(H)\text{-}R \xrightarrow{-H^+} R\text{-}O\text{-}R$$

3. 频哪醇重排反应机理

邻二醇在酸催化下重排生成频哪酮的反应称为频哪醇重排，反应机理如下：

$$\underset{\text{频哪醇}}{H_3C\text{-}C(CH_3)(OH)\text{-}C(CH_3)(OH)\text{-}CH_3} \overset{H^+}{\rightleftharpoons} H_3C\text{-}C(CH_3)(OH)\text{-}C(CH_3)(\overset{+}{O}H_2)\text{-}CH_3 \overset{-H_2O}{\rightleftharpoons} H_3C\text{-}C(CH_3)(OH)\text{-}\overset{+}{C}(CH_3)\text{-}CH_3$$

$$\overset{\text{重排}}{\rightleftharpoons} H_3C\text{-}\overset{+}{C}(OH)\text{-}C(CH_3)_2\text{-}CH_3 \xrightarrow{-H^+} \underset{\text{频哪酮}}{H_3C\text{-}C({=}O)\text{-}C(CH_3)_2\text{-}CH_3}$$

频哪醇质子化脱水生成本身稳定的叔碳正离子，之所以能发生甲基迁移，是因为重排后产生的新的碳正离子的正电荷能与氧原子上孤对电子发生离域作用而特别稳定。

不对称邻二醇中，哪个羟基被质子化后离去，这与羟基离去后形成的碳正离子的稳定性有关，越稳定的碳正离子越容易质子化。如：

$$H_3C-C(CH_3)(OH)-CH_2OH \xrightarrow{H^+} \xrightarrow{-H_2O} H_3C-C(CH_3)(OH)-\overset{+}{C}H_2 + H_3C-\overset{+}{C}(CH_3)-CH_2OH$$

伯碳正离子　　叔碳正离子(稳定)

当与碳正离子相邻碳上两个基团不同时，哪一个基团优先迁移，取决于基团的迁移能力，常见基团的迁移能力如下：

$C_6H_5- > (CH_3)_3C- > (CH_3)_2CH- > CH_3CH_2- > H_3C- > H-$

$CH_3O-C_6H_4- > H_3C-C_6H_4- > Ph-C_6H_4- > C_6H_5- > Cl-C_6H_4-$

故下列频哪醇重排时，苯基迁移为主要产物。

$$Ph-C(CH_3)(OH)-C(CH_3)(OH)-Ph \xrightarrow{H^+} H_3C-\underset{\underset{O}{\|}}{C}-C(CH_3)(Ph)-Ph + Ph-\underset{\underset{O}{\|}}{C}-C(CH_3)(CH_3)-Ph$$

主产物　　次产物

四、典型例题

例 1　写出下列反应的主要产物，并简要说明之。

(1) 5-羟甲基-环己-2-烯-1-醇（CH_2OH 与 OH 取代的环己烯）$\xrightarrow[\text{吡啶}]{CrO_3}$

(2) $(S)-CH_3CH_2CH(OH)CH_3 + SOCl_2 \xrightarrow{\text{吡啶}}$

(3) $(CH_3)_3CCH_2OH \xrightarrow{HBr}$

(4) 1-甲基环戊基-$CH(OH)-CH_3 \xrightarrow[\triangle]{H^+}$

(5) 1-羟基环戊基-$C(OH)(C_6H_5)_2 \xrightarrow{H^+}$

(6) [cyclohexane chair with CH_3, OH, CH_3, OH] $\xrightarrow{H^+}$

(7) $H_3C—\underset{CH_3}{\overset{Br}{C}}—\underset{CH_3}{\overset{OH}{C}}—CH_3 \xrightarrow{Ag^+,H_2O}$

(8) [cyclohexane chair with OH, CH_3, H, Cl] $\xrightarrow[\triangle]{OH^-}$

［解析］ (1)CrO_3 氧化剂将伯醇氧化为醛、仲醇氧化为酮，不氧化 C═C、C≡C 及—CHO。

[structure: cyclohexenone bearing CHO, O]

(2)醇与 $SOCl_2$ 是 S_N2 机理，产物构型相反。

(R)-$CH_3CH_2\underset{Cl}{C}HCH_3$

(3)醇与 HBr 是 S_N1 机理，先生成伯碳正离子，然后重排为较稳定的叔碳正离子。

$(CH_3)_3CCH_2OH \xrightarrow[-H_2O]{HBr} H_3C—\underset{CH_3}{\overset{CH_3}{C}}—\overset{+}{C}H_2 \longrightarrow H_3C—\underset{+}{\overset{CH_3}{C}}—CH_2CH_3 \xrightarrow{Br^-} H_3C—\underset{Br}{\overset{CH_3}{C}}—CH_2CH_3$

(4)醇在酸催化下是 E1 机理，生成碳正离子重排，消去生成稳定的烯烃。

[1-methylcyclopentyl]-CH(OH)-CH_3 $\xrightarrow[\triangle]{H^+}$ [1-methylcyclopentyl]-CH($^+OH_2$)-CH_3 $\xrightarrow{-H_2O}$ [1-methylcyclopentyl]-$\overset{+}{C}H$-CH_3 $\longrightarrow$ [1,2-dimethylcyclohexyl cation] $\xrightarrow{-H^+}$ [1,2-dimethylcyclohexene]

(5)邻二醇在酸催化下发生频哪醇重排反应，先生成较稳定的碳正离子，然后基团迁移生成更稳定的碳正离子，最后脱去氢生成羰基。

[1-hydroxycyclopentyl]-C(OH)$(C_6H_5)_2$ $\xrightarrow{H^+}$ [1-hydroxycyclopentyl]-C($^+OH_2$)$(C_6H_5)_2$ $\xrightarrow{-H_2O}$ [1-hydroxycyclopentyl]-$\overset{+}{C}(C_6H_5)_2$ $\longrightarrow$ [2-hydroxy-cyclohexyl cation, 2,2-C_6H_5] $\xrightarrow{H^+}$ [2,2-diphenylcyclohexanone]

(6)频哪醇重排反应中，离去的羟基与迁移基团处于反式有利。

[chair: CH_3, OH, CH_3, OH] $\xrightarrow{H^+}$ [chair: CH_3, OH, CH_3, $^+OH_2$] $\xrightarrow{-H_2O}$ [chair: $\overset{+}{C}$—OH, CH_3, CH_3] $\xrightarrow{-H^+}$ [chair: C=O, CH_3, CH_3]

(7)卤代烃在 Ag^+ 催化下，先生成碳正离子，然后发生频哪醇重排，再生成羰基化合物。

$$H_3C-\underset{CH_3}{\overset{Br}{C}}-\underset{CH_3}{\overset{OH}{C}}-CH_3 \xrightarrow{Ag^+} H_3C-\underset{CH_3}{\overset{+}{C}}-\underset{CH_3}{\overset{OH}{C}}-CH_3 \longrightarrow H_3C-\underset{CH_3}{\overset{CH_3}{C}}-\underset{+}{\overset{OH}{C}}-CH_3 \xrightarrow{H^+} H_3C-\underset{CH_3}{\overset{CH_3}{C}}-\overset{O}{C}-CH_3$$

(8)醇与 OH^- 生成醇氧负离子，作为亲核试剂从反面进攻 Cl，发生 S_N2 反应，生成环醚。

OH H CH3 Cl $\xrightarrow[\triangle]{OH^-}$ O⁻ H CH3 Cl $\xrightarrow{-Cl^-}$ O H CH3

例 2 给出下列反应合理的机理。

(1) $C_6H_5-CH_2CH_2CH(OH)CH(CH_3)_2 \xrightarrow[\triangle]{H_2SO_4}$ 1,1-二甲基四氢萘（H_3C, CH_3）

(2) 螺环醇（OH） $\xrightarrow{H_2SO_4}$ 可能的环烯烃

[解析] (1)羟基质子化后脱水得到仲碳正离子，邻位 H^- 迁移重排为叔碳正离子，叔碳正离子作为亲电试剂进攻苯环的邻位，最后脱 H^+ 形成目标产物。

$C_6H_5-CH_2CH_2CH(OH)CH(CH_3)_2 \xrightarrow{H^+} C_6H_5-CH_2CH_2CH(^+OH_2)CH(CH_3)_2 \xrightarrow{-H_2O} C_6H_5-CH_2CH_2\overset{+}{C}H-C(H)(CH_3)-CH_3$

$\xrightarrow{H^-迁移} C_6H_5-CH_2CH_2CH_2-\overset{+}{C}(CH_3)-CH_3$（亲电取代） $\longrightarrow$ （H, CH_3, CH_3, +） $\xrightarrow{-H^+}$ （H_3C, CH_3）

(2)羟基质子化后脱水得到仲碳正离子，直接脱去 β-H 为一螺烯，邻位迁移重排成叔碳正离子，再脱去 β-H，可得到三种桥烯。

OH $\xrightarrow{H^+}$ +OH2 $\xrightarrow{-H_2O}$ H + $\xrightarrow{-H^+}$ 螺烯

重排 → H + H H $\xrightarrow{-H^+}$ H H + H H + H H

例 3　以苯、C 原子数≤2 的有机物为原料，选择合理的路线合成下列化合物。

(1) 顺-1,2-环己二醇 和 反-1,2-环己二醇

(2) 1-苯基环己烯

(3) H_3CH_2C—CH=CH—CH_2CH_2OH（顺式）

(4) C_6H_5—$CH_2CH_2CH_2Cl$

［解析］(1)邻二醇用环已烯氧化来制备。用稀、冷、碱性 $KMnO_4$ 氧化得顺式邻二醇；用过氧乙酸氧化先生成环氧化合物，再酸性水解得反式邻二醇。

$$\text{苯} \xrightarrow[\text{Ni}]{3H_2} \text{环己烷} \xrightarrow[\triangle]{Cl_2} \text{氯代环己烷} \xrightarrow[C_2H_5OH]{NaOH} \text{环己烯} \xrightarrow{CH_3COOOH} \text{环氧环己烷} \xrightarrow{H_3O^+} \text{反-1,2-环己二醇}$$

$$\text{环己烯} \xrightarrow{KMnO_4/OH^-} \text{顺-1,2-环己二醇}$$

(2)目标物质为烯，可由醇消去制得，考虑到原料为苯，合成醇为叔醇合理。叔醇可由格氏试剂 C_6H_5MgCl 和环已酮反应得到，环已酮由环已醇氧化，环已醇由卤代已环水解生成。

$$\text{苯} \xrightarrow{Fe,Cl_2} \text{氯苯} \xrightarrow[\text{Ni}]{3H_2} \text{环己基}-Cl \xrightarrow{NaOH,H_2O} \text{环己基}-OH \xrightarrow{CrO_3} \text{环己酮}$$

$$\text{氯苯} \xrightarrow[THF]{Mg} C_6H_5-MgCl$$

$$\text{1-苯基环己基-OMgCl} \xrightarrow{H_3O^+} \text{1-苯基环己醇(HO)} \xrightarrow[\triangle]{H^+} \text{1-苯基环己烯}$$

(3)目标物质为顺式烯醇，可由相应的炔醇用林德拉催化还原制得，叁键一端的乙基由炔钠与卤乙烷反应生成，另一端的增两个碳的伯醇可由炔钠与环氧乙烷加成水解得到。

$$HC\equiv CH \xrightarrow{NaNH_2} HC\equiv CNa \xrightarrow{CH_3CH_2Cl} HC\equiv C\text{-}CH_2CH_3 \xrightarrow{NaNH_2} NaC\equiv C\text{-}CH_2CH_3$$

$$\xrightarrow{H_2C\overset{O}{-}CH_2} NaOCH_2CH_2\text{-}C\equiv C\text{-}CH_2CH_3 \xrightarrow{H_2O} HOCH_2CH_2\text{-}C\equiv C\text{-}CH_2CH_3 \xrightarrow[\text{Lindlar 催化剂}]{H_2}$$

H_3CH_2C—CH=CH—CH_2CH_2OH（顺式，两个 H 位于同侧）

(4)目标物质为伯卤代烃，可由相应伯醇与 $SOCl_2$ 反应得到(用 HCl 可能发生重排)。原料为苯及 C 原子数≤2 的有机物，选择环氧乙烷与格氏试剂 $C_6H_5CH_2MgBr$ 来制得，$C_6H_5CH_2MgBr$ 由甲苯来合成，而甲苯通过苯的烷基化反应得到。

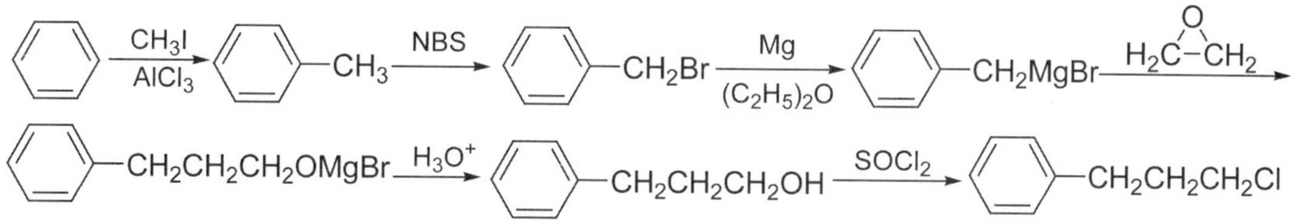

$$C_6H_6 \xrightarrow[AlCl_3]{CH_3I} C_6H_5CH_3 \xrightarrow{NBS} C_6H_5CH_2Br \xrightarrow[(C_2H_5)_2O]{Mg} C_6H_5CH_2MgBr \xrightarrow{H_2C\text{—}CH_2\ (\text{O})}$$

$$C_6H_5CH_2CH_2CH_2OMgBr \xrightarrow{H_3O^+} C_6H_5CH_2CH_2CH_2OH \xrightarrow{SOCl_2} C_6H_5CH_2CH_2CH_2Cl$$

例 4　(2*S*,3*R*)-3-溴-2-丁醇与 HBr 反应得到内消旋的 2,3-二溴丁烷，而(2*R*,3*R*)-3-溴-2-丁醇与 HBr 反应得到外消旋的 2,3-二溴丁烷，请解释这一实验事实。

［解析］　醇与 HBr 先质子化为水合氧正离子，邻位溴有孤对电子从水合氧正离子的反面进攻碳正离子，形成溴鎓离子，最后 Br^- 从反面进攻溴鎓，生成二溴化合物。

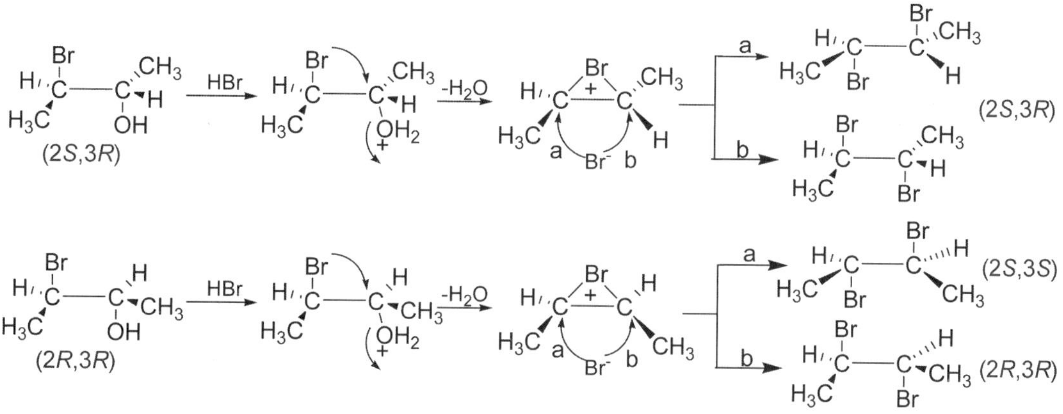

(2*S*,3*R*) —HBr→ (质子化，OH_2^+) —$-H_2O$→ 溴鎓离子 —Br^- (a 或 b)→ (2*S*,3*R*)

(2*R*,3*R*) —HBr→ (质子化，OH_2^+) —$-H_2O$→ 溴鎓离子 —Br^-→ a: (2*S*,3*S*)；b: (2*R*,3*R*)

五、巩固提高

1. 用系统命名法命名下列化合物。

(1) 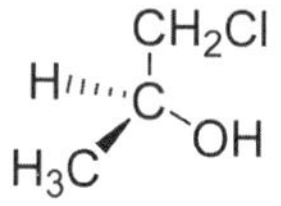 H_3C—C(H)(OH)—CH_2Cl (楔形式)　(2) $HC{\equiv}CCH_2CH_2CH_2OH$　(3) 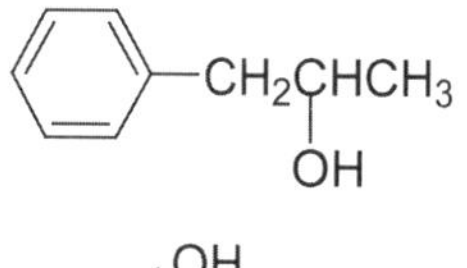 C_6H_5—$CH_2CH(OH)CH_3$

(4) 二环[2.2.1]庚烷-7-醇结构(—OH)　(5) $CH_3CH(OH)CH(CH_2OH)CH_2CH_3$　(6) 环戊烷，含 OH 与 CH_2CH_2OH 取代基

(7) $ClH_2C(H)C{=}C(CH_3)CH_2OH$　(8) $C(CH_2OH)_4$　(9) 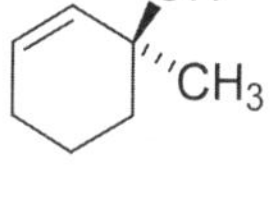 环己烯环上含 OH 与 CH_3 的叔醇

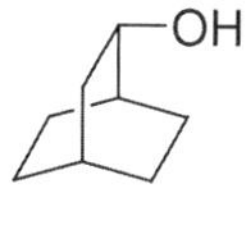

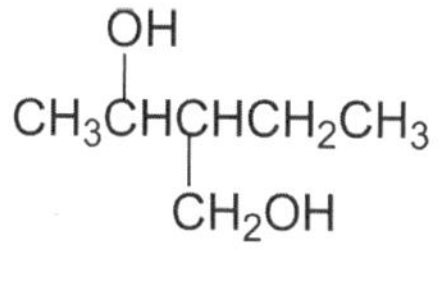

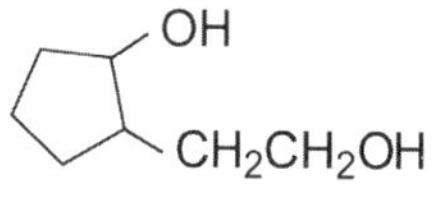

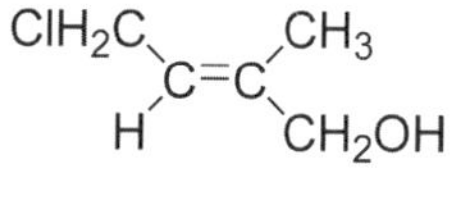

2. 写出下列反应的主要产物。

(1) 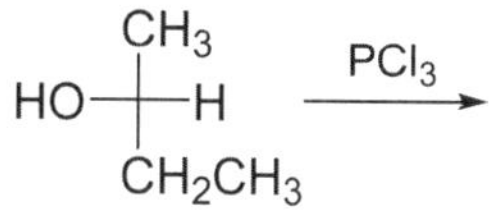 HO—C(CH_3)(H)(CH_2CH_3) (费歇尔投影式) $\xrightarrow{PCl_3}$

(2) $C_6H_5-C(CH_3)(OH)-CH(OH)CH_3 \xrightarrow{HIO_4}$

(3) $C_6H_5-CH_2CH(OH)CH(CH_3)_2 \xrightarrow[\triangle]{H_2SO_4}$

(4) 环己基$-CH_2OH \xrightarrow[\triangle]{H_2SO_4}$

(5) 2,2-二甲基环己醇 $\xrightarrow{HCl}$

(6) HO…OH $\xrightarrow[CHCl_3]{MnO_2}$

3.写出下列反应产物的立体化学结构。

(1) HO、CH_3、C_2H_5、H 取代的手性碳 $\xrightarrow{SOCl_2}$

(2) Br、H、C_2H_5 取代的 C—C(H)(OH)CH_3 $\xrightarrow{HBr}$

(3) $COONa$、H、C_2H_5、Br 取代的手性碳 $\xrightarrow{Ag_2O}$ $\xrightarrow{NaOH,H_2O}$

4.用反应历程解释下列反应事实。

(1) $CH_2{=}CH{-}\overset{*}{C}H_2OH \xrightarrow[ZnCl_2]{HCl} CH_2{=}CH{-}\overset{*}{C}H_2Cl + \overset{*}{C}H_2{=}CH{-}CH_2Cl$

(2) 2,2-二甲基环己醇 $\xrightarrow[\triangle]{H^+}$ 1,2-二甲基环己烯 + 异亚丙基环戊烷（CH_3, CH_3）

(3) 1,2-二甲基环庚-1,2-二醇（CH_3, OH, OH, CH_3）$\xrightarrow{H_2SO_4}$ 1-甲基环己基甲基酮（H_3C, O, CH_3）

(4) $(CH_3)_2C(OH){-}C(Cl)(CH_3)_2 \xrightarrow{Ag^+} (CH_3)_3C{-}\overset{O}{\overset{\|}{C}}{-}CH_3$

5.写出下列化合物在酸催化下的产物。

(1) $H_3C(Ph)C(OH){-}C(OH)(Ph)Ph$　(2) 1,1'-联环戊基-1,1'-二醇（OH OH）　(3) 环己烷椅式构象（CH_3, OH, OH, CH_3）

6. 用指定的原料合成下列化合物。

(1) $CH_3CH_2CH_2OH \longrightarrow CH_3\text{-}\underset{OH}{\overset{CH_3}{C}}\text{-}CH_2CH_2CH_3$

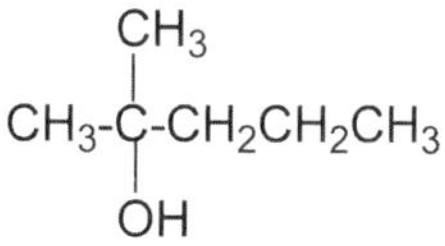

(2) 苯及 C 原子数≤2 的有机物⟶ OH

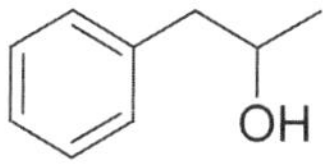

(3) C 原子数≤2 的有机物⟶

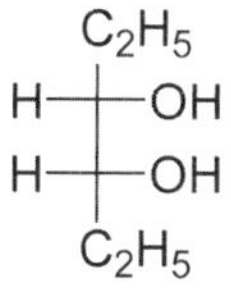

C_2H_5
H—+—OH
H—+—OH
C_2H_5

(4) 苄基溴、乙炔及 C 原子数≤2 的有机物⟶ O

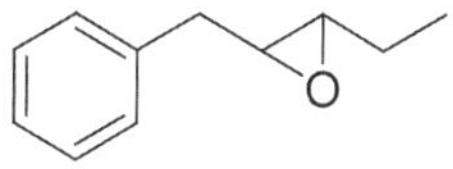

(5) $CH_3CH{=}CH_2 \longrightarrow H_3C-\underset{CH_3}{\overset{CH_3}{C}}-\overset{O}{\overset{\|}{C}}-CH_3$

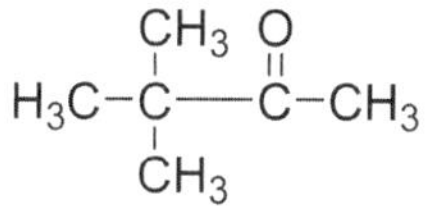

7. 推断结构。

(1) 不饱和烃 A($C_{16}H_{16}$)用 $KMnO_4/OH^-$ 处理，得到 B($C_{16}H_{18}O_2$)；B 与 HIO_4 反应，生成 C(C_8H_8O)；C 能发生银镜反应，得到酸 D；D 只能生成两种一硝基取代物；B 用无机酸处理，能重排得到 E($C_{16}H_{16}O$)；E 也能发生银镜反应，得到酸。试推测 A～E 的结构式。

(2) 不饱和醇 A、B 分子式均为 $C_9H_{10}O$，其中 A 有光学活性，B 无光学活性。A、B 在 H_2SO_4 作用下生成同一种烃 C(C_9H_8)；C 催化氢化生成 D(C_9H_{10})；D 用 $HNO_3\text{-}H_2SO_4$ 硝化，只得到两种一硝基取代产物。试写出 A～D 的结构式。

解析与答案

(10-1)

第2节 酚

一、知识点与要求

✧ 了解酚的结构特征，掌握酚类物质的命名方法。

✧ 理解酚羟基的酸性及其对苯环活性的影响；掌握酚羟基的成醚、成酯、显色、氧化及还原反应，苯环上的卤代、磺化、硝化、烷基化、酰基化、羧基化和甲酰化反应。

✧ 理解酚酯的弗瑞斯重排反应及温度对产物的影响。

✧ 掌握酚的制备方法。

二、化学性质与制备

1. 酚的化学性质

CO_2 → OH / COONa；H^+ → OH / COOH（Kolbe-Schmitt反应）羧基化

$CHCl_3$，$NaOH-H_2O$ → OH / CHO + HO—⟨苯环⟩—CHO（Reimer-Tiemann反应）甲酰化

H_2/Ni 还原 → OH（环己醇）

$K_2Cr_2O_7/H^+$ 氧化 → O＝⟨⟩＝O

酚羟基反应：

Na或NaOH 酸性 → ONa；CO_2 → OH + $NaHCO_3$；ONa 经 CH_3X → OCH_3

$(CH_3)_2SO_4$ 成醚反应 → OCH_3

$CH_3COCl,AlCl_3$ 成酯反应 → —O—C(=O)—CH_3；△ 弗瑞斯重排：高温 → OH / C(=O)—CH_3（邻位）；低温 → HO—⟨⟩—C(=O)—CH_3（对位）

$FeCl_3$ 显色 → $[Fe(OPh)_6]^{3-}$（鉴别酚）

苯环亲电取代反应：

卤代：Br_2,H_2O → OH / Br, Br, Br，白↓（鉴别酚）；Br_2,CS_2 → OH / Br（邻或对）

硝化：稀HNO_3 → OH / NO_2；浓HNO_3 → OH / O_2N, NO_2, NO_2

磺化 H_2SO_4：100℃ → OH / SO_3H（对位）；15～25℃ → OH / SO_3H（邻位）；邻位产物经 100℃ → 对位产物

$AlCl_3$：$(CH_3CO)_2O$ 酰基化 → OH / $COCH_3$（邻或对）；$CH_3CH_2CH_2Cl$ 烷基化 → OH / $CH(CH_3)_2$（邻或对）

2. 酚的制备

(1)由异丙苯法制备

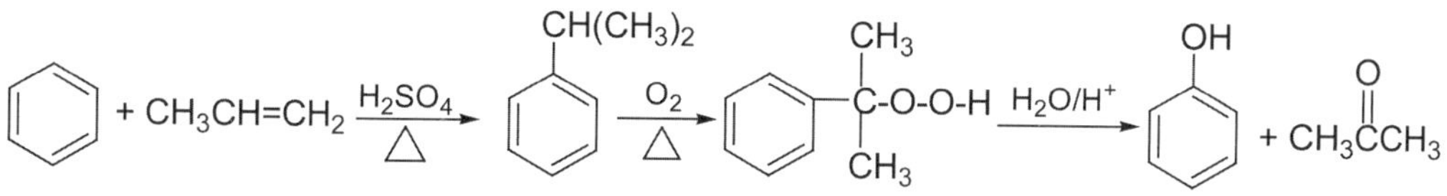

(2)由苯磺酸碱融熔法制备

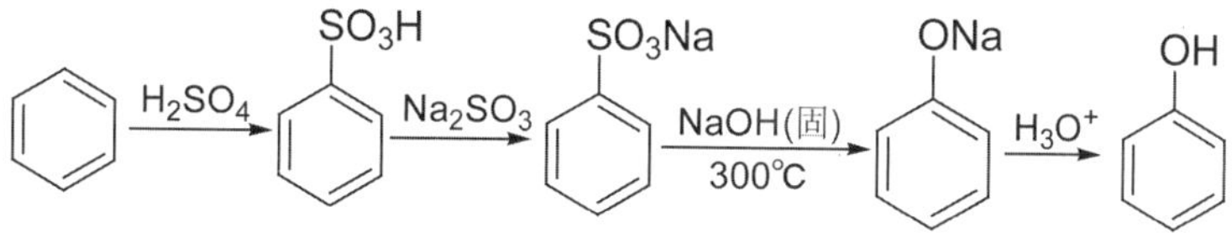

苯环上有—NO_2 等强吸电子基时，不能用此法制备。

(3)由芳卤衍生物制备

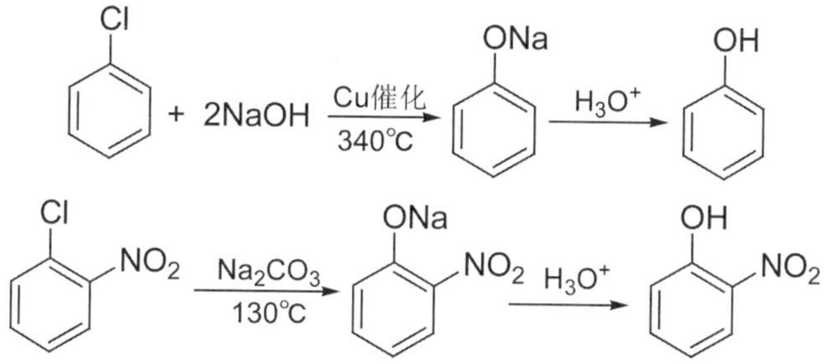

氯苯水解难，当氯苯的邻位或对位有强吸电子硝基时，水解变得活泼。

(4)重氮盐水解法

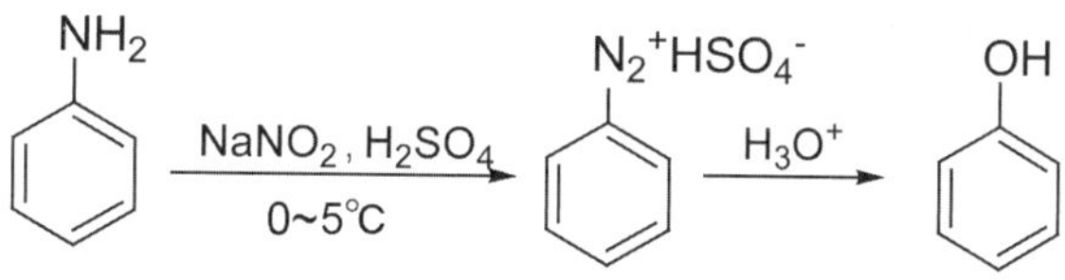

三、重难点知识概要

1. 取代基对酚酸性强弱的影响

取代基主要通过电子效应(共轭效应和诱导效应)影响酚羟基的酸性强弱：吸电子基增强酚的酸性，供电子基降低酚的酸性；取代基的位置不同，影响的程度也不同。

①第二类取代基(间位定位基)处于间位时，只有吸电子诱导效应，酸性增强较小；第二类取代基(间位定位基)处于邻对位时，吸电子诱导效应和吸电子共轭效应协同作用，酸性增强较大。吸电子基数目越多，酸性越强。如：

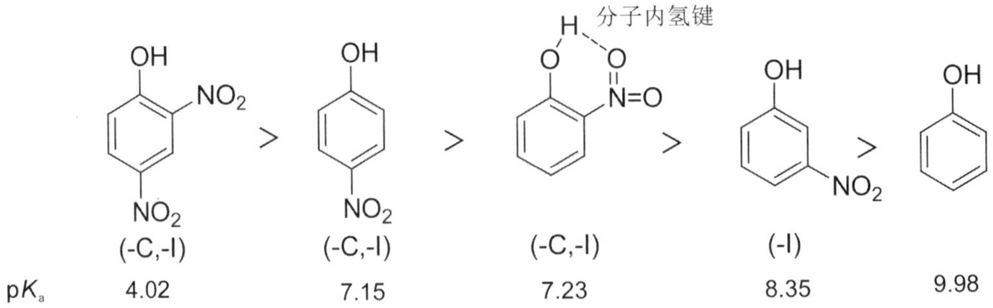

分子内氢键

(-C,-I) (-C,-I) (-C,-I) (-I)

pK_a 4.02 > 7.15 > 7.23 > 8.35 > 9.98

②第一类取代基(邻对位定位基)处于间位时,只起诱导效应(吸电子基,酸性增强,供电子基酸性降低);第一类取代基(邻对位定位基)处于邻对位时,同时起吸电子诱导效应和供电子共轭效应,供电子共轭效应作用通常强于吸电子诱导效应,酸性降低。但卤原子则是共轭效应弱于诱导效应,酸性增强。如:

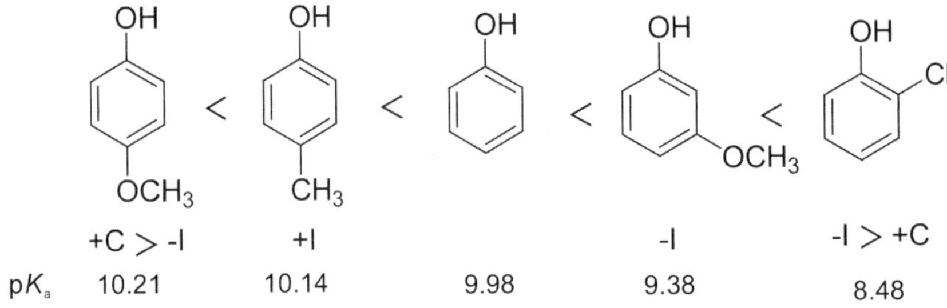

+C > -I　+I　　-I　-I > +C

pK_a 10.21 < 10.14 < 9.98 < 9.38 < 8.48

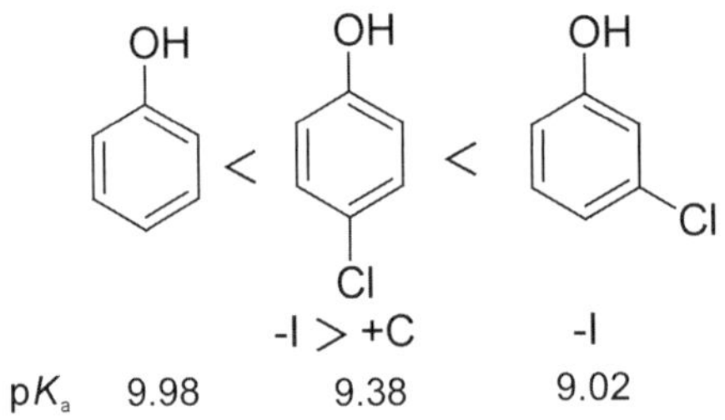

-I > +C　-I

pK_a 9.98 < 9.38 < 9.02

2. 酚酯的弗瑞斯(Frise)重排反应

酚酯化合物在无水 $AlCl_3$ 或其他路易斯酸催化下加热,发生酰基转移到邻位或对位的重排,生成酚酮化合物,称为弗瑞斯重排。反应温度对邻对位产物比例影响较大:低温有利于形成对位产物(空间位阻小),高温有利于形成邻位产物(分子内氢键稳定)。

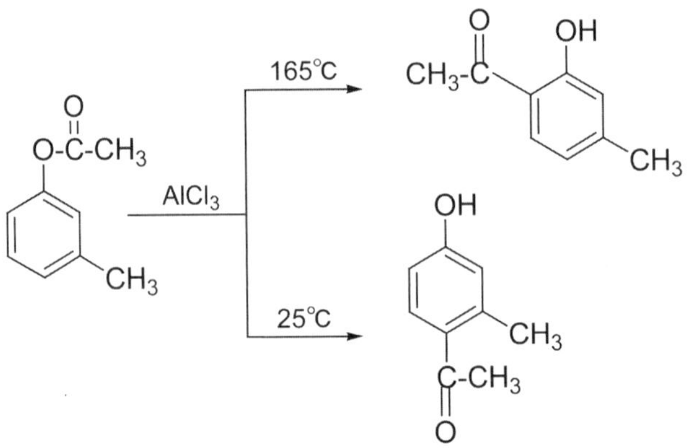

$AlCl_3$; 165℃; 25℃

四、典型例题

例 1　比较下列酚类化合物的酸性大小，并说明理由。

A. OH, Cl　B. OH, NO_2　C. OH　D. OH, NO_2　E. OH, O-CH_3　F. OH, CH_3　G. OH, NO_2, NO_2

[解析]　—NO_2 的诱导效应和共轭效应都是吸电子（－I、－C），能增强酚的酸性。当—NO_2 在邻位或对位时，两种效应协同作用，处于间位的—NO_2、—Cl 只有－I 作用而没有－C 作用，因—NO_2 的－I 作用比—Cl 的强，故酸性由强到弱为：G＞D＞B＞A＞C。—OCH_3 是－I 和＋C 基团，处于邻位或对位时，两种效应均起作用，且＋C 作用强于－I 作用，具有供电性，供电子能力强于—CH_3，两者酸性降低，酸性从强到弱为：C＞F＞E。故酸性从强到弱为：G＞D＞B＞A＞C＞F＞E。

例 2　写出下列反应主要产物。

(1) OH, CH_3 $\xrightarrow{Br_2, CHCl_3}$

(2) OH, CH_3 $\xrightarrow{(CH_3CO)_2O}$ $\xrightarrow[\triangle]{AlCl_3}$

(3) OH + CH_2=CH-CH_2-CH_2-CH=CH_2 $\xrightarrow{H^+}$

(4) OH, CH_2OH $\xrightarrow[H_2SO_4]{CH_3COOH}$; $\xrightarrow[NaOH]{(CH_3)_2SO_4}$

(5) OH, $CH_2CH_2CH_2OH$ $\xrightarrow{SOCl_2}$ $\xrightarrow{OH^-}$ $\xrightarrow{NBS}$

(6) CH_3 $\xrightarrow[100℃]{H_2SO_4}$ $\xrightarrow[300℃]{NaOH}$ $\xrightarrow{H^+}$ $\xrightarrow[NaOH]{CH_3I}$ $\xrightarrow{HNO_3}$ $\xrightarrow{HI}$

［解析］ (1)酚羟基的邻对位被卤代。

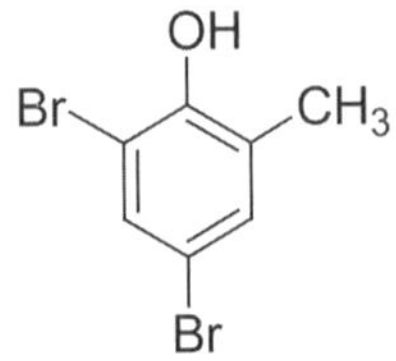

(2)酚与酰化剂生成酚酯，在 $AlCl_3$ 催化下加热发生邻位的弗瑞斯重排反应。

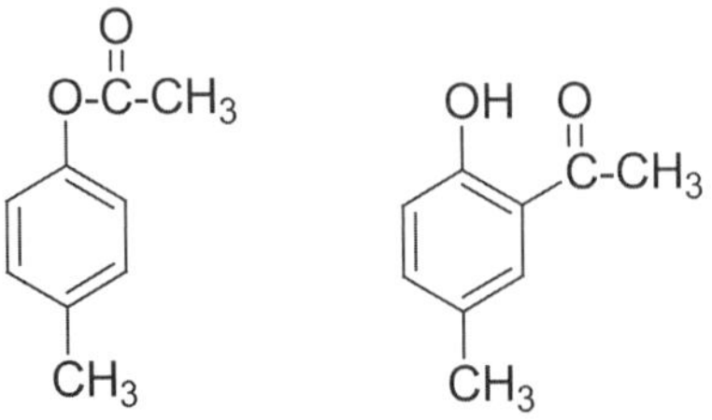

(3)在酸催化下，烯烃与苯发生亲电取代反应，因羟基为邻对位定位基，有两种产物。

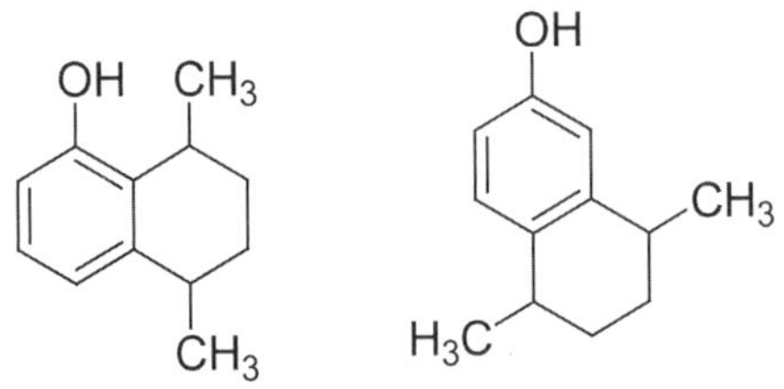

(4)在酸催化下，苄醇性质活泼，与 CH_3COOH 发生酯化反应，生成酯。在碱催化下，酚羟基酸性中和为酚氧负离子，作为亲核试剂，与 $(CH_3)_2SO_4$ 发生亲核取代反应，生成芳醚。

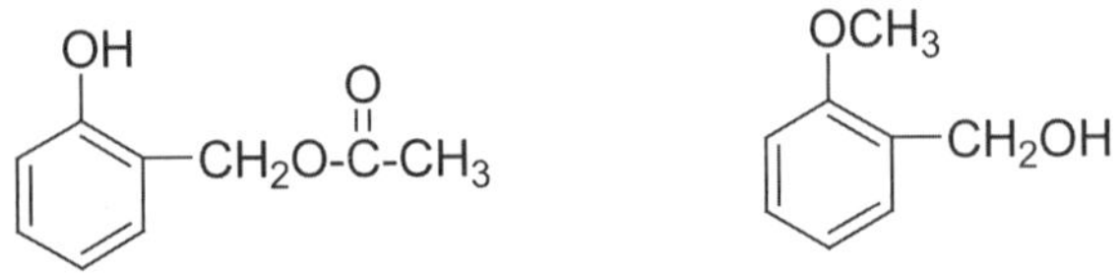

(5)苯氧键稳定，不易断裂，醇羟基发生氯代；酚羟基被碱中和为酚氧负离子，与氯发生分子内亲核取代反应，生成环醚；α-H 被溴取代。

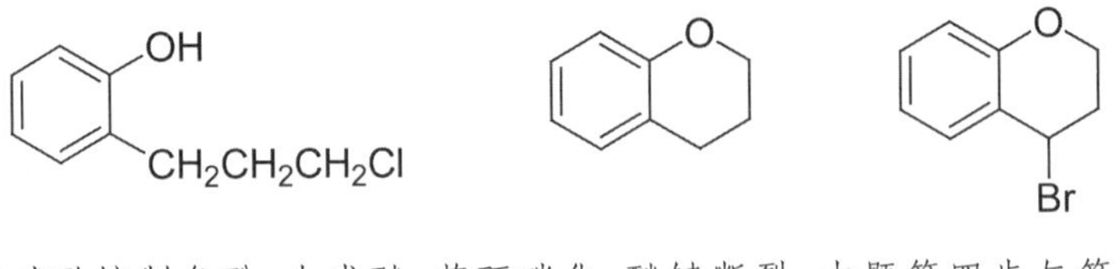

(6)苯磺酸碱融熔制备酚；生成醚，苯环硝化，醚键断裂，本题第四步与第六步是为了保护酚羟基，避免直接硝化时酚羟基被氧化。

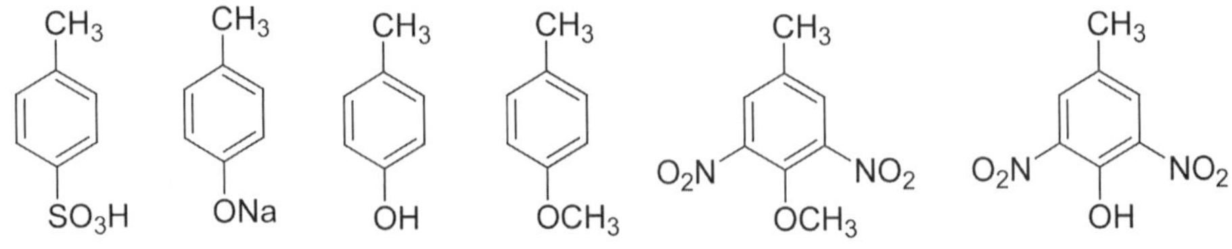

例 3　以以下指定物质及 C 原子数＝3 的有机物为原料，合成下列化合物。

(1) 甲苯 → 3-羟基-4-甲基苯甲酸（COOH、OH、CH_3）

(2) 苯酚（OH）→ 对丙烯基苯甲醚（OCH_3、$CH{=}CH{-}CH_3$）

(3) 苯 → 邻位含 OCH_3 和 $O{-}CH_2{-}CH{=}CH_2$ 的苯

［解析］(1)苯环酚羟基可用苯磺酸碱融熔法引入，羧基由格氏试剂与 CO_2 反应得到，考虑到基团定位效应，先引入羧基，再磺酸化引入酚羟基。

$$\text{甲苯}\xrightarrow[Fe]{Br_2}\text{对溴甲苯}\xrightarrow[(C_2H_5)_2O]{Mg}\text{对甲基苯基MgBr}\xrightarrow{CO_2}\text{对甲基苯甲酸}-C(=O)OMgBr\xrightarrow{H_3O^+}\text{对甲基苯甲酸(COOH, }CH_3)\xrightarrow{H_2SO_4}\text{3-}SO_3H\text{-4-甲基苯甲酸}$$

$$\xrightarrow[300^\circ C]{NaOH}\text{(COONa, ONa, }CH_3)\xrightarrow{H^+}\text{(COOH, OH, }CH_3)$$

(2)本题酚羟基转化为醚较方便，关键是如何引入丙烯基，因乙烯式卤代烃极不活泼，不能直接用卤代烃烷基化反应，用其他 C 原子数＝3 的有机物烷基化易重排为异丙基。应考虑烯烃可由醇消去生成，醇则用格氏试剂、酮等多种方法合成。本题以 C 原子数＝3 的有机物为原料，可用丙酰氯直接酰基化，生成酮，再还原、消去比较合理。

$$\text{苯酚(OH)}\xrightarrow[NaOH]{CH_3I}\text{苯甲醚(}OCH_3)\xrightarrow[AlCl_3]{CH_3CH_2COCl}\text{(}OCH_3,\ O{=}C{-}CH_2CH_3)\xrightarrow{NaBH_4}\text{(}OCH_3,\ HO{-}CHCH_2CH_3)\xrightarrow[\triangle]{H^+}\text{(}OCH_3,\ CH{=}CH{-}CH_3)$$

(3)本题目标物为邻二醚类，可由邻二酚来制备，因两种醚的烃基不同，所以先合成一种酚生成醚，再合成另一酚得到目标醚，两种酚羟基均可用苯磺酸碱熔融法引入。

苯 $\xrightarrow{H_2SO_4}$ 苯磺酸（SO_3H）$\xrightarrow{NaOH}$ $\xrightarrow[熔融]{NaOH}$ 苯酚钠（ONa）$\xrightarrow{CH_3I}$ 苯甲醚（OCH_3）$\xrightarrow[25℃]{H_2SO_4}$ 邻甲氧基苯磺酸（OCH_3，SO_3H）

$\xrightarrow{NaOH}$ $\xrightarrow[熔融]{NaOH}$ 邻甲氧基苯酚钠（OCH_3，ONa）$\xrightarrow{CH_2=CHCH_2Cl}$ 邻甲氧基苯基烯丙基醚（OCH_3，$OCH_2CH=CH_2$）

五、巩固提高

1.命名下列化合物。

(1) 邻位：OH，$CH_2CH=CH_2$

(2) 萘环：HO，NO_2

(3) 间位：OH，SO_3H

(4) 1,3,5-位：OH，HO，OH

(5) HO–苯环–C(CH_3)(CH_3)–苯环–OH

(6) 对位：CH_2OH，OH

2.写出邻甲基苯酚与下列各种试剂反应的主要产物。

(1)$NaOH/H_2O$

(2)$NaHCO_3/H_2O$

(3)CO_2，K_2CO_3，240℃

(4)$C_6H_5CH_2Cl/NaOH$

(5)$(CH_3CO)_2O/AlCl_3$

(6)Br_2/CS_2

(7) $CH_3CH=CH_2/H_2SO_4$

(8)浓硫酸，25℃

(9)$CHCl_3$，$NaOH/H_2O$

(10)稀硝酸

(11)CH_3COOH/H_2SO_4

(12)H_2/Ni，200℃，20atm

3.把下列化合物的酸性从强到弱排列。

(1) A. 苯酚（OH，NO_2，NO_2） B. 苯酚（OH，NO_2） C. 苯酚（OH，Cl） D. 苯酚（OH，CH_3） E. 苯酚（OH） F. 环己醇（OH）

(2) A. 苯酚（OH，OCH_3） B. 苯酚（OH，CH_3） C. 苯酚（OH，Cl） D. 苯酚（OH，NO_2） E. 苯酚（OH，NO_2）

4. 由指定原料合成下列化合物。

(1) $C_6H_5\text{-}OH \longrightarrow D\text{-}C_6H_4\text{-}OH$（对位）

(2) $C_6H_5OH \longrightarrow$ 2,6-二溴-4-烯丙基苯酚（OH、Br、Br、$CH_2\text{-}CH{=}CH_2$）

(3) $C_6H_6 \longrightarrow$ 邻乙酰氧基苯甲酸（COOH、$O\text{-}\overset{O}{\overset{\|}{C}}\text{-}CH_3$）

(4) $C_6H_5CH_3 \longrightarrow$ 2-羟基-4-甲基苯乙酮（OH、$\overset{O}{\overset{\|}{C}}\text{-}CH_3$、$CH_3$）

5. 如何将苯酚、环己醇、环己烷和苯甲酸组成的混合物分离？

解析与答案
（10-2）

第3节 醚

一、知识点与要求

- ✧ 了解醚的结构、分类和物理性质，掌握醚的命名方法。
- ✧ 掌握醚的成盐、醚键断裂反应，烯丙基芳醚的克莱森重排反应。
- ✧ 理解环氧乙烷在酸、碱催化下开环反应方式与机理。
- ✧ 掌握醇脱水方法及威廉姆森法制备醚的条件。

二、化学性质与制备

1. 醚的化学性质

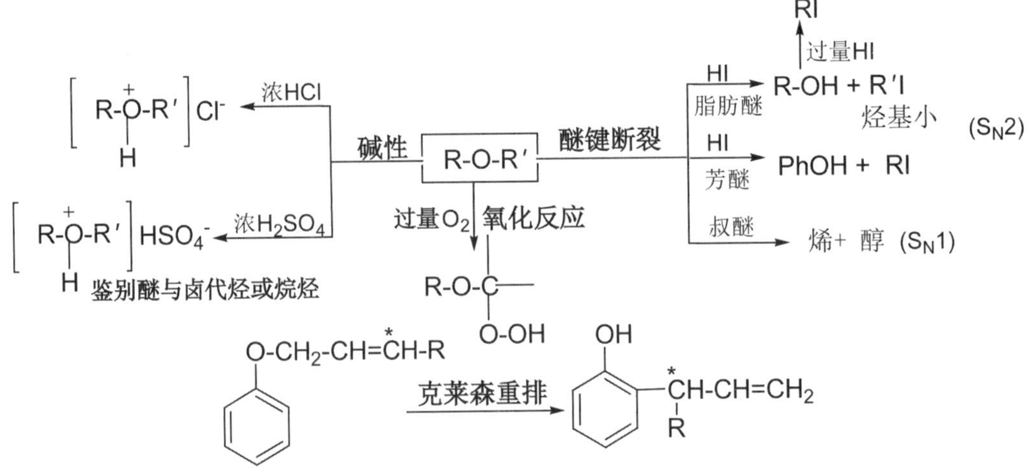

2. 环氧乙烷的化学性质

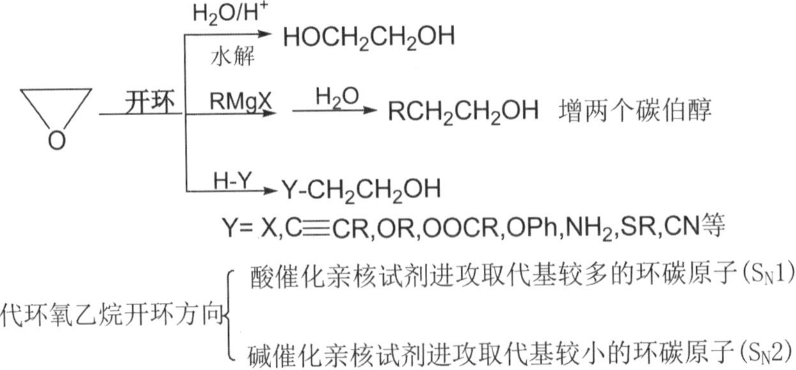

取代环氧乙烷开环方向：
- 酸催化亲核试剂进攻取代基较多的环碳原子(S_N1)
- 碱催化亲核试剂进攻取代基较小的环碳原子(S_N2)

$$R\text{-环氧乙烷} + CH_3OH \xrightarrow[S_N2]{CH_3ONa} R\text{-}\underset{}{CH(OH)}\text{-}CH_2\text{-}OCH_3$$

$$R\text{-环氧乙烷} + CH_3OH \xrightarrow[S_N1]{H_2SO_4} R\text{-}CH(OCH_3)\text{-}CH_2OH$$

3. 醚的制备

(1)醇分子间脱水法制单醚

$$\underset{\text{伯醇}}{2ROH} \xrightarrow[\triangle]{H^+} R\text{-}O\text{-}R + H_2O$$

注意：仲、叔醇易发生消去反应生成烯烃。

(2)威廉姆森(Williamson)法制混醚

$$RONa + \underset{\text{伯卤代烷}}{R'\text{-}X} \xrightarrow{S_N2} R\text{-}O\text{-}R' + NaX$$

注意：仲、叔卤代烷易发生消去反应生成烯烃。

(3)环醚的制备

①由烯烃被过氧酸氧化合成

$$>C=C< + RCOOOH \longrightarrow >C\overset{O}{—}C< + RCOOH$$

②由卤代醇分子内亲核取代合成

$$-\underset{OH}{C}-\underset{}{\overset{X}{C}}- \xrightarrow[S_N2]{\text{碱}} >C\overset{O}{—}C<$$

X= Cl,Br,I
(OH与X处于反式)

三、重难点知识概要

1. 醚键断裂反应

①醚与浓 HI 反应生成的盐在受热时，I^- 亲核试剂进攻较小的烃基碳(空间位阻小)，按 S_N2 机理，醚键发生断裂，但芳醚因苯氧键具有特殊的稳定性，烷氧键断裂生成酚和卤代烷。

$$R\text{-}O\text{-}CH_3 + HI \longrightarrow [R\text{-}\overset{+}{\underset{H}{O}}\text{-}CH_3] + I^- \xrightarrow[S_N2]{\triangle} R\text{-}OH + CH_3I$$

$$C_6H_5\text{-}O\text{-}R + HI \xrightarrow{\triangle} C_6H_5\text{-}OH + RI$$

②醚键一端是叔碳时，则按 S_N1 机理，醚键断裂先生成稳定碳正离子，然后消去 β-H 生成烯烃和醇。

$$CH_3CH_2C(CH_3)_2-O-CH_3 + HI \longrightarrow \left[CH_3CH_2C(CH_3)_2-\overset{+}{O}H-CH_3\right]I^- \xrightarrow[S_N1]{\triangle} CH_3CH_2\overset{+}{C}(CH_3)_2 + CH_3OH$$

$$CH_3CH_2\overset{+}{C}(CH_3)_2 \xrightarrow{-\beta\text{-}H} CH_3CH=C(CH_3)_2$$

③苯的烯丙基醚受热发生克莱森(Claisen)重排，烯丙基迁移到邻位上，生成邻烯丙基酚。

$$C_6H_5-O-\overset{*}{C}H_2-CH=CH-R \xrightarrow{\triangle} o\text{-}HO-C_6H_4-CH(R)-CH=\overset{*}{C}H_2$$

反应机理经过六元环过渡态：

$$C_6H_5-O-\overset{*}{C}H_2-CH=CH-R \longrightarrow \text{（环己二烯酮中间体）}\ CH(R)-CH=\overset{*}{C}H_2 \longrightarrow o\text{-}HO-C_6H_4-CH(R)-CH=\overset{*}{C}H_2$$

若两个邻位被占据，烯丙基先迁移到邻位上，再迁移到对位上(两次迁移重排)。

$$2,6\text{-}(CH_3)_2C_6H_3-O-\overset{*}{C}H_2-CH=CH-R \longrightarrow \text{（邻位迁移中间体）}\ CH(R)-CH=\overset{*}{C}H_2 \longrightarrow \text{（对位迁移中间体）}\ \overset{*}{C}H_2-CH=CH-R \longrightarrow 4\text{-}(R-CH=CH-\overset{*}{C}H_2)\text{-}2,6\text{-}(CH_3)_2C_6H_2OH$$

2. 取代环氧乙烷酸碱催化下开环反应与机理

取代环氧丙烷在酸和碱催化下，其开环方向是不同的。

(1)碱催化

发生的是 S_N2 机理，亲核试剂首先进攻空间位阻小的环碳原子，即取代基较小的环碳原子，C—O 键同时断裂。如：

空间位阻小

$$(CH_3)_2C\overset{O}{—}CH_2 + {}^-OCH_3 \xrightarrow[S_N2]{CH_3OH} (CH_3)_2C(O^-)-CH_2-OCH_3 \xrightarrow{CH_3OH} (CH_3)_2C(OH)-CH_2-OCH_3 + CH_3O^-$$

(2)酸催化

氧原子首先质子化，然后 C—O 键断裂形成碳正离子(S_N1)，哪一个 C—O 键断裂取决于形成的碳正离子的稳定性大小，即亲核试剂进攻取代基较多的环碳原子。如：

$$(CH_3)_2C\overset{O}{—}CH_2 \xrightarrow{H^+,CH_3OH} (CH_3)_2C\overset{O^+H}{—}CH_2 \xrightarrow{S_N1} \begin{cases} (CH_3)_2\overset{+}{C}-CH_2OH \text{（稳定）} \\ (CH_3)_2C(OH)-\overset{+}{C}H_2 \end{cases} \xrightarrow{CH_3OH} (CH_3)_2C(OCH_3)-CH_2OH + H^+$$

3. 威廉姆森(Williamson)法制备醚反应

醇钠和卤代烷反应是合成混醚和环醚的好方法。因硫酸酯和磺酸酯是易得且极易离去的基团，所以也可用磺酸酯和硫酸酯代替卤代烷，反应按 S_N2 机理进行。

$$RO^-Na^+ + R'\text{-}L \xrightarrow{S_N2} R\text{-}O\text{-}R' + NaL$$

$$L = Cl, Br, I, OSO_2R'', OSO_2OR''$$

所选的卤代烷通常为伯烷基，不能是仲及叔卤代烷（在强碱条件下容易发生 E2 消去反应生成烯），也不能是不活泼的乙烯式卤代烃和芳卤。

分子内威廉姆森反应可用于制备环醚，因为是 S_N2 反应，所以要求相邻两个碳原子上的氧负离子和卤原子处于反式共平面的位置，才能顺利进行反应。若氧负离子和卤原子处于顺式位置，则碱进攻 β-H，发生消去反应，先生成烯醇，然后异构为羰基化合物。如：

反式：2-溴环己醇 → （椅式构象）$\xrightarrow{NaOH,H_2O}$ O^- 进攻、Br 离去 $\xrightarrow{S_N2}$ 环氧环己烷

顺式：2-溴环己醇 → （椅式构象）$\xrightarrow[E2]{NaOH,H_2O}$ 烯醇 → 环己酮

四、典型例题

例 1　写出下列反应的主要产物。

(1) $(CH_3)_3C\text{-}Cl \xrightarrow{NaOH} \xrightarrow{HOCl} \xrightarrow{NaOH}$

(2) 环己烯 $\xrightarrow{CH_3COOOH} \xrightarrow{HBr}$

(3) 2-甲基四氢呋喃（H_3C—） $\xrightarrow{HCl}$

(4) 甲基环氧乙烷（H_3C—） $\xrightarrow[H^+]{CH_3CH_2OH}$

(5) 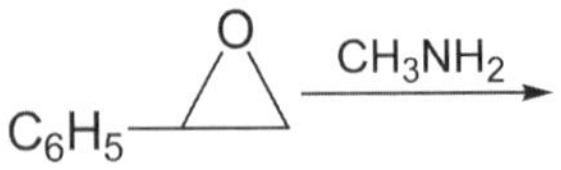 C_6H_5-环氧乙烷 $\xrightarrow{CH_3NH_2}$

(6) 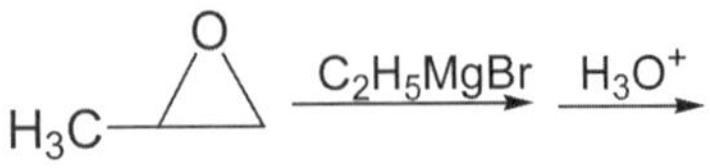 H_3C-环氧乙烷 $\xrightarrow{C_2H_5MgBr}$ $\xrightarrow{H_3O^+}$

(7) 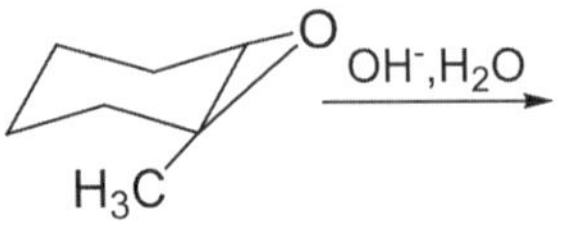 1-甲基环氧环己烷 $\xrightarrow{OH^-,H_2O}$

(8) 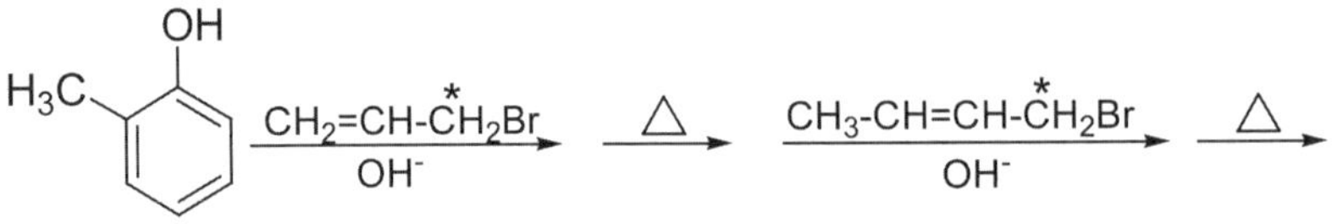 邻甲基苯酚 $\xrightarrow[OH^-]{CH_2=CH\text{-}\overset{*}{C}H_2Br}$ $\xrightarrow{\triangle}$ $\xrightarrow[OH^-]{CH_3\text{-}CH=CH\text{-}\overset{*}{C}H_2Br}$ $\xrightarrow{\triangle}$

［解析］ (1)叔卤代烃在碱条件下发生 E1 消去反应生成烯，与 HOCl 亲电加成得到邻氯代醇，邻氯代醇在碱作用下发生分子内 S_N2 反应生成环醚，这是制备环醚的好方法。

(1) 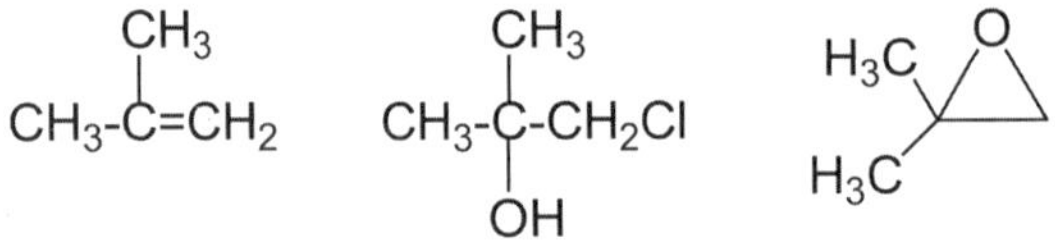 $CH_3\text{-}C(CH_3)=CH_2$　$CH_3\text{-}C(CH_3)(OH)\text{-}CH_2Cl$　2,2-二甲基环氧乙烷（H_3C、H_3C）

(2)烯烃过氧酸氧化为三元环氧化合物，三元环氧化合物与 HBr(酸)发生 S_N1 开环加成。

(2) 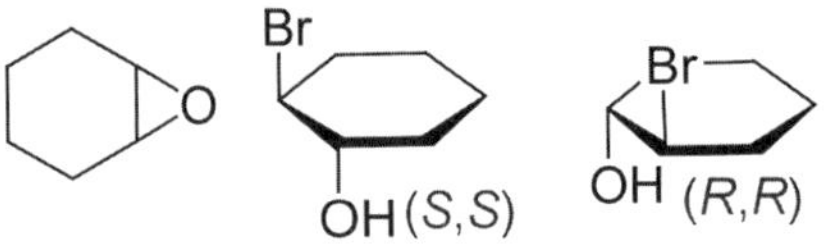 环氧环己烷　2-溴环己醇 (Br、OH) (S,S)　2-溴环己醇 (Br、OH) (R,R)

(3)、(4)为环氧化合物在酸催化下的开环反应，以 S_N1 机理进行加成，亲核试剂进攻取代基较多的环碳原子。

(3) 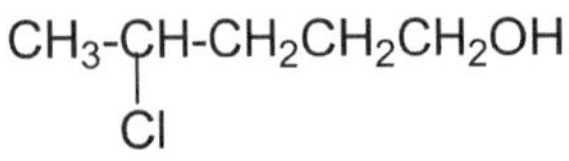 $CH_3\text{-}CH(Cl)\text{-}CH_2CH_2CH_2OH$　　(4) 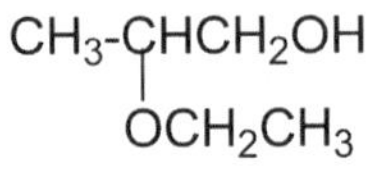 $CH_3\text{-}CH(OCH_2CH_3)CH_2OH$

(5)、(6)、(7)为环氧化合物在碱条件下的开环，以 S_N2 机理进行反应，亲核试剂进攻空间位阻小的碳原子。

(5) 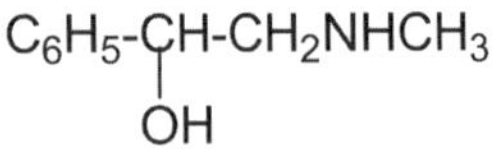 $C_6H_5\text{-}CH(OH)\text{-}CH_2NHCH_3$　　(6) 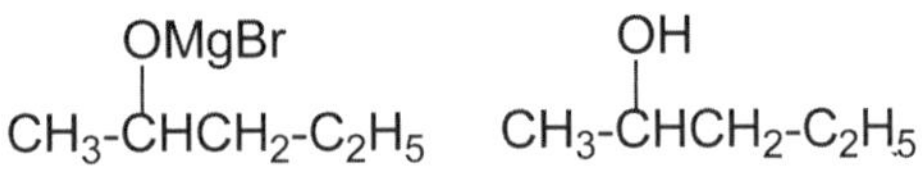 $CH_3\text{-}CH(OMgBr)CH_2\text{-}C_2H_5$　$CH_3\text{-}CH(OH)CH_2\text{-}C_2H_5$

(7) 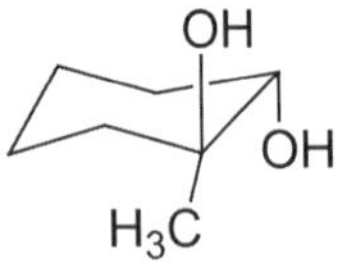 1-甲基环己烷-1,2-二醇 (OH、OH、H_3C)

(8)先生成醚，然后发生苯烯丙基醚的克莱森重排，第一次烯丙基迁移到空的邻位上，第二次氯丁烯基先迁移到邻位上，得到中间体，然后邻位两个有烯丙基结构的中间体可分别迁移到对位上，故有两种对位产物。

(8) 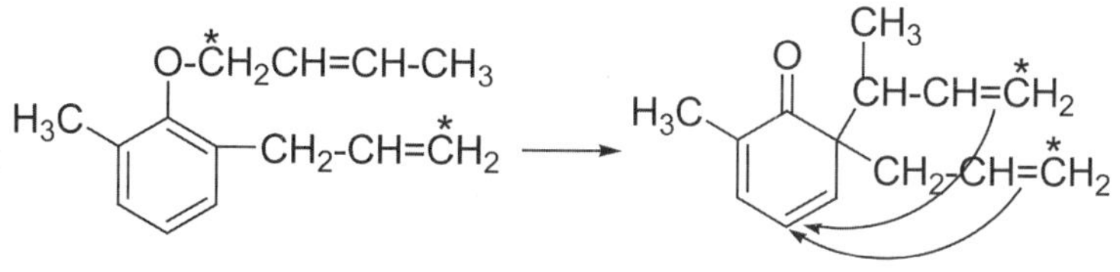 [反应式：邻甲基苯基烯丙基醚经重排生成中间体]

(中间体)

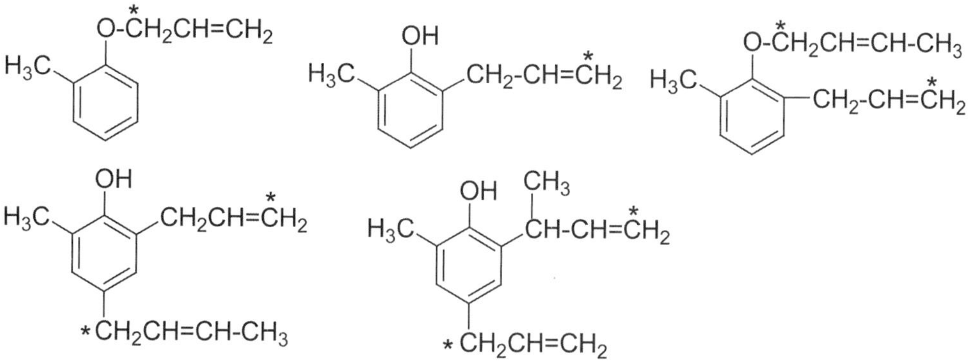

例 2　以苯和 C 原子数≤3 的烃为原料，合成下列化合物。

(1) $(CH_3)_2CH\text{-}O\text{-}CH_2CH_2CH_3$

(2) 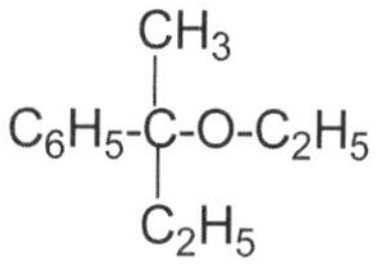 $C_6H_5\text{-}C(CH_3)(C_2H_5)\text{-}O\text{-}C_2H_5$

(3) H_3C—(环氧乙烷环)—CH_2CH_3

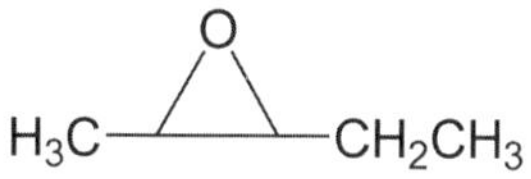

(4) 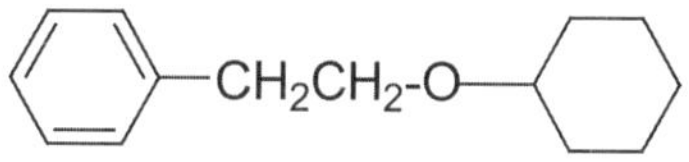 $C_6H_5\text{-}CH_2CH_2\text{-}O\text{-}C_6H_{11}$（环己基）

(5) 2-甲基四氢呋喃（CH_3 取代五元含氧环）

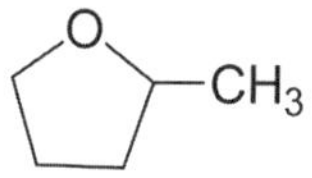

［解析］　逆推法是有机合成中最常用的分析方法。分析时，对目标化合物按可反应连接的原则在合适的键上进行断键，使之成为合理的各种前体，再按同样方法一步一步地剖析，一直推至题目所要求的基本原料，即：目标物←前体←前体……←起始原料。本题均用逆推法分析。

(1) 目标物为混醚，用威廉姆森法合成，尽量选择伯卤代烃和醇钠。

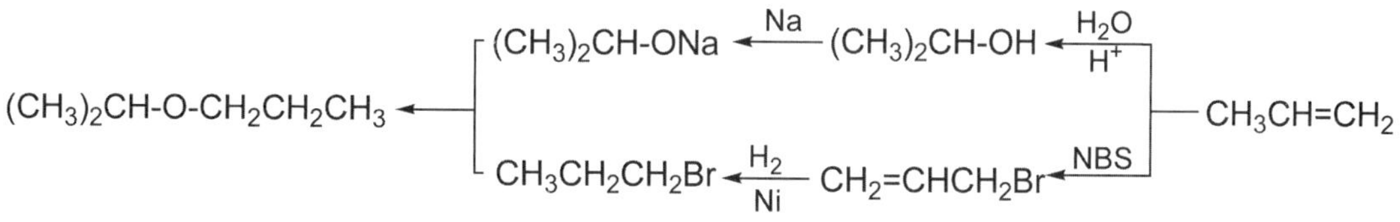

$$(CH_3)_2CH\text{-}O\text{-}CH_2CH_2CH_3 \leftarrow \begin{cases} (CH_3)_2CH\text{-}ONa \xleftarrow{Na} (CH_3)_2CH\text{-}OH \xleftarrow[H^+]{H_2O} CH_3CH{=}CH_2 \\ CH_3CH_2CH_2Br \xleftarrow[Ni]{H_2} CH_2{=}CHCH_2Br \xleftarrow{NBS} CH_3CH{=}CH_2 \end{cases}$$

(2) 目标物为混醚，选用伯卤代烃和叔醇钠。叔醇采用格氏试剂与酮来制备，酮由仲醇还原，而 C 原子数≥3 的仲醇同样用格氏试剂和醛反应得到，伯醇氧化为醛时注意氧化剂的选择。

C_6H_5-C(CH_3)(C_2H_5)-O-C_2H_5 ← [C_6H_5-C(CH_3)(C_2H_5)-ONa ←(Na) C_6H_5-C(CH_3)(C_2H_5)-OH ←(H_3O^+) ←(CH_3CH_2MgCl) C_6H_5-CO-CH_3 ; CH_3CH_2Cl ←(HCl) CH_2=CH_2]

CH_3CH_2Cl →(Mg, Et_2O) CH_3CH_2MgCl

CH_2=CH_2 →(H^+, H_2O) CH_3CH_2OH →(CrO_3/吡啶) CH_3CHO

C_6H_6 →(Br_2, Fe) C_6H_5Br →(Mg, Et_2O) C_6H_5MgBr

CH_3CHO + C_6H_5MgBr →(H_3O^+) C_6H_5-CH(OH)-CH_3 →($K_2Cr_2O_7/H^+$) C_6H_5-CO-CH_3

(3)三元环醚用烯烃过氧酸氧化生成，烯烃由炔烃还原得到，碳数增多的炔烃用炔钠与卤代烃来制备(烯烃也可由醇脱水制得，醇由格氏试剂来合成)。

H_3C-(环氧)-CH_2CH_3 ←(C_6H_5COOOH) CH_3-CH=CH-CH_2CH_3 ←(H_2, Lindlar催化剂) CH_3-C≡C-CH_2CH_3

CH_2=CH_2 →(HCl) CH_3CH_2Cl

HC≡CH →($NaNH_2$) HC≡CNa →(CH_3CH_2Cl) HC≡C-CH_2CH_3 →($NaNH_2$) NaC≡C-CH_2CH_3

CH_4 →(Cl_2) CH_3Cl；NaC≡C-CH_2CH_3 →(CH_3Cl) CH_3-C≡C-CH_2CH_3

(4)混醚由醇钠与卤代烃来合成(有两种分法，均可)，多两个碳的伯醇由格氏试剂与环氧乙烷反应得到，酚由苯磺酸碱融熔法制备。

C_6H_5-CH_2CH_2-O-环己基 ← [环己基-ONa ←(H_2, Ni) C_6H_5-ONa ←(NaOH, 融熔) C_6H_5-SO_3H ←(H_2SO_4) 苯 ; $C_6H_5CH_2CH_2Cl$ ←($SOCl_2$) $C_6H_5CH_2CH_2OH$ ←(H_3O^+) ←(H_2C-CH_2 环氧乙烷) C_6H_5MgBr ←(Mg, Et_2O) C_6H_5Br ←(Br_2, Fe) 苯]

CH_2=CH_2 →(C_6H_5COOOH) 环氧乙烷

(5)环醚可用二元醇脱水或卤代醇来制备，而碳数增多的卤代醇不能用格氏试剂与醛或酮来制备。本题选用二元醇脱水较为合理，因为羟基要破坏格氏试剂，所以不能用含有羟基的物质与格氏试剂反应来增长碳链(应用醚来保护羟基)，用烯引入羟基较为合理。

2-甲基四氢呋喃 ← [(NaOH) CH_2(Br)-CH_2-CH_2-CH(OH)-CH_3 ✗←(CH_3CHO) CH_2(Br)CH_2CH_2MgBr ← ? ; (H_2SO_4) CH_2(OH)-CH_2-CH_2-CH(OH)-CH_3 ←(H_2O_2, OH^-) ←(B_2H_6) CH_2=CH-CH_2-CH(OH)-CH_3]

CH_2=CH_2 →(H_2O, H^+) CH_3CH_2OH →(CrO_3/吡啶) CH_3CHO

CH_2=$CHCH_3$ →(NBS) CH_2=$CHCH_2Br$ →(Mg, Et_2O) CH_2=CH-CH_2MgBr

CH_3CHO + CH_2=CH-CH_2MgBr →(H_2O, H^+) CH_2=CH-CH_2-CH(OH)-CH_3

例 3 写出下列反应合理的机理。

(1) 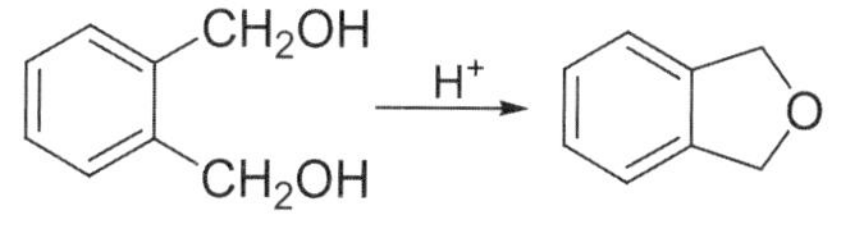 $\xrightarrow{H^+}$

(2) 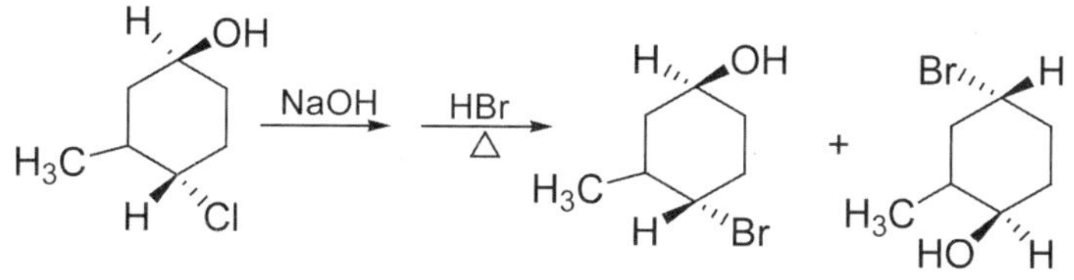 $\xrightarrow{NaOH}$ $\xrightarrow[\triangle]{HBr}$ +

[解析] (1)醇质子化为水合醇，另一羟基氧作为亲核试剂，进攻质子化醇的碳，发生 S_N2 反应。

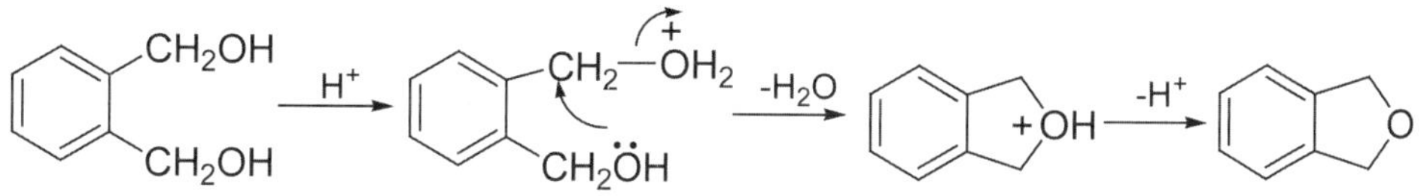

(2)醇在碱作用下生成醇氧负离子，作为亲核原子从反面进攻氯所连碳，发生 S_N2 反应，生成环醚，然后环醚在酸作用下质子化，Br^- 从环背面进攻碳，发生开环加成。

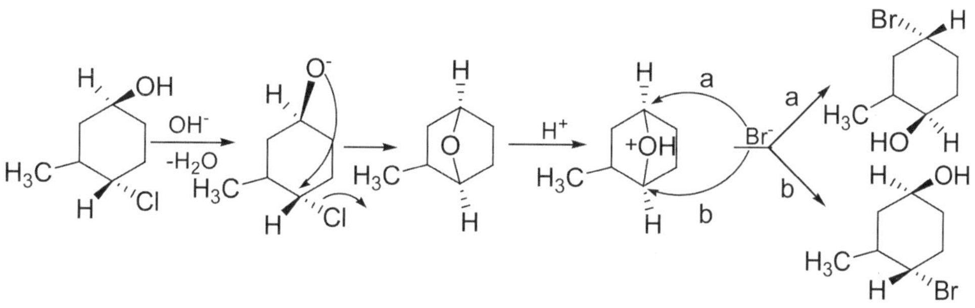

五、巩固提高

1. 命名下列化合物。

(1) 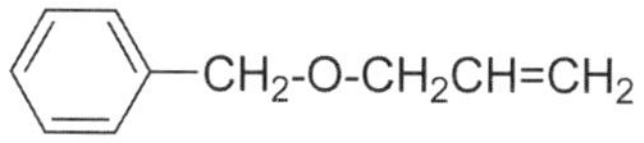 C_6H_5-CH$_2$-O-CH$_2$CH=CH$_2$

(2) C_6H_{11}-CH$_2$-O-C_6H_4-CH$_3$

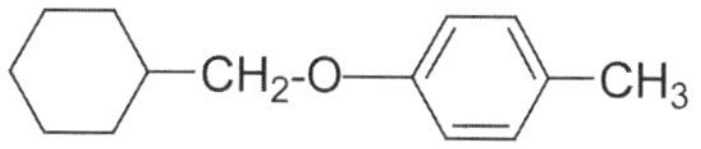

(3) CH$_3$CH$_2$-O-CH$_2$CH$_2$OH

(4) (3-H$_3$C-O-C_6H_4)-O-C_6H_4-O-CH$_3$

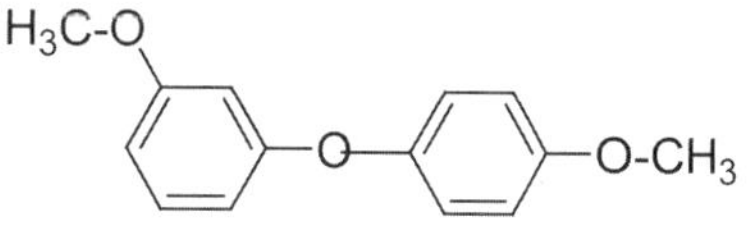

(5) CH$_3$CH$_2$—C(CH$_3$)—CH$_2$ (环氧)

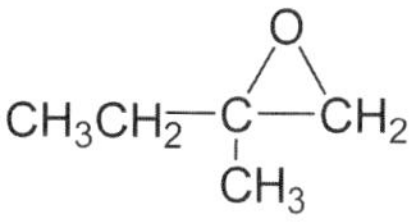

(6) CH$_3$CH$_2$-O-CH$_2$CH$_2$-O-CH$_2$CH$_3$

2. 写出 1,2-环氧丙烷与下列试剂反应的主要产物。

(1) H_2O/H^+ (2) HBr (3) HCN

(4) C_2H_5OH/H^+ (5) C_6H_5OH/OH^- (6) C_2H_5MgCl, H_3O^+

(7) NH_3 (8) $CH_3—C≡CNa$ (9) $HOCH_2CH_2OH/OH^-$

3.完成下列反应。

(1) 2-甲基四氢呋喃 $\xrightarrow[ZnCl_2\ \triangle]{HCl(过量)}$

(2) $CH_3CH_2CH(CH_3)\text{-}O\text{-}CH_3 \xrightarrow[h\nu]{O_2}$

(3) 2-苯基-5-甲基四氢呋喃 $\xrightarrow{HI}$

(4) $(CH_3)_3C\text{-}O\text{-}CH_3 \xrightarrow[\triangle]{H_2SO_4}$

(5) $C_6H_5\text{-}O\text{-}\overset{*}{C}H_2\text{-}CH{=}CH\text{-}CH_3 \xrightarrow{\triangle}$

(6) $CH_3CH{=}CHCH_2\text{-}O\text{-}CH{=}CH_2 \xrightarrow{\triangle}$

(7) 2,6-二甲基苯基 $\text{-}O\text{-}\overset{*}{C}H_2CH{=}CH_2$（苯环上 H_3C、CH_3 位于 O 的两侧邻位）$\xrightarrow{\triangle}$

(8) 环氧化合物（H、C_2H_5 取代）$\xrightarrow{H_2O/OH^-}$

(9) $C_2H_5\text{-}C(OH)(H)(CH_3)$（手性碳）$\xrightarrow{PBr_3} \xrightarrow{NaOCH_3}$

4.为下列实验事实提出合理的反应机理。

(1)甲基乙烯基醚在酸性条件下水解得到甲醇和乙醛。

(2)(*R*)-2-甲基-1-溴-2-丁醇用稀 NaOH 溶液处理,转变为具有光学活性的环氧化合物,该环氧化合物用酸或碱水解开环,分别得到不同光学活性的邻二醇。

(3) 2-甲基-5,6-环氧-1-己烯 $\xrightarrow[H_2O]{H^+}$ 1-甲基-3-(羟甲基)环戊醇（HO、OH）

5.由指定原料合成下列化合物。

(1) 甲苯（CH_3）、$CH_3\text{-}C(CH_3){=}CH_2$ $\longrightarrow$ $C_6H_5\text{-}CH_2\text{-}O\text{-}C(CH_3)_3$

(2) 亚甲基环戊烷（$=CH_2$）$\longrightarrow$ 1-甲基环戊基（CH_3）$\text{-}O\text{-}CH_2\text{-}$环戊基

(3) 苯 $\longrightarrow$ 2,4-二溴苯基（Br、Br）$\text{-}O\text{-}$4-硝基苯基（NO_2）

（4）$CH_3CH{=}CH_2 \longrightarrow (CH_3)_2CH\text{-}O\text{-}CH_2\underset{|}{\overset{OH}{C}}H\text{-}\underset{|}{\overset{OH}{C}}H_2$

（5）$CH_3\text{-}C{\equiv}C\text{-}CH_3 \longrightarrow$ （H、CH_3 同侧的 2,3-二甲基环氧乙烷）和（H、CH_3 异侧的 2,3-二甲基环氧乙烷）

6.化合物 A($C_5H_{10}O$)不能与 Na 反应，也不能使 Br_2/CCl_4 褪色，与稀盐酸或稀氢氧化钠溶液反应都得到化合物 B($C_5H_{12}O_2$)，B 与等物质的量的 HIO_4 反应得到甲醛和化合物 C(C_4H_8O)，C 不能发生银镜反应。试推测 A、B、C 的结构式。

解析与答案

(10-3)

第 11 章　醛、酮和醌

一、知识点与要求

✧ 了解醛、酮的结构特点和光谱特征，掌握醛、酮的命名方法。

✧ 熟悉醛、酮与氢氰酸、格氏试剂、醇、亚硫酸氢钠、氨衍生物的加成反应及用途，理解醛、酮亲核加成反应的机理和立体化学特征。

✧ 掌握醛、酮的氧化、还原、α-H 的卤代和卤仿反应，醛的歧化反应；理解羟醛缩合反应的机理及其应用。

✧ 掌握 α,β-不饱和醛、酮的加成反应、迈克尔加成反应、还原反应和插烯规则。

✧ 了解醌的结构和命名方法，掌握醌的化学性质。

✧ 掌握醛、酮的制备方法。

二、化学性质与制备

1. 醛、酮的化学性质

(1)醛、酮的共同性质

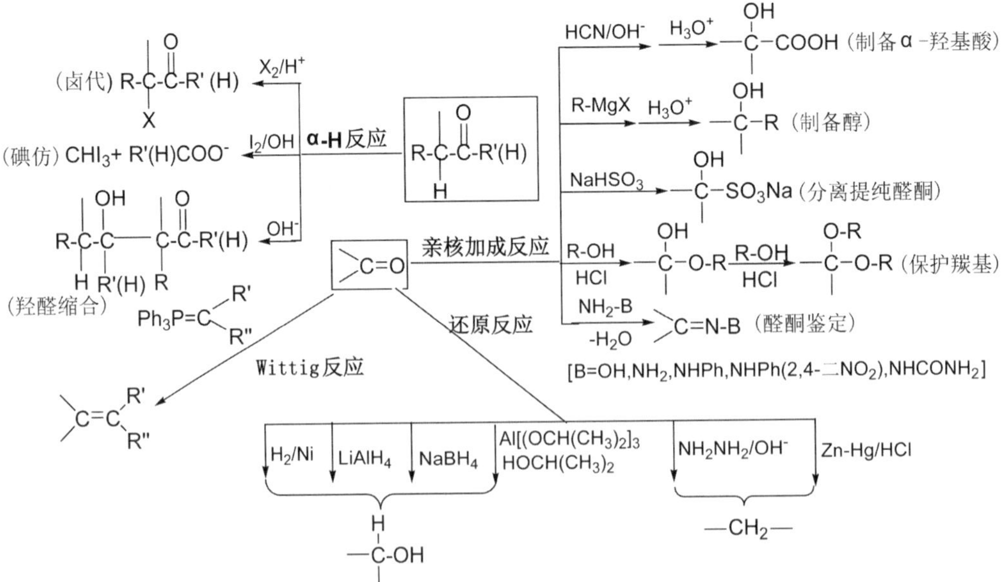

(2)醛的特有性质

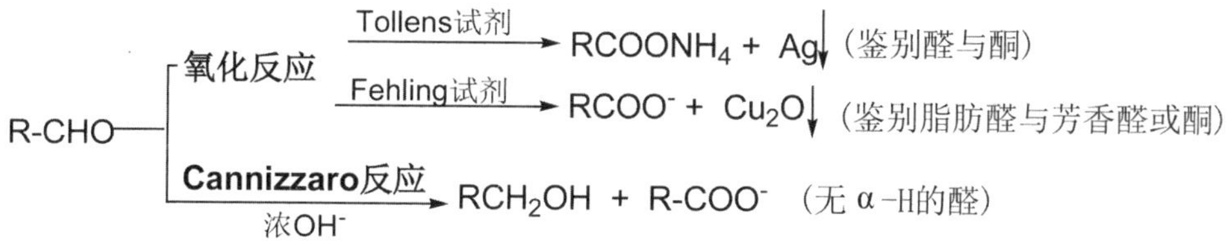

R-CHO —— 氧化反应 —— Tollens试剂 → $RCOONH_4$ + Ag↓（鉴别醛与酮）

R-CHO —— 氧化反应 —— Fehling试剂 → $RCOO^-$ + Cu_2O↓（鉴别脂肪醛与芳香醛或酮）

R-CHO —— Cannizzaro反应（浓OH^-）→ RCH_2OH + $R\text{-}COO^-$（无 α-H的醛）

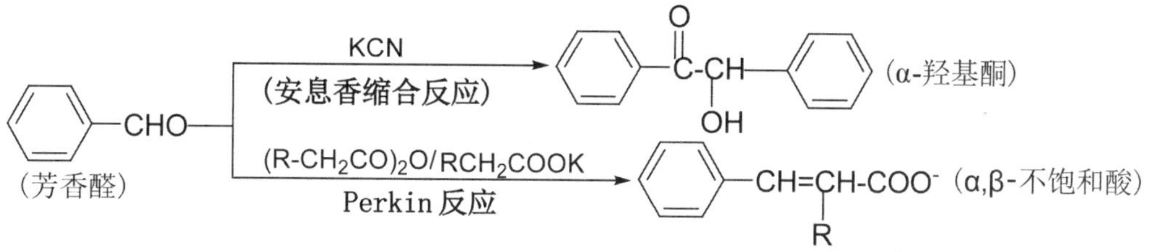

C_6H_5-CHO（芳香醛）—— KCN（安息香缩合反应）→ C_6H_5-CO-CH(OH)-C_6H_5（α-羟基酮）

C_6H_5-CHO（芳香醛）—— $(R\text{-}CH_2CO)_2O/RCH_2COOK$，Perkin 反应 → C_6H_5-CH=C(R)-COO^-（α,β-不饱和酸）

(3)酮的氧化反应

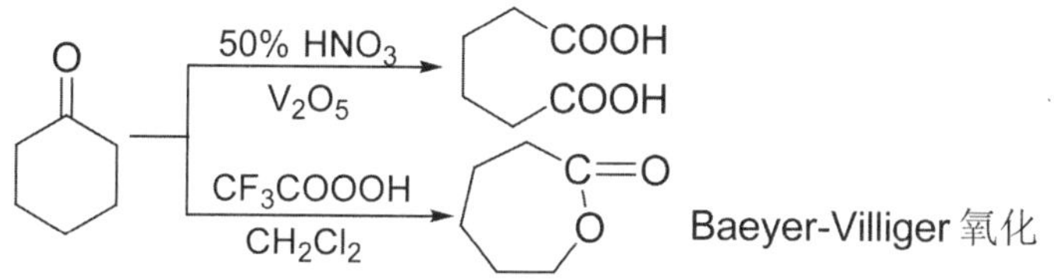

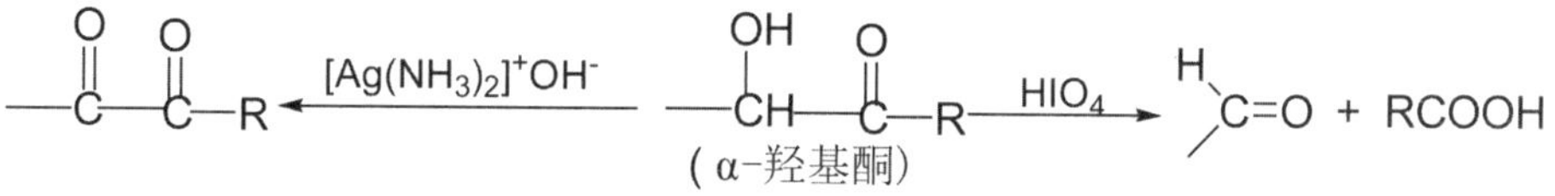

环己酮 —— 50% HNO_3，V_2O_5 → HOOC-$(CH_2)_4$-COOH

环己酮 —— CF_3COOOH，CH_2Cl_2 → 己内酯　Baeyer-Villiger 氧化

—CO—CO—R ← $[Ag(NH_3)_2]^+OH^-$ —— —CH(OH)—CO—R（α-羟基酮）—— HIO_4 → H—C(=O)— + RCOOH

2. α,β-不饱和醛、酮的加成反应

C=C—C=O（4 3 2 1）：

1,2-加成：
- R-MgX → —C=C—C(OMgX)—R —H_3O^+→ —C=C—C(OH)—R
- NH_2OH → —H_2O → —C=C—C=NR
- RLi（乙醚）—H_3O^+→ —C=C—C(OH)—R
- R-C≡CNa —H_3O^+→ —C=C—C(OH)—C≡C-R

Br_2 → —C(Br)—C(Br)—C(=O)—

1,4-加成（相当于在C=C上加成）：
- HCl → —C(Cl)—C=C(OH)— → —C(Cl)—C(H)—C(=O)—
- HCN → —C(CN)—C(H)—C(=O)—
- H_2O → —C(OH)—C(H)—C(=O)—
- ROH → —C(OR)—C(H)—C(=O)—
- RNH_2 → —C(RNH)—C(H)—C(=O)—
- R_2CuLi（THF）—H_3O^+→ —C(R)—C(H)—C(=O)—

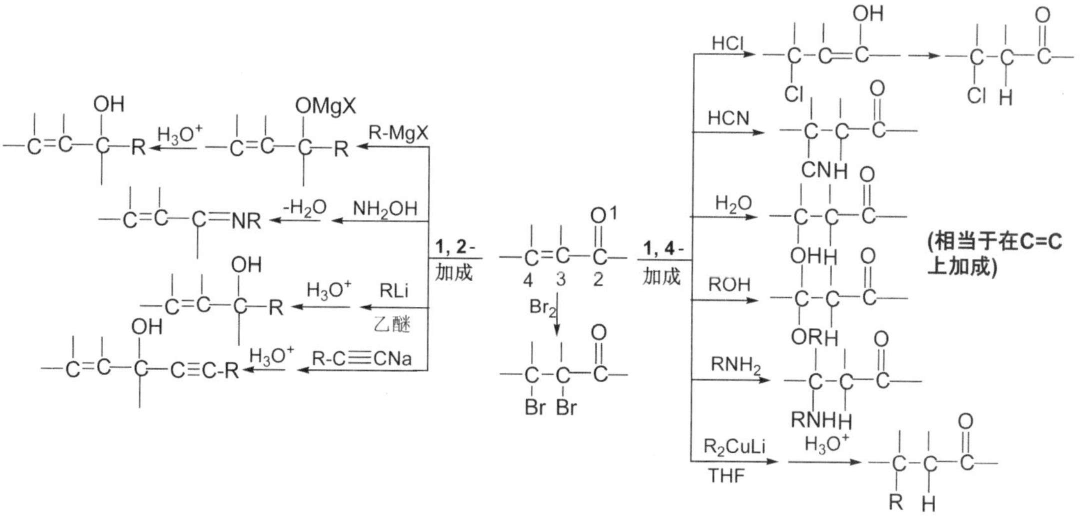

α,β-不饱和醛、酮有羰基碳原子和β-碳原子 2 个亲核中心，与亲核试剂的反应可以发生在羰基碳上（1,2-加成），也可发生在 β-碳原子上（1,4-加成）。所用试剂不同，加成方式和产物也不同，一般规律如下：

①Br_2 亲电加成，发生在 C═C 上。

②HCl、HCN、ROH、RNH_2、H_2O、R_2CuLi 为弱亲核试剂，发生 1,4-共轭加成，先生成一个烯醇，然后互变为酮式，最后相当于 C═C 上加成产物。

③RMgX(格氏试剂)、RLi(有机锂)、RC≡CNa、NH_2OH 为强亲核试剂，发生在羰基上的 1,2-亲核加成。

3. 醛、酮的制备

(1)醛制备

①伯醇氧化法

$$R\text{-}CH_2\text{-}OH \xrightarrow[\text{吡啶}]{CrO_3} R\text{-}CHO$$

②烯烃臭氧化分解法

$$R\text{-}CH{=}CH_2 \xrightarrow{O_3} \xrightarrow{Zn/H_2O} R\text{-}CHO + HCHO$$

③炔烃硼氢化-氧化法

$$R\text{-}C{\equiv}CH \xrightarrow{B_2H_6} \xrightarrow{H_2O_2/NaOH} R\text{-}CH_2\text{-}CHO$$

④酚醛基化法

$$C_6H_5OH + CHCl_3 \xrightarrow{NaOH} \xrightarrow{H_3O^+} o\text{-}HOC_6H_4CHO + p\text{-}HOC_6H_4CHO$$

⑤烯烃羰基合成法

$$R\text{-}\overset{|}{C}{=}\overset{|}{C}\text{-} + CO + H_2 \xrightarrow[\text{(八羰基二钴)}]{Co_2(CO)_8} R\text{-}\underset{H}{\overset{|}{C}}\text{-}\underset{|}{\overset{|}{C}}\text{-}CHO + R\text{-}\underset{CHO}{\overset{|}{C}}\text{-}\underset{H}{\overset{|}{C}}\text{-}$$

(2)酮制备

①仲醇氧化法

$$R\text{-}\overset{OH}{\overset{|}{C}H}\text{-}R' \xrightarrow[\text{或}K_2Cr_2O_7/H^+]{CrO_3/\text{吡啶}} R\text{-}\overset{O}{\overset{\|}{C}}\text{-}R'$$

②烯烃臭氧化分解法

$$R\text{-}\overset{R'}{\overset{|}{C}}{=}\overset{R''}{\overset{|}{C}}\text{-}R''' \xrightarrow{O_3} \xrightarrow{Zn/H_2O} R\text{-}\overset{O}{\overset{\|}{C}}\text{-}R' + R''\text{-}\overset{O}{\overset{\|}{C}}\text{-}R'''$$

③炔烃的水合法

$$R\text{-}C{\equiv}CH + H_2O \xrightarrow[H_2SO_4]{Hg^{2+}} R\text{-}\overset{O}{\overset{\|}{C}}\text{-}CH_3$$

④傅-克(Friedel-Carfts)酰基化法

$$G-C_6H_5 + R-\overset{O}{\overset{\|}{C}}-X \xrightarrow{AlCl_3} (\text{邻位}) \ G-C_6H_4-C(=O)-R + (\text{对位}) \ G-C_6H_4-\overset{O}{\overset{\|}{C}}-R$$

(注:G为强吸电子基，难反应)

⑤频哪醇重排法

$$R_2C(OH)-C(OH)R_2 \xrightarrow{H^+} R_3C-\overset{O}{\overset{\|}{C}}-R$$

三、重难点知识概要

1. 醛、酮的结构和光谱特征

(1)结构

羰基中 π 键垂直于三个 σ 键组成的平面,氧原子的吸电子诱导效应,将 π 键电子强烈地拉向氧,使羰基碳高度缺电子,而氧为富电子,表现为较强的极性。

(2)光谱特征

IR:1680～1750cm^{-1}处的强吸收峰为羰基化合物的特征标志。当羰基与双键形成共轭体系时,吸收峰向低波数移动,醛基中的 C—H 的吸收峰在 2720cm^{-1}和 2850cm^{-1}附近。

^{1}H NMR:羰基 α-C 上的 H δ2.0～2.5ppm,醛基中的 H δ9～10ppm。

2. 醛、酮亲核加成反应机理、反应活性和立体选择性

(1)机理

强亲核试剂碳负离子(如 RMgX、RC≡CNa)与羰基能顺利进行加成反应,弱亲核试剂(如 HCN、ROH)则需酸或碱催化,且反应往往是可逆的。

酸催化:

$$>C=O + H^+ \rightleftharpoons \left[>C=\overset{+}{O}H \longleftrightarrow >C^+-OH\right] \xrightarrow[\text{慢}]{HO-R} >C(OH)-\overset{+}{O}(H)-R \xrightarrow{-H^+} >C(OH)-O-R$$

碱催化:

$$HCN + {}^-OH \rightleftharpoons CN^- + H_2O$$

$$>C=O + CN^- \underset{}{\overset{\text{慢}}{\rightleftharpoons}} \left[>C(O^-)CN\right] \overset{HCN}{\rightleftharpoons} >C(OH)CN + CN^-$$

(2)活性

羰基化合物的亲核加成反应活性大小由羰基碳正电性和烃基对羰基的空间位阻的大小决定。正电性高且空间位阻小的羰基化合物,亲核加成反应活性高。活性大小一般顺序如下:

HCHO ＞ CH_3-CHO ＞ R-CHO ＞ CH_3-CO-CH_3 ＞ 环酮 ＞ CH_3-CO-R ＞R-CO-R ＞R-CO-Ph ＞ Ph-CO-Ph

(3)立体化学

亲核试剂与含有手性中心的羰基化合物进行加成时，形成两种异构体，其主要产物是亲核试剂从羰基旁边位阻较小基团一边进攻产生的，这一规则叫作格拉姆(Cram)规则。如：

位阻小 CH_3MgBr H_2O (主要产物)

位阻小 $NaBH_4$ H_2O (主要产物)

3. 不对称酮在酸碱催化下的缩合反应

不对称酮发生羟醛缩合时，羰基两侧有两种 α-H，哪一个 α-H 与羰基缩合取决于反应条件。如苯甲醛与丁酮在酸性或碱性条件下缩合反应，生成不同的产物。

$$C_6H_5CHO + CH_3\text{-}\overset{O}{\overset{\|}{C}}\text{-}CH_2CH_3 \xrightarrow{H^+} C_6H_5\text{-}\overset{OH}{CH}\text{-}\underset{CH_3}{\overset{\alpha_2}{CH}}\text{-}\overset{O}{\overset{\|}{C}}\text{-}CH_3$$

$$C_6H_5CHO + CH_3\text{-}\overset{O}{\overset{\|}{C}}\text{-}CH_2CH_3 \xrightarrow{OH^-} C_6H_5\text{-}\overset{OH}{CH}\text{-}\underset{\alpha_1}{CH_2}\text{-}\overset{O}{\overset{\|}{C}}\text{-}CH_2CH_3$$

在酸性条件下，α_2-H 与羰基形成的烯醇式较 α_1-H 形成的烯醇式稳定，所以由 α_2-H 与

$$\underset{\alpha_1}{CH_3}\text{-}\overset{O}{\overset{\|}{C}}\text{-}\underset{\alpha_2}{CH_2}\text{-}CH_3 \xrightleftharpoons{+H^+} \underset{\alpha_1}{CH_3}\text{-}\overset{+OH}{\overset{\|}{C}}\text{-}\underset{\alpha_2}{CH_2}\text{-}CH_3 \xrightleftharpoons{-H^+} \underset{\alpha_1}{CH_2}=\overset{OH}{C}\text{-}CH_2\text{-}CH_3 + CH_3\text{-}\overset{OH}{C}=\underset{\alpha_2}{CH}\text{-}CH_3\ (\text{稳定})$$

苯甲醛发生缩合。在碱性条件下，因 β-甲基的供电子诱导效应，使 α_1-H 的酸性较 α_2-H 酸性强，α_1-H 更易与碱结合生成碳负离子，或 α_1-H 与碱结合后生成的碳负离子较 α_2-H 与碱结合后生成的碳负离子稳定，所以由 α_1-H 与苯甲醛发生缩合。

$$\underset{\alpha_1}{CH_3}\text{-}\overset{O}{\overset{\|}{C}}\text{-}\underset{\alpha_2}{CH_2}\text{-}CH_3 \xrightarrow{OH^-} \underset{\alpha_1}{\bar{C}H_2}\text{-}\overset{O}{\overset{\|}{C}}\text{-}CH_2\text{-}CH_3\ (\text{稳定}) + CH_3\text{-}\overset{O}{\overset{\|}{C}}\text{-}\underset{\alpha_2}{\bar{C}H}\text{-}CH_3$$

4. 酮的特殊还原反应

醛和酮用 H_2/Ni、$NaBH_4$、$LiAlH_4$、异丙醇铝 $Al[OCH(CH_3)_2]_3$ 还原生成伯醇和仲醇，用 Zn-Hg/HCl、NH_2-NH_2/[NaOH，$O(CH_2CH_2OH)_2$]还原生成亚甲基。酮还可以用金属还原，而醛则不能。在质子溶剂(如乙醇)中，酮还原为仲醇。而在非质子溶剂(如苯、二甲

苯)中,两分子酮还原为邻二醇(频哪醇)。如:

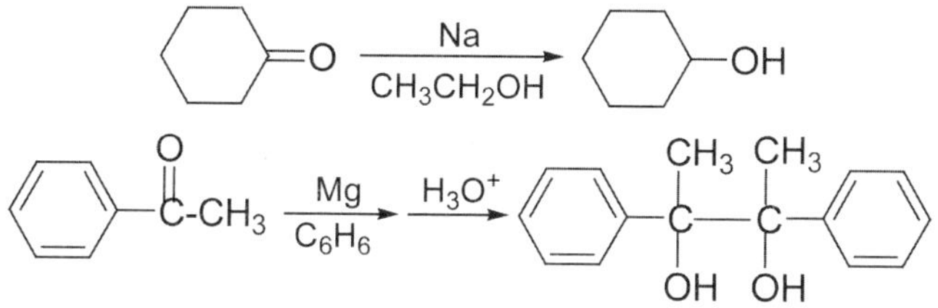

$$\text{环己酮} \xrightarrow[CH_3CH_2OH]{Na} \text{环己醇(C}_6\text{H}_{11}\text{OH)}$$

$$C_6H_5COCH_3 \xrightarrow[C_6H_6]{Mg} \xrightarrow{H_3O^+} C_6H_5C(CH_3)(OH)-C(CH_3)(OH)C_6H_5$$

5. 芳醛的安息香缩合和珀金(Perkin)反应机理

芳醛在碱催化下生成 α-羟基酮的反应称为安息香缩合反应。反应过程和机理如下:

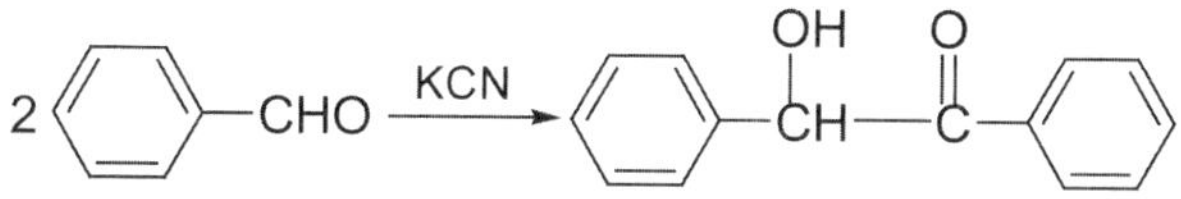

$$2\,C_6H_5CHO \xrightarrow{KCN} C_6H_5CH(OH)-CO-C_6H_5$$

机理:

$$C_6H_5CHO \overset{CN^-}{\rightleftharpoons} C_6H_5CH(O^-)CN\ (A) \rightleftharpoons C_6H_5C^-(OH)CN \overset{C_6H_5CHO}{\rightleftharpoons} C_6H_5C(OH)(CN)-CH(O^-)C_6H_5\ (B)$$

$$(B) \rightleftharpoons C_6H_5C(O^-)(CN)-CH(OH)C_6H_5 \overset{-CN^-}{\rightleftharpoons} C_6H_5CO-CH(OH)C_6H_5$$

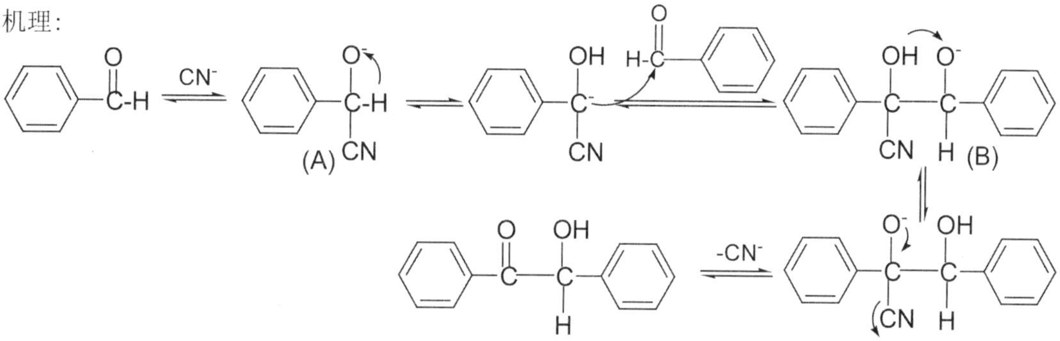

CN^- 既是强的亲核试剂,又是良好的离去基团,而且它的强吸电子能力增加了(A)中 C—H 和(B)中 O—H 的酸性,促进质子的转移。

珀金反应是指芳醛与酸酐在碱催化下生成 α,β-不饱和酸的反应。反应过程和机理如下:

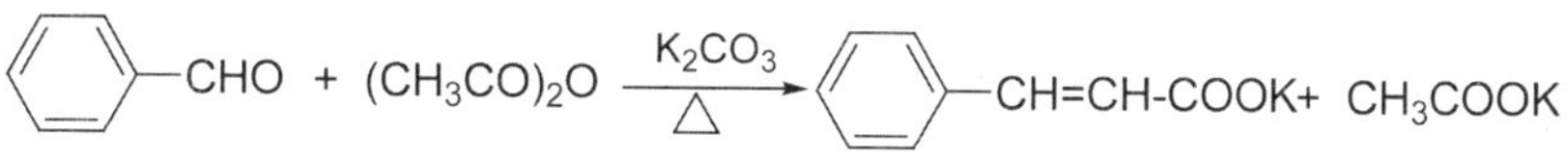

$$C_6H_5CHO + (CH_3CO)_2O \xrightarrow[\triangle]{K_2CO_3} C_6H_5CH=CH\text{-}COOK + CH_3COOK$$

机理:

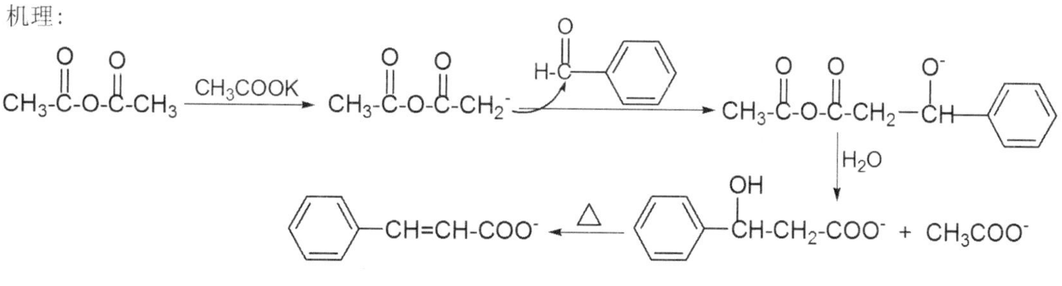

$$CH_3COOCOCH_3 \xrightarrow{CH_3COOK} CH_3COOCOCH_2^- \xrightarrow{C_6H_5CHO} CH_3COOCOCH_2-CH(O^-)C_6H_5$$

$$\xrightarrow{H_2O} C_6H_5CH(OH)\text{-}CH_2\text{-}COO^- + CH_3COO^- \xrightarrow{\triangle} C_6H_5CH=CH\text{-}COO^-$$

6. α-H 卤代反应和卤仿反应

羰基的吸电子作用使其 α-H 有一定的酸性,在酸或碱催化下能和卤素发生取代反应。不对称酮由于酸碱催化条件不同,被取代的 α-H 活性也不同。酸催化羰基先质子化,看哪个 α-H与羰基形成的烯醇式稳定,活性越高,所以酸催化下卤代反应的活性次序为:

$$-\overset{O}{\overset{\|}{C}}-\underset{H}{\overset{|}{\underset{|}{C}}}- \; > \; -\overset{O}{\overset{\|}{C}}-CH_2- \; > \; -\overset{O}{\overset{\|}{C}}-CH_3$$

碱催化先是从碱夺取 α-H 形成 C 负离子开始，α-C 上烷基越多，由烷基供电子，使 α-H 酸性越弱，反应活性就越低，所以碱催化下的卤代反应活性次序恰好与酸催化下相反。

酸催化：$-\overset{O}{\overset{\|}{C}}-\underset{H}{\underset{|}{\overset{|}{C}}}- \overset{H^+}{\rightleftharpoons} -\overset{+OH}{\overset{\|}{C}}-\underset{H}{\underset{|}{\overset{|}{C}}}- \underset{慢}{\overset{-H^+}{\rightleftharpoons}} -\overset{OH}{\overset{|}{C}}=\overset{|}{C}- \overset{X-X}{\rightleftharpoons} -\underset{+}{\overset{OH}{\overset{|}{C}}}-\underset{X}{\underset{|}{\overset{|}{C}}}- \overset{-H^+}{\rightleftharpoons} -\overset{O}{\overset{\|}{C}}-\underset{X}{\underset{|}{\overset{|}{C}}}-$

碱催化：$-\overset{O}{\overset{\|}{C}}-\underset{H}{\underset{|}{\overset{|}{C}}}- \underset{慢}{\overset{OH^-}{\rightleftharpoons}} \left[-\overset{O}{\overset{\|}{C}}-\overset{|}{\underset{-}{C}}- \longleftrightarrow -\overset{O^-}{\overset{|}{C}}=\overset{|}{C}-\right] \overset{X-X}{\rightleftharpoons} -\overset{O}{\overset{\|}{C}}-\underset{X}{\underset{|}{\overset{|}{C}}}- + X^-$

生成 α-卤代物，由于卤素的吸电子效应，一方面，减弱了羰基氧上的电子云密度，再质子化就困难，所以酸催化可控制在单卤代阶段，另一方面，增强 α-H 的酸性，容易再被碱中和，发生二取代及三取代，所以对于含有甲基酮或甲基醇（先被 XO^- 氧化为甲基酮）的化合物，在碱催化下，最后生成卤仿。

$$\left.\begin{array}{l} R\text{-}\overset{O}{\overset{\|}{C}}\text{-}CH_3 \\ R\text{-}\overset{OH}{\overset{|}{C}H}\text{-}CH_3 \end{array}\right] \xrightarrow[\text{或 } XO^-]{X_2 \;+\; OH^-} R\text{-}COO^- \;+\; \underset{(\text{卤仿})}{CHX_3}$$

四、典型例题

例 1　按指定性质由大到小排列下列化合物。

(1)羰基亲核加成反应活性

A. CH_3CHO　B. CH_2ClCHO　C. CF_3CHO

D. CH_3COCH_3　E. $CH_3COCH=CH_2$　F. CH_3COPh

(2)亚甲基 H 的酸性

A. $CH_2(NO_2)_2$　B. $CH_3COCH_2COCH_3$　C. $C_2H_5COCH_2COC_2H_5$

D. $C_6H_5COCH_2COCH_3$　E. $C_6H_5COCH_2COCF_3$

(3)烯醇式含量

A. 环己-2,4-二烯酮　B. 环己-1,2-二酮　C. 环己-1,3-二酮　D. 环己-1,4-二酮

(4)与 Tollens 试剂反应速率

A. HCHO　B. CH_3CHO　C. CH_3CH_2CHO

D. $CH_2=CHCHO$　E. PhCHO

(5)氧化性

A. 对苯醌 B. 2,3-二甲基对苯醌（CH_3，CH_3） C. 2,3-二氯对苯醌（Cl，Cl） D. 2,3-二硝基对苯醌（NO_2，NO_2） E. 1,4-萘醌

［解析］ (1)羰基碳正电性高及空间位阻小，亲核加成反应活性大。C>B>A>D>E>F。

(2)亚甲基(—CH_2—)两边吸电子能力越强，C—H 键的极性越大，酸性就越强。A>E>D>B>C。

(3)形成的烯醇式结构越稳定，烯醇式含量就越高，A 的 α-H 酸性虽然弱，但形成的烯醇式为稳定的苯酚，B、C 烯醇式结构中，B 存在分子内氢键。A>B>C>D。

(4)醛基中的 C—H 键极性越大，越容易被氧化。A>B>C>D>E。

(5)环上电子云密度越大，还原性越强，易被氧化剂所氧化；环上电子云密度越小，则氧化性越强，易被还原剂所还原。D>C>A>E>B。

例 2 写出下列反应的主要产物。

(1) 2-环己烯酮（环己-2-烯-1-酮，C=O）分别与下列试剂反应：
- $\xrightarrow{NaBH_4}\xrightarrow{H_2O}$
- $\xrightarrow{H_2/Ni}$
- $\xrightarrow{H_2/Pd\text{-}C}$
- $\xrightarrow{Zn\text{-}Hg/HCl}$
- $\xrightarrow{Mg\text{-}Hg/苯}$

(2) $2C_6H_5CHO + NH_2\text{-}NH_2 \xrightarrow{H^+}$

(3) $HCHO + CH_3\text{-}\overset{\overset{O}{\|}}{C}\text{-}CH_2CH_3$ 分别 $\xrightarrow{H^+}$；$\xrightarrow{稀OH^-}$

(4) $CH_3CH{=}CH\text{-}CHO + CH_3CHO \xrightarrow{稀OH^-}$

(5) $CH_3\text{-}\overset{\overset{O}{\|}}{C}\text{-}(CH_2)_4\text{-}\overset{\overset{O}{\|}}{C}\text{-}CH_3 \xrightarrow{KOH/H_2O}$

(6) 2-甲基环己酮（CH_3，=O）$\xrightarrow[HAc,H_2O]{1mol\ Br_2}$

(7) $C_6H_5\text{-}CHO + (CH_3CH_2CO)_2O \xrightarrow[\triangle]{CH_3CH_3COOK} \xrightarrow{H_3O^+}$

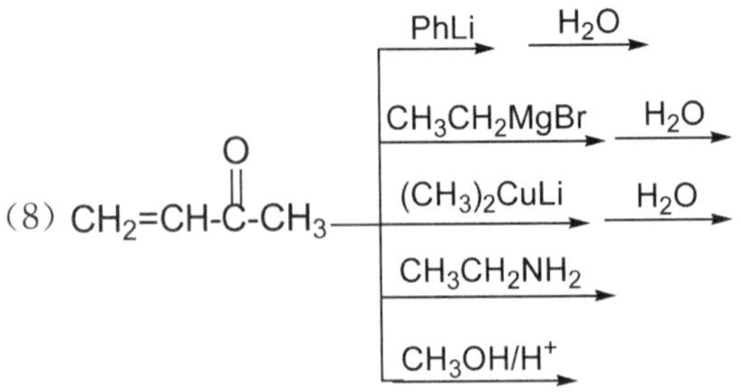

(8) $CH_2=CH-\overset{O}{\overset{\|}{C}}-CH_3$ —— PhLi → H_2O →; CH_3CH_2MgBr → H_2O →; $(CH_3)_2CuLi$ → H_2O →; $CH_3CH_2NH_2$ →; CH_3OH/H^+ →

［解析］ (1)$NaBH_4$ 只还原酮基，不还原双键；H_2/Ni 既能还原醛、酮，也能还原双键；$H_2/Pd\text{-}C$ 只还原双键，不还原酮基；Zn-Hg/HCl 能还原酮基和双键，且将酮基还原为亚甲基；Mg-Hg/苯还原 2 分子酮为邻二醇。

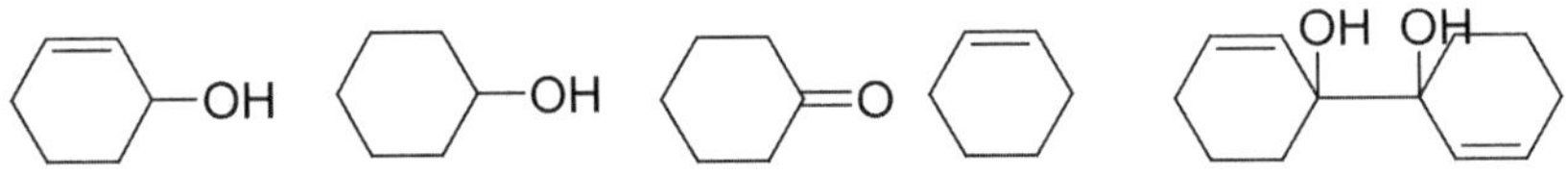

(环己烯醇)-OH　(环己醇)-OH　(环己酮)=O　(环己烯)　(邻二醇，两个环己烯基，各带 OH)

(2)$NH_2—NH_2$ 与醛生成 $C_6H_5CH═N—NH_2$，生成物的$—NH_2$ 再与苯甲醛继续反应，生成连二氮化合物 $C_6H_5CH═N—N═CH—C_6H_5$。

(3)$CH_3—CO—CH_2CH_3$ 有两个 α-H，酸催化下，亚甲基的 α-H 与羰基形成的烯醇较稳定，则由它提供 α-H 对 HCHO 亲核加成，然后脱水形成产物；碱催化下，—OH 夺$—CH_3$ 的 α-H 形成的碳负离子较稳定，则由它提供 α-H 对 HCHO 亲核加成，再脱水生成产物。

$CH_3-\overset{O}{\overset{\|}{C}}-\underset{CH_3}{\underset{|}{C}}=CH_2\ (H^+)$　　$CH_2=CH-\overset{O}{\overset{\|}{C}}-CH_2CH_3\ (OH^-)$

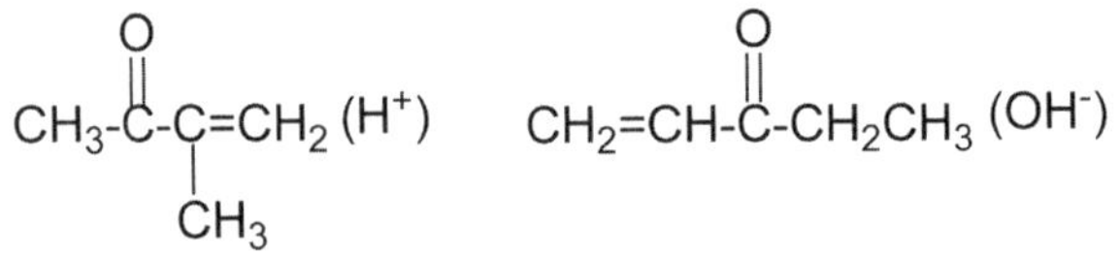

(4)吸电子 π-π 共轭作用使 $CH_3—CH═CH—CHO$ 中$—CH_3$ 的 H 有较强的酸性，因碱催化下通过碳负离子进行羟醛缩合反应，则由 $CH_3—CH═CH—CHO$ 提供$—CH_3$，对 CH_3CHO 进行亲核加成再脱水，生成产物 $CH_3—CH═CH—CH═CH—CHO$。

(5)虽然 α-C 的$—CH_3$ 中的 H 较$—CH_2—$中的 H 酸性强，易被碱夺取，生成碳负离子，但由$—CH_2—$提供 α-H 发生分子内羟醛缩合生成的五元环较由$—CH_3$ 提供 α-H 生成的七元环稳定。

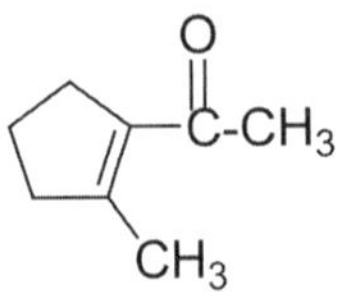

(环戊烯，1-位 $-\overset{O}{\overset{\|}{C}}-CH_3$，2-位 CH_3)

(6)酸催化是通过烯醇式进行，α-C 中，叔碳 H 较仲碳 H 形成的烯醇式稳定，所以叔碳 α-H 被溴取代。

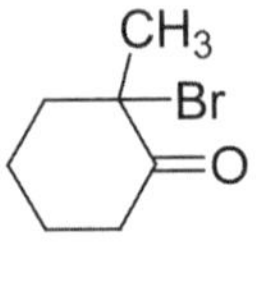

(2-甲基-2-溴环己酮：环上 CH_3、Br、=O)

(7)苯甲醛与丙酸酐发生珀金反应,机理类似于羟醛缩合反应。

$C_6H_5-CH=C(CH_3)-COOH$

(8)α,β-不饱和醛(酮)与强亲核试剂有机锂、格氏试剂、炔钠发生羰基上的 1,2-加成,其他试剂相当于在 C═C 上的加成反应(注意正负配对结合)。醇在酸催化还能与羰基反应生成缩醛(酮),消耗 3 分子醇。

$CH_2=CH-C(OH)(CH_3)-Ph$　$CH_2=CH-C(OH)(CH_3)-CH_2CH_3$　$CH_3-CH_2-CH_2-CO-CH_3$　$CH_3NH-CH_2-CH_2-CO-CH_3$　$CH_3O-CH_2-CH_2-C(OCH_3)_2-CH_3$

例 3　写出下列各步转化的主要产物。

(1) $CH_3CHO \xrightarrow[\triangle]{稀OH^-} \xrightarrow{C_2H_5OH/HCl} \xrightarrow{Cl_2/H_2O} \xrightarrow{Ca(OH)_2}$

(2) 环戊酮 $\xrightarrow[②\ H_3O^+]{①\ CH_3CH_2MgCl/Et_2O} \xrightarrow[\triangle]{H^+} \xrightarrow[②\ H_2O_2/OH^-]{①\ B_2H_6} \xrightarrow{CrO_3/吡啶}$

(3) 环己烯 $\xrightarrow[②\ Zn/H_2O]{①\ O_3} \xrightarrow[\triangle]{稀OH^-} \xrightarrow{HCN/OH^-} \xrightarrow{K_2Cr_2O_7/H_3O^+}$

(4) $CH_3-CO-CH_2CH_2CH_2Cl + HOCH_2CH_2OH \xrightarrow{HCl(g)} \xrightarrow[②\ PhCHO]{①Mg/Et_2O} \xrightarrow{H_3O^+}$

(5) $CH_3-C(CH_3)=CH-CHO \xrightarrow{HC\equiv CNa} \xrightarrow{H_3O^+} \xrightarrow[②\ H_2O_2/OH^-]{①\ B_2H_6}$

(6) 八氢萘(双环,环合处双键) $\xrightarrow[②\ Zn/H_2O]{①\ O_3} \xrightarrow[C_2H_5OH]{KOH}$

[解析]　(1)CH_3CHO 在稀 OH^- 催化下发生羟醛缩合,受热脱水生成 α-丁烯醛,与 2 分子CH_3CH_2OH 生成缩醛,后者与 Cl_2/H_2O(即 HOCl)发生亲电加成反应,最后在碱中脱去 HCl 得环氧化合物。

$CH_3CH=CH-CHO$　$CH_3CH=CH-CH(OC_2H_5)-OC_2H_5$　$CH_3CH(OH)-CH(Cl)-CH(OC_2H_5)-OC_2H_5$　$CH_3CH-CH(-O-)-CH(OC_2H_5)-OC_2H_5$

(2)酮与格氏试剂亲核加成后水解得叔醇,叔醇酸催化消去生成烯,烯硼氢化-氧化得反马氏醇,仲醇氧化得酮。

1-乙基环戊醇(OH, CH_2CH_3)　1-乙基环戊烯($-CH_2CH_3$)　2-乙基环戊醇(OH, $-CH_2CH_3$)　2-乙基环戊酮(O, $-CH_2CH_3$)

(3)环烯臭氧化得己二醛,产物在碱催化下分子内羟醛缩合再脱水得 α,β-不饱和烯醛,后者与 HCN 发生 1,4-亲核加成，最后—CHO 氧化及—CN 在酸性中水解，生成二元羧酸。

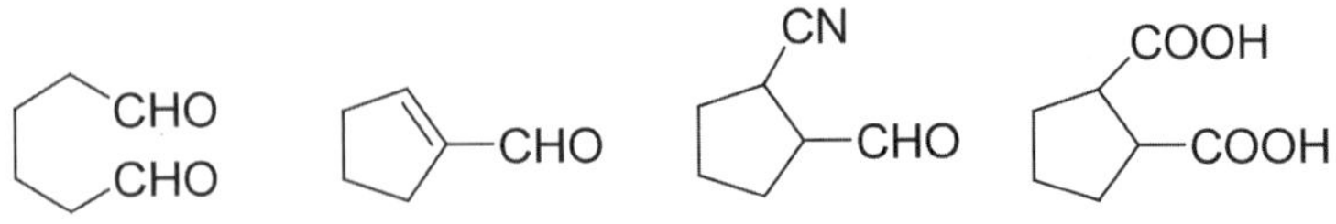

(4)酮基与一分子 $HOCH_2CH_2OH$ 生成缩酮，产物中的 Cl 生成格氏试剂，然后格氏试剂与 Ph—CHO 亲核加成，最后缩酮酸性水解恢复成酮，醇盐水解得醇。本题利用缩酮保护酮基，避免分子内格氏试剂与酮基反应。

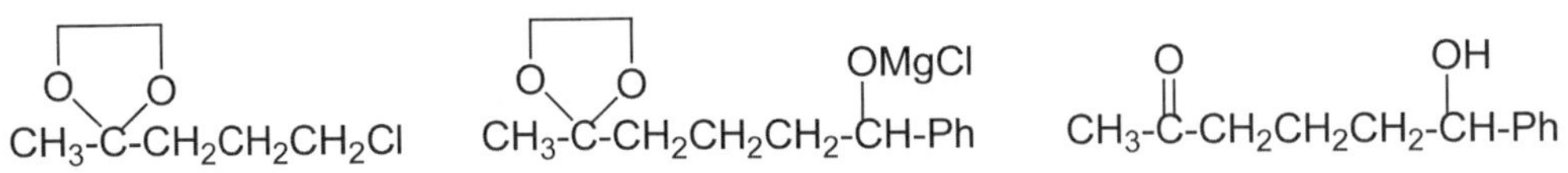

(5)α,β-不饱和烯醛与炔钠发生 1,2-亲核加成，水解后 C═C 和 C≡C 硼氢化-氧化得反马氏醇。

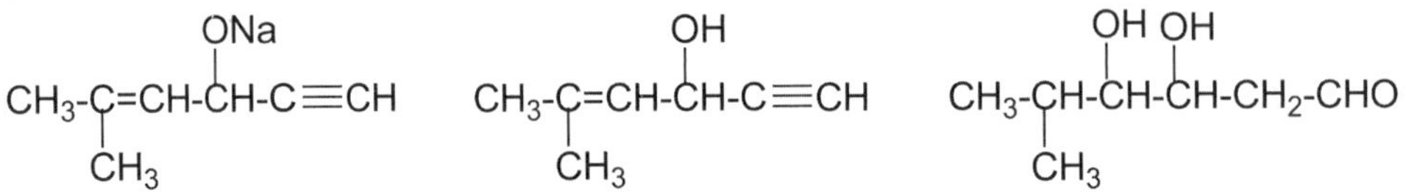

(6)臭氧化得二酮，二酮在碱催化下发生分子内羟醛缩合，再脱水生成 α,β-不饱和烯酮。

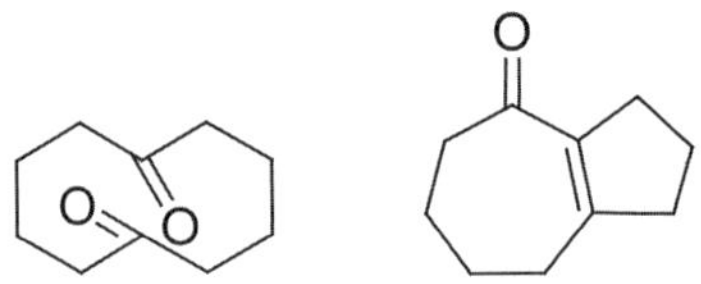

例 4　为下列反应提出合理的机理。

(1) 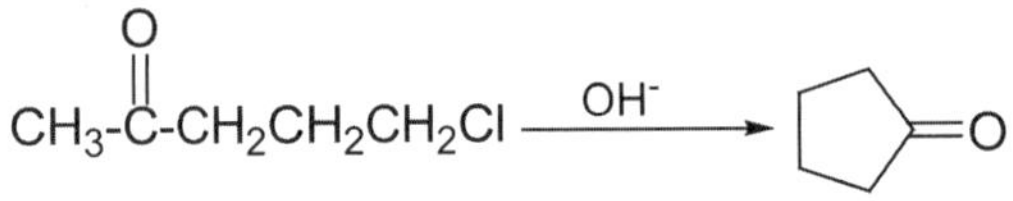 $CH_3COCH_2CH_2CH_2Cl \xrightarrow{OH^-}$ 环戊酮

(2) 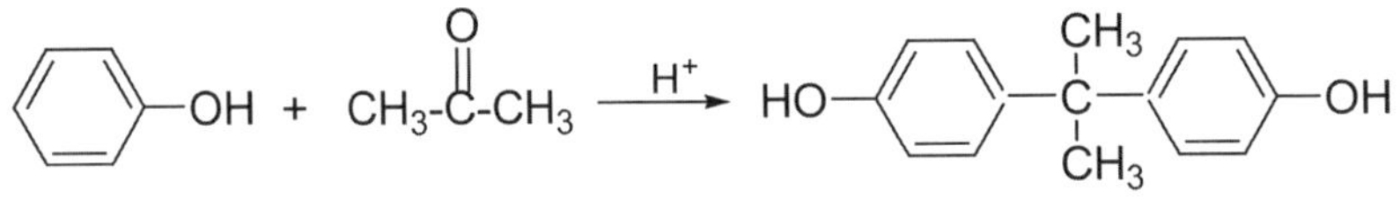 苯酚 + $CH_3COCH_3 \xrightarrow{H^+}$ HO-C₆H₄-C(CH₃)₂-C₆H₄-OH

［解析］ (1)碱结合—CH_3 的 H，先形成碳负离子，然后碳负离子作为亲核试剂进攻 Cl 连接的碳，发生亲核取代反应，生成产物。

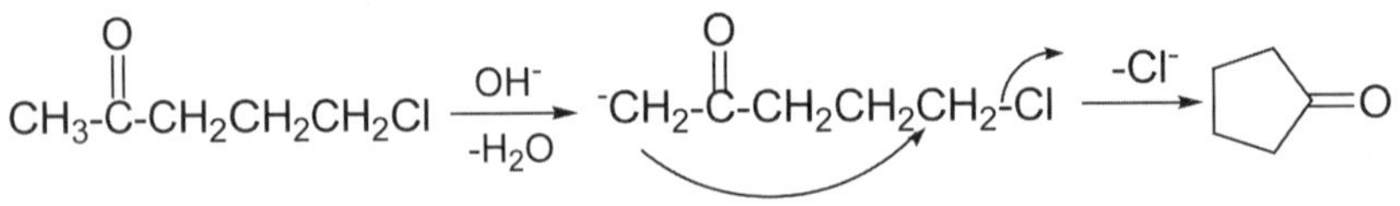

$$CH_3COCH_2CH_2CH_2Cl \xrightarrow[-H_2O]{OH^-} {}^-CH_2COCH_2CH_2CH_2Cl \xrightarrow{-Cl^-} \text{环戊酮}$$

(2)羰基质子化后形成碳正离子作为亲电试剂进攻酚的对位发生亲电取代反应历程，生成醇，然后醇质子化脱水，又生成碳正离子，与酚再次发生亲电取代反应。

$$CH_3\text{-}\overset{O}{\overset{\|}{C}}\text{-}CH_3 \xrightarrow{H^+} CH_3\text{-}\overset{OH}{\overset{|}{C^+}}\text{-}CH_3 \xrightarrow{C_6H_5OH} (H_3C)_2C(OH)\text{-}[C_6H_5OH]^+(H) \xrightarrow{-H^+} H_3C\text{-}\overset{OH}{\overset{|}{\underset{CH_3}{\underset{|}{C}}}}\text{-}C_6H_4\text{-}OH$$

$$\xrightarrow{H^+} H_3C\text{-}\overset{^+OH_2}{\overset{|}{\underset{CH_3}{\underset{|}{C}}}}\text{-}C_6H_4\text{-}OH \xrightarrow{-H_2O} H_3C\text{-}\overset{+}{\underset{CH_3}{\underset{|}{C}}}\text{-}C_6H_4\text{-}OH \xrightarrow{C_6H_5OH}$$

$$HO\text{-}C_6H_4\text{-}\overset{CH_3}{\overset{|}{\underset{H_3C}{\underset{|}{C}}}}\text{-}[C_6H_5OH]^+(H) \xrightarrow{-H^+} HO\text{-}C_6H_4\text{-}\overset{CH_3}{\overset{|}{\underset{CH_3}{\underset{|}{C}}}}\text{-}C_6H_4\text{-}OH$$

例 5　用指定的原料和 C 原子数≤3 的有机试剂合成下列化合物。

(1) $CH_3CH_2CH{=}CH_2 \longrightarrow CH_3CH_2CH_2CH_2\underset{C_2H_5}{\underset{|}{C}}HCH_2OH$

(2) $BrCH_2CH_2CHO \longrightarrow CH_3CH_2\text{-}\overset{O}{\overset{\|}{C}}\text{-}CH_2CH_2CHO$

(3) $C_6H_6 \longrightarrow C_6H_5\text{-}CH_2CH_2\text{-}\overset{OH}{\overset{|}{\underset{CH_3}{\underset{|}{C}}}}\text{-}CH_3$

(4) $C_6H_6 \longrightarrow O_2N\text{-}C_6H_4\text{-}\overset{O}{\overset{\|}{C}}\text{-}CH_3$

(5) 丁二烯 $\longrightarrow$ 3,9-双(6-甲基-3-环己烯基)-2,4,8,10-四氧杂螺[5.5]十一烷（结构式）

[解析]　(1)逆推法。目标物 C 原子数为原料的 2 倍的醇，可考虑由醛自身羟醛缩合产物α,β-不饱和醛还原生成，正丁醛由正丁醇氧化得到，正丁烯硼氢化-过氧化氢碱性氧化可直接得到反马氏正丁醇。

$$CH_3CH_2CH_2CH_2\underset{C_2H_5}{\underset{|}{C}}HCH_2OH \xleftarrow[Ni]{H_2} CH_3CH_2CH_2CH{=}\underset{C_2H_5}{\underset{|}{C}}\text{-}CHO \xleftarrow{OH^-} CH_3CH_2CH_2CHO$$

$$\xleftarrow{CrO_3} CH_3CH_2CH_2CH_2OH \xleftarrow{H_2O_2/NaOH} \xleftarrow{B_2H_6} CH_3CH_2CH{=}CH_2$$

(2)目标物酮，其前可以是醇，醇、醛一起选择 CrO_3 氧化剂只氧化醇而不氧化醛。增加三个碳的仲醇，则格氏试剂与丙醛反应制备，但本身醛事先用缩醛的方法加以保护。

$$BrCH_2CH_2CHO \xrightarrow[HCl]{2CH_3OH} BrCH_2CH_2CH(OCH_3)_2 \xrightarrow[Et_2O]{Mg} BrMgCH_2CH_2CH(OCH_3)_2$$

$$\xrightarrow{CH_3CH_2CHO} \xrightarrow{H_3O^+} CH_3CH_2\text{-}\overset{OH}{\overset{|}{C}}H\text{-}CH_2CH_2CHO \xrightarrow{CrO_3} CH_3CH_2\text{-}\overset{O}{\overset{\|}{C}}\text{-}CH_2CH_2CHO$$

(3)逆推法。叔醇由格氏试剂与酮反应制得，增加两个碳的伯卤代烃由环氧乙烷与格氏试剂反应制得的伯醇与 PX_3 取代得到。

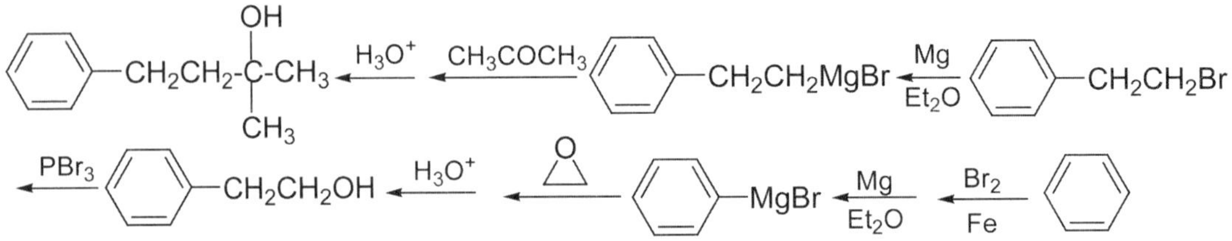

$C_6H_5CH_2CH_2C(OH)(CH_3)CH_3 \xleftarrow{H_3O^+} \xleftarrow{CH_3COCH_3} C_6H_5CH_2CH_2MgBr \xleftarrow[Et_2O]{Mg} C_6H_5CH_2CH_2Br$

$\xleftarrow{PBr_3} C_6H_5CH_2CH_2OH \xleftarrow{H_3O^+} \xleftarrow{环氧乙烷} C_6H_5MgBr \xleftarrow[Et_2O]{Mg} \xleftarrow[Fe]{Br_2} C_6H_6$

(4)硝基和酰基均为间位定位基，现处于对位，不能通过定位规律直接反应得到。应先接上两个碳的且是邻对位的有机基团，然后硝化，该有机基团不能是醇，因硝化时要氧化醇，可用邻二卤代水解制备酮的方法。

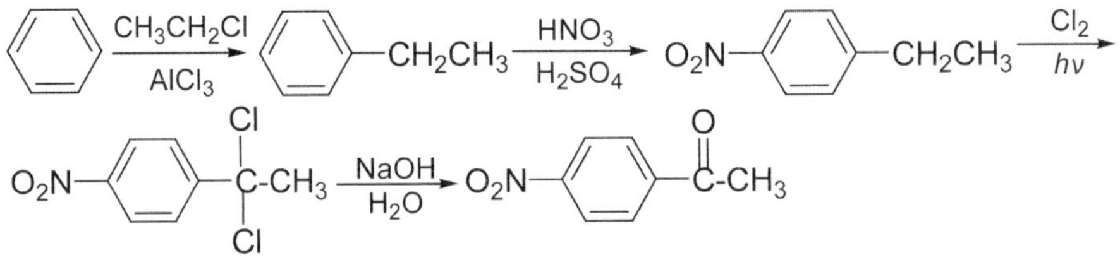

$C_6H_6 \xrightarrow[AlCl_3]{CH_3CH_2Cl} C_6H_5CH_2CH_3 \xrightarrow[H_2SO_4]{HNO_3} O_2N\text{-}C_6H_4\text{-}CH_2CH_3 \xrightarrow[h\nu]{Cl_2}$

$O_2N\text{-}C_6H_4\text{-}CCl_2\text{-}CH_3 \xrightarrow[H_2O]{NaOH} O_2N\text{-}C_6H_4\text{-}CO\text{-}CH_3$

(5)逆推法。目标为缩醛，其前身为醛和醇，六元环烯构造由双烯合成法制得，α-丁烯醛由乙醛通过羟醛缩合脱水得到；考虑到乙醛与甲醛缩合得 α-三羟甲基乙醛，无 α-H 的 α-三羟甲基乙醛可直接还原，也可与甲醛发生交叉歧化反应得到原甲醇。

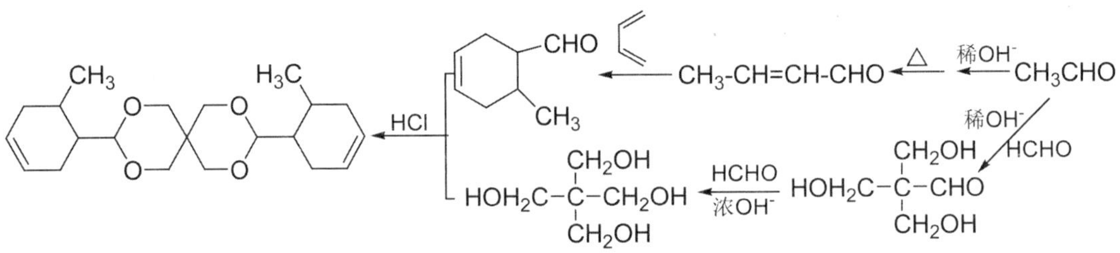

$CH_3CHO \xrightarrow{稀OH^-} \xrightarrow{\triangle} CH_3\text{-}CH{=}CH\text{-}CHO \xrightarrow{丁二烯}$ 6-甲基-3-环己烯甲醛（CHO，CH_3）

$CH_3CHO \xrightarrow[HCHO]{稀OH^-} HOH_2C\text{-}C(CH_2OH)_2\text{-}CHO \xrightarrow[浓OH^-]{HCHO} HOH_2C\text{-}C(CH_2OH)_2\text{-}CH_2OH$

两者 $\xrightarrow{HCl}$ 螺环缩醛（两端各连一个含 CH_3 / H_3C 的环己烯基）

五、巩固提高

1.用系统命名法命名下列化合物。

(1) 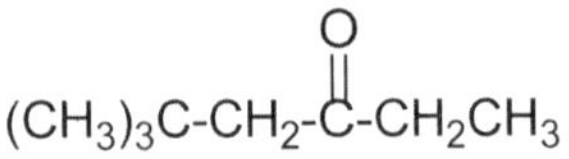 $(CH_3)_3C\text{-}CH_2\text{-}CO\text{-}CH_2CH_3$

(2) $CH_3\text{-}CO\text{-}CH(Cl)\text{-}CH_2CH_2CHO$

(3) 环己基$\text{-}CO\text{-}CH_2CH_3$

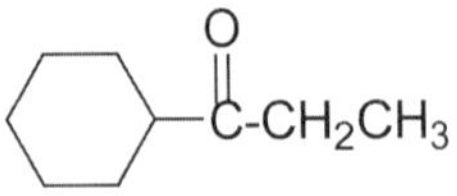

(4) 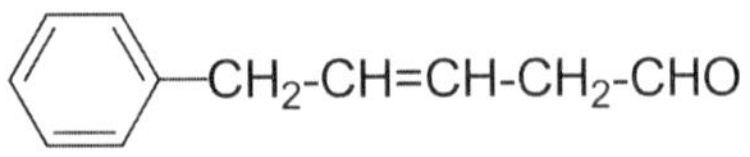 $C_6H_5\text{-}CH_2\text{-}CH{=}CH\text{-}CH_2\text{-}CHO$

(5) 邻硝基苯基$\text{-}CH_2\text{-}CO\text{-}CH_3$（$NO_2$）

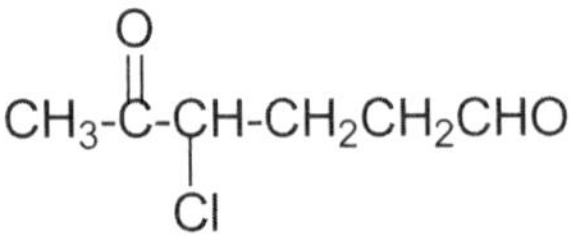

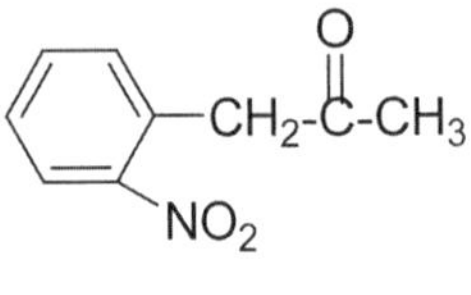

(6) 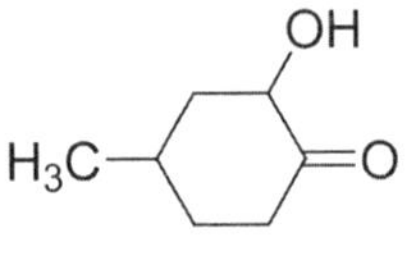 H_3C-环己酮（OH，=O）

(7)

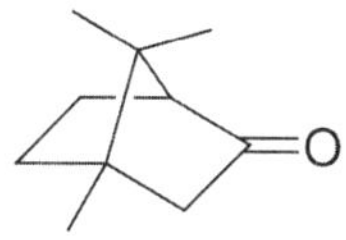

(8) 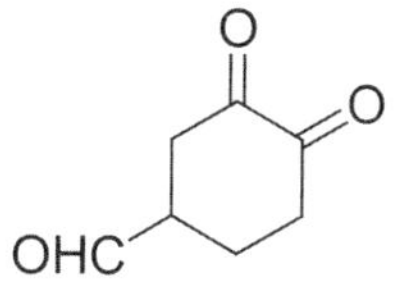 OHC

(9) 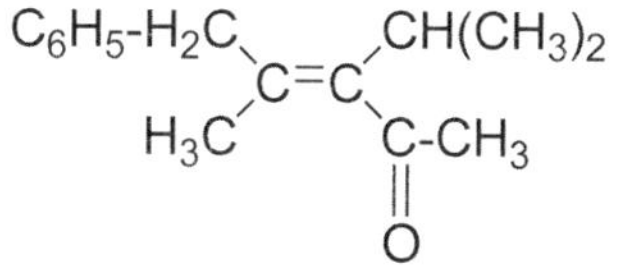 $C_6H_5\text{-}H_2C(H_3C)C{=}C(CH(CH_3)_2)\text{-}C(=O)\text{-}CH_3$

2.写出丁酮与下列试剂反应的主要产物。

(1) KCN/H_2SO_4　　(2)①CH_3MgBr；②H_3O^+

(3)①$LiAlH_4$；②H_2O　　(4)①$NaHSO_3$；②NaCN

(5)①稀 OH^-；②加热　　(6) $HOCH_2CH_2OH/HCl$

(7) Br_2/乙酸　　(8) $NaClO/OH^-$

(9) C_6H_5CHO/稀 OH^-　　(10) $NH_2\text{-}NH_2$/(NaOH，二缩乙二醇)，加热

(11) Zn-Hg/HCl　　(12) $(C_6H_5)_3P{=}CHCH_3$

(13)①Mg/苯；②H_3O^+　　(14) NH_2OH/HAc-NaAc

(15) $Al[OCH(CH_3)_2]_3/HOCH(CH_3)_2$

3.写出醛在碱催化下发生羟醛缩合反应的机理。

4.用化学方法区分下列各组化合物。

(1)苯酚、苄醇、苯乙酮、苯甲醚、苯甲酸、对苯醌

(2)环戊酮、2-戊酮、3-戊酮、苯甲醛、戊醛、2-戊醇、3-戊醇

5.写出下列反应的主要产物。

(1) 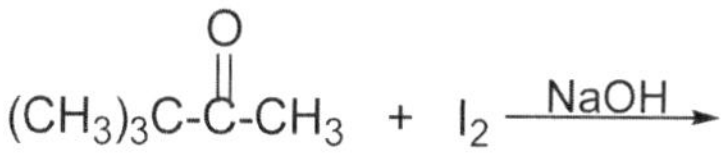 $(CH_3)_3C\text{-}C(=O)\text{-}CH_3 + I_2 \xrightarrow{NaOH}$

(2) $CH_3CH_2CHO + NaHSO_3$(饱和) $\longrightarrow \xrightarrow{Na_2CO_3}$

(3) 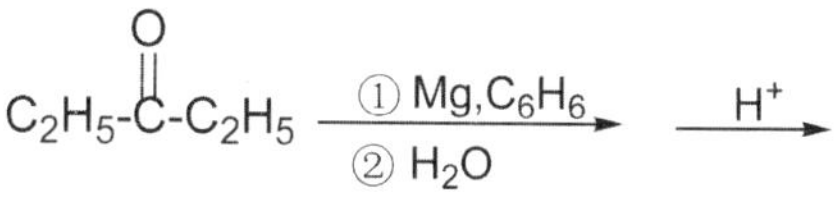 $C_2H_5\text{-}C(=O)\text{-}C_2H_5 \xrightarrow[\text{② } H_2O]{\text{① Mg,}C_6H_6} \xrightarrow{H^+}$

(4) $CH_3\text{-}C(=O)\text{-}CH_3 + H_2N\text{-}C_6H_{11} \longrightarrow$

(5) 2-甲基环己酮 $+ Cl_2$ $\xrightarrow{OH^-}$；$\xrightarrow{HAc,H_2O}$

(6) $CH_3\text{-}C(=O)\text{-}CH_2CH_2CH_2CHO \xrightarrow{NaOH,H_2O} \xrightarrow{\triangle}$

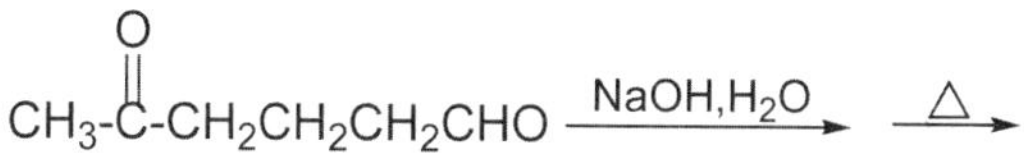

(7) 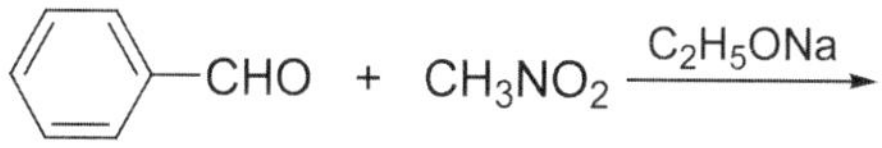 $C_6H_5\text{-}CHO + CH_3NO_2 \xrightarrow{C_2H_5ONa}$

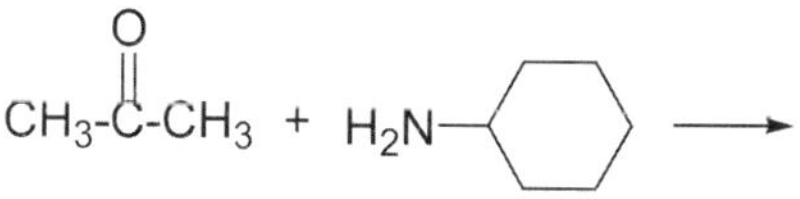

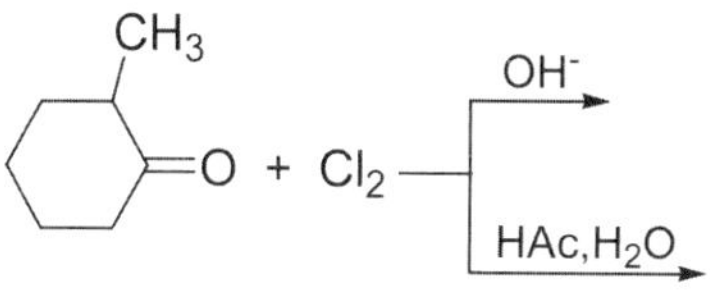

(8) 2-呋喃甲醛(呋喃-CHO) + CH_3-C(=O)-CH_2CH_3 $\xrightarrow{OH^-}$; $\xrightarrow{H^+}$

(9) CH_3CHO + HCHO(过量) $\xrightarrow{OH^-}$

6.写出下列各步反应的主要产物。

(1) 环戊酮 $\xrightarrow[Pd]{H_2}$ $\xrightarrow[\triangle]{Al_2O_3}$ $\xrightarrow[②H_3O^+]{①OsO_4}$ $\xrightarrow[HCl]{CH_3COCH_3}$

(2) 甲苯 + 丁二酸酐 $\xrightarrow{AlCl_3}$ $\xrightarrow[HCl]{Zn\text{-}Hg}$ $\xrightarrow{HF}$ $\xrightarrow[②H_3O^+]{①CH_3CH_2MgCl}$

(3) 呋喃-CHO + CH_3CHO $\xrightarrow[②\triangle]{①OH^-}$ $\xrightarrow[②\triangle]{①CH_3CHO/OH^-}$ $\xrightarrow[H_2O]{NaBH_4}$

(4) 3-(CH_2CHO)环己酮 $\xrightarrow[HCl]{2C_2H_5OH}$ $\xrightarrow[②H_3O^+]{①\ CH_3MgCl}$ $\xrightarrow[OH^-]{HCN}$

(5) 1-甲基环戊烯(CH_3) $\xrightarrow{CH_3COOOH}$ $\xrightarrow[②H_3O^+]{①HC\equiv CMgBr}$ $\xrightarrow[②H_2O_2/OH^-]{①B_2H_6}$

(6) 环己酮 $\xrightarrow{CH_3CH_2OCH=PPh_3}$ $\xrightarrow{HI}$

(7) CH_2=CH-C(=O)-CH_3 $\xrightarrow{HBr}$ $\xrightarrow[HCl]{2C_2H_5OH}$ $\xrightarrow[Et_2O]{Mg}$ $\xrightarrow{PhCHO}$ $\xrightarrow{H_3O^+}$

(8) 八氢萘(双环烯) $\xrightarrow[②\ Zn\text{-}H_2O]{①O_3}$ $\xrightarrow[②\triangle]{①OH^-}$ $\xrightarrow{HCN/OH^-}$ $\xrightarrow[②H_3O^+]{①CrO_3}$

(9) 1,3-丁二烯 + 2-丁烯醛(CHO) $\xrightarrow{\triangle}$ $\xrightarrow[HCl]{2CH_3OH}$ $\xrightarrow[Ni]{H_2}$ $\xrightarrow{H_3O^+}$ $\xrightarrow[OH^-]{2HCHO}$

7.以以下指定物质及C原子数≤2的有机物为原料合成下列化合物。

(1) $CH_3CH_2CH=CH_2$ ⟶ $CH_3CH_2CH_2CH(OH)CH(CH_2OH)CH_2CH_3$

(2) 八氢萘(双环烯) ⟶ 六氢茚-CHO

(3) CH_3-C(=O)-CH_3 ⟶ CH_3-C(=O)-$CH_2CH_2CH_2OH$

（4）$CH_3\text{-}\overset{O}{\overset{\|}{C}}\text{-}CH_3 \longrightarrow CH_2\text{=}\underset{CH_3}{C}\text{-}\overset{CH_3}{C}\text{=}CH_2$

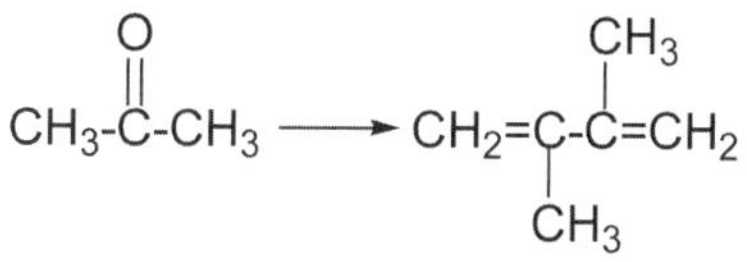

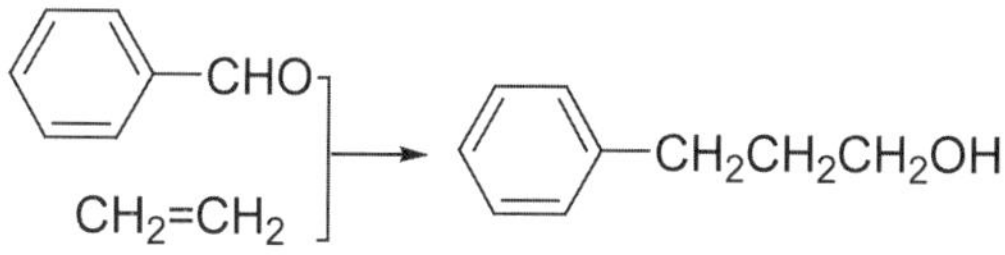

（5）$C_6H_5\text{-}CHO$，$CH_2\text{=}CH_2 \longrightarrow C_6H_5\text{-}CH_2CH_2CH_2OH$

（6）O，$CH_2\text{=}CH_2 \longrightarrow$ OH，O

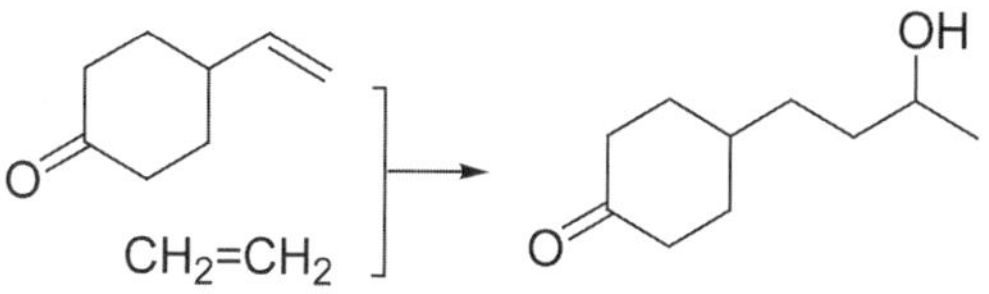

8.结构推导。

(1)化合物 A($C_6H_{12}O_3$)在 $1710cm^{-1}$ 处有强吸收峰。A 用 I_2/NaOH 处理得黄色沉淀，与 Tollens 试剂不发生银镜反应，若 A 先用稀硫酸处理，再与 Tollens 试剂作用，则有银镜产生。A 的 ^{1}H NMR 数据(单位为 ppm，下同)如下：δ2.1(3H，单峰)，δ2.6(2H，二重峰)，δ3.2(6H，单峰)，δ4.7(1H，三重峰)。试推测 A 的结构。

(2)化合物 A($C_{11}H_{12}O_2$)可由芳醛与丙酮在碱作用下得到，在 $1675cm^{-1}$ 处有一强吸收峰。A 催化加氢生成 B，在 $1715cm^{-1}$ 有强吸收峰。A 发生碘仿反应得到 C($C_{10}H_{10}O_3$)，B 和 C 进一步氧化均得到酸 D($C_8H_8O_3$)，将 D 与氢碘酸作用得到酸 E($C_7H_6O_3$)，E 能用水汽蒸馏蒸出。试推测 A～E 的结构。

9.请为下列反应提出合理的机理。

(1) 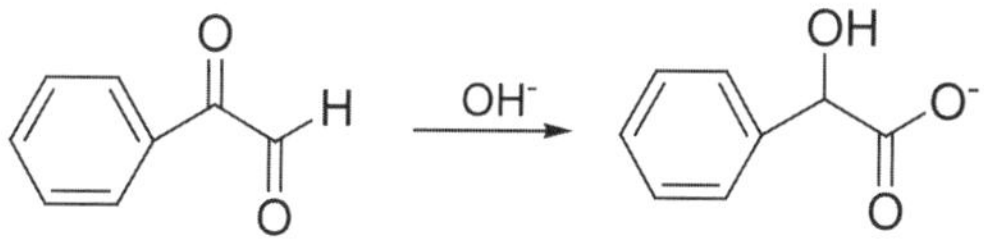 O，H，O $\xrightarrow{OH^-}$ OH，O^-，O

(2) 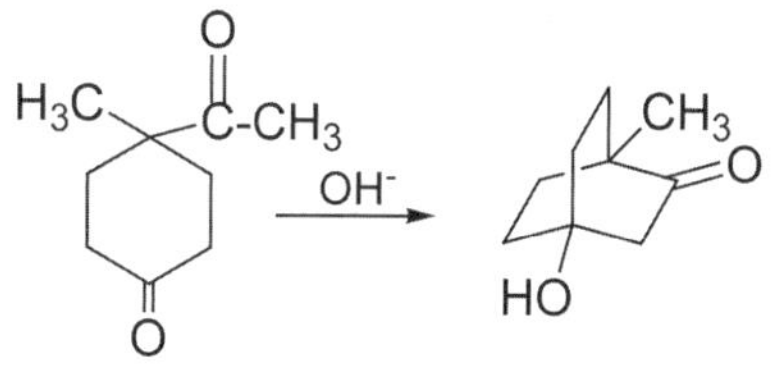 H_3C，O，C-CH_3，O $\xrightarrow{OH^-}$ CH_3，O，HO

(3) O ＋ OH $\xrightarrow{H^+}$ HO，OH

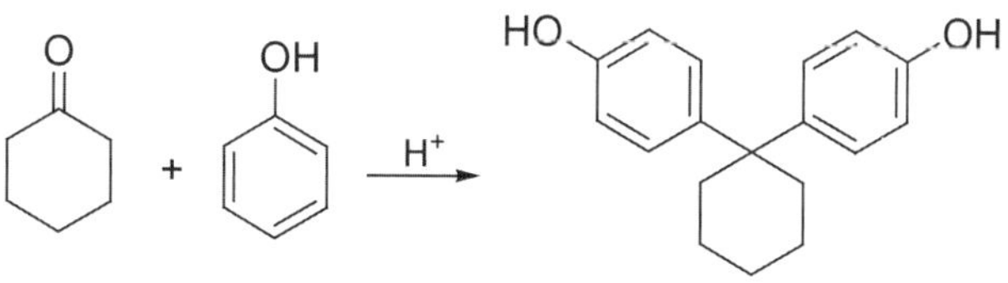

解析与答案

(11)

第 12 章 羧 酸

一、知识点与要求

- ✧ 了解羧酸的结构、物理性质和命名方法。
- ✧ 掌握羧酸的酸性、电子效应对羧酸酸性强弱的影响。
- ✧ 掌握羧酸的化学性质(羧酸衍生物生成、α-H 卤代、脱羧及还原反应)。
- ✧ 掌握不同二元羧酸的受热反应。
- ✧ 掌握羧酸的制备方法。

二、化学性质与制备

1. 羧酸的化学性质

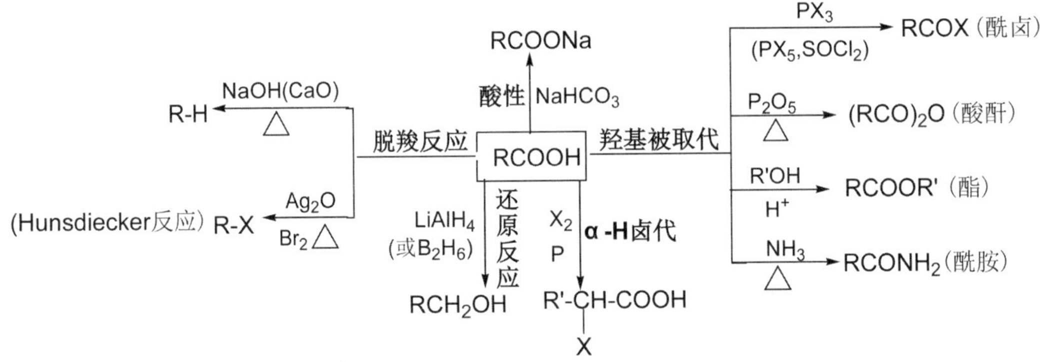

二元羧酸受热反应:

$HOOC\text{-}(CH_2)_n\text{-}COOH$ $\xrightarrow{\triangle}$

- n=0,1 脱羧 → $HCOOH(CH_3COOH)$ (少一个碳酸)
- n=2,3 脱水 → (环状酸酐)
- n=4,5 脱水又脱羧 → (少一个碳环酮)
- n≥6 脱水 → $\left[\text{C(=O)-}(CH_2)_n\text{-C(=O)-O}\right]_n$ (聚酸酐)

2. 羧酸的制备

(1)氧化法

①烯烃或炔烃 $KMnO_4/H^+$ 氧化

$$R'-\overset{R''}{\overset{|}{C}}=CH-R \xrightarrow{KMnO_4/H^+} R'-\overset{R''}{\overset{|}{C}}=O + RCOOH$$

$$R-C\equiv CH \xrightarrow{KMnO_4/H^+} RCOOH + CO_2$$

②含 α-H 烷基苯 $KMnO_4/H^+$ 氧化

$$C_6H_5-\overset{|}{C}H-R \xrightarrow{KMnO_4/H^+} C_6H_5-COOH$$

③伯醇 $KMnO_4/H^+$ 氧化

$$RCH_2OH \xrightarrow{KMnO_4/H^+} RCOOH$$

④醛的弱氧化剂氧化

$$RCHO \xrightarrow{\text{Tollens试剂}} \xrightarrow{H^+} RCOOH$$

⑤甲基酮或甲基醇的碘仿反应

$$\left.\begin{array}{l} R-\overset{O}{\overset{\|}{C}}-CH_3 \\ R-\overset{OH}{\overset{|}{C}H}-CH_3 \end{array}\right] \xrightarrow{I_2,\ NaOH} \xrightarrow{H^+} RCOOH + CHI_3$$

用于制备减少一个碳的羧酸。

(2)水解法

①腈的水解

$$\underset{\text{(伯卤代烃)}}{RCH_2X} \xrightarrow{NaCN} RCH_2CN \xrightarrow{H_2O/H^+} RCH_2COOH$$

用于制备增加一个碳的羧酸,叔卤代烃则发生消去反应。

②羧酸衍生物的水解法

$$R-\overset{O}{\overset{\|}{C}}-L + H_2O \longrightarrow RCOOH + HL$$

$$(L=X, RCOO, RO, H_2N, RNH, R_2N)$$

(3)格氏试剂法

$$\underset{\text{(烷基或芳基卤)}}{R-X} + Mg \xrightarrow{Et_2O} RMgX \xrightarrow[\text{②}H_3O^+]{\text{①}CO_2} RCOOH$$

用于制备增加一个碳的羧酸，此处可以是叔卤代烃、不活泼的芳卤和乙烯式卤代烃。

三、重难点知识概要

1. 分子结构对羧酸酸性的影响

(1)诱导效应

$$G\text{-}CH_2\text{-}\overset{\overset{\large O}{\|}}{C}\text{-}O\text{-}H \Longrightarrow \begin{cases} G=\text{供电子基, 酸性减弱} \\ G=\text{吸电子基, 酸性增强} \end{cases}$$

①供电子诱导效应，G的电子云通过单键传递到羧基的羟基氧上，减弱了O—H的极性，使氢难电离，酸性减弱；吸电子诱导效应，将O—H上O的电子云传递到G上，增大了O—H的极性，酸性增强。如：

	O_2NCH_2COOH	>	CH_3COOH	>	CH_3CH_2COOH
pK_a	1.68		4.76		4.88

②诱导效应强弱与距离有关。距离越近，影响越大；距离越远，影响越小。如：

	$CH_3CH_2CH(Cl)COOH$	>	$CH_3CH(Cl)CH_2COOH$	>	$CH_2(Cl)CH_2CH_2COOH$	>	$CH_3CH_2CH_2COOH$
pK_a	2.48		4.06		4.52		4.82

③诱导效应强弱与基团种类有关，吸电子能力越强，酸性也越强，且诱导效应具有加和性。如：

	$O_2N\text{-}CH_2COOH$	>	$NC\text{-}CH_2COOH$	>	$HO\text{-}CH_2COOH$	>	$CH_3O\text{-}CH_2COOH$	>	CH_3COOH
pK_a	1.68		2.47		3.8		3.85		4.76

	$Cl_3C\text{-}COOH$	>	$Cl_2CH\text{-}COOH$	>	$Cl\text{-}CH_2COOH$
pK_a	0.65		1.29		2.86

(2)共轭效应

①间位取代，只考虑诱导效应，吸电子基酸性增强，供电子基酸性降低。如：

	间硝基苯甲酸 (NO_2)	>	间氯苯甲酸 (Cl)	>	间羟基苯甲酸 (OH)	>	苯甲酸	>	间甲基苯甲酸 (CH_3)
pK_a	3.45		3.83		4.08		4.20		4.24
	(-I)		(-I)		(-I)				(+I)

②邻位或对位取代，同时考虑诱导效应和共轭效应。如—NO_2 处于苯甲酸的邻对位时，吸电子诱导效应和吸电子共轭效应协同作用，酸性增强，因邻位诱导效应距离短，酸性较对位强。如：

邻硝基苯甲酸 > 对硝基苯甲酸 > 间硝基苯甲酸 > 苯甲酸

pK_a 2.17 (-C ,-I)　3.43 (-C ,-I)　3.45 (-I)　4.20

当具有吸电子诱导效应和供电子共轭效应的—OH、—OCH_3 等处于苯甲酸的邻对位时，因共轭效应强于诱导效应，所以酸性较苯甲酸弱。但当—X 处于邻对位时，因供电子共轭效应弱于吸电子诱导效应，酸性增强。如：

邻氯苯甲酸 > 对氯苯甲酸 > 苯甲酸 > 对羟基苯甲酸

pK_a 2.94　3.99　4.20　4.58

(3)空间效应

当具有吸电子诱导效应和供电子共轭效应的—OH 处于苯甲酸的邻位时，因—OH 分子内氢键稳定了羧基负离子，其酸性强于苯甲酸及间羟基苯甲酸。

邻羟基苯甲酸 —($-H^+$)→ 分子内氢键稳定的羧基负离子

邻羟基苯甲酸 > 间羟基苯甲酸 > 苯甲酸

pK_a 2.98　4.08　4.20

2. 卤代烃的腈水解法与格氏试剂加 CO_2 法制备羧酸的差别

因为 CN^- 是碱，叔卤代烷易发生消去反应，而仲卤代烷及 β 位有较多支链的伯卤代烷与 CN^- 发生亲核取代反应(S_N2)的速率很慢，所以通过腈水解法来制备羧酸的仅限于空间位阻较小的伯代烷。当卤代烃结构中不含羟基、羰基、活泼氢等能与格氏试剂发生反应的官能团时，伯卤代烷、仲卤代烷、叔卤代烷、芳卤、乙烯式卤代烃均可用格氏试剂加 CO_2 来制备羧酸。

3. 羧酸与醇在酸催化下酯化反应的机理

因醇是弱的亲核试剂，所以在酸催化下第一步是羧基的羰基氧质子化，使羧基碳原子更易接受亲核试剂进攻。

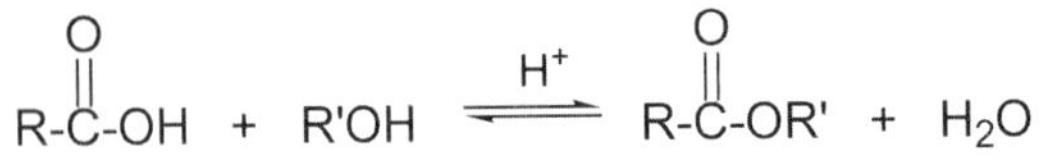

$$\text{R-}\overset{\text{O}}{\overset{\|}{\text{C}}}\text{-OH} + \text{R'OH} \underset{}{\overset{H^+}{\rightleftharpoons}} \text{R-}\overset{\text{O}}{\overset{\|}{\text{C}}}\text{-OR'} + H_2O$$

机理:

$$\text{R-}\overset{\text{O}}{\overset{\|}{\text{C}}}\text{-OH} \overset{H^+}{\rightleftharpoons} \text{R-}\overset{\text{+OH}}{\overset{\|}{\text{C}}}\text{-OH} \xrightarrow{\text{HOR'}} \text{R-}\underset{\text{H}\overset{+}{\text{O}}\text{R'}}{\overset{\text{OH}}{\text{C}}}\text{-OH} \rightleftharpoons \text{R-}\underset{\text{OR'}}{\overset{\text{OH}}{\text{C}}}\text{-}\overset{+}{\text{O}}H_2$$

$$\xrightarrow{-H_2O} \text{R'-}\underset{\text{OR'}}{\overset{\text{+OH}}{\overset{\|}{\text{C}}}} \xrightarrow{-H^+} \text{R-}\overset{\text{O}}{\overset{\|}{\text{C}}}\text{-OR'}$$

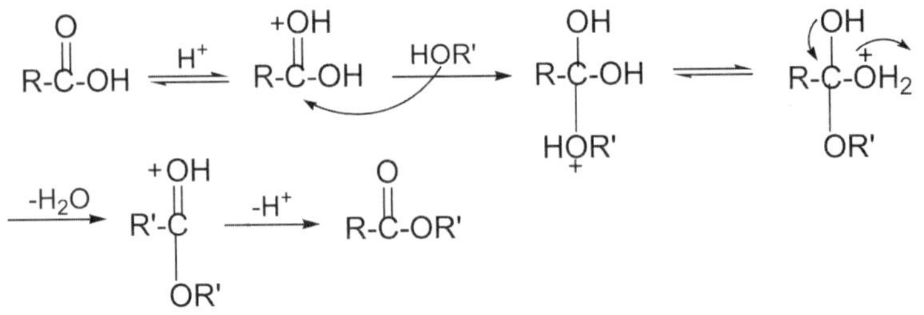

四、典型例题

例 1　排列化合物酸性大小。

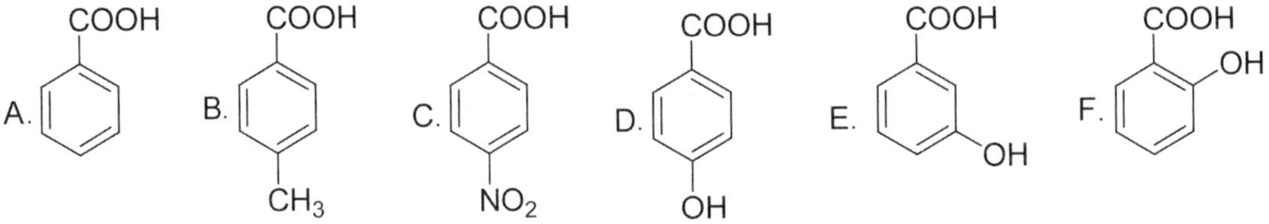

A. 苯甲酸（COOH）　B. 对甲基苯甲酸（COOH，CH_3）　C. 对硝基苯甲酸（COOH，NO_2）　D. 对羟基苯甲酸（COOH，OH）　E. 间羟基苯甲酸（COOH，OH）　F. 邻羟基苯甲酸（COOH，OH）

［解析］　—NO_2 是强的吸电子诱导和吸电子共轭效应基团，—CH_3 是给电子诱导和超共轭效应基团，间位—OH 只起吸电子诱导效应，故酸性 C>E>A>B；对位—OH 供电子共轭效应强于吸电子诱导效应，酸性最弱，邻－OH 形成分子内氢键稳定了羧基负离子，酸性强于间位。C>F>E>A>B>D。

例 2　写出下列反应的主要产物。

(1) 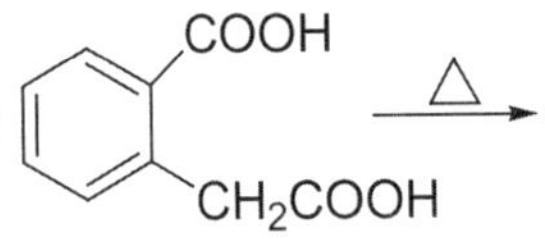 邻-(羧甲基)苯甲酸（苯环上 COOH 与 CH_2COOH 处于邻位）$\xrightarrow{\triangle}$

(2) 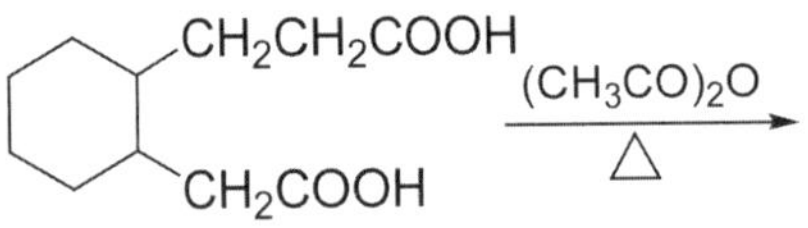 环己烷邻位取代（CH_2CH_2COOH，CH_2COOH）$\xrightarrow[\triangle]{(CH_3CO)_2O}$

(3) 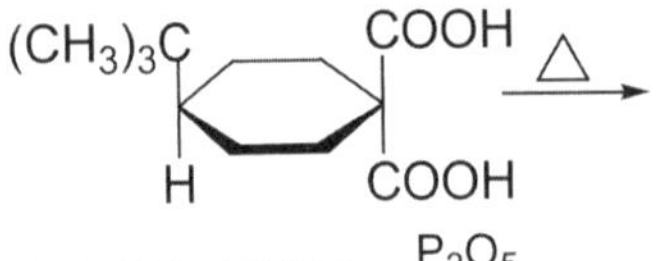 $(CH_3)_3C$、H 与 COOH、COOH 取代的环己烷（椅式构象）$\xrightarrow{\triangle}$

(4) $CH_3CH_2CONH_2 \xrightarrow[\triangle]{P_2O_5}$

(5) 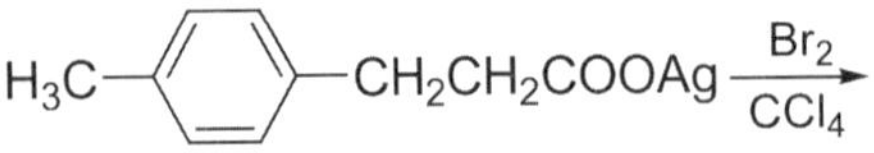 $H_3C\text{-}C_6H_4\text{-}CH_2CH_2COOAg \xrightarrow[CCl_4]{Br_2}$

(6) $CH_3COOH \xrightarrow[P]{Cl_2} \xrightarrow{Na_2CO_3} \xrightarrow{NaCN} \xrightarrow[H_2SO_4]{2C_2H_5OH}$

(7) $C_6H_5CHO \xrightarrow[OH^- \ \triangle]{CH_3CHO} \xrightarrow{NaBH_4} \xrightarrow{PCl_3} \xrightarrow[Et_2O]{Mg} \xrightarrow[②H_3O^+]{①CO_2}$

[解析] (1)戊二酸型受热分子内脱水生戊酸酐。

(2)庚二酸型受热既脱水,又脱羧生成少一个碳的环酮。

(3)丙二酸型受热脱羧,生成稳定的反式结构产物。

(1) (2) (3) $(CH_3)_3C$ H H COOH

(4)酰胺分子内脱水生成腈。

(5)羧酸银与卤素单质作用,生成少一个碳的卤代烃。

(4) CH_3CH_2CN (5) H_3C—C_6H_4—CH_2CH_2Br

(6)羧酸 α-H 氯代,羧基中和,Cl 被 CN 取代,CN 水解酯化。

(6) $ClCH_2COOH$ $ClCH_2COONa$ $NCCH_2COONa$ $C_2H_5OOCCH_2COOC_2H_5$

(7)羟醛缩合反应生成 α,β-不饱和醛,选择性还原醛基为伯醇,伯醇转化为氯代烃,然后格氏化,加 CO_2 得多一个碳羧酸。

(7) $C_6H_5CH{=}CHCHO$ $C_6H_5CH{=}CHCH_2OH$ $C_6H_5CH{=}CHCH_2Cl$ $C_6H_5CH{=}CHCH_2MgCl$ $C_6H_5CH{=}CHCH_2COOH$

例 3 完成下列转化(选用必要的无机试剂)。

(1) 亚甲基环己烷($=CH_2$) ⟶ 环己基—CH_2COOH

(2) 环戊酮($=O$) ⟶ 环戊烯基—COOH

[解析] (1)目标物比原料多一个碳的羧基,考虑到β-碳有两个支链空间位阻较大,采用格氏试剂加 CO_2 法,而卤代烃为烯烃的反马氏加成结构,故选用溴代物。

环己基—CH_2COOH $\xleftarrow{CO_2}$ $\xleftarrow{H_3O^+}$ 环己基—CH_2MgBr $\xleftarrow[Et_2O]{Mg}$ 环己基—CH_2Br $\xleftarrow[过氧化物]{HBr}$ 环己基$=CH_2$

(2)增加一个碳的羧基,采用卤代烃氰解或格氏试剂与 CO_2 来制备。羧基由 CN 水解得到,相应的卤代烃为 α-不饱和卤代烃,由烯烃与卤素单质高温或与 NBS 反应生成,酮还原再消去即为烯。

环戊烯基—COOH $\xleftarrow{H_3O^+}$ 环戊烯基—CN $\xleftarrow{NaCN}$ 环戊烯基—Br $\xleftarrow{NBS}$ 环戊烯 $\xleftarrow[\triangle]{H^+}$ 环戊醇(OH) $\xleftarrow[Ni]{H_2}$ 环戊酮($=O$)

例 4 某二元酸 A,经加热转化为一个非酸性化合物 B($C_7H_{12}O$),B 通过浓 HNO_3 氧化得到一个二元酸 C($C_7H_{12}O_4$),C 受热脱水生成 D($C_7H_{10}O_3$)。A 经 $LiAlH_4$ 还原转化为 E($C_8H_{18}O_2$),E 能脱水形成 3,4-二甲基-1,5-己二烯。试写出 A~E 的结构式。

[解析] 8 个碳的二元酸 A 受热转化为 7 个碳的非酸性 B,发生的是脱水脱羧反应,B 为五元环或六元环酮,相应的 A 为己二酸或庚二酸型。E 为 1,6 或 1,7-二元醇,由 E 脱水形成 3,4-二甲基-1,5-己二烯结构。推断如下:

$$HOOC\text{-}CH_2\text{-}CH(CH_3)\text{-}CH(CH_3)\text{-}CH_2\text{-}COOH\ (A) \xrightarrow{LiAlH_4} HOCH_2CH_2\text{-}CH(CH_3)\text{-}CH(CH_3)\text{-}CH_2CH_2OH\ (E) \xrightarrow{-2H_2O} CH_2{=}CH\text{-}CH(CH_3)\text{-}CH(CH_3)\text{-}CH{=}CH_2$$

3, 4-二甲基-1, 5-己二烯

(A) $\xrightarrow{\triangle}$ (B) $\xrightarrow{HNO_3}$ $HOOC\text{-}CH(CH_3)\text{-}CH(CH_3)\text{-}CH_2COOH$ (C) $\xrightarrow{\triangle}$ (D)

五、巩固提高

1. 命名下列化合物。

(1) $(CH_3)_3CCOOH$

(2) $HOOC-C\equiv C-COOH$

(3) 3-氧代环戊烷甲酸结构（环戊酮环上连 —COOH）

(4) C_6H_5—$CH(CH_3)CH_2COOH$

(5) OHC—苯环（含 CH_2OH）—COOH

(6) 多烯酸结构 …COOH

2. 比较化合物的酸性强弱。

(1) A. 丁酸（$CH_3CH_2CH_2COOH$） B. $CH_3CH{=}CHCOOH$ C. $CH_3C\equiv CCOOH$

(2) A. 对氯苯甲酸 B. 间氯苯甲酸 C. 对硝基苯甲酸 D. 间硝基苯甲酸（COOH, Cl, NO_2）

(3) A. 邻氯苯甲酸（COOH, Cl） B. 邻甲基苯甲酸（COOH, CH_3） C. 邻硝基苯甲酸（COOH, NO_2） D. 邻甲氧基苯甲酸（COOH, OCH_3） E. 邻氟苯甲酸（COOH, F）

3. 写出下列反应的主要产物。

(1) C_6H_5—CH=CHCOOH —— $\xrightarrow{H_2/Ni}$ ；$\xrightarrow[\text{② } H_2O]{\text{① } LiAlH_4}$

(2) 环戊基—COOH —— $\xrightarrow{Br_2,P}$ ；$\xrightarrow{PBr_3}$

(3) 环己基—COOH —— $\xrightarrow[\triangle]{NH_3}$ ；$\xrightarrow{CH_3Li}\xrightarrow{CH_3Li}\xrightarrow{H_2O}$

(4) $C_6H_5CH_2COOH \xrightarrow{HgO,Br_2}$

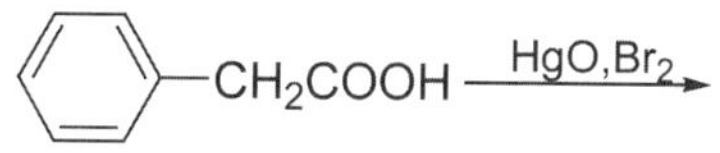

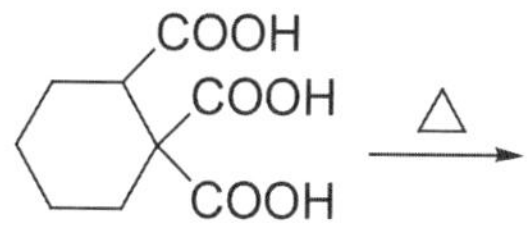

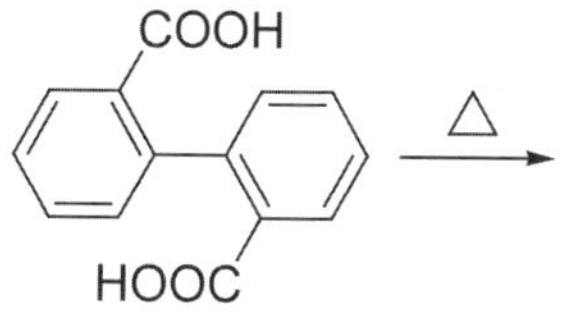

(5) 1-羧基环己烷-1,2-二甲酸（环己烷上带三个COOH） $\xrightarrow{\triangle}$

(6) 联苯-2,2'-二甲酸 $\xrightarrow{\triangle}$

(7) 苯 + 马来酸酐 $\xrightarrow{AlCl_3}$ $\xrightarrow{SOCl_2}$ $\xrightarrow{AlCl_3}$

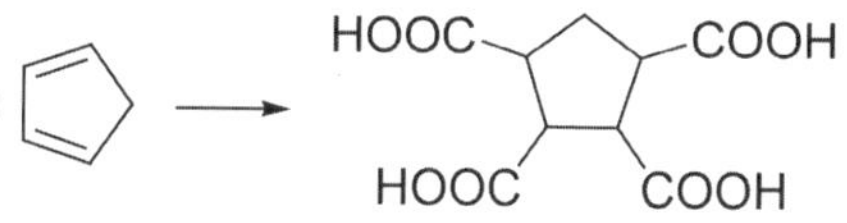

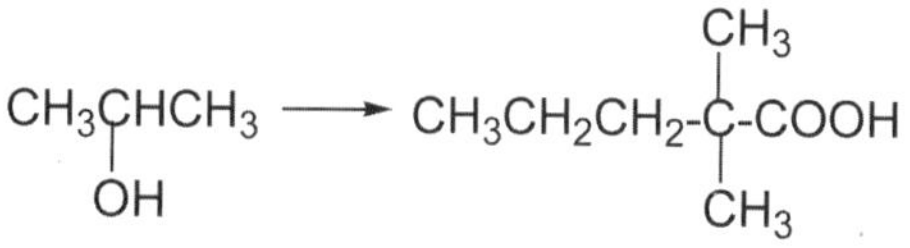

4.用指定的原料合成下列化合物。

(1) $CH_3CH_2COOH \longrightarrow CH_3CH_2CH_2COOH$

(2) 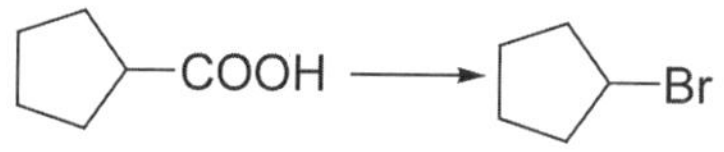 环戊基-COOH $\longrightarrow$ 环戊基-Br

(3) 环戊二烯 $\longrightarrow$ 环戊烷-1,2,3,4-四甲酸（HOOC、COOH、HOOC、COOH）

(4) $CH_3CH(OH)CH_3 \longrightarrow CH_3CH_2CH_2\text{-}C(CH_3)_2\text{-}COOH$

(5) 苯 $\longrightarrow$ $C_6H_5\text{-}(CH_2)_5\text{-}COOH$

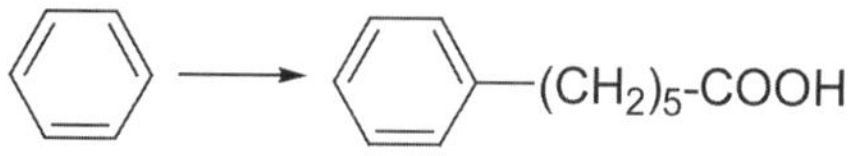

5.结构推导题。

(1)有两个二元酸A、B,分子式均为$C_5H_6O_4$。A为不饱和酸,易脱羧生成C($C_4H_6O_2$),A、C都无立体异构体。B是饱和酸,不易脱酸,也无光学异构体,但它的立体异构体D有光学异构体E。试写出A～E的结构式。

(2)化合物A(C_9H_{16})催化加氢得B(C_9H_{18}),A经臭氧化锌水解生成C($C_9H_{16}O_2$),C易被银氨溶液氧化成D($C_9H_{16}O_3$),用I_2/NaOH溶液处理D,得到E($C_8H_{14}O_4$),E与乙酸酐共热生成4-甲基环己酮。推测A～E的结构式。

6.苯甲酸与甲醇在硫酸存在的情况下进行酯化反应,所得的反应混合物中含有苯甲酸甲酯、苯甲酸、甲醇、水和硫酸五种物质,试设计方案得到纯净的苯甲酸甲酯。

7.解释下列转变。

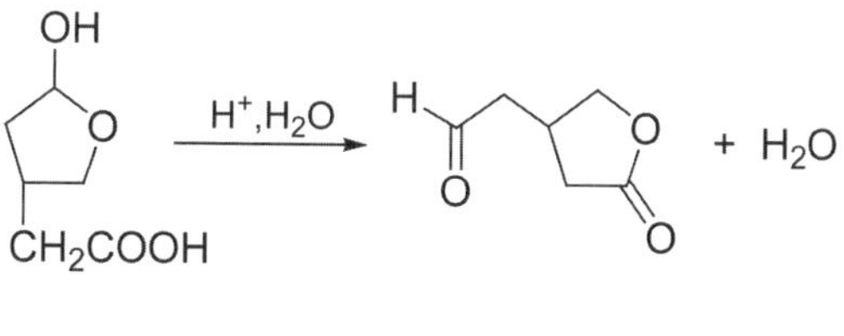

OH, O, CH_2COOH $\xrightarrow{H^+,H_2O}$ H, O, O, O + H_2O

8.给下列反应提出合理的反应机理。

（1）$C_6H_4(COOH)(CH_2OH) \xrightarrow{H_2SO_4}$ (product: lactone, O, O)

（2）$C_6H_4(COOCH_3)(C_6H_5) \xrightarrow{H_2SO_4}$ (product: ketone, O)

解析与答案

（12）

第 13 章　羧酸衍生物

一、知识点与要求

- ✧ 了解羧酸衍生物的类型、结构、物理性质和命名方法。
- ✧ 掌握羧酸衍生物的水解、醇解、氨解、还原反应，相互之间的转化关系。
- ✧ 了解羧酸衍生物在酸、碱催化下的亲核取代机理，反应活性差异及原因。

二、化学性质与相互转化

1. 酰卤的化学性质

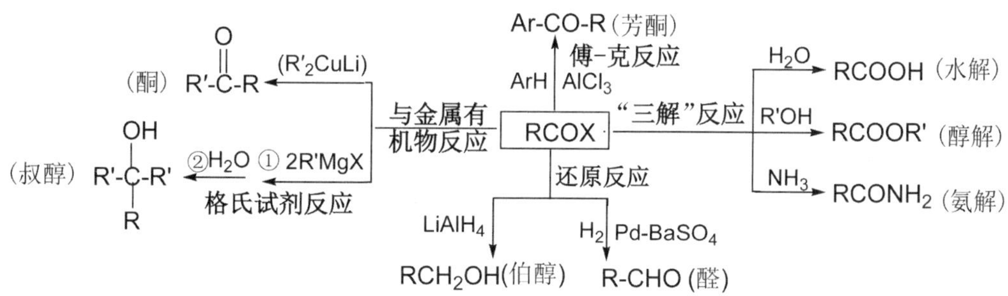

2. 酸酐的化学性质

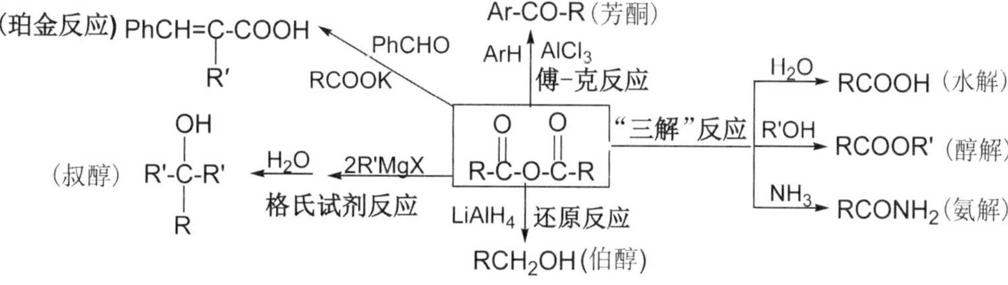

3. 酯的化学性质

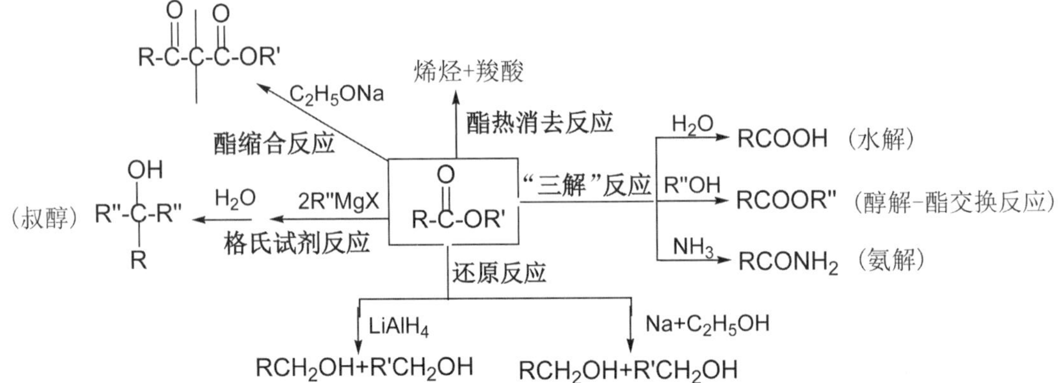

4. 酰胺的化学性质

RNH_2 ← 霍夫曼降解反应 X_2,NaOH

$RCOOH+N_2$ ← HNO_2 — R-C(=O)-NH_2 — H_2O 水解反应 → RCOOH

R-CN ← P_2O_5, △

$LiAlH_4$ 还原反应 → RCH_2NH_2

5. 羧酸及其衍生物之间相互转化

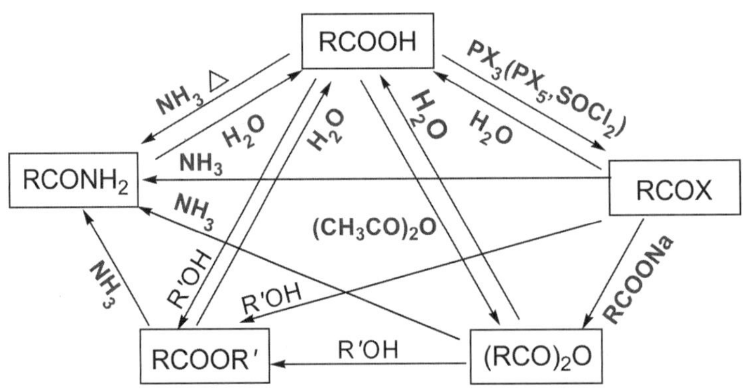

6. 羟基酸受热反应类型

(1) α-羟基酸

两分子之间酯化生成稳定的六元环交酯。

$$2\ \text{R-CH(OH)-COOH} \xrightarrow{\triangle} \text{(六元环交酯)} + 2H_2O$$

(2)β-羟基酸

单分子消去反应生成 α,β-不饱和酸。

$$R\text{-}\underset{\displaystyle OH}{\underset{|}{C}H}\text{-}CH_2\text{-}COOH \xrightarrow{\triangle} R\text{-}CH{=}CH\text{-}COOH + H_2O$$

(3)γ-羟基酸、δ-羟基酸

单分子内酯化分别生成稳定的五元、六元环内酯。

$$R\text{-}\underset{\displaystyle OH}{\underset{|}{C}H}CH_2CH_2COOH \xrightarrow{\triangle} \text{(五元环内酯, R取代)} + H_2O$$

$$R\text{-}\underset{\displaystyle OH}{\underset{|}{C}H}CH_2CH_2CH_2COOH \xrightarrow{\triangle} \text{(六元环内酯, R取代)} + H_2O$$

三、重难点知识概要

1. 羧酸衍生物的亲核取代反应机理

酰卤、酸酐、酯和酰胺的亲核取代反应实质是加成-消去反应过程,酸、碱条件不同,反应机理略有不同。

(1)碱催化的加成-消去机理

$$R-\overset{O}{\overset{\|}{C}}-L + :Nu^- \xrightarrow[\text{慢}]{\text{加成}} R-\underset{Nu}{\overset{O^-}{C}}-L \xrightarrow[\text{快}]{\text{消去}} R-\overset{O}{\overset{\|}{C}}-Nu + L^-$$

(2)酸催化的加成-消去机理

$$R-\overset{O}{\overset{\|}{C}}-L \overset{H^+}{\rightleftharpoons} R-\overset{^+OH}{\overset{\|}{C}}-L \underset{\text{加成}}{\overset{:NuH}{\rightleftharpoons}} R-\underset{^+NuH}{\overset{OH}{C}}-L \rightleftharpoons R-\underset{Nu}{\overset{OH}{C}}-L^+\text{-}H \xrightarrow[\text{消去}]{-HL} R-\overset{^+OH}{\overset{\|}{C}}-Nu \overset{-H^+}{\rightleftharpoons} R-\overset{O}{\overset{\|}{C}}-Nu$$

2. 羧酸衍生物的亲核取代反应活性

亲核试剂(Nu^-)的亲核性和离去基团(L)的离去能力是影响反应活性的重要因素。

(1)亲核试剂(Nu^-)的亲核性

对于水解(H_2O)、醇解(ROH)、氨解(NH_3、RNH_2、R_2NH),因亲核原子为第二周期 O 和 N,所以试剂的亲核性与其阴离子的碱性相同,即亲核试剂碱性强,亲核性大,反应活性高。它们的碱性与亲核性强弱次序为:

$$HO^- < RO^- < H_2N^- < RNH^- < R_2N^-$$

所以,同一羧酸衍生物发生水解、醇解、氨解的反应活性次序为:

水解(H_2O)<醇解(ROH)<氨解(NH_3<RNH_2<R_2NH)

(2)离去基团(L^-)离去能力

离去基团 L^- 的碱性越弱,越稳定,则越容易离去,反应活性越高。4 种衍生物离去基团的碱性强弱次序为：

$$X^- < RCOO^- < RO^- < H_2N^- < RNH^- < R_2N^-$$

所以，对于同一亲核试剂，不同羧酸衍生物的反应活性次序为：

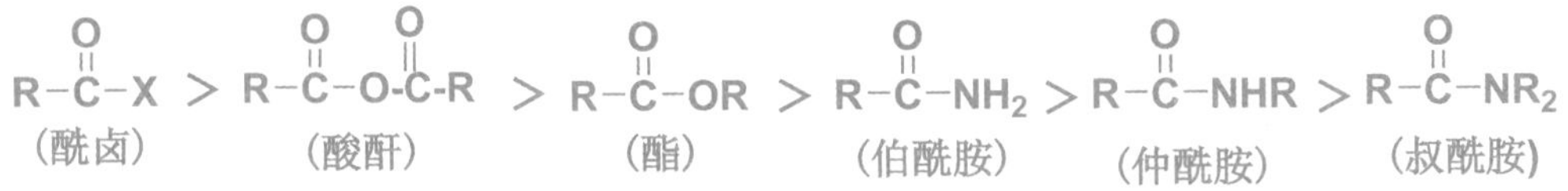

$$\underset{(酰卤)}{R-\overset{O}{\overset{\|}{C}}-X} > \underset{(酸酐)}{R-\overset{O}{\overset{\|}{C}}-O-\overset{O}{\overset{\|}{C}}-R} > \underset{(酯)}{R-\overset{O}{\overset{\|}{C}}-OR} > \underset{(伯酰胺)}{R-\overset{O}{\overset{\|}{C}}-NH_2} > \underset{(仲酰胺)}{R-\overset{O}{\overset{\|}{C}}-NHR} > \underset{(叔酰胺)}{R-\overset{O}{\overset{\|}{C}}-NR_2}$$

相对于醛与酮，要离去的是碱性极强而不稳定的 H^- 与 R^-，故醛与酮只发生亲核加成反应，而不发生亲核取代反应。

3. 叔醇酯的酸催化水解机理

叔醇酯的酸催化水解反应是烷氧键断裂的单分子历程，能形成一个稳定的叔碳正离子。

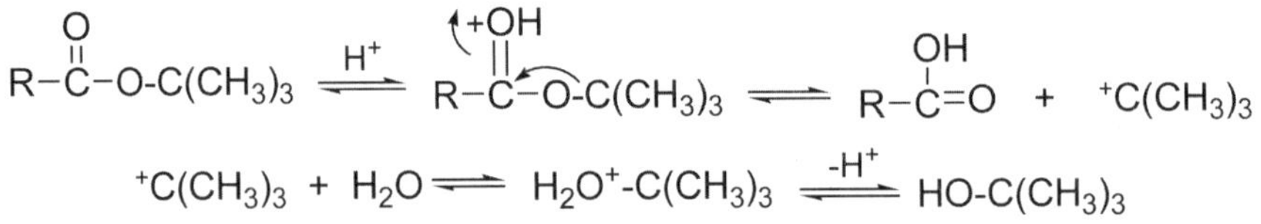

$$R-\overset{O}{\overset{\|}{C}}-O-C(CH_3)_3 \xrightleftharpoons{H^+} R-\overset{^+OH}{\overset{\|}{C}}-O-C(CH_3)_3 \rightleftharpoons R-\overset{OH}{\overset{|}{C}}=O + {}^+C(CH_3)_3$$

$${}^+C(CH_3)_3 + H_2O \rightleftharpoons H_2O^+-C(CH_3)_3 \xrightleftharpoons{-H^+} HO-C(CH_3)_3$$

4. 酯热消去反应的立体化学

羧酸酯在加热到约 500℃时，消去一分子羧酸，生成烯烃，立体化学上以顺式消去为主，且生成的是双键上烷基较小的烯烃(霍夫曼规则)。

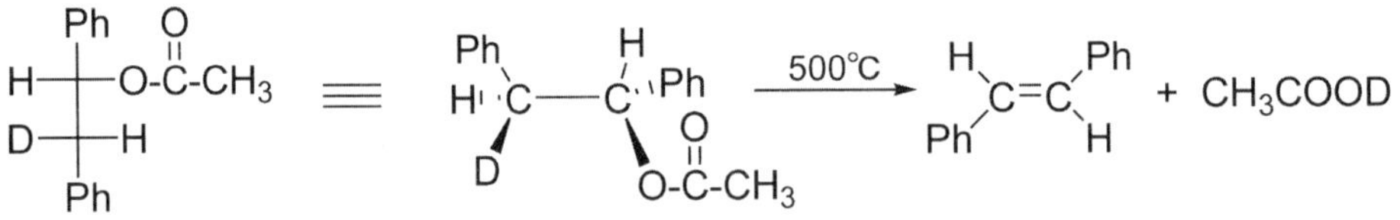

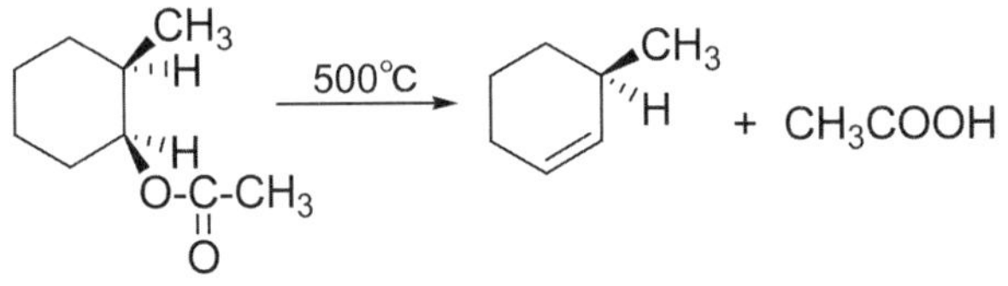

$$\text{PhCH(OCOCH}_3\text{)–CHDPh} \xrightarrow{500℃} \text{PhCH=CHPh} + CH_3COOD$$

$$\text{2-甲基环己基乙酸酯} \xrightarrow{500℃} \text{3-甲基环己烯} + CH_3COOH$$

5. 二酰亚胺的制备及应用

邻苯二甲酸酐与氨在加热下生成邻苯二甲酰亚胺。

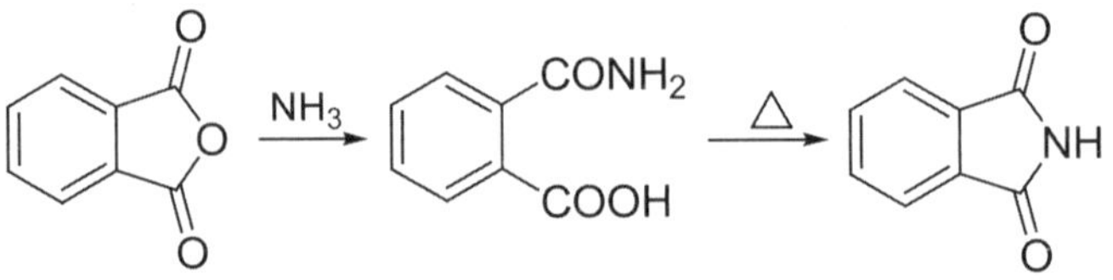

$$\text{邻苯二甲酸酐} \xrightarrow{NH_3} \text{C}_6\text{H}_4(\text{CONH}_2)(\text{COOH}) \xrightarrow{\triangle} \text{邻苯二甲酰亚胺(NH)}$$

邻苯二甲酰亚胺 N 上的 H 具有较强的酸性，与碱作用生成盐，继而与 RX 反应再水解，可用来制备伯胺(盖布瑞尔法)；也可制成 NBS(用于烯烃 α-H 的溴化剂)。

邻苯二甲酰亚胺 $\xrightarrow{KOH}$ $N^{-}K^{+}$ $\xrightarrow{RX}$ N-R $\xrightarrow{H_2O,OH^-}$ 邻苯二甲酸根（COO^-，COO^-） + RNH_2 伯胺

丁二酸酐 $\xrightarrow[\triangle]{NH_3}$ 丁二酰亚胺（NH） $\xrightarrow{Br_2+NaOH}$ N-Br（NBS） $\xrightarrow{CH_3CH_2CH=CH_2}$ $CH_3CH(Br)CH=CH_2$

四、典型例题

例 1　按指定性质排列大小次序。

(1)与 $LiAlH_4$ 反应时的活性

A. CH_3COOH　　B. CH_3COCl　　C. $CH_3COOC_2H_5$

D. CH_3CONH_2　　E. $(CH_3CO)_2O$

(2)碱性水解反应活性

A. $C_6H_5COOCH_3$　　B. 对-$CH_3C_6H_4COOCH_3$　　C. 对-$ClC_6H_4COOCH_3$　　D. 对-$NO_2C_6H_4COOCH_3$　　E. 对-$CH_3OC_6H_4COOCH_3$

(3)α-H 的酸性

A. $CH_3COOC_2H_5$　　B. $CH_3CH_2COOC_2H_5$　　C. $CH_3COCH_2COOC_2H_5$

D. $CH_3COCH(CH_3)COOC_2H_5$　　E. $O_2NCH_2COCH_3$　　F. $C_2H_5OOCCH_2COOC_2H_5$

G. $C_2H_5OOCCH(CH_3)COOC_2H_5$　　H. $CH_3COCH_2COCH_3$　　I. $CH_3\text{-}C(=O)\text{-}O\text{-}C(=O)\text{-}CH_3$

[解析]　(1)羧酸及其衍生物与 $LiAlH_4$ 的还原反应本质是 H^- 对羰基的亲核加成反应，羰基的亲核加成反应活性为：酰卤>酸酐>酯>酰胺>羧酸。B>E>C>D>A。

(2)碱性水解是加成-消去机理，其中，OH^- 进攻羰基碳的亲核加成为定速步骤，羰基碳的正电性越高，反应活性越大。D>C>A>B>E。

(3)α-H 的极性越强，酸性越高，与 α-H 相连基团的吸电子能力为：$-NO_2>-C(=O)-CH_3>-C(=O)-OC_2H_5>-CH_3$。故 α-H 的酸性为：E>H>C>D>F>G>I>A>B。

例 2　写出下列各步反应的主要产物。

(1) 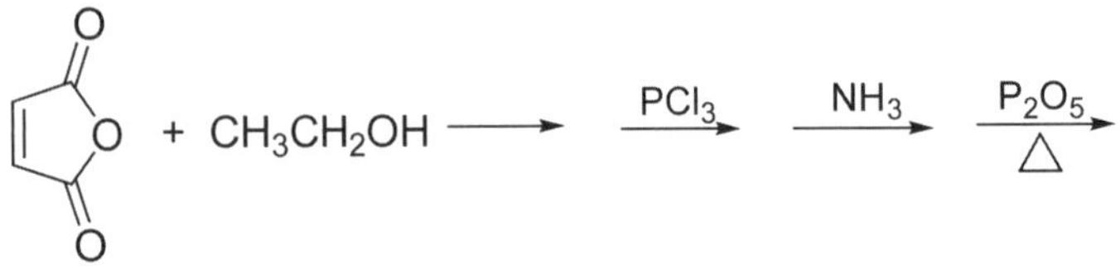 + $CH_3CH_2OH \longrightarrow \xrightarrow{PCl_3} \xrightarrow{NH_3} \xrightarrow[\triangle]{P_2O_5}$

(2) C_2H_5 $\xrightarrow{2HOSO_2Cl} \xrightarrow{NH_3} \xrightarrow{KMnO_4} \xrightarrow[-H_2O]{\triangle} \xrightarrow{KOH}$

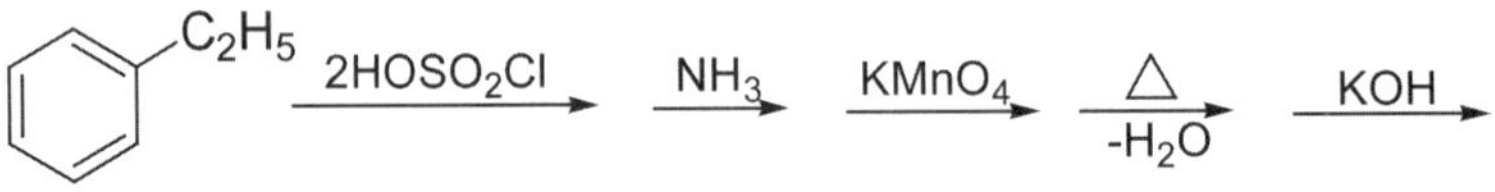

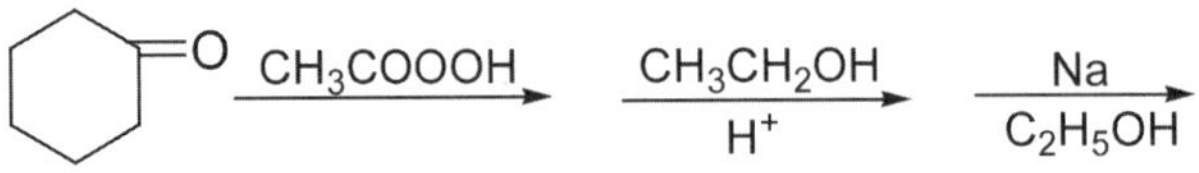

(3) $\xrightarrow{CH_3COOOH} \xrightarrow[H^+]{CH_3CH_2OH} \xrightarrow[C_2H_5OH]{Na}$

(4) CH_3 + $\xrightarrow{AlCl_3} \xrightarrow{Zn\text{-}Hg/HCl} \xrightarrow{PCl_3} \xrightarrow{CH_3NH_2} \xrightarrow[②H_2O]{①LiAlH_4}$

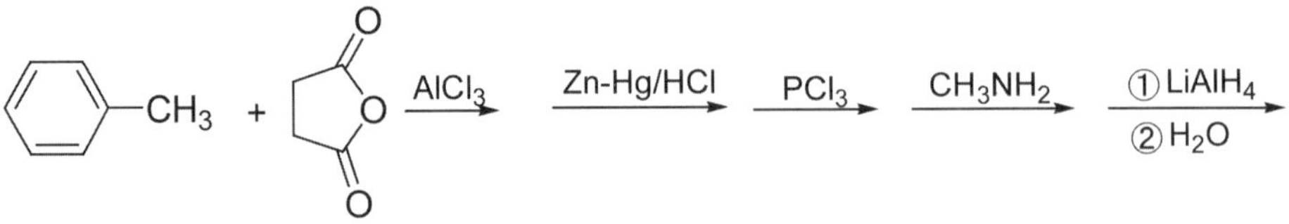

(5) 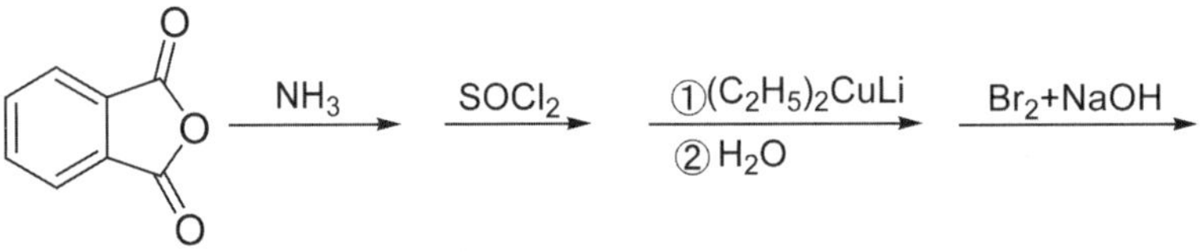 $\xrightarrow{NH_3} \xrightarrow{SOCl_2} \xrightarrow[②H_2O]{①(C_2H_5)_2CuLi} \xrightarrow{Br_2+NaOH}$

[解析]　(1)酸酐醇解后—COOH 与 PCl_3 转化为—COCl，然后酰氯氨解为—$CONH_2$，最后酰胺脱水为—CN。

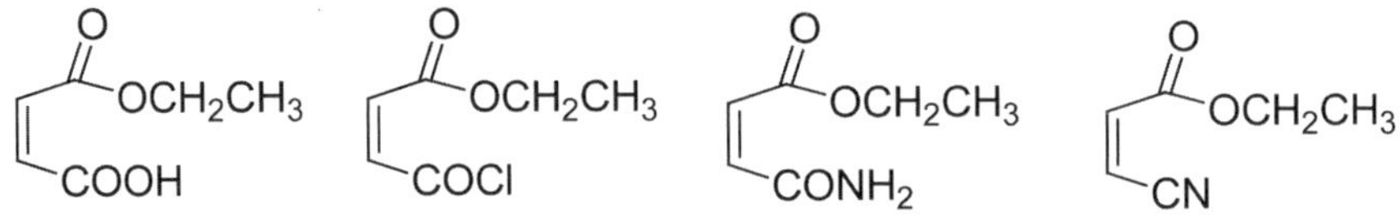

OCH_2CH_3 COOH　　OCH_2CH_3 COCl　　OCH_2CH_3 $CONH_2$　　OCH_2CH_3 CN

(2)苯经氯磺酸化得苯磺酰氯，氨解为苯磺酰胺，乙基氧化为—COOH，脱水生成酰亚胺，酰亚胺与碱中和生成盐。

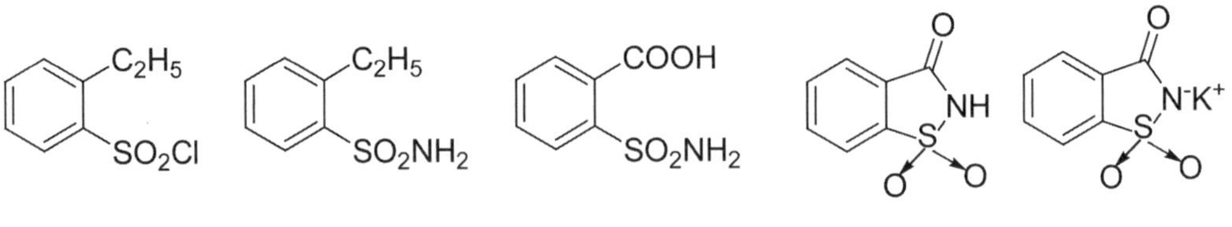

C_2H_5 SO_2Cl　　C_2H_5 SO_2NH_2　　COOH SO_2NH_2　　NH S　　N^-K^+ S

(3)环酮过氧酸氧化为环内酯，内酯与醇发生酯交换反应，生成另一个酯与醇，$Na+C_2H_5OH$可还原酯为醇(也可还原醛、酮，但不还原羧酸)。

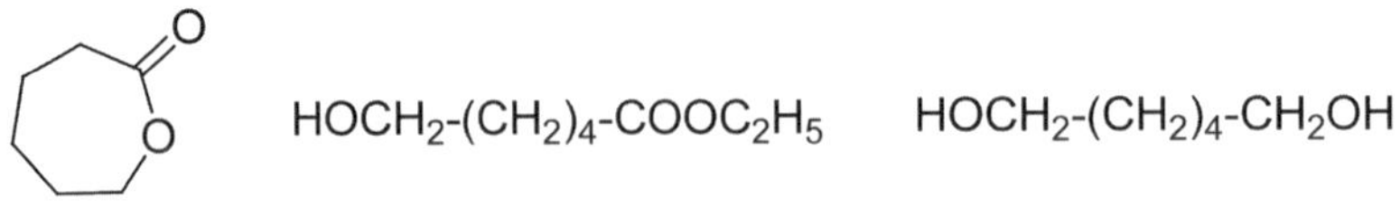

$HOCH_2\text{-}(CH_2)_4\text{-}COOC_2H_5$　　$HOCH_2\text{-}(CH_2)_4\text{-}CH_2OH$

(4)芳烃与酸酐傅-克酰基化反应生成酮酸，酮基克莱森还原为亚甲基(CH_2)，然后羧酸转化为酰氯，与胺发生氨解反应生成酰胺，最后酰胺还原为胺。

$H_3C-C_6H_4-CO-(CH_2)_2COOH$　$H_3C-C_6H_4-(CH_2)_3COOH$　$H_3C-C_6H_4-(CH_2)_3COCl$

$H_3C-C_6H_4-(CH_2)_3CONHCH_3$　$H_3C-C_6H_4-(CH_2)_4NHCH_3$

(5)酸酐氨解为酰胺和羧酸，羧基转化为酰氯，酰氯与烷基铜锂试剂生成酮，伯酰胺降解反应生成伯胺。

邻-$CONH_2$/$COOH$苯　邻-$CONH_2$/$COCl$苯　邻-$CONH_2$/COC_2H_5苯　邻-NH_2/COC_2H_5苯

例 3　为下列反应事实提出合理的机理。

(1) $C_6H_5-CO-OC(CH_3)_3 + H_2{}^{18}O \xrightarrow{H^+} C_6H_5-CO-OH + (CH_3)_3C-{}^{18}OH$

(2) 1-环己烯基-CH_2COOH $\xrightarrow{HOBr}$ 溴代内酯(Br, H)

(3) 双环烯醇内酯 $\xrightarrow{CH_3MgBr}\xrightarrow{H_3O^+}\xrightarrow{OH^-}$ 双环烯酮

[解析]　(1)叔酯是羰基氧发生质子化后，烷氧键断裂生成羧酸和叔碳正离子，然后碳正离子与水结合，再脱 H^+ 生成叔醇。

$C_6H_5-CO-OC(CH_3)_3 \xrightarrow{H^+} C_6H_5-C(=\overset{+}{O}H)-O-C(CH_3)_3 \longrightarrow C_6H_5-CO-OH + (CH_3)_3C^+$

$(CH_3)_3C^+ \xrightarrow{H_2{}^{18}O} (CH_3)_3C-{}^{18}O^+H_2 \xrightarrow{-H^+} (CH_3)_3C-{}^{18}OH$

(2)次溴酸中带正电的 Br^+ 与 C═C 发生亲电加成，生成碳正离子中间体，然后带孤对电子的羧基中羟基氧作为亲核试剂从溴的异侧进攻碳正离子，最后脱去 H^+ 得到内酯。

1-环己烯基-CH_2COOH + Br-OH ⟶ 碳正离子中间体($CH_2-CO-OH$, Br, H, +) ⟶ 质子化内酯(Br, H, O^+-H) $\xrightarrow{-H^+}$ 内酯(Br, H)

(3)酯与格氏试剂加成后水解生成酮，烯醇异构为稳定的酮式，在稀碱作用下，α-H 与酮发生羟醛缩合反应，生成β-羟基酮，然后脱水得α,β-不饱和酮。

$\xrightarrow{CH_3MgBr}$ $\xrightarrow{H_3O^+}$ 互变异构 $\xleftarrow{OH^-}$ 羟醛缩合 $\xleftarrow{-H_2O}$

例 4 用指定的原料合成下列化合物。

(1) $CH_3CH_2COOH \longrightarrow CH_3CH_2CH_2CH_2NH_2$

(2) $CH_3CH_2CH_2COOH \longrightarrow CH_3CH=CH_2$

(3) $C_6H_5COOCH_3 \longrightarrow C_6H_5C(CH_3)_2COOH$

[解析] (1)目标物4个碳的伯胺可由相应的酰胺还原得到。原料由3个碳增加1个碳，利用卤代烃腈解或格氏试剂 CO_2 法来实现。

$$CH_3CH_2CH_2CH_2NH_2 \xleftarrow[②H_2O]{①LiAlH_4} CH_3CH_2CH_2\overset{O}{\overset{\|}{C}}\text{-}NH_2 \xleftarrow{NH_3} CH_3CH_2CH_2\overset{O}{\overset{\|}{C}}\text{-}Cl \xleftarrow{SOCl_2}$$

$$CH_3CH_2CH_2COOH \xleftarrow{H_3O^+} CH_3CH_2CH_2CN \xleftarrow{NaCN} CH_3CH_2CH_2Cl \xleftarrow{PCl_3} CH_3CH_2CH_2OH$$

$$\xleftarrow[②H_2O]{①LiAlH_4} CH_3CH_2COOH$$

(2)利用汉斯狄克反应将羧酸转化为少1个碳的卤代烃来制备。

$$CH_3CH_2CH_2COOH \xrightarrow[Br_2]{Ag_2O} CH_3CH_2CH_2Br \xrightarrow[醇]{NaOH} CH_3CH=CH_2$$

(3)目标物的羧基换成羟基，即为2个烷基相同的叔醇，可由酯与格氏试剂来制备。

$$C_6H_5C(CH_3)_2COOH \xleftarrow{H_3O^+} \xleftarrow{CO_2} \xleftarrow[Et_2O]{Mg} C_6H_5C(CH_3)_2Cl \xleftarrow{PCl_3} C_6H_5C(CH_3)_2OH \xleftarrow{H_3O^+}$$

$$\xleftarrow{CH_3MgBr} C_6H_5COOCH_3$$

例 5 某中性化合物($C_7H_{13}O_2Br$)与2,4-二硝基苯肼反应无现象。光谱数据如下。

IR:2850～2950cm^{-1}有吸收，3000cm^{-1}以上无吸收峰，1740cm^{-1}有强吸收峰。

^{1}H NMR:δ1.0ppm(3H，三重峰)；δ1.3ppm(6H，二重峰)；δ2.1ppm(2H，多重峰)；δ4.2ppm(1H，三重峰)；δ4.6ppm(1H，多重峰)。试推测其结构，并说明光谱数据的归属。

［解析］　化合物不饱和度为 1，有一个双键或环，1740cm^{-1}有强吸收峰，表明有羰基；与 2,4-二硝基苯肼无现象（不是醛、酮），则是中性化合物（不是羧酸）；3000cm^{-1}以上无吸收峰（没有羟基），确定该化合物为酯，含—COO^-结构。

δ1.0ppm（3H，三重峰），δ2.1ppm（2H，多重峰），表明有 CH_3CH_2—；δ1.3ppm（6H，二重峰），δ4.6ppm（1H，多重峰），表明有（CH_3）$_2$CH—；δ4.2ppm（1H，三重峰），表明有—CH_2CH—。

据此，该化合物可写出以下两种结构：

A. 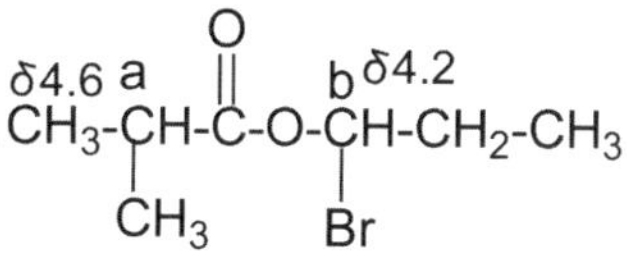 CH_3-CH(a, δ4.6)(CH_3)-C(=O)-O-CH(b, δ4.2)(Br)-CH_2-CH_3

B. CH_3(δ1.0)-CH_2(δ2.1)-CH(δ4.2)(Br)-C(=O)-O-CH(δ4.6)(CH_3)-CH_3(δ1.3)

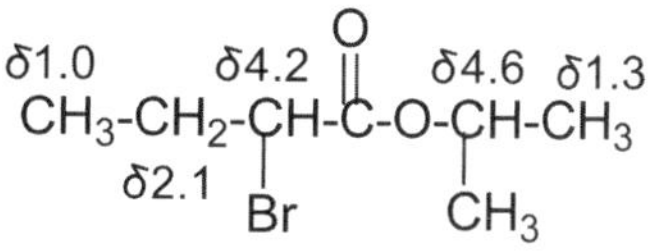

分析 A 中 a、b 处的 H 的电子云密度，应是 a 处的 H＞b 处的 H，所以化学位移是 b 处的 H 大，故 A 结构不符合光谱数据，该化合物结构是 B。其中，1740cm^{-1}为羰基吸收峰，2850～2950cm^{-1}为 CH_3CH_2— 中的 C—H 吸收峰。

五、巩固提高

1. 命名下列化合物。

（1）H_3C-C_6H_4-SO_2Cl（对位）

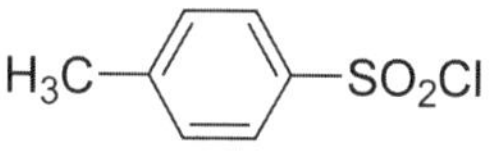

（2）（顺丁烯二酸酐结构：五元环，含 C=C 双键、两个 C=O 及环 O）

（3）（五元环酰亚胺：两个 C=O，N-Br）

（4）（六元环内酰胺：C=O，N-CH_3）

（5）（六元环内酯：C=O，环 O，邻位碳上 CH_3）

（6）C_2H_5-O-C(=O)-O-C_2H_5

（7）H—C(OC_2H_5)$_3$

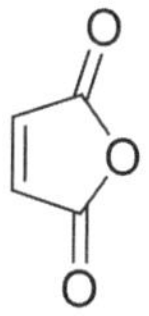

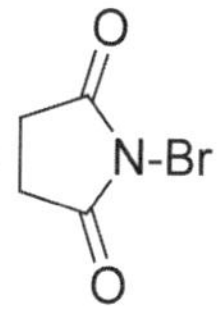

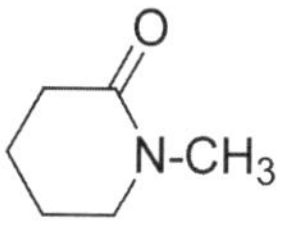

（8）邻位二取代苯：$COOCH_2CH_2OH$、$COOCH_2CH_2OH$

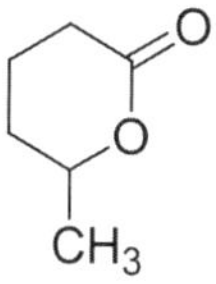

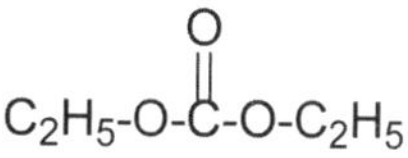

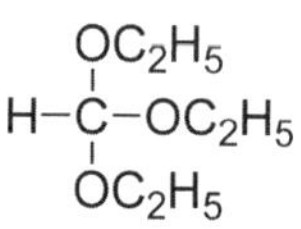

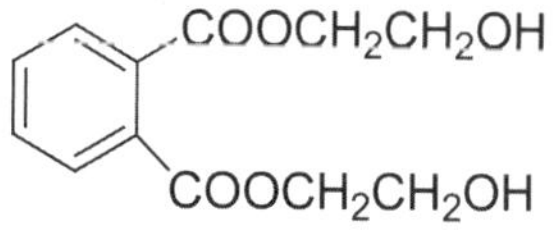

2. 按指定的性质从大到小排列。

（1）碱性水解反应速率

A. CH_3COOCH_3　　B. $CH_3COOC_2H_5$　　C. $CH_3COOCH(CH_3)_2$

D. $CH_3COOC(CH_3)_3$　　E. $HCOOCH_3$　　F. $CH_3COOC_6H_5$

（2）氨解反应速率

A. 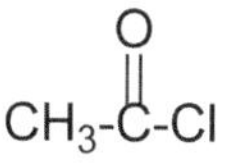 CH_3-C(=O)-Cl　　B. CH_3CH_2-C(=O)-Cl　　C. CH_3-C(=O)-OC_2H_5

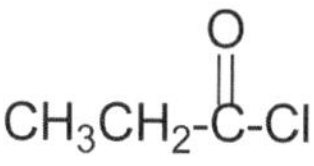

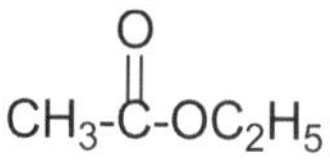

D. $CH_3\text{-}\overset{O}{\overset{\|}{C}}\text{-}O\text{-}\overset{O}{\overset{\|}{C}}\text{-}CH_3$ E. $CH_3\text{-}\overset{O}{\overset{\|}{C}}\text{-}OCH_3$ F. $C_6H_5\text{-}\overset{O}{\overset{\|}{C}}\text{-}OC_2H_5$

(3)与乙酸酯化反应速率

A. CH_3OH B. CH_3CH_2OH C. $(CH_3)_2CHOH$ D. $(CH_3)_3COH$

3.写出下列各步反应的主要产物,有立体异构体的写出构型。

(1) $CH_3\text{-}\overset{O}{\overset{\|}{C}}\text{-}O\text{-}C_6H_{10}\text{-}\overset{O}{\overset{\|}{C}}\text{-}O\text{-}CH_3 \xrightarrow[CH_3ONa]{CH_3OH}$

(2) γ-丁内酯 + C_2H_5MgCl(过量) $\xrightarrow[②H_3O^+]{①Et_2O}$

(3) $C_6H_5COCl + CH_3CH_2CH_2OH \longrightarrow \quad \xrightarrow{500℃}$

(4) 6-甲基-δ-戊内酯（环上 CH_3） $\xrightarrow{500℃}$

(5) 邻氨基苯酚（OH, NH_2） + $Cl\text{-}\overset{O}{\overset{\|}{C}}\text{-}Cl \longrightarrow$

(6) $\underset{NH_2}{\underset{|}{C}}H_2CH_2CH_2COOC_2H_5 \xrightarrow{C_2H_5OH} \xrightarrow[②H_2O]{①LiAlH_4}$

(7) Fischer 投影式：上 CH_3，左 H，右 OH，下 C_2H_5 $\xrightarrow{TsCl} \xrightarrow{NaCN} \xrightarrow{H_3O^+} \xrightarrow[②H_2O]{①LiAlH_4}$

(8) Fischer 投影式：上 CH_3，左 Br，右 H，下 C_2H_5 $\xrightarrow{CH_3COONa} \xrightarrow[\triangle]{OH^-, H_2O}$

(9) Fischer 投影式：上 CH_3，左 H，右 COOH，下 C_2H_5 $\xrightarrow{SOCl_2} \xrightarrow{NH_3}$

(10) 环己烷：C1 上 $COOCH_3$、H，C2 上 H、$O\text{-}\overset{O}{\overset{\|}{C}}\text{-}CH_3$ $\xrightarrow{\triangle}$

4.为下列反应事实提出合理的机理。

(1) $CH_3COO\overset{CH_3}{\overset{|}{C}}HCH_2CH_3$ (R) $+ H_2{}^{18}O \xrightarrow{H^+} CH_3CO^{18}OH + CH_3CH_2\underset{OH}{\underset{|}{C}}HCH_3$ (R)

(2) $CH_2{=}CHCH_2CH_2CH_2COOH \xrightarrow{C_6H_5SO_3H}$ 6-甲基-δ-戊内酯（H_3C–环，O，=O）

(3) $CH_3\text{-}C(OC_2H_5)_3 + H_2O \xrightarrow{H^+} CH_3\text{-}\overset{\overset{\displaystyle O}{\|}}{C}\text{-}OC_2H_5 + 2C_2H_5OH$

5.以丁酸为原料合成下列化合物。

(1) $CH_3CH_2CH_2CH_2NHCH_3$

(2) $CH_3CH_2CH_2NH_2$

(3) $CH_3CH_2CH_2OH$

(4) $CH_3CH_2CH_2\text{-}C(OH)(CH_3)\text{-}CH_3$

6.回答下列问题。

(1)用简单的化学方法区分乙酸、乙酰胺、乙酰氯、乙酸乙酯和丁醚；

(2)除去乙醇中少量的乙醛和乙酸；

(3)将丁酸、苯酚、环已酮和丁醚四种混合物分离。

7.推导结构式。

(1)化合物 A($C_{10}H_{22}O_2$)与碱不反应，用稀酸处理得到 B(C_4H_8O)和 C(C_3H_8O)；B 与 Tollens 试剂作用，有银镜产生，产物酸化得 D；D 与 Cl_2/P 作用后水解得 E；E 在稀硫酸中加热得化合物 F(C_3H_6O)；C 与 Na 作用放出气体，与 NaIO 无明显现象；C 氧化产物与 F 是同分异构体。试推测 A～F 的结构式。

(2)化合物 A($C_{10}H_{16}$)用 OsO_4 氧化得到饱和化合物 B($C_{10}H_{18}O_2$)；用 HIO_4 氧化 B 得到一种酮 C(C_5H_8O)，C 用浓 HNO_3 氧化生成戊二酸；B 与稀硫酸共热得到另一种酮 D($C_{10}H_{16}O$)；D 在冰醋酸中与 Br_2 反应，生成 E($C_{10}H_{15}OBr$)；E 与吡啶共沸，得化合物 F($C_{10}H_{14}O$)；F 与 NBS 作用生成 G($C_{10}H_{13}OBr$)；G 与吡啶中共热得 H($C_{10}H_{12}O$)；H 与 $NaBH_4$ 反应后加热，得到 I($C_{10}H_{12}$)；用酸性 $KMnO_4$ 氧化 I，得产物 J($C_8H_7O_4$)；J 加热生成 K($C_7H_6O_2$)。试推测 A～K 的结构式。

8.合成某些二醇的一个有效方法是用内酯与双格氏试剂反应。如：

$$\text{γ-丁内酯} \xrightarrow{BrMgCH_2CH_2CH_2CH_2MgBr} \xrightarrow{H_3O^+} \text{1-(3-羟丙基)环戊醇 (OH, OH)}$$

(1)给以上反应提出合理的机理；

(2)如何用这一方法合成下列二醇。

A. 1-(3-羟丙基)环己醇（OH，OH）

B. 1-(4-羟丁基)环戊醇（OH，OH）

解析与答案

(13)

第14章　碳负离子及缩合反应

一、知识点与要求

✧ 比较具有 α-H 化合物的酸性强弱及碳负离子稳定性高低。

✧ 掌握醛、酮作为反应物之一的缩合反应(羟醛缩合、珀金、诺文格尔、雷福尔马斯基、达森、曼尼希反应)及反应机理,并在有机合成上的应用。

✧ 掌握酯缩合反应的类型、机理及在有机合成上的应用。

✧ 掌握丙二酸二乙酯、乙酰乙酸乙酯的烷基化、酰基化、迈克尔加成反应及在有机合成上的应用。

✧ 掌握烯胺的烷基化、酰基化反应及在有机合成上的应用。

二、碳负离子反应类型

(一)缩合反应

1. 醛、酮缩合型反应

(1)羟醛缩合反应

醛、酮在稀碱催化下缩合脱水生成 α,β-不饱和醛、酮。

$$2\ R\text{-}CH_2\text{-}\overset{\overset{\displaystyle O}{\|}}{C}\text{-}R'(H) \xrightarrow[\triangle\ \ -H_2O]{OH^-} R\text{-}CH_2\text{-}\underset{\underset{\displaystyle R'(H)}{|}}{C}{=}\overset{\overset{\displaystyle R}{|}}{C}H\text{-}\overset{\overset{\displaystyle O}{\|}}{C}\text{-}R'(H)$$

(2)珀金(Perkin)反应

芳醛与酸酐在酸酐相应的羧酸盐催化下缩合脱水生成 α,β-不饱和羧酸。

$$C_6H_5\text{-}CHO + (RCH_2CO)_2O \xrightarrow[\triangle\ \ -H_2O]{RCH_2COOK} \xrightarrow{H_3O^+} C_6H_5\text{-}CH{=}\underset{\underset{\displaystyle R}{|}}{C}\text{-}COOH$$

(苯环上连有吸电子基,对反应有利)

(3)诺文格尔(Knoevnagel)反应

醛或酮与具有活泼亚甲基的化合物($A—CH_2—B$,A、B 为—COR、—COOR、$—NO_2$、—CN等吸电子基),在弱碱(吡啶、哌啶、胺等)催化下缩合生成 α,β-不饱和化合物。

$$\begin{matrix}R \\ (H)R'\end{matrix}\!\!>C{=}O + CH_2\!\!<\!\begin{matrix}A \\ B\end{matrix} \xrightarrow[-H_2O]{\text{弱碱}} \begin{matrix}R \\ (H)R'\end{matrix}\!\!>C{=}C\!\!<\!\begin{matrix}A \\ B\end{matrix}$$

$$C_6H_5\text{-}CHO + CH_2(COOC_2H_5)_2 \xrightarrow{\text{吡啶}} C_6H_5\text{-}CH{=}C(COOC_2H_5) \xrightarrow{H_3O^+}$$

$$C_6H_5\text{-}CH{=}C(COOH)_2 \xrightarrow[\triangle]{-CO_2} C_6H_5\text{-}CH{=}CHCOOH$$

(4)雷福尔马斯基(Reformasky)反应

在锌粉存在下，醛或酮与 α-卤代酸酯反应后水解生成 β-羟基酸酯。该反应类似于格氏试剂与醛、酮的反应，但它的活性较格氏试剂要差，故不与酯反应。

$$\begin{matrix}R \\ (H)R'\end{matrix}\!\!>C{=}O + BrCH_2COOC_2H_5 \xrightarrow{Zn} \begin{matrix}R \\ (H)R'\end{matrix}\!\!>C\!\!<\!\begin{matrix}OZnBr \\ CH_2COOC_2H_5\end{matrix} \xrightarrow{H_2O} \begin{matrix}R \\ (H)R'\end{matrix}\!\!>C\!\!<\!\begin{matrix}OH \\ CH_2COOC_2H_5\end{matrix}$$

(5)达森(Darzens)反应

在强碱(醇钠)催化下，醛或酮与 α-卤代酸酯反应生成 α,β-环氧羧酸酯。

$$\begin{matrix}R \\ (H)R'\end{matrix}\!\!>C{=}O + BrCH_2COOC_2H_5 \xrightarrow{C_2H_5ONa} \begin{matrix}R \\ (H)R'\end{matrix}\!\!>\underset{\diagdown O \diagup}{C\text{——}CH}\text{-}COOC_2H_5$$

α,β-环氧羧酸酯经碱性水解后酸化，发生脱羧和开环，最后互变为在原羰基碳上增长一个醛基。

$$\begin{matrix}R \\ (H)R'\end{matrix}\!\!>\underset{\diagdown O \diagup}{C\text{——}CH}\text{-}COOC_2H_5 \xrightarrow{HO^-/H_2O} \xrightarrow{H^+} \begin{matrix}R \\ (H)R'\end{matrix}\!\!>\underset{\diagdown O \diagup}{C\text{——}CH}\text{-}COOH \xrightarrow[-CO_2]{H^+} \begin{matrix}R \\ (H)R'\end{matrix}\!\!>C{=}C\!\!<\!\begin{matrix}OH \\ H\end{matrix}$$

$$\rightleftharpoons R\text{-}\underset{R'(H)}{\underset{|}{CH}}\text{-}CHO$$

(6)曼尼希(Mannich)反应

具有活泼 α-H 的醛、酮等化合物和甲醛、胺同时缩合，活泼 H 被胺甲基代替，生成曼尼希碱。

$$R\text{-}\overset{O}{\overset{\|}{C}}\text{-}CH_2R'(H) + CH_2{=}O + NH(CH_3)_2 \xrightarrow[-H_2O]{H^+} R\text{-}\overset{O}{\overset{\|}{C}}\text{-}\underset{R'(H)}{\underset{|}{CH}}\text{-}CH_2\text{-}N(CH_3)_2$$

曼尼希碱受热容易分解，尤其是转化成季铵盐后更易分解，生成在原醛、酮 α 位多一个 $CH_2=$ 的 α,β-不饱和醛、酮。

$$\mathrm{R\text{-}\overset{O}{\overset{\|}{C}}\text{-}\underset{R'(H)}{\underset{|}{C}H}\text{-}CH_2\text{-}N(CH_3)_2 \xrightarrow{\triangle} R\text{-}\overset{O}{\overset{\|}{C}}\text{-}\underset{R'(H)}{\underset{|}{C}}{=}CH_2 + NH(CH_3)_2}$$

$$\mathrm{R\text{-}\overset{O}{\overset{\|}{C}}\text{-}\underset{R'(H)}{\underset{|}{C}H}\text{-}CH_2\text{-}N(CH_3)_2 \xrightarrow{CH_3I} R\text{-}\overset{O}{\overset{\|}{C}}\text{-}\underset{R'(H)}{\underset{|}{C}H}\text{-}CH_2\text{-}N^+(CH_3)_3\,I^- \xrightarrow[\triangle]{Ag_2O,H_2O} R\text{-}\overset{O}{\overset{\|}{C}}\text{-}\underset{R'(H)}{\underset{|}{C}}{=}CH_2 + NH(CH_3)_2}$$

2. 酯缩合反应

(1)克莱森(Claisen)酯缩合反应

具有 α-H 的羧酸酯在强碱(乙醇钠)催化下,两分子酯之间发生缩合,生成 β-酮酸酯。

①相同酯缩合

$$\mathrm{2\ RCH_2\overset{O}{\overset{\|}{C}}\text{-}OC_2H_5 \xrightarrow{C_2H_5ONa} \xrightarrow{H_3O^+} RCH_2\text{-}\overset{O}{\overset{\|}{C}}\text{-}\underset{R}{\underset{|}{C}H}\text{-}\overset{O}{\overset{\|}{C}}\text{-}OC_2H_5 + C_2H_5OH}$$

②交叉酯缩合

不具 α-H 的酯(如甲酸酯、苯甲酸酯、呋喃甲酸酯、碳酸二酯和草酸二酯等)与具有 α-H 的酯进行酯缩合反应。

$$\mathrm{C_6H_5\text{-}\overset{O}{\overset{\|}{C}}\text{-}OC_2H_5 + CH_3\text{-}\overset{O}{\overset{\|}{C}}\text{-}OC_2H_5 \xrightarrow[②\,H_3O^+]{①\,C_2H_5ONa} C_6H_5\text{-}\overset{O}{\overset{\|}{C}}\text{-}CH_2\text{-}COOC_2H_5 + C_2H_5OH}$$

$$\mathrm{C_2H_5O\text{-}\overset{O}{\overset{\|}{C}}\text{-}\overset{O}{\overset{\|}{C}}\text{-}OC_2H_5 + CH_3CH_2COOC_2H_5 \xrightarrow[②\,H_3O^+]{①\,C_2H_5ONa} C_2H_5O\text{-}\overset{O}{\overset{\|}{C}}\text{-}\overset{O}{\overset{\|}{C}}\text{-}\underset{CH_3}{\underset{|}{C}H}\text{-}COOC_2H_5 + C_2H_5OH}$$

③二元酯缩合

二元酯在碱催化下,发生分子内酯缩合反应,生成五元环或六元环的 β-酮酸酯,又叫狄克曼(Dieckmann)酯缩合。

$$\mathrm{\begin{matrix}CH_2CH_2COOC_2H_5\\ |\\ CH_2CH_2COOC_2H_5\end{matrix} \xrightarrow[②\,H_3O^+]{①\,C_2H_5ONa} \text{2-oxocyclopentyl-}COOC_2H_5 + C_2H_5OH}$$

(2)酯与酮缩合

含 α-H 的酮或其他化合物与没有 α-H 的羧酸酯交叉缩合,生成 1,3-二羰基化合物。

$$\mathrm{\text{cyclohexanone} + C_2H_5O\text{-}\overset{O}{\overset{\|}{C}}\text{-}OC_2H_5 \xrightarrow{C_2H_5ONa} \xrightarrow{H_3O^+} \text{2-oxocyclohexyl-}COOC_2H_5}$$

(二)β-二羰基化合物烷基化、酰基化及在有机合成中的应用

1. 乙酰乙酸乙酯

(1)制备

两分子乙酸乙酯在醇钠催化下,通过克莱森酯缩合反应生成乙酰乙酸乙酯。

$$2\,CH_3\text{-}\overset{O}{\overset{\|}{C}}\text{-}OC_2H_5 \xrightarrow[\text{② } H_3O^+]{\text{① } C_2H_5ONa} CH_3\text{-}\overset{O}{\overset{\|}{C}}\text{-}CH_2\text{-}\overset{O}{\overset{\|}{C}}\text{-}OC_2H_5 + C_2H_5OH$$

(2)酮式分解与酸式分解

$$CH_3\text{-}\overset{O}{\overset{\|}{C}}\text{-}\underset{Y}{\underset{|}{CH}}\text{-}\overset{O}{\overset{\|}{C}}\text{-}OC_2H_5 \xrightarrow[-C_2H_5OH]{\text{稀}OH^-} CH_3\text{-}\overset{O}{\overset{\|}{C}}\text{-}\underset{Y}{\underset{|}{CH}}\text{-}\overset{O}{\overset{\|}{C}}\text{-}O^- \xrightarrow{H^+} \xrightarrow[-CO_2]{\triangle} CH_3\text{-}\overset{O}{\overset{\|}{C}}\text{-}\underset{Y}{\underset{|}{CH_2}} \text{(酮式分解)}$$

$$CH_3\text{-}\overset{O}{\overset{\|}{C}}\text{-}\underset{Y}{\underset{|}{CH}}\text{-}\overset{O}{\overset{\|}{C}}\text{-}OC_2H_5 \xrightarrow[-C_2H_5OH]{\text{浓}OH^-\ \triangle} CH_3\text{-}\overset{O}{\overset{\|}{C}}\text{-}O^- + \underset{Y}{\underset{|}{CH_2}}\text{-}\overset{O}{\overset{\|}{C}}\text{-}O^- \xrightarrow{H^+} \underset{Y}{\underset{|}{CH_2}}\text{-}\overset{O}{\overset{\|}{C}}\text{-}OH \text{(酸式分解)}$$

(3)烷基化、酰基化反应及应用

$$CH_3\text{-}\overset{O}{\overset{\|}{C}}\text{-}CH_2\text{-}\overset{O}{\overset{\|}{C}}\text{-}OC_2H_5 \xrightarrow{C_2H_5OH\ |\ C_2H_5ONa} CH_3\text{-}\overset{O}{\overset{\|}{C}}\text{-}\overset{-}{C}H\text{-}\overset{O}{\overset{\|}{C}}\text{-}OC_2H_5\ Na^+$$

$$\xrightarrow[\text{烷基化}]{RX} CH_3\text{-}\overset{O}{\overset{\|}{C}}\text{-}\underset{R}{\underset{|}{CH}}\text{-}\overset{O}{\overset{\|}{C}}\text{-}OC_2H_5 \xrightarrow[\text{② } H^+\ \triangle]{\text{① 稀}OH^-} CH_3\text{-}\overset{O}{\overset{\|}{C}}\text{-}CH_2\mathbf{R} \text{(一取代丙酮)}$$

$$CH_3\text{-}\overset{O}{\overset{\|}{C}}\text{-}\underset{R}{\underset{|}{CH}}\text{-}\overset{O}{\overset{\|}{C}}\text{-}OC_2H_5 \xrightarrow[\text{烷基化}]{\text{① } C_2H_5ONa\ \text{② } \mathbf{R'}X} CH_3\text{-}\overset{O}{\overset{\|}{C}}\text{-}\underset{R}{\underset{|}{\overset{R'}{\overset{|}{C}}}}\text{-}\overset{O}{\overset{\|}{C}}\text{-}OC_2H_5 \xrightarrow[\text{② } H^+\ \triangle]{\text{① 稀}OH^-} CH_3\text{-}\overset{O}{\overset{\|}{C}}\text{-}\overset{R'}{\overset{|}{CH}}\text{-}\mathbf{R} \text{(二取代丙酮)}$$

$$\xrightarrow[\text{② } C_2H_5ONa\ \text{烷基化}]{\text{① } ClCH_2CH_2Cl} CH_3\text{-}\overset{O}{\overset{\|}{C}}\text{-}C(\triangle)\text{-}\overset{O}{\overset{\|}{C}}\text{-}OC_2H_5 \xrightarrow[\text{② } H^+\ \triangle]{\text{① 稀}OH^-} CH_3\text{-}\overset{O}{\overset{\|}{C}}\text{-}\triangleleft \text{(环丙烷乙酮)}$$

$$\xrightarrow[\text{② } CH_3\text{-}\overset{O}{\overset{\|}{C}}\text{-}\overset{-}{C}H\text{-}\overset{O}{\overset{\|}{C}}\text{-}OC_2H_5\ Na^+]{\text{① } ClCH_2CH_2Cl\ \text{烷基化}} \begin{array}{c} CH_3\text{-}\overset{O}{\overset{\|}{C}}\text{-}CH\text{-}\overset{O}{\overset{\|}{C}}\text{-}OC_2H_5 \\ | \\ \mathbf{CH_2} \\ | \\ \mathbf{CH_2} \\ | \\ CH_3\text{-}\overset{O}{\overset{\|}{C}}\text{-}CH\text{-}\overset{O}{\overset{\|}{C}}\text{-}OC_2H_5 \end{array} \xrightarrow[\text{② } H^+\ \triangle]{\text{① 稀}OH^-} CH_3CO(CH_2)_4COCH_3 \text{(二甲基酮)}$$

$$\xrightarrow[\text{酰基化}]{\mathbf{R\text{-}\overset{O}{\overset{\|}{C}}}\text{-}Cl} CH_3\text{-}\overset{O}{\overset{\|}{C}}\text{-}\underset{\mathbf{COR}}{\underset{|}{CH}}\text{-}\overset{O}{\overset{\|}{C}}\text{-}OC_2H_5 \xrightarrow[\text{② } H^+\ \triangle]{\text{① 稀}OH^-} CH_3\text{-}\overset{O}{\overset{\|}{C}}\text{-}CH_2\text{-}\mathbf{\overset{O}{\overset{\|}{C}}\text{-}R} \text{(含甲基酮的二酮)}$$

2. 丙二酸二乙酯

(1)制备

$$CH_3COOH \xrightarrow[P]{Cl_2} CH_2(Cl)COOH \xrightarrow{NaCN/OH^-} CH_2(CN)COONa \xrightarrow[H_2SO_4\ \triangle]{C_2H_5OH} H_2C(COOC_2H_5)_2$$

(2)烷基化反应及应用

$$H_2C(COOC_2H_5)_2 \xrightarrow{C_2H_5ONa} Na^+\overset{-}{H}C(COOC_2H_5)_2$$

$$Na^+\overset{-}{H}C(COOC_2H_5)_2 \xrightarrow[\text{烷基化}]{RX} R\text{-}HC(COOC_2H_5)_2 \xrightarrow[②H^+\ \triangle]{①稀OH^-} R\text{-}CH_2COOH\ (\text{一取代乙酸})$$

$$R\text{-}HC(COOC_2H_5)_2 \xrightarrow[\text{烷基化}]{①C_2H_5ONa\ ②R'X} RR'C(COOC_2H_5)_2 \xrightarrow[②H^+\ \triangle]{①稀OH^-} R\text{-}CH(R')COOH\ (\text{二取代乙酸})$$

$$Na^+\overset{-}{H}C(COOC_2H_5)_2 \xrightarrow[②C_2H_5ONa\ \text{烷基化}]{①ClCH_2CH_2Cl} \triangleright C(COOC_2H_5)_2 \xrightarrow[②H^+\ \triangle]{①稀OH^-} \triangleright\text{-}COOH\ (\text{环丙烷甲酸})$$

$$Na^+\overset{-}{H}C(COOC_2H_5)_2 \xrightarrow[\text{烷基化}]{BrCH_2COOC_2H_5} C_2H_5OOCH_2C\text{-}HC(COOC_2H_5)_2 \xrightarrow[②H^+\ \triangle]{①稀OH^-} HOOCCH_2CH_2COOH\ (1,4\text{-二酸})$$

$$Na^+\overset{-}{H}C(COOC_2H_5)_2 \xrightarrow[②Na^+\overset{-}{H}C(COOC_2H_5)_2\ \text{烷基化}]{①ClCH_2CH_2Cl} CH(COOC_2H_5)_2\text{-}CH_2\text{-}CH_2\text{-}CH(COOC_2H_5)_2 \xrightarrow[②H^+\ \triangle]{①稀OH^-} HOOC(CH_2)_4COOH\ (1,6\text{-二酸})$$

$$Na^+\overset{-}{H}C(COOC_2H_5)_2 \xrightarrow[②Na^+\overset{-}{H}C(COOC_2H_5)_2]{①CH_2Cl_2\ \text{烷基化}} CH(COOC_2H_5)_2\text{-}CH_2\text{-}CH(COOC_2H_5)_2 \xrightarrow[②H^+\ \triangle]{①稀OH^-} HOOC(CH_2)_3COOH\ (1,5\text{-二酸})$$

$$Na^+\overset{-}{H}C(COOC_2H_5)_2 \xrightarrow[\text{烷基化}]{RCO(CH_2)_nCl} RCO(CH_2)_n\text{-}CH(COOC_2H_5)_2 \xrightarrow[②H^+\ \triangle]{①稀OH^-} RCO(CH_2)_nCH_2COOH\ (\text{酮酸})$$

(三)迈克尔(Michael)加成反应

α,β-不饱和羰基化合物(受体)与含活泼亚甲基化合物(给体)发生1,4-共轭加成反应,生成不稳定的烯醇,然后互变为酮式,形成1,5-二羰基化合物(相当于对α,β-不饱和C=C上的加成反应,注意正负配对连接)。

$$CH_3\text{-}\overset{O}{\overset{\|}{C}}\text{-}\overset{\delta^-}{C}H(\overset{\delta^+}{H})\text{-}\overset{O}{\overset{\|}{C}}\text{-}OC_2H_5 + \overset{\delta^+}{C}H_2=\overset{\delta^-}{C}H\text{-}\overset{O}{\overset{\|}{C}}\text{-}CH_3 \xrightarrow[C_2H_5OH]{C_2H_5ONa} CH_3\text{-}\overset{O}{\overset{\|}{C}}\text{-}CH(CH_2CH_2\text{-}COCH_3)\text{-}\overset{O}{\overset{\|}{C}}\text{-}OC_2H_5$$

$$\text{环己烯酮} + \overset{\delta^+}{H}\text{—}\overset{\delta^-}{C}H(COOC_2H_5)_2 \xrightarrow[C_2H_5OH]{C_2H_5ONa} \text{3-}CH(COOC_2H_5)_2\text{环己酮}$$

(四)烯胺的制备及化学性质

1. 烯胺的制备

用至少含有一个 α-H 的醛、酮和仲胺在酸催化下，经亲核加成脱水生成。

$$\text{—}\overset{H}{C}\text{—}\overset{O}{C}\text{—} + HNR_2 \longrightarrow \text{—}\overset{H}{C}\text{—}\overset{OH}{C}\text{—}NR_2 \xrightarrow[-H_2O]{H^+} \text{—}C{=}C\text{—}NR_2 \longleftrightarrow \text{—}\overset{-}{C}\text{—}C{=}N^+R_2$$

（烯胺）

其中，HNR_2 = 四氢吡咯，哌啶，吗啉。

2. 化学性质

(1)烃基化

$$C_6H_5\text{—}CH(CH_3)\text{—}CHO \xrightarrow[H^+]{\text{四氢吡咯}} C_6H_5\text{—}C(CH_3){=}CH\text{—}N\text{(吡咯烷基)} \xrightarrow{RX} C_6H_5\text{—}C(R)(CH_3)\text{—}CH{=}N^+\text{(吡咯烷基)}\ X^- \xrightarrow{H_3O^+} C_6H_5\text{—}C(R)(CH_3)\text{—}CHO$$

(α-烷基取代醛)

$$\text{环己酮} \xrightarrow[H^+]{\text{四氢吡咯}} \text{烯胺} \xrightarrow{RX} \text{亚胺盐}\ X^- \xrightarrow{H_3O^+} \text{2-R-环己酮}$$

(α-烷基取代酮)

(2)酰基化

$$\text{环己酮} \xrightarrow[H^+]{\text{四氢吡咯}} \text{烯胺} \xrightarrow{RCOCl} \text{2-(CO-R)亚胺盐} \xrightarrow{H_3O^+} \text{2-(CO-R)环己酮}$$

(1,3-二酮)

三、重难点知识概要

1. 常见 α-H 酸性的化合物

α-C 上连有吸电子基（$-NO_2$、—COR、—COOR、—CN 等）时，由于吸电子作用，α-H 具有一定的酸性，在强碱作用下，脱去 H^+ 生成碳负离子。吸电子能力越强，α-H 的酸性越强，形成的碳负离子也越稳定。常见吸电子基对应的 α-H 酸性见表 14-1。

表 14-1 常见 α-H 的 pK_a

化合物	pK_a	化合物	pK_a
$CH_2(NO_2)_2$	3.6	CH_3NO_2	10.2
$CH_3COCH_2COCH_3$	8.8	CH_3CHO	17
$CH_3COCH_2COOC_2H_5$	10.7	$CH_3COC_6H_5$	19
$CH_2(CN)_2$	12	CH_3COCH_3	20
$H_5C_2OOCCH_2COOC_2H_5$	13.3	$CH_3COOC_2H_5$	25

从表中可以推出基团的吸电子能力：

$$—NO_2 > —CHO > —COC_6H_5 > —COCH_3 > —COOC_2H_5 \approx —CN$$

2. 影响碳负离子稳定因素

α-H 的酸性越强，碳负离子越容易生成；碱性越弱，碳负离子稳定性就越高。影响碳负离子稳定性的主要因素有下列 4 种。

(1)碳负离子的杂化类型

在 sp、sp^2、sp^3 三种碳原子杂化类型中，杂化轨道中 s 成分越高，碳原子的电负性越大，所以 C—H 键的极性越强，生成的碳负离子稳定性也越高。如：

$$HC\equiv C^- > CH_2=CH^- > CH_3CH_2^-$$

(2)诱导效应

与碳负离子相连的是吸电子基时，负电荷被分散，稳定性增强；与碳负离子相连的是供电子基时，负电荷集中，稳定性降低。如：

$$F_3C^- > F_2HC^- > FH_2C^- > H_3C^- > RH_2C^- > R_2HC^- > R_3C^-$$

(3)碳负离子上孤对电子参与共轭效应

碳负离子上孤对电子与$—NO_2$、—CO—、—COOR、—CN、$—C_6H_5$ 等基团形成共轭效应，负电荷被分散多，稳定性高。如：

$$^-CH_2\text{-}NO_2 > {}^-CH_2\text{-}CHO > {}^-CH_2\text{-}COR > {}^-CH_2\text{-}COOR > {}^-CH_2\text{-}C_6H_5$$

$$CH_3\text{-}\overset{O}{\overset{\|}{C}}\text{-}C^-H\text{-}\overset{O}{\overset{\|}{C}}\text{-}CH_3 > CH_3\text{-}\overset{O}{\overset{\|}{C}}\text{-}C^-H\text{-}\overset{O}{\overset{\|}{C}}\text{-}OC_2H_5 > H_5C_2O\text{-}\overset{O}{\overset{\|}{C}}\text{-}C^-H\text{-}\overset{O}{\overset{\|}{C}}\text{-}OC_2H_5$$

(4)芳香化作用

碳负离子结构符合休克尔规则时，碳负离子具有芳香性，稳定性增强。如：

$$\text{环戊二烯负离子} > \text{环庚三烯负离子}$$

3. 1,3-二羰基化合物的酮式-烯醇式互变异构

由于1,3-二羰基化合物亚甲基上的 H 具有较强的酸性，在酮式和烯醇式互变异构平衡中，烯醇式的含量较高，所以 1,3-二羰基化合物在正常条件下同时具有酮式和烯醇式两种结构对应的性质。如乙酰乙酸乙酯：

$$CH_3\text{-}\overset{O}{\overset{\|}{C}}\text{-}CH_2\text{-}\overset{O}{\overset{\|}{C}}\text{-}OC_2H_5 \rightleftharpoons CH_3\text{-}\overset{OH}{\overset{|}{C}}\text{=}CH\text{-}\overset{O}{\overset{\|}{C}}\text{-}OC_2H_5$$

（具有甲基酮、酯的性质）　（具有烯、醇、烯醇、酯的性质）(π-π共轭)　≡　（分子内氢键）

烯醇式能较稳定存在的主要原因是烯醇式结构中 C ═O 与 C ═C 形成了 π－π 共轭体系和分子内氢键。

4. 克莱森(Claisen)酯缩合反应机理

含 α-H 的酯在碱(如乙醇钠)作用下缩合生成 β-酮酸酯。

$$CH_3\text{-}\overset{O}{\overset{\|}{C}}\text{-}OC_2H_5 + CH_3\text{-}\overset{O}{\overset{\|}{C}}\text{-}OC_2H_5 \xrightarrow{C_2H_5ONa} CH_3\text{-}\overset{O}{\overset{\|}{C}}\text{-}CH_2\text{-}COOC_2H_5 + C_2H_5OH$$

反应机理如下：

$$C_2H_5O^- + H\text{—}CH_2\text{-}\overset{O}{\overset{\|}{C}}\text{-}OC_2H_5 \underset{}{\overset{-C_2H_5OH}{\rightleftharpoons}} {}^{\ominus}CH_2\text{-}\overset{O}{\overset{\|}{C}}\text{-}OC_2H_5 \overset{CH_3\text{-}\overset{O}{\overset{\|}{C}}\text{-}OC_2H_5}{\rightleftharpoons}$$

$$CH_3\text{-}\underset{OC_2H_5}{\underset{|}{\overset{O^-}{\overset{|}{C}}}}\text{-}CH_2\text{-}\overset{O}{\overset{\|}{C}}\text{-}OC_2H_5 \overset{-C_2H_5O^-}{\rightleftharpoons} CH_3\text{-}\overset{O}{\overset{\|}{C}}\text{-}CH_2\text{-}COOC_2H_5$$

5. 达森(Darzens)反应机理

在强碱(醇钠)催化下，醛或酮与 α-卤代酸酯反应，生成 α,β-环氧羧酸酯。

$$CH_3\text{-}\overset{O}{\overset{\|}{C}}\text{-}C_6H_5 + BrCH_2COOC_2H_5 \xrightarrow{C_2H_5ONa} (H_3C)(C_6H_5)\overset{O}{C\text{—}C}H\text{-}COOC_2H_5$$

反应机理如下：

$$BrCH_2COOC_2H_5 + C_2H_5O^- \overset{-C_2H_5OH}{\rightleftharpoons} Br\overset{\ominus}{C}HCOOC_2H_5 \overset{CH_3\text{-}\overset{O}{\overset{\|}{C}}\text{-}C_6H_5}{\rightleftharpoons} CH_3\text{-}\underset{C_6H_5}{\underset{|}{\overset{O^-}{\overset{|}{C}}}}\text{—}\underset{Br}{\underset{|}{C}}H\text{-}\overset{O}{\overset{\|}{C}}\text{-}OC_2H_5$$

$$\xrightarrow{-Br^-} (H_3C)(C_6H_5)\overset{O}{C\text{—}C}H\text{-}COOC_2H_5$$

四、典型例题

例 1 写出下列反应的主要产物。

(1) $C_6H_5CH_2COOC_2H_5$ + $HCOOC_2H_5$ $\xrightarrow[\text{② } H_3O^+]{\text{① } C_2H_5ONa}$

(2) $H_3C-C(CH_2CH_2COOC_2H_5)_2-COOC_2H_5$ $\xrightarrow{C_2H_5ONa}$

(3) 2-甲基环己酮 + $C_2H_5O-\overset{O}{\overset{\|}{C}}-OC_2H_5$ $\xrightarrow[\text{② } H_3O^+]{\text{① } C_2H_5ONa}$

(4) 邻苯二甲酸二乙酯 + $\begin{matrix}CH_2COOC_2H_5\\|\\CH_2COOC_2H_5\end{matrix}$ $\xrightarrow{C_2H_5ONa}$ $\xrightarrow[\text{② } H_3O^+]{\text{① } OH^-/H_2O}$ $\xrightarrow{\triangle}$

(5) 邻位含 $CH_2\overset{O}{\overset{\|}{C}}-CH_3$ 与 $CH_2COOC_2H_5$ 的苯 $\xrightarrow[\text{② } H_3O^+]{\text{① } C_2H_5ONa}$

(6) C_6H_5CHO + $BrCH_2COOC_2H_5$ $\xrightarrow{t\text{-BuONa}}$

(7) C_6H_5CHO + $CH_2(COOC_2H_5)_2$ $\xrightarrow{C_2H_5ONa}$ $\xrightarrow[C_2H_5ONa]{CH_2(COOC_2H_5)_2}$ $\xrightarrow[\triangle]{H_3O^+}$

(8) $CH_2(COOC_2H_5)_2$ $\xrightarrow[PhCH_2Cl]{C_2H_5ONa}$ $\xrightarrow[(CH_3)_3COK]{CH_2=CH-\overset{O}{\overset{\|}{C}}-CH_3}$ $\xrightarrow[\text{② } H^+\ \triangle]{\text{① } OH^-,H_2O}$ $\xrightarrow{NaBH_4}$ $\xrightarrow[\triangle]{H^+}$

(9) 1,3-环己二酮 + $CH_2=CH-\overset{O}{\overset{\|}{C}}-CH_3$ $\xrightarrow[-H_2O]{OH^-}$

(10) C_6H_5CHO + $(CH_3CH_2CO)_2O$ $\xrightarrow[\triangle]{CH_3CH_2COOK}$

[解析] (1)交叉酯缩合反应，α-碳负离子取代另一个酯中的 C_2H_5O—(或 α-H 被另一个酯的酰基取代)。

(2)分子内酯缩合反应，α-碳负离子取代能形成稳定六元环的另一个酯中的 C_2H_5O—。

(3)有活性 α-H 酮与无 α-H 酯的交叉缩合，由酮稳定的 α-碳负离子取代酯中的 C_2H_5O—。

(1) 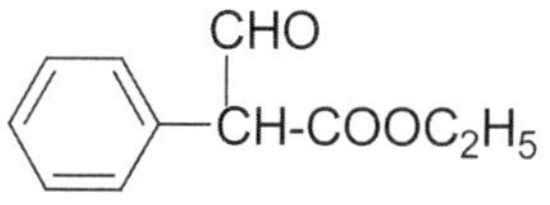　(2) 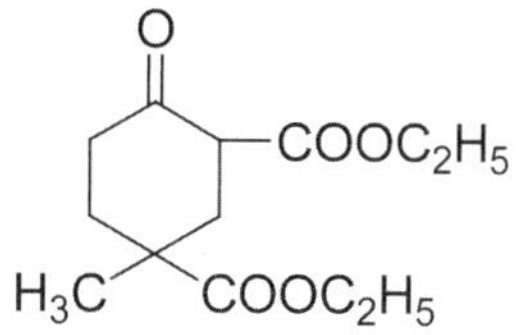　(3) 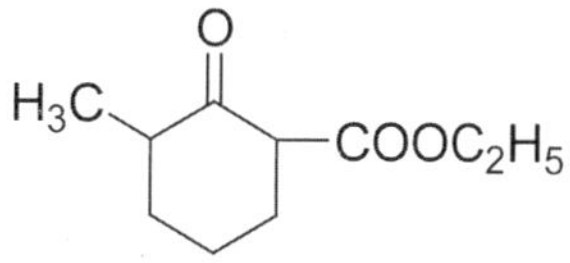

(4)交叉酯缩合反应，两个 α-碳负离子分别取代两个酯中的 C_2H_5O—，然后酯水解酸化为羧酸，β-酮酸受热发生脱羧反应。

(4) 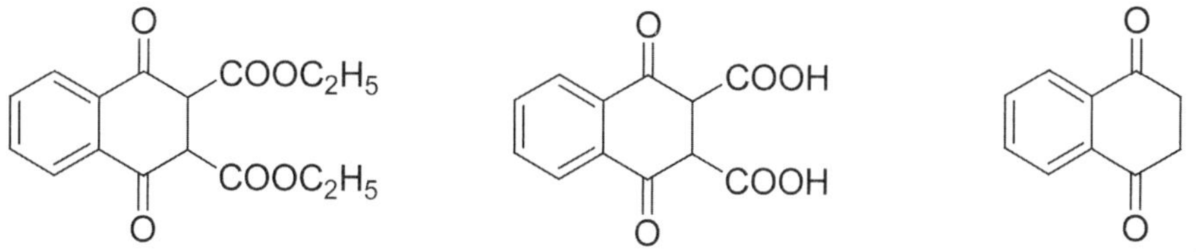

(5)分子内酮与酯缩合，由酮稳定的 α-碳负离子取代酯中的 C_2H_5O—，形成稳定的六元环。

(6)在强碱催化下，醛与 α-卤代酸酯反应生成 α，β-环氧羧酸酯(达森反应)。

(5) 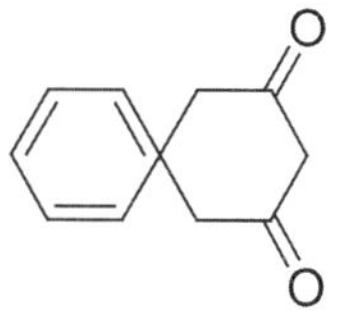　(6) 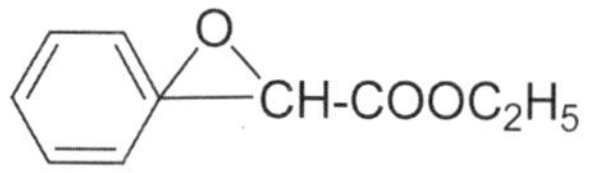

(7)酯中的活性亚甲基与醛基先加成后脱水，生成 α，β-不饱和酯(诺文格尔反应)，形成的产物与具活性亚甲基的酯发生共轭加成(迈克尔)反应，然后酯水解酸化受热时 1，3-二羧基易发生脱羧反应。

(7) 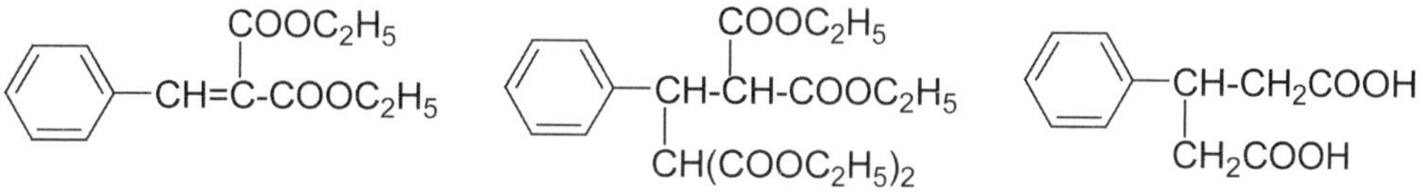

(8)活性亚甲基在碱催化下与卤代烷发生烷基化反应，所得生成物中还有一个活性 H 与 α，β-不饱和酮发生共轭加成，然后酯水解脱羧得酮酸，酮基还原为醇，1，5-羟基酸受热发生分子内脱水酯化，形成六元环内酯(狄克曼反应)。

(8) 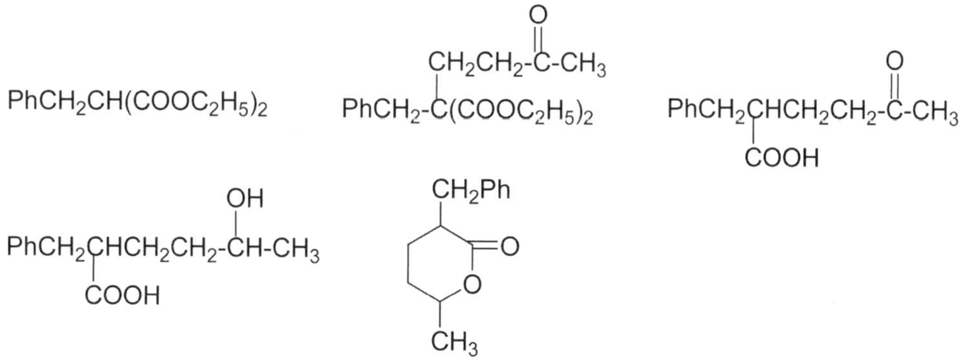

(9)活性亚甲基先发生共轭加成反应，所得产物在碱催化下再经羟醛缩合反应生成 β-羟基酮，然后脱水得稳定 α，β-不饱和酮。

(10)芳醛与具有 α-H 的酸酐发生缩合反应，生成 α,β-不饱和酸(珀金反应)。

(9) [结构式] $CH_2-CH_2-\overset{O}{\overset{\|}{C}}-CH_3$ [结构式]　(10) [结构式] $CH=\underset{CH_3}{\underset{|}{C}}-COOH$

例 2　写出下列各步转化的主要产物。

(1) $2\ CH_3-\overset{O}{\overset{\|}{C}}-CH_2COOC_2H_5 \xrightarrow[BrCH_2CH_2Br]{2\ C_2H_5ONa} \xrightarrow[CH_2I_2]{2C_2H_5ONa} \xrightarrow[②\ H^+]{①OH^-,H_2O} \xrightarrow{\triangle}$

(2) $2CH_2(COOC_2H_5)_2 \xrightarrow[ClCH_2CH_2Cl]{2C_2H_5ONa} \xrightarrow[②\ H_3O^+\triangle]{①\ OH^-,H_2O} \xrightarrow[H^+]{2C_2H_5OH} \xrightarrow{C_2H_5ONa} \xrightarrow[C_2H_5ONa]{CH_2=CHCOOC_2H_5}$

$\xrightarrow[②\ H_3O^+\triangle]{①\ OH^-,H_2O} \xrightarrow[H^+]{C_2H_5OH} \xrightarrow[Pt]{H_2} \xrightarrow[-H_2O]{H^+\ \triangle} \xrightarrow[②H_3O^+]{①2\ PhMgCl}$

(3) $2\ PhCHO + CH_3-\overset{O}{\overset{\|}{C}}-CH_3 \xrightarrow[\triangle]{OH^-} \xrightarrow[C_2H_5ONa]{CH_2(COOC_2H_5)_2} \xrightarrow{C_2H_5ONa} \xrightarrow[②\ H_3O^+\triangle]{①\ OH^-,H_2O}$

[解析]　(1)2 分子活性亚甲基各 1 个 H 与二溴代烷发生烷基化反应；余下各 1 个活性亚甲基 H 继续与二碘甲烷烷基化形成环；最后酯碱性水解酸化脱羧。

$CH_3-\overset{O}{\overset{\|}{C}}-\underset{COOC_2H_5}{\underset{|}{CH}}-CH_2CH_2-\underset{COOC_2H_5}{\underset{|}{CH}}-\overset{O}{\overset{\|}{C}}-CH_3$　[结构式：$H_3C-\overset{O}{\overset{\|}{C}}$、$\overset{O}{\overset{\|}{C}}-CH_3$、$C_2H_5OOC$、$COOC_2H_5$ 取代的环戊烷]　[结构式：$H_3C-\overset{O}{\overset{\|}{C}}$、$\overset{O}{\overset{\|}{C}}-CH_3$ 取代的环戊烷]

(2)2 分子活性亚甲基化合物与二氯代烷发生烷基化反应；酯碱性水解酸化脱羧；羧酸与醇酯化；分子内酯缩合反应；活性亚甲基与 α,β-不饱和化合物共轭加成反应；酸碱性水解酸化脱羧；羧基与醇酯化；酮基还原为醇；分子内发生酯交换反应；酯与格氏试剂反应，水解生成叔醇。

$\begin{matrix}CH_2-CH(COOC_2H_5)_2\\ |\\ CH_2-CH(COOC_2H_5)_2\end{matrix}$　$\begin{matrix}CH_2-CH_2COOH\\ |\\ CH_2-CH_2COOH\end{matrix}$　$\begin{matrix}CH_2-CH_2COOC_2H_5\\ |\\ CH_2-CH_2COOC_2H_5\end{matrix}$　[结构式] $-COOC_2H_5$

[结构式] $CH_2CH_2COOC_2H_5$, $COOC_2H_5$　[结构式] $-CH_2CH_2COOH$　[结构式] $-CH_2CH_2COOC_2H_5$

[结构式] OH, $-CH_2CH_2COOC_2H_5$　[结构式]　[结构式] OH, $-CH_2CH_2-\underset{Ph}{\underset{|}{\overset{OH}{\overset{|}{C}}}}-Ph$

(3)丙酮的2个α-H分别与2分子苯甲醛发生羟醛缩合后受热脱水;活性亚甲基与α,β-不饱和酮分别发生共轭加成反应;最后碱性水解酸化脱羧。

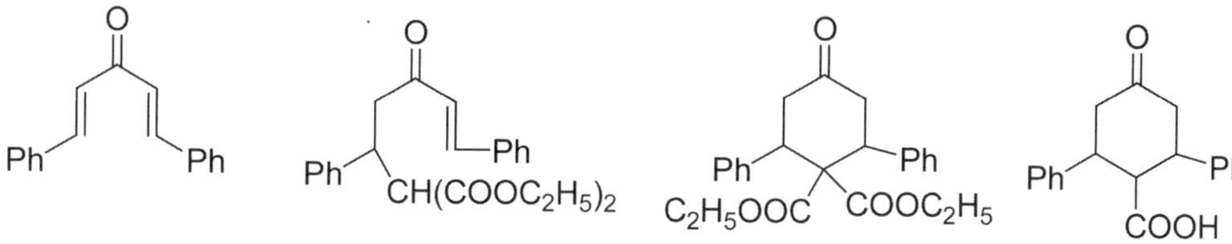

Ph　Ph　Ph　$CH(COOC_2H_5)_2$　Ph　Ph　Ph　C_2H_5OOC　$COOC_2H_5$　Ph　Ph　COOH

例3　以C原子数≤2的有机物为原料,用丙二酸二乙酯法合成下列化合物。

(1) 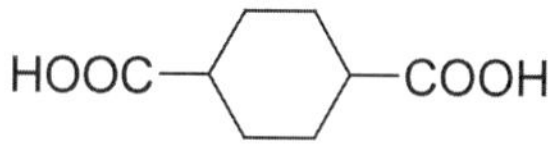 HOOC　COOH

(2) 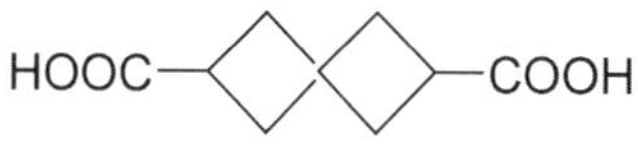 HOOC　COOH

(3) 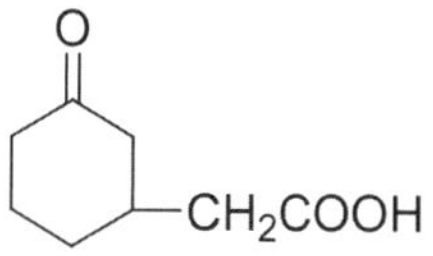 CH_2COOH

[解析]　丙二酸二乙酯经过烷基化、酰基化及共轭加成等反应后,水解、酸化加热,生成α-一取代与二取代乙酸。本题三种化合物合成思路如下:

(1) 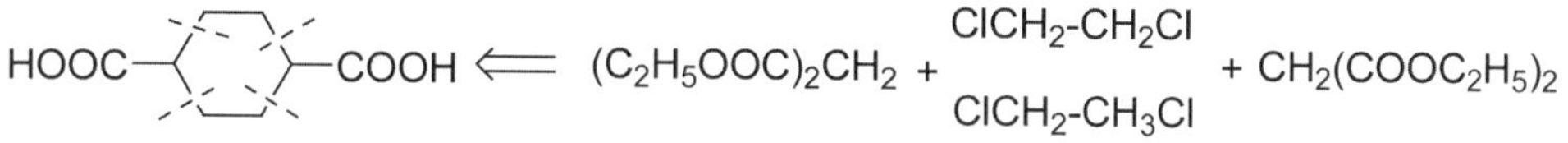 HOOC　COOH ⟸ $(C_2H_5OOC)_2CH_2$ + $ClCH_2\text{-}CH_2Cl$　$ClCH_2\text{-}CH_3Cl$ + $CH_2(COOC_2H_5)_2$

(2) HOOC　COOH ⟸ $(C_2H_5OOC)_2CH_2$ + ClH_2C　CH_2Cl　ClH_2C　CH_2Cl + $CH_2(COOC_2H_5)_2$

CH_3CHO + 3 HCHO ⟹ HOH_2C　CH_2OH　HOH_2C　CHO ⟹ HOH_2C　CH_2OH　HOH_2C　CH_2OH

(3) CH_2COOH ⟸ $CH_2(COOC_2H_5)_2$ + O　OH　Br

2 CH_3CHO ⟹ $CH_3CHCH_2CH_2OH$　OH

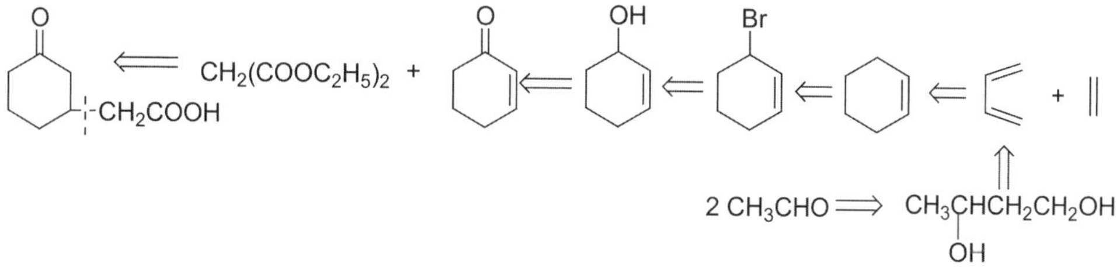

合成路线为:

(1) 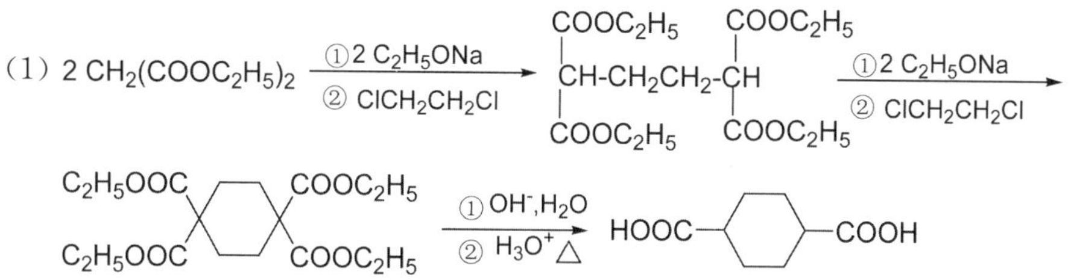 2 $CH_2(COOC_2H_5)_2$ $\xrightarrow[\text{② } ClCH_2CH_2Cl]{\text{① 2 } C_2H_5ONa}$ $COOC_2H_5$　$COOC_2H_5$　$CH\text{-}CH_2CH_2\text{-}CH$　$COOC_2H_5$　$COOC_2H_5$ $\xrightarrow[\text{② } ClCH_2CH_2Cl]{\text{① 2 } C_2H_5ONa}$

C_2H_5OOC　$COOC_2H_5$　C_2H_5OOC　$COOC_2H_5$ $\xrightarrow[\text{② } H_3O^+ \triangle]{\text{① } OH^-, H_2O}$ HOOC　COOH

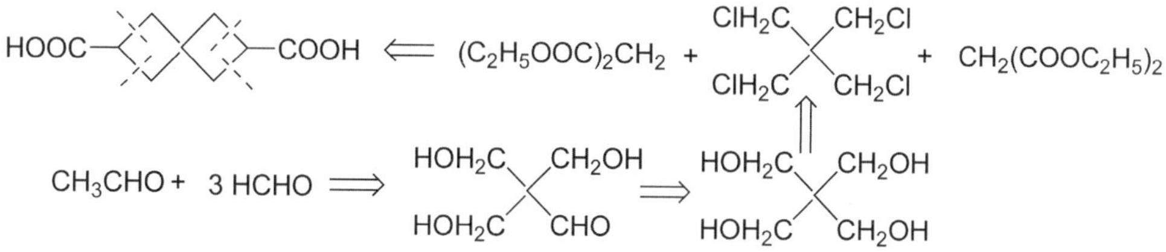

(2) $CH_3CHO + 3HCHO \xrightarrow{稀OH^-} (HOH_2C)_3C\text{-}CHO \xrightarrow[浓OH^-]{HCHO} C(CH_2OH)_4 \xrightarrow{SOCl_2}$

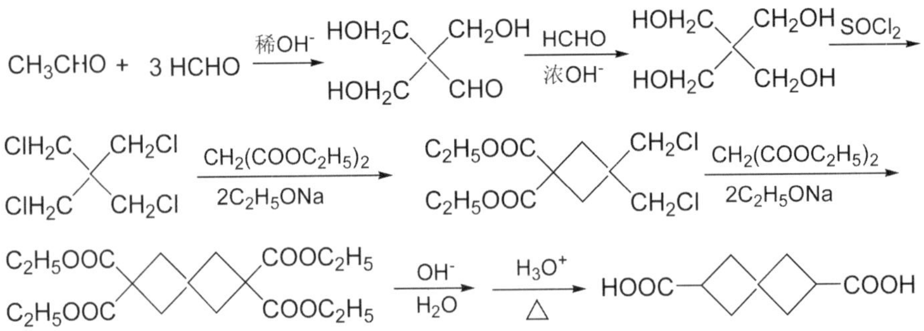

$C(CH_2Cl)_4 \xrightarrow[2C_2H_5ONa]{CH_2(COOC_2H_5)_2}$ 1,1-二(乙氧羰基)-3,3-二(氯甲基)环丁烷 $\xrightarrow[2C_2H_5ONa]{CH_2(COOC_2H_5)_2}$

螺[3.3]庚烷-2,2,6,6-四甲酸四乙酯 $\xrightarrow[H_2O]{OH^-} \xrightarrow[\triangle]{H_3O^+}$ HOOC—螺[3.3]庚烷—COOH

(3) 丁二烯 + 乙烯 $\xrightarrow{\triangle}$ 环己烯 $\xrightarrow{NBS}$ 3-溴环己烯 $\xrightarrow{NaOH,H_2O}$ 2-环己烯-1-醇 $\xrightarrow{CrO_3/吡啶}$ 2-环己烯-1-酮

$\xrightarrow[C_2H_5ONa]{CH_2(COOC_2H_5)_2}$ 3-[$CH(COOC_2H_5)_2$]环己酮 $\xrightarrow[② H_3O^+ \triangle]{① OH^-,H_2O}$ 3-(CH_2COOH)环己酮

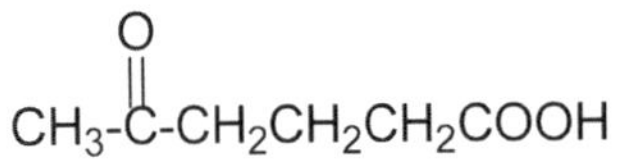

($2CH_3CHO \xrightarrow{OH^-} CH_3CH(OH)CH_2CHO \xrightarrow[Ni]{H_2} CH_3CH(OH)CH_2CH_2OH \xrightarrow[\triangle]{H^+}$ 丁二烯)

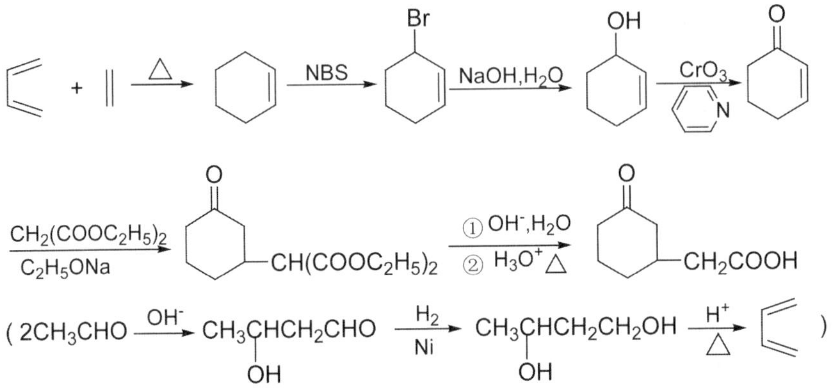

例 4 以 C 原子数≤2 的有机物为原料，用乙酰乙酸乙酯法合成下列化合物。

(1) 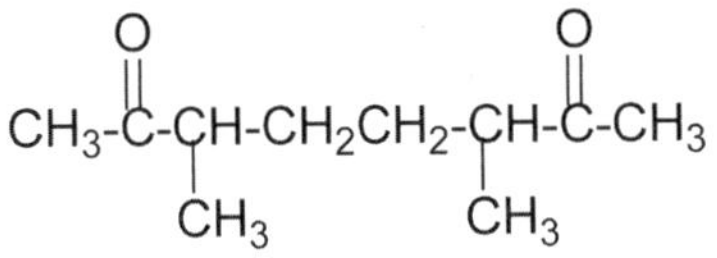 $CH_3\text{-}\overset{O}{\overset{\|}{C}}\text{-}\underset{CH_3}{\underset{|}{CH}}\text{-}CH_2CH_2\text{-}\underset{CH_3}{\underset{|}{CH}}\text{-}\overset{O}{\overset{\|}{C}}\text{-}CH_3$

(2) $CH_3\text{-}\overset{O}{\overset{\|}{C}}\text{-}CH_2CH_2CH_2COOH$

(3) $CH_3CH_2CH_2\text{-}\underset{CH_3}{\underset{|}{\overset{OH}{\overset{|}{C}}}}\text{-}CH_2COOC_2H_5$

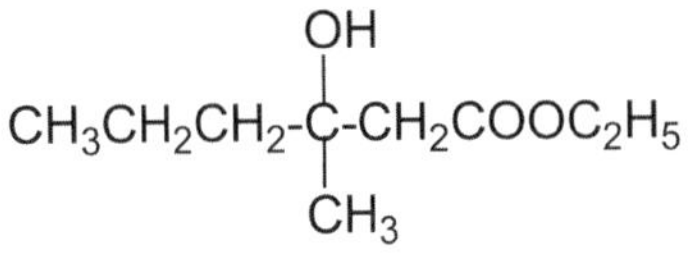

[解析] 乙酰乙酸乙酯经烷基化、酰基化及共轭加成等反应后，水解、酸化加热是制备一取代与二取代丙酮衍生物的好方法。本题分析思路如下：

(1) 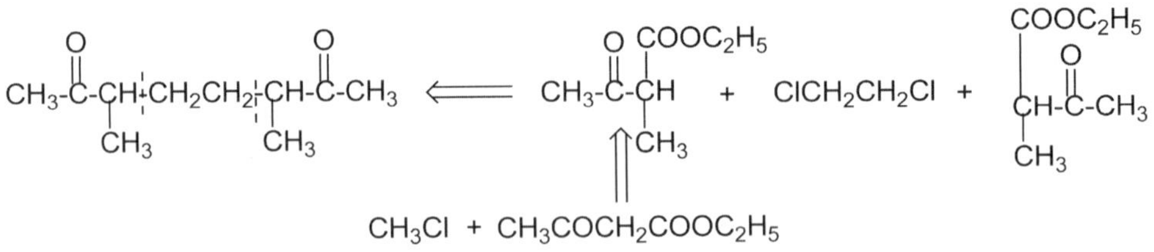 $CH_3\text{-}\overset{O}{\overset{\|}{C}}\text{-}\underset{CH_3}{\underset{|}{CH}}\vdots CH_2CH_2\vdots\underset{CH_3}{\underset{|}{CH}}\text{-}\overset{O}{\overset{\|}{C}}\text{-}CH_3 \Longleftarrow CH_3\text{-}\overset{O}{\overset{\|}{C}}\text{-}\underset{CH_3}{\underset{|}{\overset{COOC_2H_5}{\overset{|}{CH}}}} + ClCH_2CH_2Cl + \underset{CH_3}{\underset{|}{\overset{COOC_2H_5}{\overset{|}{CH}}}}\text{-}\overset{O}{\overset{\|}{C}}\text{-}CH_3$

$\Uparrow$

$CH_3Cl + CH_3COCH_2COOC_2H_5$

(2) $CH_3\text{-}\overset{O}{\overset{\|}{C}}\text{-}CH_2\vdots CH_2CH_2COOH \Longleftarrow CH_3\text{-}\overset{O}{\overset{\|}{C}}\text{-}\underset{COOC_2H_5}{\underset{|}{CH_2}} + CH_2{=}CHCOOC_2H_5 \Longleftarrow$

$CH_2{=}CHCN + C_2H_5OH$

$\Uparrow$

$HC{\equiv}CH$

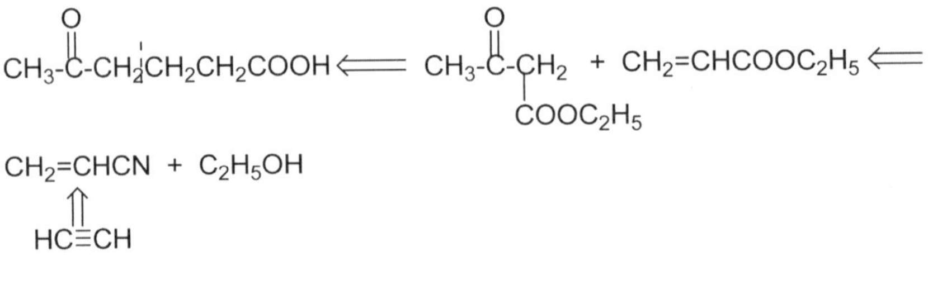

(3) $CH_3CH_2CH_2\text{-}\underset{CH_3}{\overset{OH}{C}}\text{-}CH_2COOC_2H_5 \Longleftarrow CH_3\text{-}\overset{O}{\overset{\|}{C}}\text{-}CH_4{}^{\vdots}CH_2CH_3 + \underset{Cl}{CH_2}CHOOC_2H_5 \Longleftarrow$

$\Uparrow$

$CH_3\text{-}\overset{O}{\overset{\|}{C}}\text{-}\underset{COOC_2H_5}{CH_2} + CH_3CH_2Cl$

$\underset{Cl}{CH_2}COOH + C_2H_5OH$

合成路线为：

(1) $2\,CH_3COCH_2COOC_2H_5 + 2CH_3Cl \xrightarrow{2C_2H_5ONa} 2\,CH_3\text{-}\overset{O}{\overset{\|}{C}}\text{-}\underset{CH_3}{CH}\text{-}\overset{O}{\overset{\|}{C}}\text{-}OC_2H_5 \xrightarrow[ClCH_2CH_2Cl]{2C_2H_5ONa}$

$CH_3\text{-}\overset{O}{\overset{\|}{C}}\text{-}\underset{CH_3}{\overset{COOC_2H_5}{C}}\text{-}CH_2CH_2\text{-}\underset{CH_3}{\overset{COOC_2H_5}{C}}\text{-}\overset{O}{\overset{\|}{C}}\text{-}CH_3 \xrightarrow[H_2O]{\text{稀}OH^-} \xrightarrow[\triangle]{H_3O^+} CH_3\text{-}\overset{O}{\overset{\|}{C}}\text{-}\underset{CH_3}{CH}\text{-}CH_2CH_2\text{-}\underset{CH_3}{CH}\text{-}\overset{O}{\overset{\|}{C}}\text{-}CH_3$

(2) $CH_3\text{-}\overset{O}{\overset{\|}{C}}\text{-}CH_2COOC_2H_5 \xrightarrow[②CH_2=CHCOOC_2H_5]{①C_2H_5ONa} CH_3\text{-}\overset{O}{\overset{\|}{C}}\text{-}\underset{CH_2CH_2COOC_2H_5}{CH}\text{-}COOC_2H_5 \xrightarrow[②\ H_3O^+\triangle]{①\ OH^-,H_2O}$

$CH_3\text{-}\overset{O}{\overset{\|}{C}}\text{-}CH_2CH_2CH_2COOH$ ($CH\equiv CH \xrightarrow{HCN} CH_2=CHCN \xrightarrow{H_3O^+} CH_2=CHCOOH$

$\xrightarrow[H^+]{C_2H_5OH} CH_2=CHCOOC_2H_5$)

(3) $CH_3\text{-}\overset{O}{\overset{\|}{C}}\text{-}CH_2COOC_2H_5 \xrightarrow[②\ CH_3CH_2Cl]{①C_2H_5ONa} CH_3\text{-}\overset{O}{\overset{\|}{C}}\text{-}\underset{CH_2CH_3}{CH}\text{-}COOC_2H_5 \xrightarrow[②\ H_3O^+\triangle]{①\ OH^-,H_2O}$

$CH_3\text{-}\overset{O}{\overset{\|}{C}}\text{-}CH_2CH_2CH_3 \xrightarrow[\underset{Cl}{CH_2}COOC_2H_5]{Zn} CH_3CH_2CH_2\text{-}\underset{CH_3}{\overset{OZnCl}{C}}\text{-}CH_2COOC_2H_5$

$\xrightarrow{H_3O^+} CH_3CH_2CH_2\text{-}\underset{CH_3}{\overset{OH}{C}}\text{-}CH_2COOC_2H_5$

($CH_3COOH \xrightarrow[P]{Cl_2} \underset{Cl}{CH_2}COOH \xrightarrow[H^+]{C_2H_5OH} \underset{Cl}{CH_2}COOC_2H_5$)

五、巩固提高

1. 下列各对化合物中，哪些是互变异构体？

(1)  1-丁烯（骨架式） 和 2-丁烯（骨架式）　　(2) 环己二烯-OH 和 环己烯酮（骨架式）

(3) 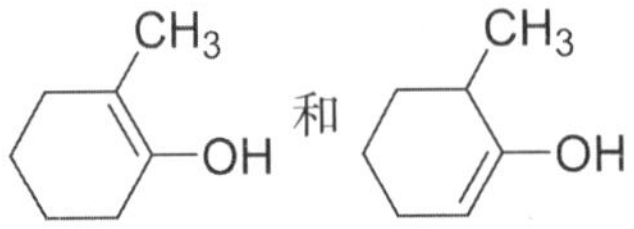 2-甲基环己烯-1-醇（CH_3，OH） 和 6-甲基环己烯-1-醇（CH_3，OH）　　(4) 烯醇式戊二酮（OH，O） 和 烯醇式戊二酮（O，OH）

(5) 1,3-戊二烯（骨架式） 和 ⊖/⊕ 戊烯离子（骨架式）

(6) $\overset{\ominus}{H_2C}-\overset{O}{\overset{\|}{C}}-CH_2-COOC_2H_5$ 和 $CH_3-\overset{O}{\overset{\|}{C}}-\overset{\ominus}{CH}-COOC_2H_5$

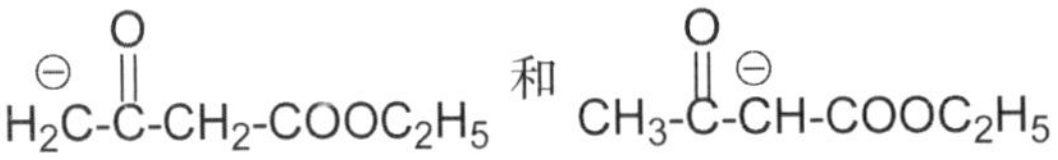

2. 将下列化合物按酸性从强到弱排序。

A. 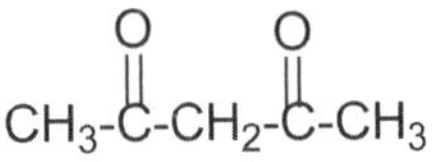 $CH_3-\overset{O}{\overset{\|}{C}}-CH_2-\overset{O}{\overset{\|}{C}}-CH_3$　　B. $CH_3-\overset{O}{\overset{\|}{C}}-CH_2-COOC_2H_5$

C. $CH_3-\overset{O}{\overset{\|}{C}}-CH(COOC_2H_5)-COOC_2H_5$　　D. 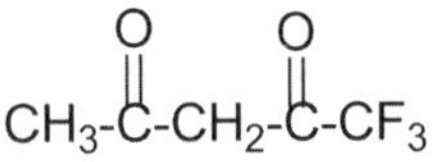 $CH_3-\overset{O}{\overset{\|}{C}}-CH_2-\overset{O}{\overset{\|}{C}}-CF_3$

E. 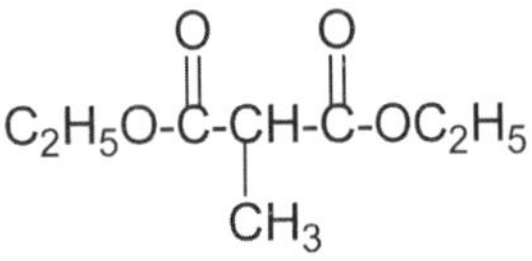 $C_2H_5O-\overset{O}{\overset{\|}{C}}-CH(CH_3)-\overset{O}{\overset{\|}{C}}-OC_2H_5$　　F. 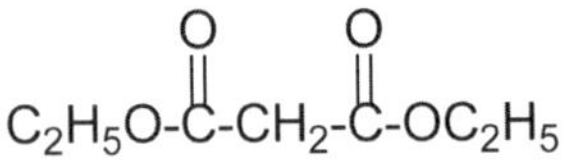 $C_2H_5O-\overset{O}{\overset{\|}{C}}-CH_2-\overset{O}{\overset{\|}{C}}-OC_2H_5$

3. 写出下列反应的主要产物。

(1) 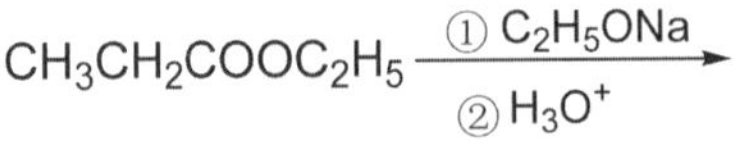 $CH_3CH_2COOC_2H_5 \xrightarrow[\text{② } H_3O^+]{\text{① } C_2H_5ONa}$

(2) 邻位二取代苯（$CH_2COOC_2H_5$，$CH_2COOC_2H_5$） $\xrightarrow{C_2H_5ONa}$

(3) $C_6H_5-COOC_2H_5 + CH_3CH_2COOC_2H_5 \xrightarrow[\text{② } H_3O^+]{\text{① } C_2H_5ONa}$

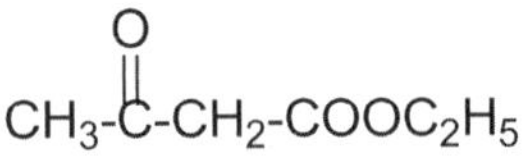

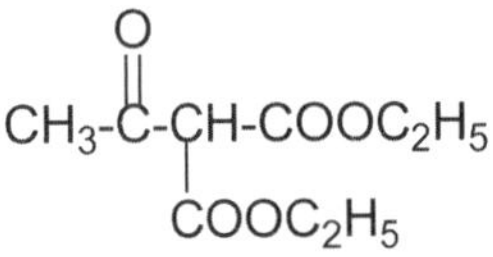

(4) $\begin{matrix}COOC_2H_5\\ |\\ COOC_2H_5\end{matrix} + 2\,CH_3CH_2COOC_2H_5 \xrightarrow[\text{② } H_3O^+]{\text{① } C_2H_5ONa}$

(5) 环己酮 $+ C_2H_5O-\overset{O}{\overset{\|}{C}}-OC_2H_5 \xrightarrow[\text{② } H_3O^+]{\text{① } C_2H_5ONa}$

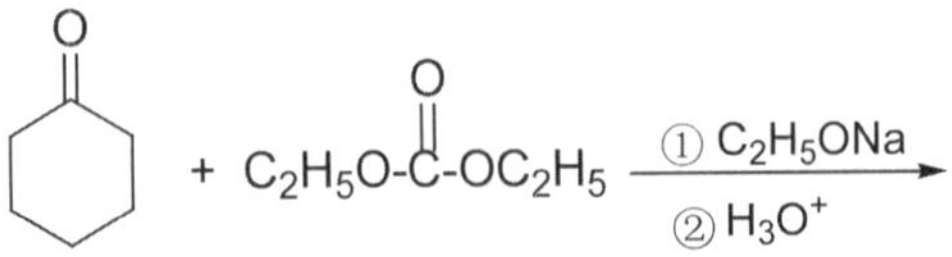

(6) 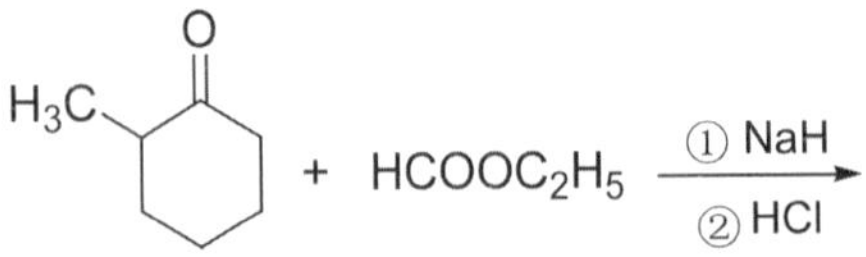 2-甲基环己酮（H_3C） $+ HCOOC_2H_5 \xrightarrow[\text{② HCl}]{\text{① NaH}}$

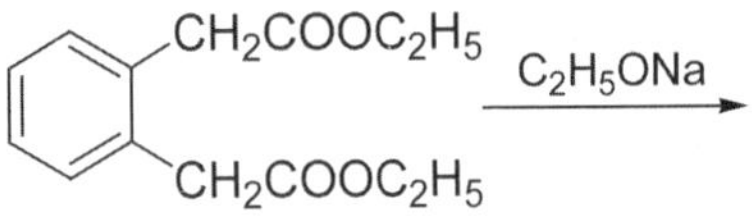

(7) 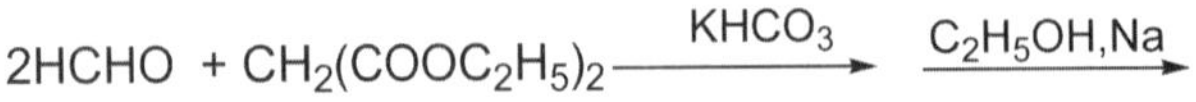 $2HCHO + CH_2(COOC_2H_5)_2 \xrightarrow{KHCO_3} \xrightarrow{C_2H_5OH,Na}$

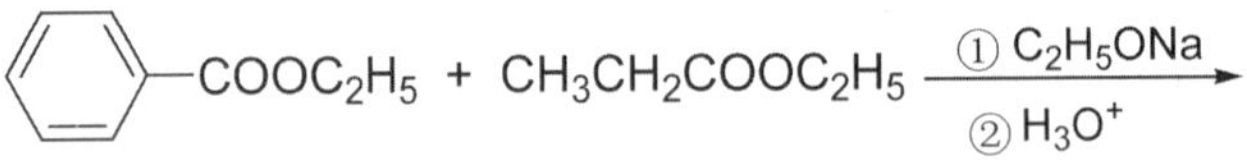

(8) 环己酮 $+ ClCH_2COOC_2H_5 \xrightarrow{t\text{-}BuONa}$

(9) $C_6H_5CHO + ClCH_2COOC_2H_5 \xrightarrow{Zn} \xrightarrow{H_2O}$

(10) $CH_3NO_2 + CH_2{=}CH\text{-}\overset{O}{\overset{\|}{C}}\text{-}CH_3 \xrightarrow{KOH}$

(11) $C_6H_5CHO + (CH_3CH_2CO)_2O \xrightarrow[\triangle]{CH_3CH_2COOK}$

(12) $2ClCH_2CH_2OH + CH_2(COOC_2H_5)_2 \xrightarrow{2C_2H_5ONa}$

(13) 2-环己烯酮 $+ CH_3COCH_2COOC_2H_5 \xrightarrow{C_2H_5ONa} \xrightarrow[\triangle]{H_3O^+}$

(14) $PhCH_2COOC_2H_5 + 2\,CO(OC_2H_5)_2 \xrightarrow{C_2H_5ONa}$

4.以苯甲醛为原料,写出三种不同的制备肉桂酸(3-苯丙烯酸)的方法。

5.写出下列各步反应的主要产物。

(1) $CH_3\text{-}\overset{O}{\overset{\|}{C}}\text{-}CH_2COOC_2H_5 \xrightarrow[BrCH_2COOC_2H_5]{C_2H_5ONa} \xrightarrow[CH_3I]{C_2H_5ONa} \xrightarrow{OH,H_2O} \xrightarrow[\triangle]{H_3O^+} \xrightarrow{NaBH_4} \xrightarrow[\triangle]{-H_2O}$

(2) $2\,BrCH_2CH_2CH_2COOC_2H_5 + CH_2(COOC_2H_5)_2 \xrightarrow{2\,C_2H_5ONa} \xrightarrow{C_2H_5ONa} \xrightarrow[②H^+]{①OH^-,H_2O} \xrightarrow{\triangle}$

(3) $BrCH_2CH_2CH_2Br + CH_2(COOC_2H_5)_2 \xrightarrow{2\,C_2H_5ONa} \xrightarrow[②H_2O]{①LiAlH_4} \xrightarrow{PBr_3} \xrightarrow[2\,C_2H_5ONa]{CH_2(COOC_2H_5)_2} \xrightarrow[②H^+]{①OH^-,H_2O} \xrightarrow{\triangle}$

(4) $PhCH_2COOC_2H_5 + CO(OC_2H_5)_2 \xrightarrow{C_2H_5ONa} \xrightarrow[C_2H_5ONa]{ClCH_2COOC_2H_5} \xrightarrow[②H^+]{①OH^-,H_2O} \xrightarrow{\triangle}$

(5) 间羟基苯甲酸 $\xrightarrow[NaOH]{(CH_3)_2SO_4} \xrightarrow[H^+]{C_2H_5OH} \xrightarrow[C_2H_5ONa]{CH_2(COOC_2H_5)CH_2COOC_2H_5} \xrightarrow[②\ H_3O^+\triangle]{①\ OH^-,H_2O} \xrightarrow[HCl]{Zn\text{-}Hg} \xrightarrow[②\ AlCl_3]{①SOCl_2}$

6.写出下列各步反应的试剂及中间产物。

(1) 1,3-丁二烯 $+ A \longrightarrow$ 3-环己烯甲酸乙酯 $\xrightarrow[②C]{①B}$ 1,3,3-三(乙氧羰基)环己烷类化合物 $\xrightarrow{D} E + F \xrightarrow[②H]{①G}$

3-羧基环戊酮 $\xrightarrow{I}$ 3-乙氧羰基环戊酮 $\xrightarrow[②H_3O^+]{①Zn,BrCH_2COOC_2H_5} J \xrightarrow{\triangle} K$

$\xrightarrow{L}$ 1-乙氧羰基-3-($CH_2COOC_2H_5$)环戊烷 $\xrightarrow[②N]{①M}$ 双环[2.2.1]庚-2-酮

(2) 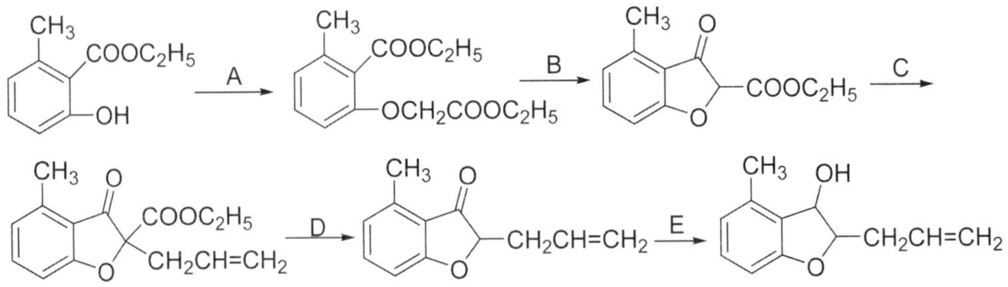

7. 写出从丙二酸二乙酯合成下列化合物所需的反应物。

(1) 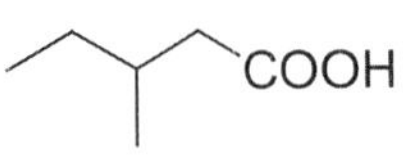

(2) 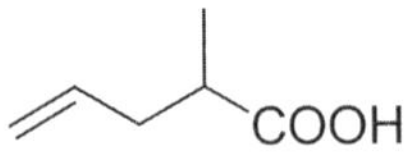

(3) 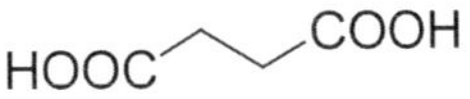

(4) 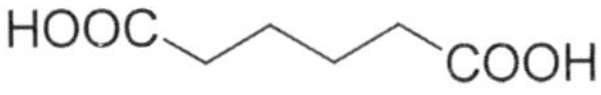

(5) 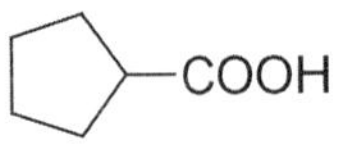

(6) 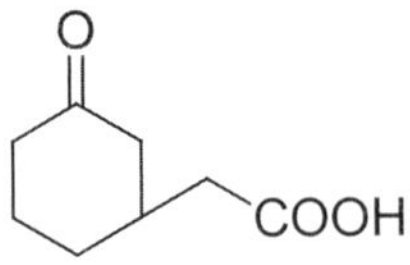

8. 写出从乙酰乙酸乙酯合成下列化合物所需的反应物。

(1) 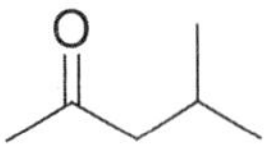

(2) 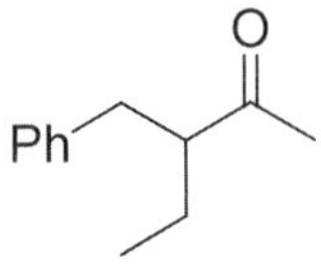

(3) 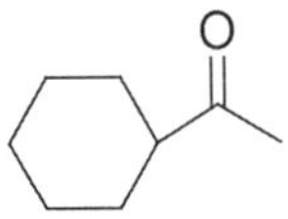

(4) 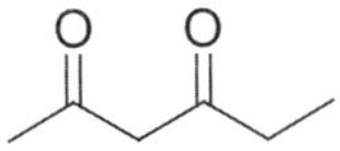

(5) 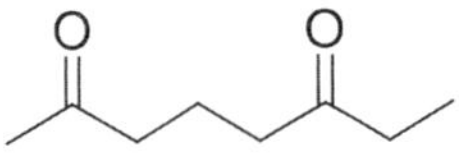

(6) 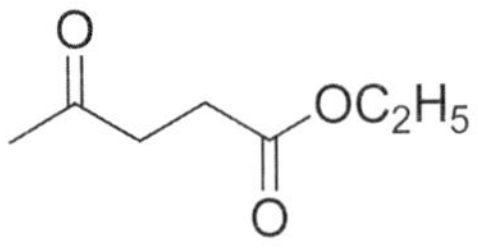

9. 推断化合物结构。

(1)酯 A($C_5H_{10}O_2$)用乙醇钠的乙醇溶液处理,得到另一酯 B($C_8H_{14}O_3$)。B 能使溴水褪色,将 B 用乙醇钠的乙醇溶液处理后,再与碘乙烷反应,又得到酯 C($C_{10}H_{18}O_3$)。C 不能使溴水褪色,用稀碱处理 C 后再酸化、加热,得到酮 D($C_7H_{14}O$)。D 不发生碘仿反应,用 Zn-Hg/HCl还原 D,则生成 3-甲基己烷。试推测 A～D 的结构。

(2)$CH_3COCH(CH_3)COOC_2H_5$ 在 C_2H_5OH 中,用 C_2H_5ONa 处理后加入环氧乙烷,可得到化合物 A($C_7H_{10}O_3$)。A 的 IR 光谱在 1745cm^{-1} 和 1715cm^{-1} 处有两个吸收峰;其 ^{1}H NMR光谱为:$\delta=1.3$ppm(单峰,3H),$\delta=1.7$ppm(三重峰,2H),$\delta=2.1$ppm(单峰,3H),$\delta=3.9$ppm(三重峰,2H)。试测 A 的结构及各峰的归属,并写出反应式。

10. 为下列反应提出合理的反应机理。

(1) 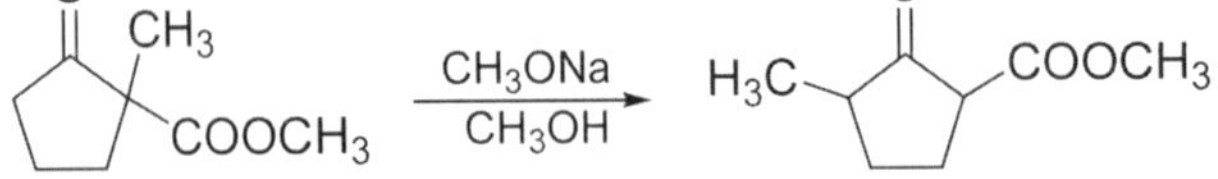

(2) $+\ CH_2{=}CH{-}\overset{\overset{\displaystyle O}{\|}}{C}{-}CH_3 \xrightarrow{C_2H_5ONa}$

(3) $\xrightarrow{C_2H_5ONa/C_2H_5OH} \xrightarrow{CH_3COOH}$ OH, C_6H_5

解析与答案

(14)

第 15 章　含氮有机化合物

一、知识点与要求

- ✧ 了解硝基化合物、胺的结构与物理性质，掌握胺命名方法。
- ✧ 掌握硝基化合物的还原反应与 α-H 酸性，硝基对苯环亲核与亲电取代反应的影响。
- ✧ 理解胺的碱性、影响因素及强弱，掌握胺的烷基化、酰化、磺酰化、亚硝酸及过氧化反应等，了解伯、仲、叔胺分离和鉴别方法，掌握芳胺苯环上的亲电取代反应。
- ✧ 掌握叔胺氧化物、季铵碱热消除反应及立体化学。
- ✧ 掌握胺制备方法。
- ✧ 掌握重氮盐的制备及其重氮盐的取代、偶联、还原反应，并能熟练应用于芳香族化合物的合成。
- ✧ 了解重氮甲烷的化学性质。
- ✧ 掌握烯胺的烷基化、酰基化反应在有机合成上的应用。
- ✧ 了解腈、异氰和异氰酸酯的化学性质

二、化学性质与制备

(一)硝基化合物的化学性质

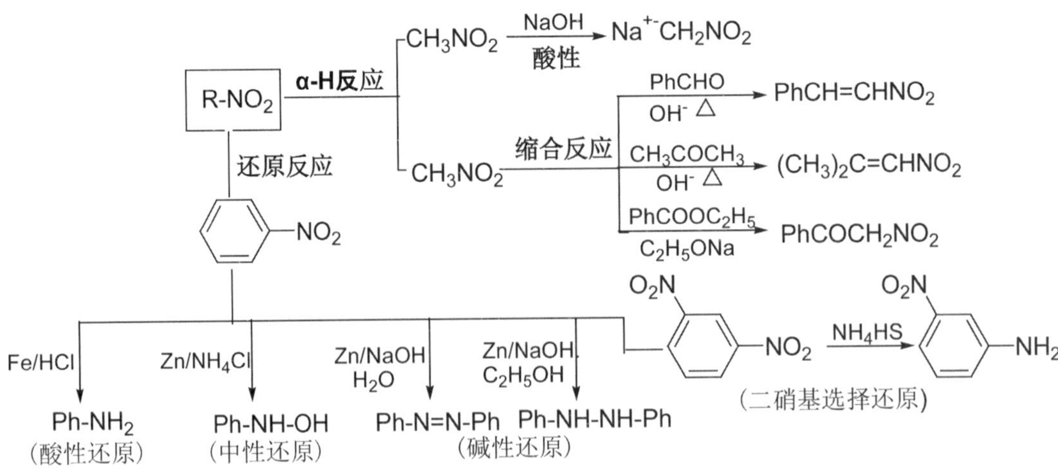

(二)胺的化学性质与制备

1. 胺的化学性质

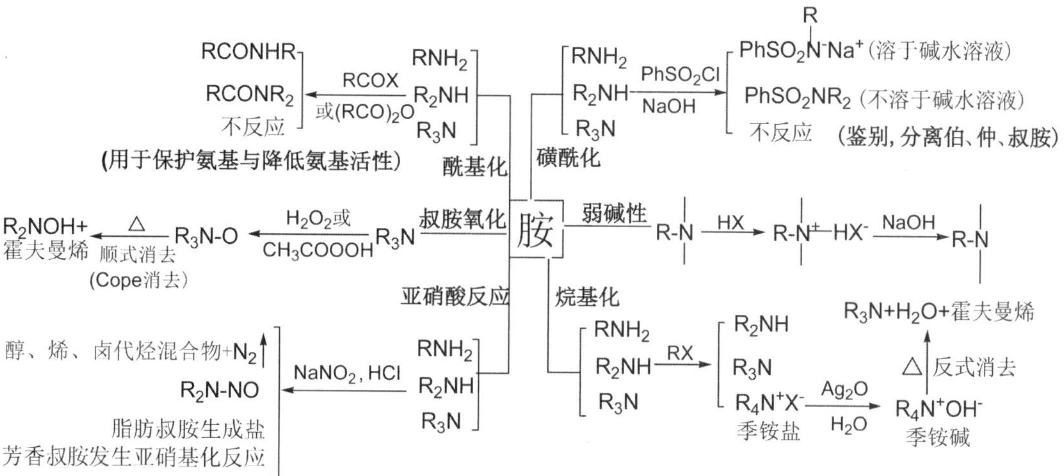

2. 芳胺苯环上的亲电取代反应

NH$_2$

磺化：H_2SO_4，△ → ^+H_3N—C$_6$H$_4$—SO_3^-

硝化：
- H_2SO_4 → $NH_3^+HSO_4^-$ → HNO_3 → OH^-, H_2O → NH$_2$、NO$_2$（间位）
- CH_3COCl → NHCOCH$_3$ → HNO_3 → OH^-, H_2O → NH$_2$、NO$_2$（对位）
- CH_3COCl → NHCOCH$_3$ → ① H_2SO_4 ② HNO_3 → OH^-, H_2O → NH$_2$、O$_2$N（邻位）

卤代：
- Br_2, H_2O → NH$_2$、Br、Br、Br
- CH_3COCl → Br_2 → OH^-, H_2O → NH$_2$、Br（对位）

酰基化：CH_3COCl → NHCOCH$_3$ → $PhCOCl$ / $AlCl_3$ → OH^-, H_2O → NH$_2$、COPh（对位）

3. 胺的制备

(1)还原法

①硝基化合物还原制伯胺

$$R\text{-}NO_2 \xrightarrow{\text{还原剂}} R\text{-}NH_2$$

还原剂：Fe(或 Zn、Sn)/HCl；H_2/Ni(或 Pt、Pd)；$LiAlH_4$

②腈还原制增加一个碳的伯胺

$$R\text{-}C\equiv N \xrightarrow[\text{或}LiAlH_4]{H_2/Ni} R\text{-}CH_2NH_2$$

③酰胺还原制相应的伯胺与仲胺

$$R-\overset{O}{\overset{\|}{C}}-NH_2 \xrightarrow{LiAlH_4/Et_2O} RCH_2NH_2\text{（伯胺）}$$

$$R-\overset{O}{\overset{\|}{C}}-NH-R' \xrightarrow{LiAlH_4/Et_2O} RCH_2NHR'\text{（仲胺）}$$

④肟还原制伯胺

$$\left.\begin{matrix} R-\overset{O}{\overset{\|}{C}}-H \\ R-\overset{O}{\overset{\|}{C}}-R' \end{matrix}\right] \xrightarrow[-H_2O]{NH_2OH} \left[\begin{matrix} R-CH=N-OH \\ R-\underset{R'}{\underset{|}{C}}=N-OH \end{matrix}\right] \xrightarrow{LiAlH_4/Et_2O} \left[\begin{matrix} RCH_2NH_2 \\ R-\underset{R'}{\underset{|}{C}H}-NH_2 \end{matrix}\right.\text{（伯胺）}$$

⑤醛、酮氨化还原制伯、仲、叔胺

$$R-\overset{O}{\overset{\|}{C}}-H \xrightarrow[-H_2O]{NH_3} R-CH=NH \xrightarrow[\text{或}LiAlH_4]{H_2/Ni} RCH_2-NH_2\text{（伯胺）}$$

$$R-\overset{O}{\overset{\|}{C}}-H \xrightarrow[-H_2O]{R'-NH_2} R-CH=N-R' \xrightarrow[\text{或}LiAlH_4]{H_2/Ni} RCH_2-NH-R'\text{（仲胺）}$$

$$R-\overset{O}{\overset{\|}{C}}-H \xrightarrow{R'-NH-R''} R-\overset{OH}{\overset{|}{C}H}-\underset{R''}{\underset{|}{N}}-R' \xrightarrow[\text{或}LiAlH_4]{H_2/Ni} R-CH_2-\underset{R''}{\underset{|}{N}}-R'\text{（叔胺）}$$

(2)卤代烃氨解制伯胺

$$RCH_2-X + NH_3(\text{过量}) \longrightarrow RCH_2NH_2 + NH_4X$$

(3)霍夫曼降级反应制备少一个碳的伯胺

$$R-\overset{O}{\overset{\|}{C}}-NH_2 \xrightarrow{Br_2,NaOH} RNH_2\text{（伯胺）}$$

(4)盖布瑞尔法制纯伯胺

$$\text{邻苯二甲酰亚胺(NH)} \xrightarrow{KOH} \text{邻苯二甲酰亚胺}N^-K^+ \xrightarrow{RX} \text{邻苯二甲酰亚胺}N-R \xrightarrow{NaOH,H_2O} RNH_2\text{（伯胺）} + C_6H_4(COONa)_2$$

(三)重氮盐的化学性质与制备

1. 重氮盐的化学性质

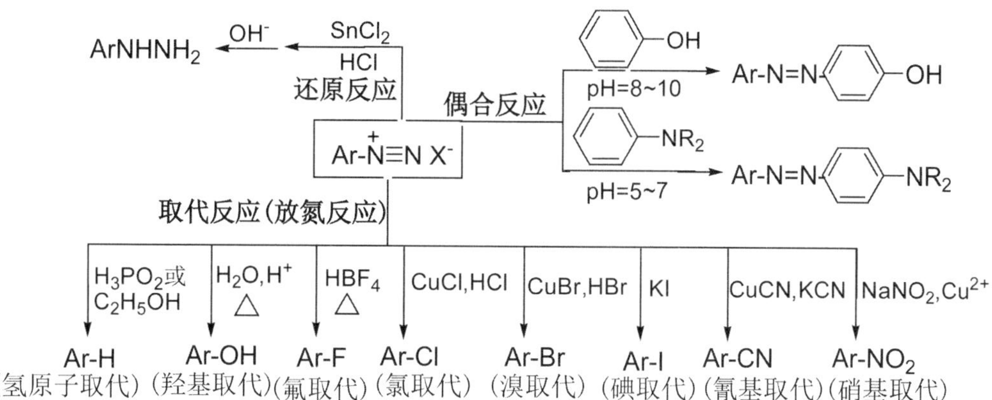

2. 重氮盐的制备

$$C_6H_5NH_2 \xrightarrow[0\sim5^\circ C]{NaNO_2, HCl(过量)} C_6H_5N_2^+Cl^-$$

$$C_6H_5NH_2 \xrightarrow[0\sim5^\circ C]{NaNO_2, H_2SO_4(过量)} C_6H_5N_2^+HSO_4^-$$

3. 重氮甲烷的性质

CH_2N_2 $\xrightarrow{RCOR}$ R-C(=O)-**CH₂**-R

CH_2N_2 $\xrightarrow{RCOCl}$ $\xrightarrow[H_2O]{Ag_2O}$ R-**CH₂**-COOH(阿恩特-艾斯特尔特反应)

CH_2N_2 甲基化：

$$\xrightarrow{ROH} ROCH_3$$

$$\xrightarrow{PhOH} PhOCH_3$$

$$\xrightarrow{RCOOH} RCOOCH_3$$

CH_2N_2 + C=C → 环丙烷(顺式加成)

(四)烯胺的制备及化学性质

1. 烯胺的制备

用至少含有一个 α-H 的醛、酮和**仲胺**在酸催化下，经亲核加成脱水生成。

$$-\overset{H}{\underset{|}{C}}-\overset{O}{\overset{\|}{C}}- + HNR_2 \longrightarrow -\overset{H}{\underset{|}{C}}-\overset{OH}{\underset{|}{C}}-NR_2 \xrightarrow[-H_2O]{H^+} -\underset{|}{C}=\underset{|}{C}-NR_2 \longleftrightarrow -\overset{-}{\underset{|}{C}}-\underset{|}{C}=N^+R_2$$

仲胺　　　　(烯胺)

其中，HNR_2 = （四氢吡咯），（哌啶），（吗啉）。

2. 化学性质

(1)烃基化

C_6H_5-CH(CH_3)-CHO $\xrightarrow[H^+]{\text{四氢吡咯}}$ C_6H_5-C(CH_3)=CH-N(吡咯烷基) $\xrightarrow{RX}$ C_6H_5-CR(CH_3)-CH=N⁺(吡咯烷) $\xrightarrow{H_3O^+}$ C_6H_5-CR(CH_3)-CHO

(α-烷基取代醛)

环己酮 $\xrightarrow[H^+]{\text{四氢吡咯}}$ 1-吡咯烷基环己烯 $\xrightarrow{RX}$ 2-R-环己亚胺盐 $\xrightarrow{H_3O^+}$ 2-R-环己酮

(α-烷基取代酮)

(2)酰基化

环己酮 $\xrightarrow[H^+]{\text{四氢吡咯}}$ 1-吡咯烷基环己烯 $\xrightarrow{RCOCl}$ 2-(CO-R)-环己亚胺盐 $\xrightarrow{H_3O^+}$ 2-(CO-R)-环己酮

(α-酰基取代酮)
(1,3-二酮)

(五)腈、异氰和异氰酸酯的化学性质

1. 腈的性质

R-C≡N：

- $\xrightarrow[\text{水解}]{H_2O,H^+}$ RCOOH
- $\xrightarrow[\text{醇解}]{R'OH/H_2O,H^+}$ RCOOR'
- $\xrightarrow[\text{还原}]{H_2/Ni}$ RCH_2NH_2
- α-H的活性：$CH_3CH_2CN + C_6H_5CHO \xrightarrow[\triangle]{C_2H_5ONa} C_6H_5CH=C(CH_3)-CN$
- 格氏试剂反应：$\xrightarrow[Et_2O]{R'MgX}$ R-C(R')=N-MgX $\xrightarrow{H_2O}$ R-C(R')=N-H $\xrightarrow{H_2O}$ R-C(R')=O $\xrightarrow{R'MgX}\xrightarrow{H_2O}$ R-C(OH)(R')-R'

2. 异氰的性质

R-N≡C：

- $\xrightarrow[\triangle]{\text{异构化}}$ RCN
- $\xrightarrow[\text{还原}]{H_2/Ni}$ $RNHCH_3$
- $\xrightarrow[\text{水解}]{H_2O,H^+}$ RNH_2 + HCOOH
- $\xrightarrow[\text{氧化}]{HgO}$ R-N=C=O + Hg

3. 异氰酸酯的性质

异氰酸酯 R-N=C=O 的加成反应：

胺加成：$R\text{-}N{=}C{=}O \xrightarrow{R'NH_2} R\text{-}N{=}C(OH)\text{-}NHR' \rightleftharpoons R\text{-}NH\text{-}C(=O)\text{-}NHR'$

醇加成：$R\text{-}N{=}C{=}O \xrightarrow{R'OH} R\text{-}N{=}C(OH)\text{-}OR' \rightleftharpoons R\text{-}NH\text{-}C(=O)\text{-}OR'$

水加成：$R\text{-}N{=}C{=}O \xrightarrow{H_2O} R\text{-}N{=}C(OH)\text{-}OH \rightleftharpoons R\text{-}NH\text{-}C(=O)\text{-}OH \xrightarrow[-CO_2]{\triangle} RNH_2$

酸加成：$R\text{-}N{=}C{=}O \xrightarrow{R'COOH} R\text{-}N{=}C(OH)\text{-}O\text{-}C(=O)\text{-}R' \rightleftharpoons R\text{-}NH\text{-}C(=O)\text{-}O\text{-}C(=O)\text{-}R' \xrightarrow[-CO_2]{\triangle} R\text{-}NH\text{-}C(=O)\text{-}R'$

三、重难点知识概要

1. 硝基对芳环的影响

硝基是一种强的致钝基，对邻对位碳的电子云密度降低作用较间位碳明显，所以亲电取代较苯难，主要产物为间位，而亲核取代较苯易，主要产物为邻对位。当硝基的邻对位是卤素时，卤素的亲核取代反应活性提高；硝基的存在使酚、芳香酸的酸性增强，而使芳胺的碱性减弱。

2. 胺的碱性强弱及影响因素

胺的碱性强弱与 N 原子上电子云密度高低、空间位阻大小和铵正离子的溶剂化作用强弱有关。胺的碱性有如下规律：

(1)不同胺的碱性

不同种类的胺碱性强弱为：脂肪胺＞氨＞芳胺。相对于氨分子中的氢原子，烷基是供电子基，使 N 原子上电子云密度升高，接受质子能力增大，碱性增强；苯胺 N 原子上的未共用电子对与苯环发生 p-π 共轭，使 N 原子上的电子云密度降低，接受质子能力减弱，碱性降低。

(2)脂肪胺的碱性

①在气相或非质子溶剂中，因烷基的供电子效应，碱性为：叔胺＞仲胺＞伯胺。

②在水溶液中，因电子效应、空间效应和溶剂化效应，碱性为：仲胺＞叔胺＞伯胺。

(3)取代芳胺的碱性

①对位时，诱导效应和共轭效应共同影响碱性，吸电子基使碱性降低，供电子基使碱性增强。

②间位时，只考虑诱导效应，供电子诱导效应使碱性增强，吸电子诱导效应使碱性减弱。

③邻位时，受电子效应、空间效应、氢键等因素影响，碱性不规则。

3. 胺的烷基化反应

胺与伯卤代烷是 S_N2 机理，先生成伯胺盐，然后伯胺盐与未反应的胺发生质子转移，释放出仲胺，生成的仲胺继续反应，直至生成季铵盐。

$$CH_3CH_2NH_2 + CH_3Cl \longrightarrow CH_3CH_2\overset{+}{N}H_2(CH_3)Cl^- \xrightarrow[-CH_3CH_2NH_3^+Cl^-]{CH_3CH_2NH_2} CH_3CH_2NHCH_3 \xrightarrow{CH_3Cl}$$

$$CH_3CH_2\overset{+}{N}H(CH_3)_2Cl^- \xrightarrow[-CH_3CH_2NH_3^+Cl^-]{CH_3CH_2NH_2} CH_3CH_2\text{-}N(CH_3)\text{-}CH_3 \xrightarrow{CH_3Cl} CH_3CH_2N^+(CH_3)_3Cl$$

而用过量的氨可以生成伯胺，用过量的伯卤代烷生成季铵盐。

$$CH_3CH_2Cl + NH_3(\text{过量}) \longrightarrow CH_3CH_2NH_2 + NH_4Cl$$

$$PhCH_2NH_2 + 3CH_3I \longrightarrow PhCH_2N^+(CH_3)_3I^-$$

4. 季铵碱受热消去反应（霍夫曼热消去）

季铵碱受热时发生 E2 消去，OH^- 结合 β-H 生成烯烃、叔胺和水。

$$OH^- + H\text{-}\overset{\beta}{C}\text{-}C\text{-}N^+R_3 \xrightarrow[E2]{\triangle} C{=}C + R_3N + H_2O$$

①当有多个 β-H 时，碱与 β-H 多的消去（酸性强），主要得到双键上取代基较少的烯烃（霍夫曼规则）。

$$CH_3CH_2\overset{\beta}{C}H(\beta CH_3)\text{-}N^+(CH_3)_3OH^- \xrightarrow{\triangle} CH_3CH_2CH{=}CH_2 + (CH_3)_3N + H_2O$$

②若 β-C 上带有吸电子基或能形成共轭体系时，主要产物不服从霍夫曼规则。

$$\left[H_3C\text{-}N(CH_2\overset{\beta}{C}H_3)(CH_3)\text{-}CH_2\overset{\beta}{C}H_2\text{-}C_6H_5\right]^+OH^- \xrightarrow{\triangle} C_6H_5CH{=}CH_2 + CH_3CH_2N(CH_3)_2 + H_2O$$

$$\left[H_3C\text{-}N(CH_2\overset{\beta}{C}H_3)(CH_3)\text{-}CH_2\overset{\beta}{C}H_2\text{-}Br\right]^+OH^- \xrightarrow{\triangle} CH_2{=}CHBr + CH_3CH_2N(CH_3)_2 + H_2O$$

③霍夫曼消去的立体化学是反式同平面。

$$\text{(2-methylcyclohexyl)}N^+(CH_3)_3OH^- \xrightarrow{\triangle} \text{3-methylcyclohexene} + (CH_3)_3N + H_2O$$

④不含 β-H 的季铵碱受热，分解生成醇和叔胺。

$$(CH_3)_4N^+OH^- \xrightarrow{\triangle} CH_3OH + (CH_3)_3N$$

5. 叔胺氧化和科普(Cope)消去反应

叔胺用 H_2O_2 或过氧酸氧化，生成叔胺氧化物，后者在加热条件下与 β-H 发生顺式消去。

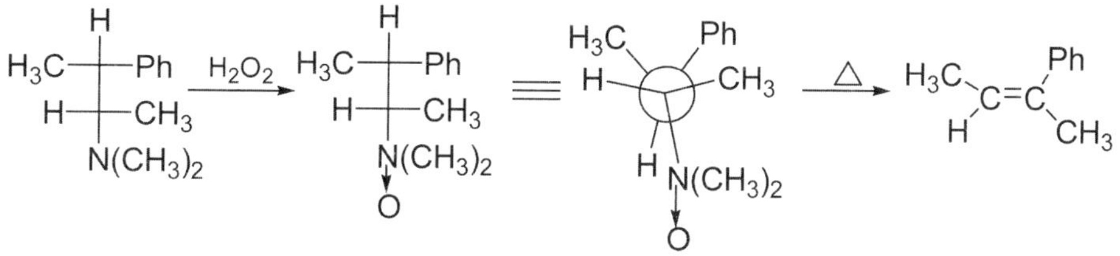

H
H_3C—Ph　H_2O_2　H_3C—Ph　≡　H_3C　Ph　△　H_3C　Ph
H—CH_3　H—CH_3　H　CH_3　C=C
$N(CH_3)_2$　$N(CH_3)_2$　H　$N(CH_3)_2$　H　CH_3
O　O

6. 重氮盐与苯酚和芳胺偶联时介质的酸碱性

重氮盐是一个弱的亲电试剂，它只能和高度活化的芳环(如苯酚、*N*,*N*-二甲苯胺等)反应；在重氮基的邻对位引入强的吸电子基(如硝基、磺酸基等)能增加重氮基的亲电性能；由于重氮阳离子体积较大，偶联首先发生在酚和芳胺的对位。重氮盐和酚偶联反应在弱碱性(pH＝8～10)条件下进行，因为在弱碱性介质中，部分酚转化为酚氧负离子，更有利于亲电试剂的进攻。当 pH＞10 时，重氮阳离子就转变成重氮氢氧化物(重氮酸)，直至重氮酸阴离子，后两者不发生偶联反应。

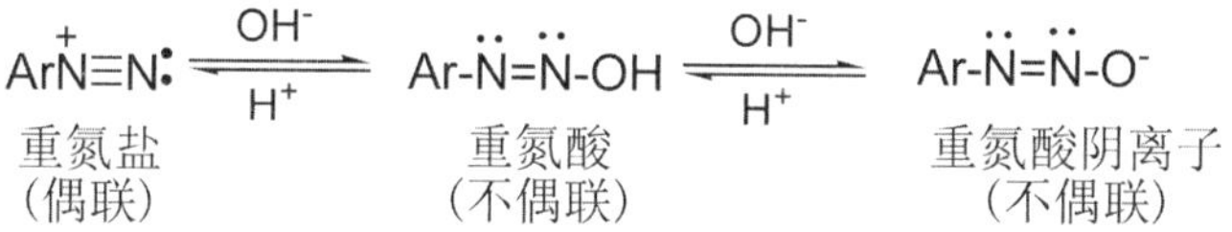

$$\mathrm{Ar\overset{+}{N}{\equiv}N:} \underset{H^+}{\overset{OH^-}{\rightleftharpoons}} \mathrm{Ar\text{-}N{=}N\text{-}OH} \underset{H^+}{\overset{OH^-}{\rightleftharpoons}} \mathrm{Ar\text{-}N{=}N\text{-}O^-}$$

重氮盐　　重氮酸　　重氮酸阴离子
(偶联)　　(不偶联)　　(不偶联)

重氮盐与三级芳胺偶联通常在弱酸性(pH＝5～7)条件下进行，因为在弱酸性条件下，重氮盐保持了最大浓度的阳离子，也不至于将胺转变为不发生反应的铵盐阳离子。

7. 烯胺在有机合成上用途

烯胺是良好的亲核试剂，带负电的 α-C 具有很高的亲核性，可发生类似于 1,3-二羰基化合物的反应，如与卤代烷的烷基化、酰卤的酰基化及迈克尔共轭加成等，可以在活性较小的醛、酮的 α 位上连接上烷基或酰基。

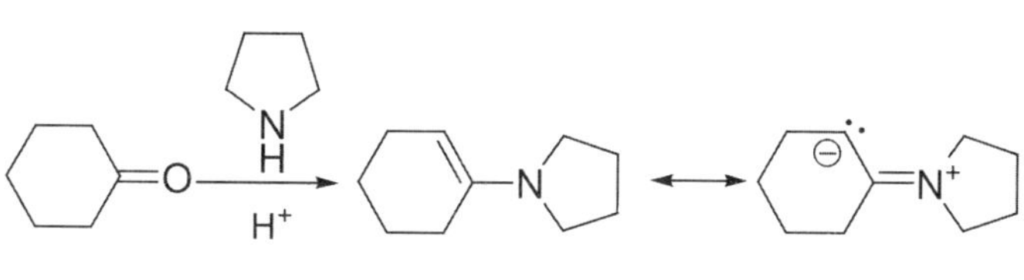

O　NH(吡咯烷)　H⁺　N　⟷　⊖　=N⁺

四、典型例题

例 1　比较下列化合物的碱性强弱。

A. $CH_3CH_2NH_2$　B. $(CH_3CH_2)_2NH$　C. $(CH_3)_4N^+OH^-$　D. 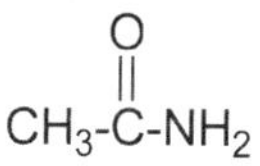 $CH_3\text{-}\overset{O}{\overset{\|}{C}}\text{-}NH_2$

E. $(CH_3CH_2)_3N$　F. 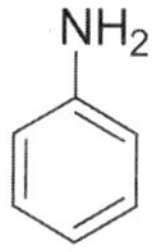 NH_2(苯胺)　G. 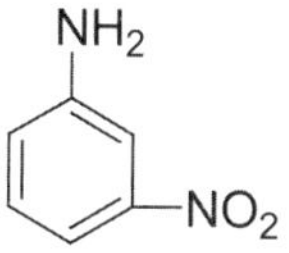 NH_2、NO_2　H. 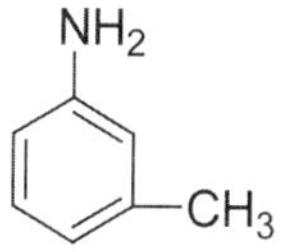 NH_2、CH_3

I. (4-nitroaniline) J. (4-methylaniline) K. (phthalimide)

［解析］ 酰胺D为中性，酰亚胺K为酸性，季铵碱C为强碱，其他为弱碱；脂肪胺碱性强于芳胺，脂肪胺碱性B＞A＞E，芳胺碱性H、J＞F＞G、I（甲基供电子，硝基吸电子），间位只有诱导效应，对位既有诱导效应又有共轭效应，故J＞H，G＞I。C＞B＞A＞E＞J＞H＞F＞G＞I＞D＞K。

例2 解释下列反应事实，写出B转化为A的反应机理。

$HOCH_2CH_2NH_2 \xrightarrow[K_2CO_3]{1mol\ CH_3COCl} HOCH_2CH_2NH\text{-}C(=O)\text{-}CH_3$ (A)

$HOCH_2CH_2NH_2 \xrightarrow[HCl]{1mol\ CH_3COCl} CH_3\text{-}C(=O)\text{-}OCH_2CH_2NH_3^+Cl^-$ (B) $\xrightarrow{K_2CO_3}$ (A)

［解析］ 碱性条件下，—NH_2的亲核性比—OH强，酰化反应首先发生—NH_2，生成A。在酸性条件下，—NH_2被质子化生成—NH_3^+，失去亲核性，所以—OH被酰基化形成酯B。B在碱作用下，质子化的胺游离出来，然后发生分子内酯的氨解反应，生成A。

$CH_3\text{-}C(=O)\text{-}OCH_2CH_2NH_3^+Cl^-$ (B) $\xrightarrow{K_2CO_3}$ $CH_3\text{-}C(=O)\text{-}OCH_2CH_2NH_2$ ⇌ (四面体中间体，H_3C、^-O、H_2N^+成环) $\xrightarrow[-HCO_3^-]{CO_3^{2-}}$

(四面体中间体，H_3C、^-O、HN成环) ⟶ $CH_3\text{-}C(=O)\text{-}NHCH_2CH_2O^-$ $\xrightarrow[-CO_3^{2-}]{HCO_3^-}$ $CH_3\text{-}C(=O)\text{-}NHCH_2CH_2OH$ (A)

例3 写出下列反应的主要产物（有 * 标注的，写出立体结构式）。

(1) 2,6-二硝基甲苯（CH_3，O_2N，NO_2）$\xrightarrow[OH^-\ \triangle]{C_6H_5CHO}$

(2) 环戊酮 $\xrightarrow[TsOH]{\text{四氢吡咯(NH)}}$ $\xrightarrow[②\ H_3O^+]{①\ CH_2=CHCH_2Br}$

(3) 间二硝基苯（NO_2，NO_2）$\xrightarrow{Fe,HCl}$

$\xrightarrow{NH_4HS}$

(4) 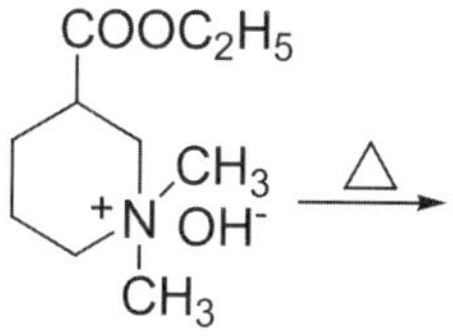 [3-(ethoxycarbonyl)-1,1-dimethylpiperidinium hydroxide, $COOC_2H_5$, $^+N(CH_3)_2\ OH^-$] $\xrightarrow{\triangle}$

(5) H_3C-cyclohexane-OH, NH_2 $\xrightarrow{HNO_2}$

(6) 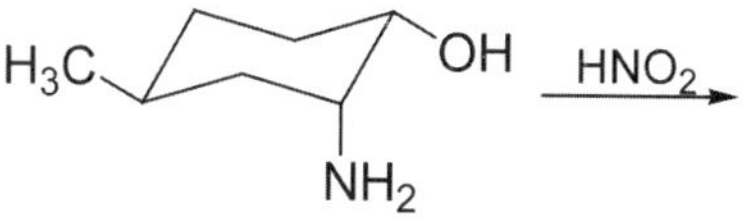 H_3C-cyclohexane-OH, NH_2 $\xrightarrow{HNO_2}$

*(7) 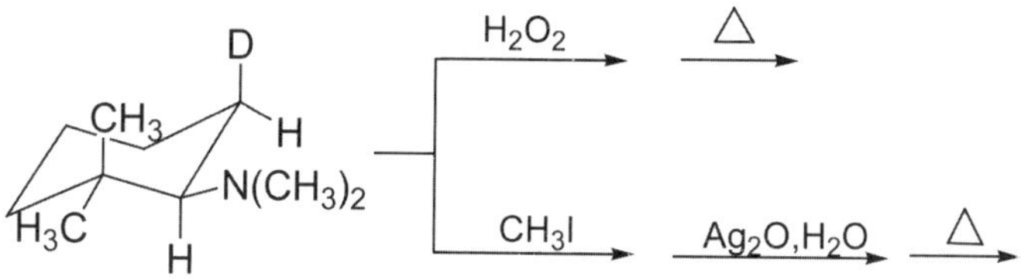 [D, H, CH_3, H_3C, $N(CH_3)_2$, H] $\xrightarrow{H_2O_2}$ $\xrightarrow{\triangle}$; $\xrightarrow{CH_3I}$ $\xrightarrow{Ag_2O,H_2O}$ $\xrightarrow{\triangle}$

*(8) 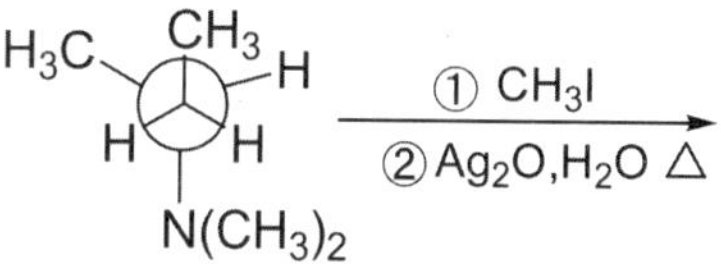 [Newman projection: H_3C, CH_3, H, H, H, $N(CH_3)_2$] $\xrightarrow[\text{② } Ag_2O,H_2O\ \triangle]{\text{① } CH_3I}$

［解析］ (1)由于—NO_2 有吸电子作用，使—CH_3 上氢具有较强的酸性，在碱催化下，发生类似于羟醛缩合的反应。

(2)酮与仲胺生成烯胺，烯胺带负电的 α-C 与卤代烃发生亲核取代反应，最后水解生成 α-取代酮。

(1) 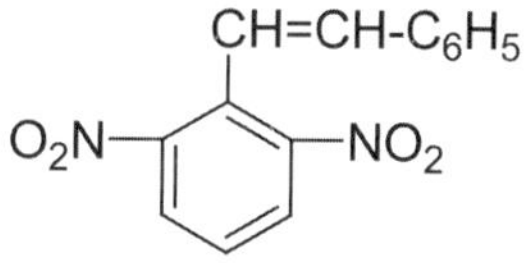 O_2N-benzene(-$CH=CH-C_6H_5$)-NO_2　(2) cyclopentenyl-N(pyrrolidine)　2-($CH_2CH=CH_2$)cyclopentanone (=O)

(3)硝基酸性还原为氨基，NH_4HS 选择还原其中一个硝基。

(4)季铵碱受热发生霍夫曼消去，该化合物能生成共轭体系，所以不符合霍夫曼规则。

(3) 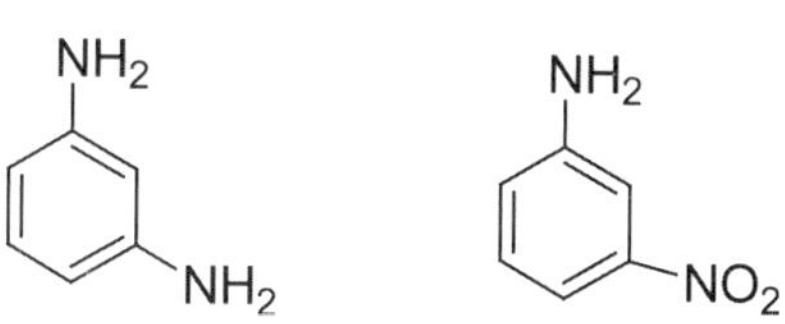 m-$C_6H_4(NH_2)_2$　m-NH_2-C_6H_4-NO_2　(4) $CH_2=C(COOC_2H_5)CH_2CH_2CH_2N(CH_3)$-$CH_3$

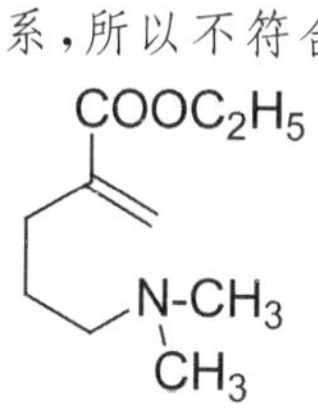

(5)、(6)—NH_2 与 HNO_2 生成不稳定的重氮盐，放出 N_2 后形成碳正离子，发生类似于频哪醇的重排，迁移基团与离去基团处于反式位置。

(5)  H_3C-cyclohexane-OH, N_2^+ $\rightleftharpoons$ H_3C-cyclohexane-$\overset{+}{C}H$-OH $\xrightarrow{-H^+}$ H_3C-cyclohexane-CHO

(6) 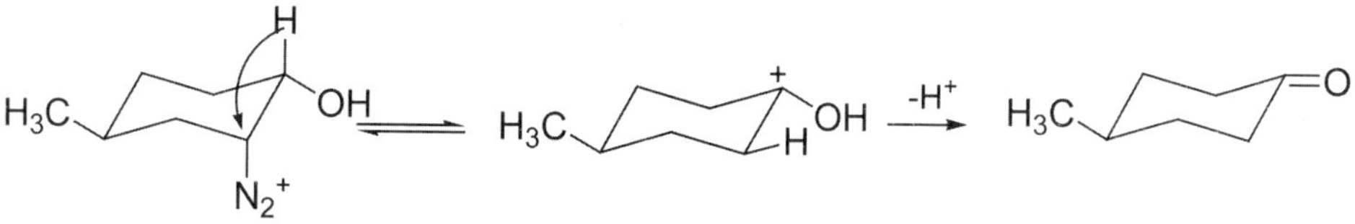 H_3C-cyclohexane(H)-OH, N_2^+ $\rightleftharpoons$ H_3C-cyclohexane($\overset{+}{C}$-OH, H) $\xrightarrow{-H^+}$ H_3C-cyclohexanone (=O)

(7)叔胺被 H_2O_2 氧化为叔胺氧化物，后者加热发生顺式消去；叔胺与卤代烃生成季铵盐，后者转化为季铵碱，季铵碱受热发生反式同平面的消去，得霍夫曼烯。

(7) D, CH_3, H, $N(CH_3)_2$, H_3C, H, O　　CH_3, H, H_3C, H　　D, CH_3, H, $\overset{+}{N}(CH_3)_2$ I^-, H_3C, H, CH_3　　D, CH_3, H, $\overset{+}{N}(CH_3)_2OH^-$, H_3C, H, CH_3　　D, CH_3, H_3C, H

(8)由于季铵碱消去是反式同平面，稳定构象是 B 不是 A。

A. H_3C, H, H, H_3C, H, $^+N(CH_3)_3$ OH^-　　B. H_3C, H, H, H, CH_3, $^+N(CH_3)_3$ OH^-　　H, CH_3, C=C, H_3C, H

例 4　用指定的原料合成下列化合物。

(1) 甲苯 ⟶ 间氯甲苯（CH_3, Cl）

(2) 甲苯 ⟶ CH_3, CN, O_2N

(3) 苯 ⟶ $NHCH_2CH_3$

(4) 环己酮（O）⟶ O, CH_2-$CH_2COOC_2H_5$

[解析]　(1)—CH_3 为邻对位定位基，直接氯代不能得到间位产物，应采取在—CH_3 的对位引入定位能力更强、方便去除的邻对位定位基(如—NH_2)，合成目标化合物之前要降低—NH_2 的活性，防止多取代。

CH_3 $\xrightarrow[H_2SO_4]{HNO_3}$ CH_3, NO_2 $\xrightarrow{Fe,HCl}$ CH_3, NH_2 $\xrightarrow{(CH_3CO)_2O}$ CH_3, $NHCOCH_3$ $\xrightarrow[Fe]{Cl_2}$ CH_3, Cl, $NHCOCH_3$

$\xrightarrow{H_3O^+}$ CH_3, Cl, NH_2 $\xrightarrow{NaNO_2,HCl}$ CH_3, Cl, $N_2^+Cl^-$ $\xrightarrow{H_3PO_2}$ CH_3, Cl

(2)—CN 不能直接引入苯环，可通过重氮盐转化生成，甲苯直接硝化得不到间位产物，可先在—CH_3 邻位引入—NH_2，然后在相应的位置引入—NO_2，要注意保护—NH_2，以免被氧化。

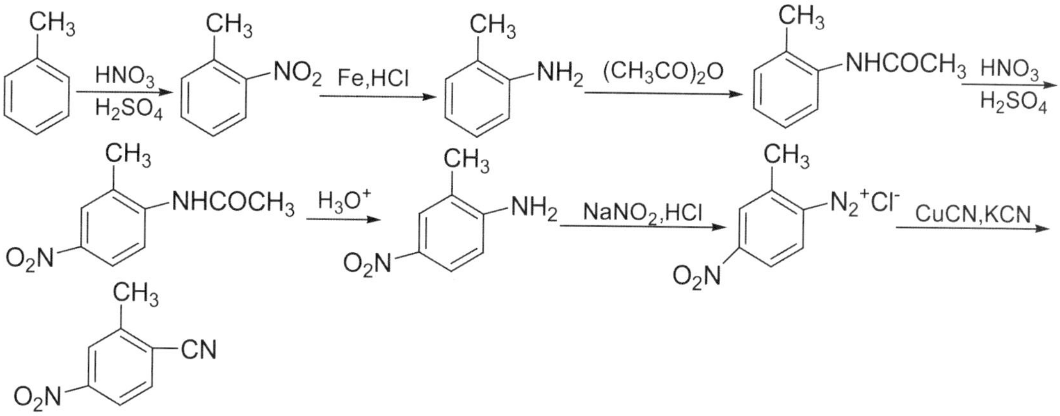

(3)仲胺可用苯胺酰化反应生成酰胺后再还原来制备(苯胺直接烷基化，容易生成伯、仲、叔及季铵盐混合物)。

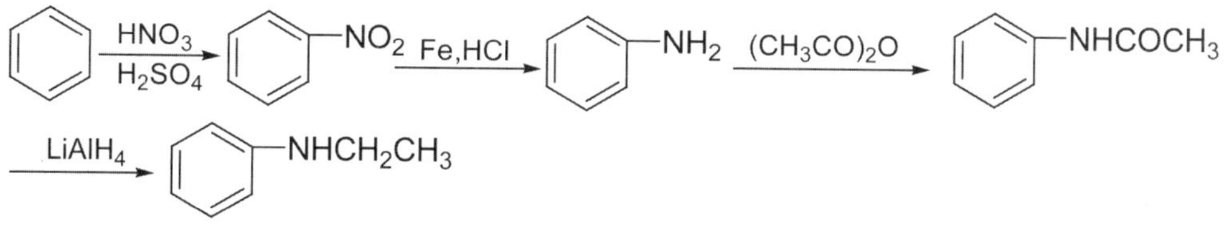

(4)目标分子可通过环己酮与 $CH_2=CHCOOC_2H_5$ 进行共轭加成(迈克尔反应)生成。为增加环己酮的 α-H 活性且避免酮自身缩合副反应，先将环己酮与仲胺反应，生成烯胺，然后进行加成，最后水解恢复酮基。

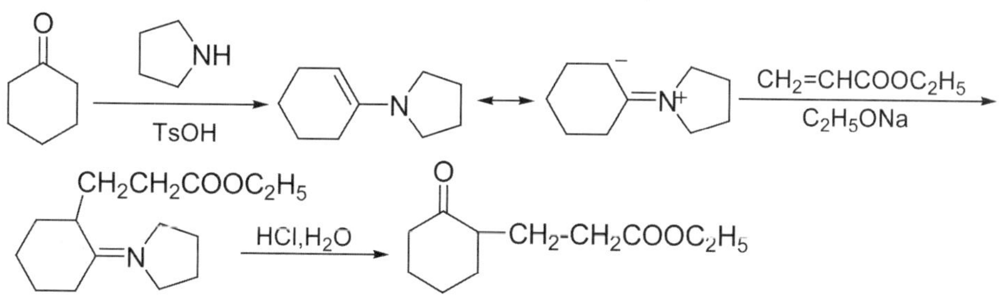

例 5　用化学方法分离 $PhNH_2$、$PhNHCH_3$、$PhN(CH_3)_2$。

[解析]　伯、仲、叔胺混合物，可用苯磺酰氯和氢氧化钠试剂反应进行分离。流程如下：

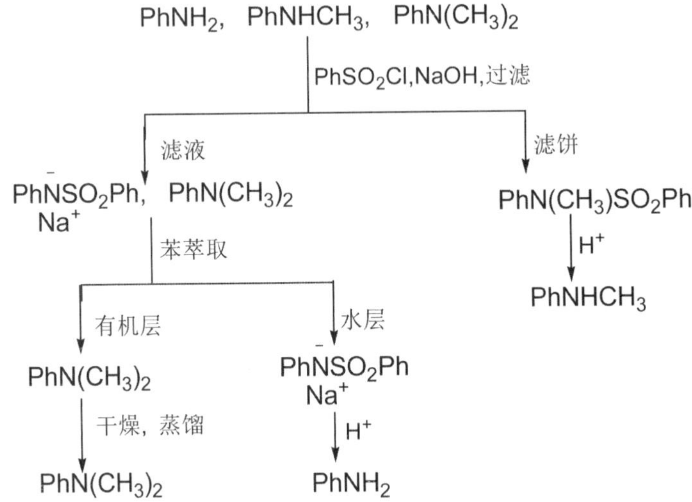

五、巩固提高

1. 按指定性质从强到弱排列次序。

(1)化合物的碱性

①A. NH_3　　B. CH_3NH_2　　C. （四氢吡咯）NH　　D. （苯胺）NH_2

E. （对硝基苯胺）NH_2，NO_2　　F. （对甲基苯胺）NH_2，CH_3

②A. $CH_3CH_2NH_2$　　B. $ClCH_2CH_2NH_2$　　C. $NCCH_2CH_2NH_2$　　D. $CF_3CH_2NH_2$

③A. （哌啶）N H　　B. （苯环）$-NH_2$　　C. （苯环）$-NHCH_3$

D. （苯环）-NH-Ph　　E. （苯环）-N-Ph，Ph

(2)偶联反应的活性

①A. （苯酚）OH　　B. （对氯苯酚）OH，Cl　　C. （对甲基苯酚）OH，CH_3　　D. （对氨基苯酚）OH，NH_2

E. （对羟基苯乙酮：OH 对位 $COCH_3$）　F. （对硝基苯酚：OH 对位 NO_2）

②A. （$C_6H_5N_2^+Cl^-$）　B. （$N_2^+Cl^-$ 对位 $N(CH_3)_2$）　C. （$N_2^+Cl^-$ 对位 NO_2）　D. （$N_2^+Cl^-$ 对位 OCH_3）

E. （$N_2^+Cl^-$ 对位 Cl）

2.写出下列反应的主要产物(有 * 标注的,写出立体结构式)。

(1) （喹诺里西啶环上带 $-\overset{O}{\overset{\|}{C}}-CH_3$）$\xrightarrow[\text{② }Ag_2O\ \triangle]{\text{①}CH_3I}$

*(2) （Newman 投影式：前碳 Ph、H、H；后碳 C_2H_5、CH_3、$N(CH_3)_2$）$\xrightarrow[\triangle]{H_2O_2}$

(3) $C_6H_5-\underset{CH_3}{\overset{OH}{C}}-\overset{NH_2}{CH}-CH_3 \xrightarrow{NaNO_2+HCl}$

(4) （邻硝基甲苯）$\xrightarrow[C_2H_5ONa]{HCOOC_2H_5}$

(5) （3,4-二氯硝基苯）$\xrightarrow{C_2H_5OH/C_2H_5ONa}$

(6) $H_2N-C_6H_4-C_6H_4-OH \xrightarrow[pH=8\sim10]{PhN_2^+Cl^-}$

*(7) （Fischer 投影式：上 CH_3；H—C—Ph；H—C—CH_3；下 $N(CH_3)_2$）$\xrightarrow[\text{② }Ag_2O\ \triangle]{\text{①}CH_3I}$

3.写出下列各步反应的主要产物。

(1) 环己基-$CH_2CN \xrightarrow{H_3O^+} \xrightarrow{SOCl_2} \xrightarrow{(CH_3)_2NH} \xrightarrow[②H_2O]{①LiAlH_4}$

(2) 2-甲基环戊酮 $\xrightarrow[H^+]{四氢吡咯} \xrightarrow{CH_2=CHCOOC_2H_5} \xrightarrow{H^+}$

(3) $H_3C-C_6H_4-NO_2 \xrightarrow{Fe+,HCl} \xrightarrow[0\sim5℃]{NaNO_2,HCl} \xrightarrow[pH=10]{2-萘酚(OH)}$

(4) $C_2H_5-C_6H_4-NH_2 \xrightarrow{(CH_3CO)_2O} \xrightarrow{HNO_3/H_2SO_4} \xrightarrow{OH^-,H_2O} \xrightarrow[0\sim5℃]{NaNO_2,HCl} \xrightarrow{H_3PO_2}$

(5) $C_6H_5-CH(CH_3)-COOH \xrightarrow{SOCl_2} \xrightarrow{CH_2N_2} \xrightarrow[②H_2O]{①Ag_2O}$

4.以正溴丁烷为有机原料合成下列化合物。

(1)正丁胺　(2)正丙胺　(3)正戊胺

(4)二丁胺　(5)4-辛胺

5.用指定的原料合成下列化合物。

(1) 苯 → 2-羟基间苯二甲酸（HOOC、OH、COOH）

(2) 苯 → 间氟氯苯（F、Cl）

(3) 苯和CH_3COCl → $C_2H_5-C_6H_4-N=N-C_6H_4-OH$

(4) 苯 → $Br-C_6H_4-C_6H_4-Br$

(5) 环戊酮 → 环己酮

6.以甲苯为原料合成下列化合物。

(1) 3,5-二溴甲苯（CH_3、Br、Br）

(2) 间碘甲苯（CH_3、I）

(3) 2-甲氧基-5-甲基苯甲酸（OCH_3、COOH、CH_3）

(4) 2-羟基-5-甲基-2'-甲基偶氮苯（OH、H_3C、N=N、H_3C）

7. 用简便的化学方法鉴别下列各组化合物。

(1)苯胺、苯酚、环己醇、环己胺、环己酮、苯甲酸

(2)苯胺、*N*-甲基苯胺、*N*,*N*-二甲基苯胺、苄胺

8. 结构推断题。

(1)化合物 A($C_{22}H_{27}NO$)不溶于酸和碱，与浓盐酸共热得一溶液，冷却后有苯甲酸晶体析出，过滤后滤液用碱处理后，有液体 B 分出，若 B 与苯甲酰氯反应，又得到 A。B 用 $NaNO_2$/HCl 溶液处理，无气体放出；B 与过量的 CH_3I 反应后用湿的 Ag_2O 处理，再加热，得化合物 C($C_9H_{19}N$)和苯乙烯。C 与过量的 CH_3I 反应后用湿 Ag_2O 处理，再加热，得烯烃 D(C_7H_{12})。用酸性 $KMnO_4$ 氧化 D，得环己酮。试推断 A～D 的结构式。

(2)化合物 A($C_8H_{17}N$)与过量 CH_3I 作用得到 B($C_9H_{20}NI$)。B 用湿 Ag_2O 处理并加热生成 C($C_9H_{19}N$)。C 与过量 CH_3I 作用，并用湿 Ag_2O 处理及加热得到 D(C_7H_{12})和 $(CH_3)_3N$。D 经氧化生成 2,4-戊二酮。试推测A～D的结构式。

解析与答案

(15)

第16章 杂环化合物

一、知识点与要求

- ✧ 了解杂环化合物的类型，掌握杂环化合物的命名方法。
- ✧ 理解呋喃、吡咯、噻吩、吡啶环的结构与芳香性、亲电活性的关系。
- ✧ 掌握呋喃、吡咯、噻吩亲电取代反应、定位规律，了解其合成及鉴别方法。
- ✧ 掌握吡啶的碱性、亲电取代、亲核取代、还原反应和2,4,6-侧链α-H的活性，了解吡啶环的合成及鉴别方法。
- ✧ 掌握吲哚、喹啉、异喹啉的碱性、亲电取代、亲核取代、氧化反应、还原反应。

二、化学性质与制备

(一)五元杂环

1. 吡咯、呋喃、噻吩的化学性质

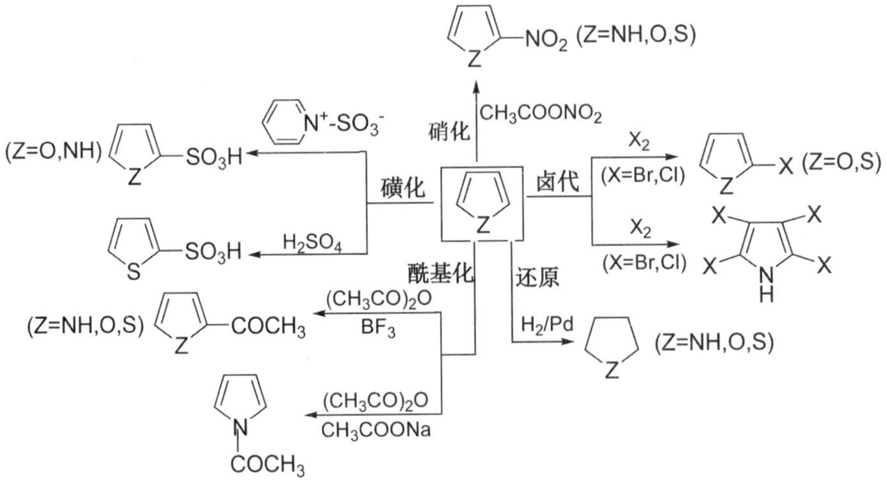

硝化：CH_3COONO_2 → 2-硝基产物 $-NO_2$ (Z=NH,O,S)

磺化：吡啶-SO_3（$N^+-SO_3^-$）→ 2-SO_3H (Z=O,NH)；噻吩 + H_2SO_4 → 2-噻吩磺酸（$-SO_3H$）

卤代：X_2 (X=Br,Cl) → 2-卤代产物 $-X$ (Z=O,S)；吡咯 + X_2 (X=Br,Cl) → 2,3,4,5-四卤代吡咯

酰基化：$(CH_3CO)_2O$ / BF_3 → 2-$COCH_3$ (Z=NH,O,S)；吡咯 + $(CH_3CO)_2O$ / CH_3COONa → N-$COCH_3$

还原：H_2/Pd → 四氢产物 (Z=NH,O,S)

吡咯、呋喃的特性：

类似苯酚的性质：吡咯 + $CHCl_3/OH^-$ → 2-CHO 吡咯；吡咯 + $PhN_2^+Cl^-$ → 2-N=N-Ph 吡咯

弱酸性：吡咯 + KOH → 吡咯负离子 K^+

亲核性：+ CH_3I → N-CH_3 吡咯；+ CH_3COCl → N-$COCH_3$ 吡咯

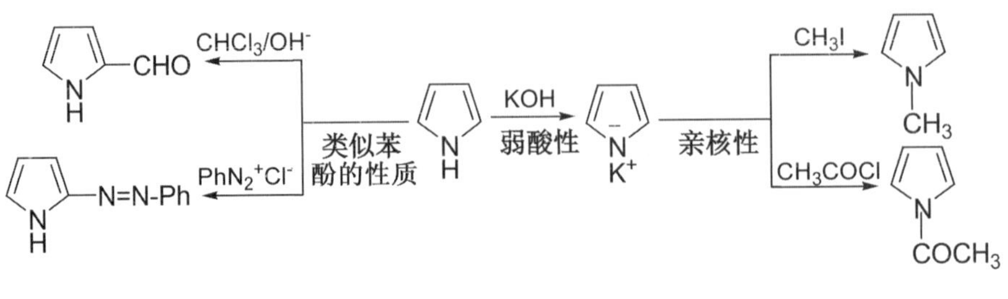

(共轭二烯的性质)

2. 吡咯、呋喃、噻吩制备——帕尔-诺尔(Paal-Knorr)合成法

(二)六元杂环

1. 吡啶的化学性质

2. 吡啶环的制备——汉栖(Hantzsch)合成法

EtO–C(=O)–CH$_2$–C(=O)–R + R'CHO + NH$_3$ + H$_2$C(–C(=O)OEt)–C(=O)–R ⟶ 1,4-二氢吡啶衍生物（EtO–C(=O)、R'、C(=O)–OEt，R、N–H、R）

$\xrightarrow{HNO_3}$ 吡啶衍生物（EtO–C(=O)、R'、C(=O)–OEt，R、N、R） $\xrightarrow[\triangle]{KOH}$ 产物（R'，R、N–H、R）

(三)稠杂环化合物

1. 吲哚、喹啉、异喹啉的化学性质

(1)吲哚

吲哚 —亲电取代（吡咯环3号位）→

- Br_2，二氧六环，0℃ → 3-溴吲哚（–Br）
- 吡啶-$^+$N-SO_3^- → 吲哚-3-磺酸（–SO_3H）
- $PhN_2^+Cl^-$，pH=5~7 → 3-苯偶氮吲哚（–N=N-Ph）
- HCHO,$(CH_3)_2NH$ → 3-(二甲氨基甲基)吲哚（–CH_2-N$(CH_3)_2$）

(2)喹啉与异喹啉

喹啉：

- 氧化：$KMnO_4/H^+$ → 2,3-吡啶二甲酸（HOOC、HOOC）（苯环上）
- 还原：H_2/Pt → 1,2,3,4-四氢喹啉（N–H）（吡啶环上）
- 亲核取代（吡啶环2号位）：
  - $NaNH_2$，二甲苯 → 2-氨基喹啉（–NH_2）
  - C_6H_5Li → 2-苯基喹啉（–C_6H_5）
- 亲电取代（苯环5,8号位）：
  - Br_2, H_2SO_4，Ag_2SO_4 △ → 8-溴喹啉（Br） + 5-溴喹啉（Br）
  - HNO_3，H_2SO_4 0℃ → 8-硝基喹啉（NO_2） + 5-硝基喹啉（NO_2）
  - H_2SO_4，220℃ → 喹啉-8-磺酸（SO_3H） + 喹啉-5-磺酸（SO_3H）

(异喹啉性质与喹啉相似)

2. 吲哚、喹啉、异喹啉制备

(1)费歇尔(Fischer)法合成吲哚

(2)斯克劳普(Skraup)法合成喹啉及衍生物

(3)德伯尼尔-米勒(Doebner-Miller)法合成异喹啉

三、重难点知识概要

1. 杂环化合物的命名

(1)基本杂环的命名

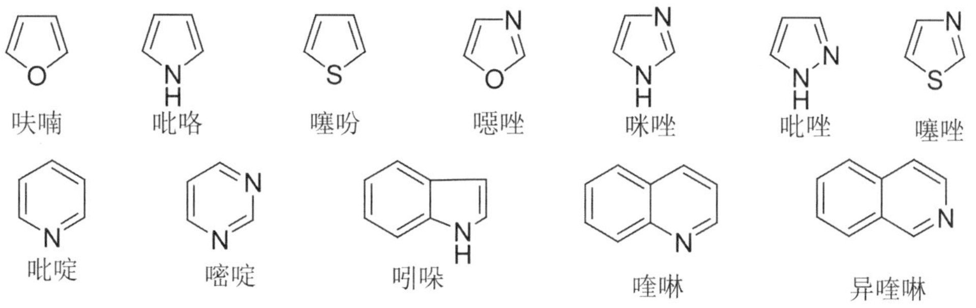

(2)取代杂环的命名

取代杂环的命名方法与取代苯环的命名相似。当侧链是卤素、烷基、硝基、亚硝基、羟基时，以杂环为主体，侧链为取代基；当侧链是其他基团时，以侧链为主体，杂环为取代基。单杂原子从杂原子开始编号，尽量使侧链位次最小；双杂原子时，应使杂原子位次尽可能低；不同杂原子时，按 O、S、N 的顺序开始编号。

3-甲基吡咯　2-硝基噻吩　2-呋喃甲醛　2-咪唑甲酸　2-噻唑乙酰胺

4-溴吡啶　3-吲哚乙酸　8-羟基喹啉　5-异喹啉磺酸

2. 吡咯、呋喃、噻吩的结构和性质

成环的 5 个原子都是 sp^2 杂化，其中，杂原子未杂化的 p 轨道上有 1 对电子，彼此之间以 σ 键相连，组成同平面的五元环。4 个 C 未杂化的 p 轨道上各有 1 个电子与未杂化的杂原子的 1 对 p 电子相互重叠，形成 5 个中心 6 个电子的大 π 键，符合休克尔规则，具有芳香性。

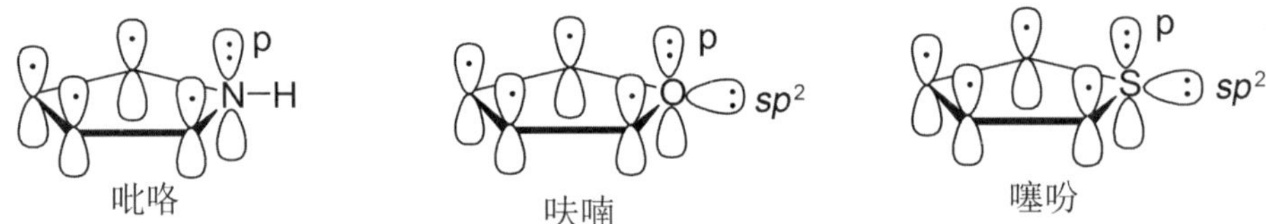

吡咯　呋喃　噻吩

成环原子的电负性大小不同，导致大 π 键电子云分布的平均化程度有高有低：平均化程度高，芳香性强；平均化程度低，芳香性弱。芳香性强弱次序为：苯＞噻吩＞吡咯＞呋喃。

由于大 π 键是 5 个原子共用 6 个电子，以至环的电子云密度较苯环高，所以亲电取代反应活性强于苯，相当于苯环上连接—NH_2、—OH、—SH，主要产物是 α 位；环的大 π 键中，N、O、S 分别以未杂化的 2p、2p、3p 轨道上的孤对电子与 4 个 C 的 2p 轨道上的单电子重叠，由于 S 的 3p 轨道能量最高，提供共轭电子能力最弱，因电负性 O＞N，所以环的电子云密度大小为：吡咯＞呋喃＞噻吩，即亲电取代反应活性次序为：吡咯＞呋喃＞噻吩＞苯。

由于强酸的 H^+ 可与电负性大的 N、O 原子结合，破坏杂环的大 π 键，使其失去芳香性而显示环状二烯的特性，所以吡咯、呋喃进行硝化和磺化时，要用温和的硝化剂（硝酸乙酰酯）和磺化剂（吡啶三氧化硫），酰化反应催化剂也不可使用 $AlCl_3$ 等强的路易斯酸。

3. 吡啶的结构与性质

成环的 6 个原子均为 sp^2 杂化，其中，N 未杂化的 p 轨道上只有 1 个电子，彼此之间以 σ 键相连，组成同平面的六元环。5 个 C 未杂化的 p 轨道上各有 1 个电子与未杂化的 N 的 1 个p 电子相互重叠，形成 6 个中心 6 个电子大 π 键，符合休克尔规则，具有芳香性。

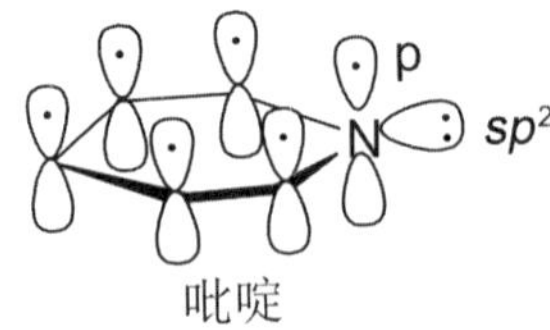

吡啶

由于 N 电负性比 C 大，所以吡啶环上电子云密度和平均程度比苯低，亲电取代反应活性和芳香性均弱于苯，其性质类似于硝基苯，即亲电取代主要产物是 β 位，亲核取代主要产物是 α 与 γ 位；吡啶环不易氧化，侧链易被氧化；当用过氧化物或过氧酸氧化吡啶环时，发生类似于叔胺的反应，生成 *N*-氧化物；2、4、6 号位的 α-H 活性高，具有较强的酸性，在强碱催化下，发生多种缩合反应。如：

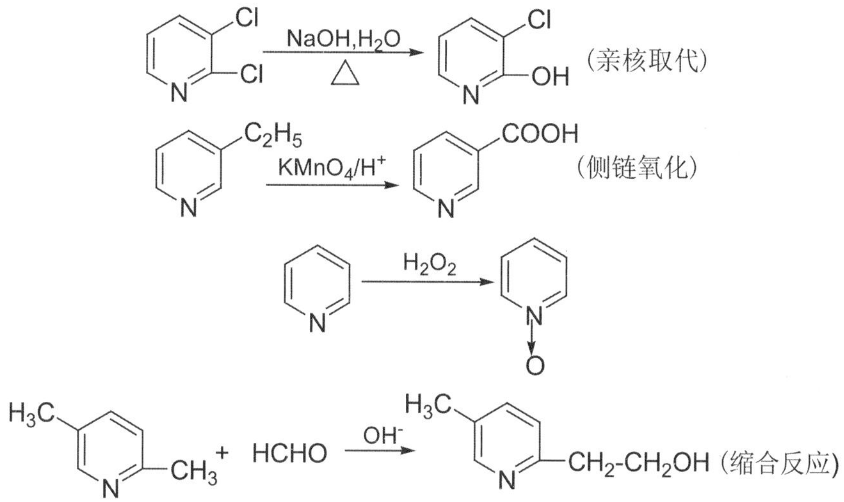

(亲核取代)

(侧链氧化)

(缩合反应)

4. 喹啉、异喹啉的结构与性质

喹啉、异喹啉由苯环和电子云密度低于苯环的吡啶环组成，两个环均具有芳香性，因两个环的电子云密度不同，发生反应的环有所不同。亲电取代和氧化反应发生在电子云密度高的苯环上，而亲核取代和还原反应则发生在电子云密度较低的吡啶环上。

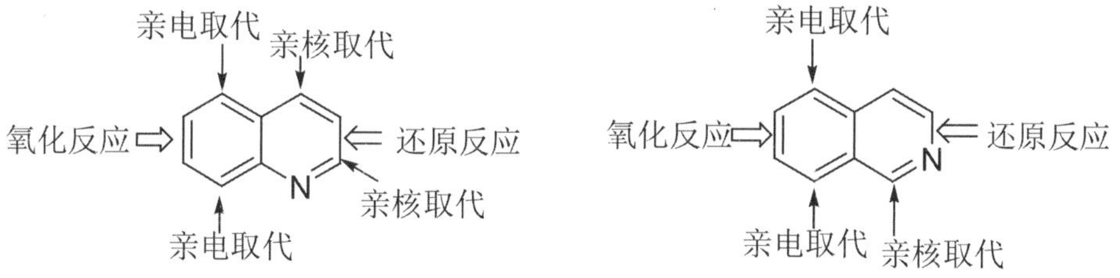

四、典型例题

例 1　比较下列化合物的碱性强弱。

(1) 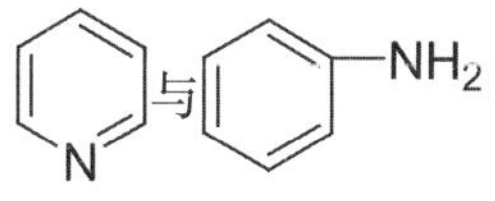 与　　(2) 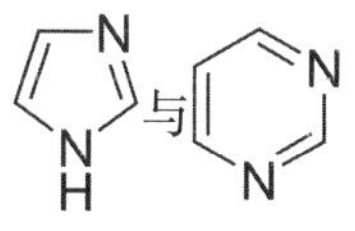 与

(3) 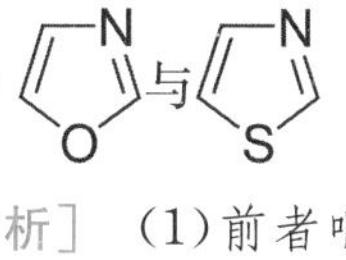 与　　(4) 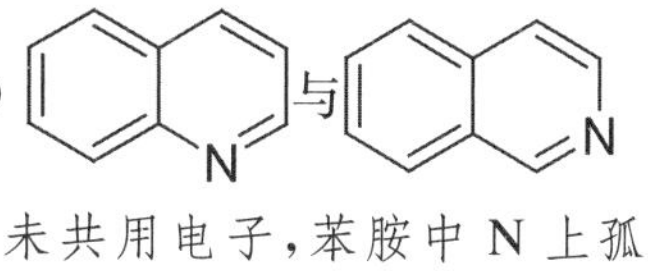 与

[解析]　(1)前者吡啶强。两者 N 上均有 1 对未共用电子，苯胺中 N 上孤对电子参与了 p-π 共轭，N 上电子云密度降低，而吡啶则没有。

(2)后者嘧啶强。嘧啶中 2 个 N 上都有 1 对未共用电子，而前者咪唑只有 1 个 N 上有 1 对未共用电子。

(3)后者噻唑强。因氧的电负性较硫大，与 H^+ 结合形成的 N 正离子，后者较分散而稳定。

(4)后者强。N 原子与 H^+ 结合的空间位阻小。

例 2　写出下列反应的主要产物。

(1) 3-硝基噻吩 $\xrightarrow[CH_3COOH]{Br_2}$

(2) 3-乙基噻吩 $\xrightarrow{H_2SO_4}$

(3) 糠醛(呋喃-2-CHO) + $(CH_3CO)_2O$ $\xrightarrow{CH_3COOK}$

(4) 2,5-二甲基呋喃 $\xrightarrow{H_2SO_4,H_2O}$

(5) 2-甲基吡咯 + $C_6H_5N_2^+Cl^-$ $\xrightarrow{pH=8\sim10}$

(6) 吡咯 $\xrightarrow{CH_3MgCl}$ $\xrightarrow[②H_3O^+]{①CO_2}$

(7) 3-甲基吡啶 $\xrightarrow[\triangle]{H_2SO_4}$

(8) 4-溴-3-氯吡啶 $\xrightarrow[CH_3OH]{CH_3ONa}$

(9) 2,3-二甲基吡啶 + C_6H_5CHO $\xrightarrow{ZnCl_2}$

(10) 吲哚 $\xrightarrow{HCHO,HCl}$

(11) 异喹啉 $\xrightarrow{KMnO_4/H^+}$

(12) 8-甲基喹啉 $\xrightarrow[H_2SO_4]{HNO_3}$ $\xrightarrow{H_2O_2}$

[解析] (1)环上亲电取代，—NO_2 为间位定位基，5 号位取代产物为主产物。

(2)—C_2H_5 为邻对位定位基，2 号位取代产物为主产物。

(1) Br—(噻吩)—NO_2　　(2) (噻吩)—C_2H_5, —SO_3H

(3)珀金反应，生成 α,β-不饱和酸。

(4)呋喃遇酸不稳定，类似于醚键断裂，通过烯醇互变为稳定的酮。

(3) (呋喃)—CH=CHCOOH　　(4) CH_3-C(=O)-CH_2CH_2-C(=O)-CH_3

(5)类似于酚，α 位发生偶联反应。

(6)吡咯 N—H 具酸性，发生类似于酚钠制水杨酸反应(柯尔贝施密特法)。

(5) H_3C—(吡咯, NH)—N=N—(苯)　　(6) (吡咯)N—MgCl　(吡咯, NH)—COOH

(7)—CH_3 为邻对位定位基，6 号位空间位阻小，其取代产物为主产物。

(8)吡啶环类似于硝基苯，2、4、6 号位的亲核反应活性高。

(7) HO_3S—(吡啶)—CH_3　　(8) (吡啶)—OCH_3, Cl

(9)吡啶环的 2、4、6 号位 α-H 酸性强。

(10)吲哚的 3 号位为亲电取代反应活性位(氯甲基化反应)。

(9) (吡啶)—CH_3, —CH=CH-C_6H_5　　(10) (吲哚, NH)—CH_2Cl

(11)异喹啉氧化发生在电子云密度高的苯环上。

(12)喹啉亲电取代发生在苯环上，叔氮过氧化生成 *N*-氧化物。

(11) HOOC, HOOC—(吡啶)N　　(12) (喹啉)—NO_2, CH_3　(喹啉 N→O)—NO_2, CH_3

例 3　写出下列反应可能的机理。

(1) (苯)—NH_2 + CH_3-C(=O)-CH=CH_2 $\xrightarrow{FeCl_3}$ (喹啉)—CH_3

(2) (苯)—CHO, —NH_2 + (环己酮)O $\xrightarrow[C_2H_5OH]{NaOH}$ (四氢吖啶)N

［解析］ (1)类似于斯克劳普合成法，首先苯胺与烯酮加成生成β-苯氨基丁酮，然后酮式互变为烯醇式，脱水环化，最后脱氢变成喹啉环。

互变　$FeCl_3$　$-H_2O$　$FeCl_3$　-2H

(2)首先醛与酮在碱存在下，发生羟醛缩合，脱水生成α,β-不饱和酮，然后氨基与酮亲核加成脱水，生成目标产物。

NaOH　羟醛缩合　$-H_2O$　$-H_2O$

五、巩固提高

1.命名下列化合物。

(1) (2) (3)

(4) (5) (6)

(7) (8) (9)

(10) (11) (12)

2. 回答下列问题。

(1)用简单的化学方法区分下列各组化合物。

①糠醛与苯甲醛　　②苯、吡啶、喹啉

(2)比较下列化合物的碱性强弱。

①A. 氨　B. 苯胺　C. 乙胺　D. 吡啶　E. 喹啉　F. 四氢吡咯

②N 原子的碱性

A→NH_2　C　D　N　$CH_2CH_2NH_2$　N H　B

3. 写出下列反应的主要产物。

(1) CH_3 S $\xrightarrow{H_2SO_4}$

(2) NO_2 N H $\xrightarrow{HNO_3}$

(3) H_3C O COOH $\xrightarrow{HNO_3}$

(4) O $\xrightarrow[BF_3]{(CH_3CO)_2O}$

(5) O + C$\equiv$C ($COOCH_3$, $COOCH_3$) $\longrightarrow$

(6) N H $\xrightarrow[C_2H_5OH]{Br_2(过量)}$

(7) N H $\xrightarrow{NaNH_2}$ $\xrightarrow{\text{环氧乙烷}}$

(8) N $\xrightarrow{CH_3I}$

(9) NO_2 N $\xrightarrow[H_2SO_4]{HNO_3(发烟)}$

(10) Br Br N $\xrightarrow{KNH_2,NH_3}$

(11) 3,4-二甲基吡啶 + 2-呋喃甲醛（呋喃—CHO） $\xrightarrow{C_2H_5ONa}$

(12) 3-甲基吲哚 $\xrightarrow[CH_3COOH]{Br_2}$

(13) 喹啉 $\xrightarrow{PhLi}$

(14) 1,4-二甲基异喹啉 $\xrightarrow[OH^-]{CH_3COOC_2H_5}$

(15) 吲哚 $\xrightarrow{PhN_2^+Cl^-}$

4.写出下列各步反应的主要产物。

(1) 2-苯基噻吩 $\xrightarrow{H_2SO_4}$

(2) 呋喃—CHO + 环己酮 $\xrightarrow{C_2H_5ONa}$ $\xrightarrow{H_3O^+}$

(3) 2,3-二甲基吡啶 + 苯甲醛（CHO） $\xrightarrow[\triangle]{OH^-}$

(4) 2-乙烯基吡啶（—CH=CH₂） $\xrightarrow[C_2H_5ONa]{CH_2(COOC_2H_5)_2}$ $\xrightarrow[\triangle]{H_3O^+}$

(5) 2-甲基吡啶 $\xrightarrow{H_2O_2}$ $\xrightarrow[H_2SO_4]{HNO_3}$ $\xrightarrow{Zn/HCl}$

(6) $CH_3COOC_2H_5$ + $C_6H_5COOC_2H_5$ $\xrightarrow{C_2H_5ONa}$ $\xrightarrow[②\ I_2]{①\ C_2H_5ONa}$ $\xrightarrow[②\ H_3O^+\ \triangle]{①\ NaOH,H_2O}$ $\xrightarrow{P_2O_5}$

(7) 邻氨基苯甲醛（CHO，NH_2） + $O=C(CH_3)C_6H_5$ $\xrightarrow[\triangle]{OH^-}$

(8) 3-乙基吡咯 $\xrightarrow{H_2/Ni}$ $\xrightarrow{CH_3I(过量)}$ $\xrightarrow[\triangle]{Ag_2O/H_2O}$ $\xrightarrow{CH_3I(过量)}$ $\xrightarrow[\triangle]{Ag_2O/H_2O}$

5.完成下列转化。

(1) 呋喃 ⟶ HOOC—(呋喃环)—SO_3H

(2) 吡咯(N—H) ⟶ $CH_2{=}CHCH_2CH_2N(CH_3)_2$

(3) 4-甲基吡啶(CH_3) ⟶ 4-氨基吡啶(NH_2)

(4) 喹啉 ⟶ 4-硝基喹啉(NO_2)

(5) 吡咯(N—H) ⟶ 四氢吡咯(N—H)—CH_2CH_3

(6) 吡啶 ⟶ 2-羟基吡啶(OH)

(7) 苯 ⟶ 5-硝基喹啉(NO_2)

6.下面是尼古丁的全合成路线,请填写各步反应所需的试剂。

3-吡啶—$COOC_2H_5$ + N-甲基吡咯烷酮(O, N—CH_3) $\xrightarrow{A}$ 3-吡啶—C(=O)—(N-甲基-2-吡咯烷酮-3-基) $\xrightarrow{B}$ 3-吡啶—C(=O)—CH(COOH)$CH_2CH_2NHCH_3$

$\xrightarrow{C}$ 3-吡啶—C(=O)—$CH_2CH_2CH_2NHCH_3$ $\xrightarrow{D}$ 3-吡啶—CH(OH)—$CH_2CH_2CH_2NHCH_3$ $\xrightarrow{E}$

3-吡啶—CH(Br)—$CH_2CH_2CH_2\overset{+}{N}H_2CH_3Br^-$ $\xrightarrow{F}$ 3-吡啶—(N-甲基吡咯烷-2-基)

尼古丁

7.可卡因 A($C_8H_{15}NO$)存在于古柯植物中,它不溶于 NaOH 水溶液,但溶于盐酸。A 能与苯肼反应生成苯腙,但不与苯磺酰氯反应。A 和 NaOI 作用生成黄色沉淀和一羧酸 B($C_7H_{13}NO_2$)。用 CrO_3 强烈氧化 A,得到古柯酸 C($C_6H_{11}NO_2$)。古柯酸可用下列方法合成。

$$BrCH_2CH_2CH_2Br \xrightarrow[C_2H_5ONa]{CH_2(COOC_2H_5)_2} D(C_{10}H_{17}O_4Br) \xrightarrow{Br_2} E(C_{10}H_{16}O_4Br_2) \xrightarrow{CH_3NH_2}$$

$$F(C_{11}H_{19}O_4N) \xrightarrow{Ba(OH)_2} G \xrightarrow{HCl} H \xrightarrow{\triangle} \underset{\text{古柯酸}}{C(C_6H_{11}NO_2)} + CO_2$$

试推断 A～H 的结构式。

解析与答案
（16）

第 17 章　糖　类

一、知识点与要求

- ✧ 掌握葡萄糖、核糖的开链结构、Harwoth 结构，以及葡萄糖的构象、变旋光现象，并以此了解其他单糖（果糖、甘露糖、半乳糖等）的开链、环状结构及变旋光现象。
- ✧ 掌握葡萄糖在碱性溶液中的差向异构化反应。
- ✧ 掌握单糖的氧化（Br_2/H_2O、HNO_3、HIO_4、Tollens 试剂、Fehling 试剂氧化）、还原、成脎、成苷、成醚和成酯反应，单糖的递升和递降方法。
- ✧ 了解二糖（蔗糖、麦芽糖、乳糖、纤维二糖）、多糖（淀粉、纤维素）的结构特征与化学性质。

二、化学性质

1. 用开链结构式表示的性质

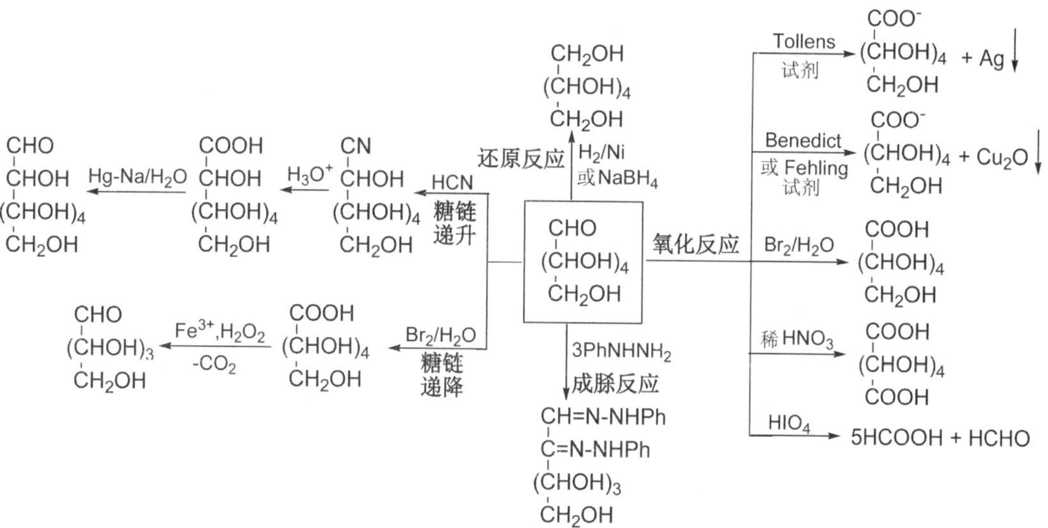

2. 用 Haworth 式表示的性质

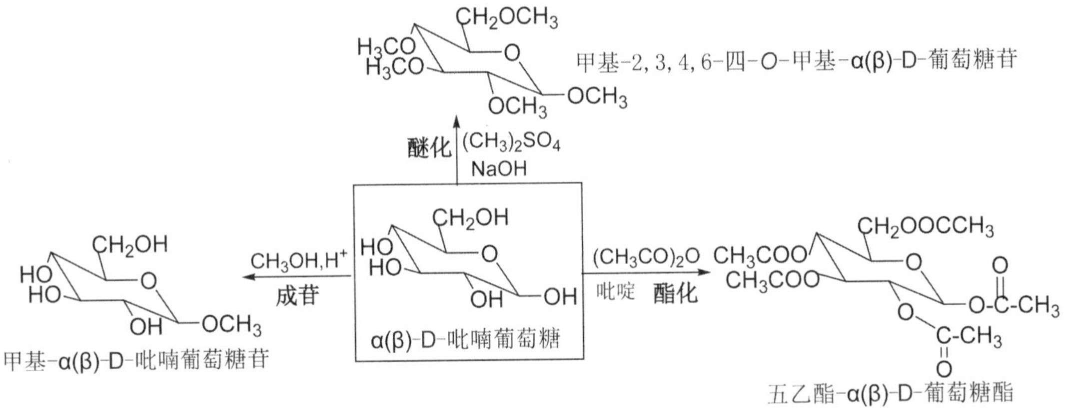

甲基-2,3,4,6-四-O-甲基-α(β)-D-葡萄糖苷

醚化 $(CH_3)_2SO_4$ NaOH

甲基-α(β)-D-吡喃葡萄糖苷 ← CH_3OH,H^+ 成苷 — α(β)-D-吡喃葡萄糖 — $(CH_3CO)_2O$ 吡啶 酯化 → 五乙酯-α(β)-D-葡萄糖酯

三、重难点知识概要

1. 葡萄糖、果糖、核糖的开链结构、环状结构和变旋现象

葡萄糖为 D-己醛糖，果糖为 D-己酮糖，核糖为 D-戊醛糖，开链结构的费歇尔投影式如下：

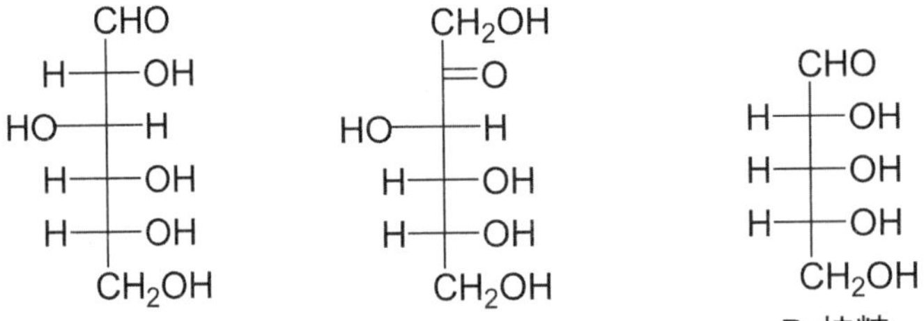

D-葡萄糖　　D-果糖　　D-核糖

单糖的环状结构是分子内的羟基与醛基（或酮基）亲核加成反应形成的半缩醛（或半缩酮），其中，半缩醛（或酮）羟基为苷羟基。因苷羟基碳是新生成的手性碳，苷羟基所取位置不同，则有 α、β 两种异构体，且在水溶液中达成互变平衡，产生变旋现象。其中，苷羟基与 C_5 羟甲基同侧的为 β 型，异侧的为 α 型。D-葡萄糖为 C_5 羟基与醛基形成的六元吡喃环；D-果糖有 C_6 羟基与酮基形成的六元吡喃环，也有 C_5 羟基与酮基形成的五元呋喃环；D-核糖为 C_4 羟基与醛基形成的五元呋喃环。

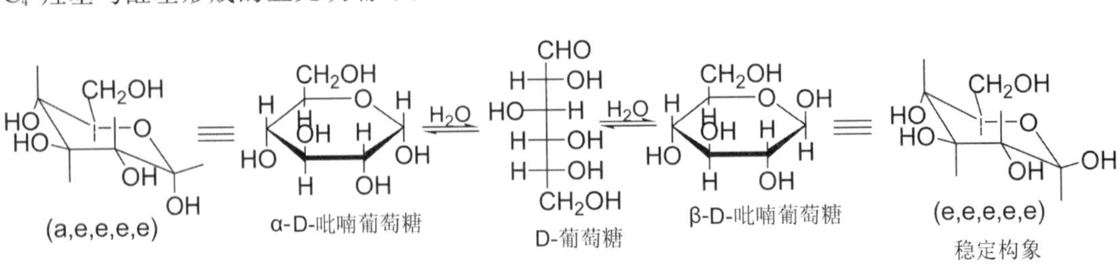

(a,e,e,e,e)　α-D-吡喃葡萄糖　H_2O　D-葡萄糖　H_2O　β-D-吡喃葡萄糖　(e,e,e,e,e) 稳定构象

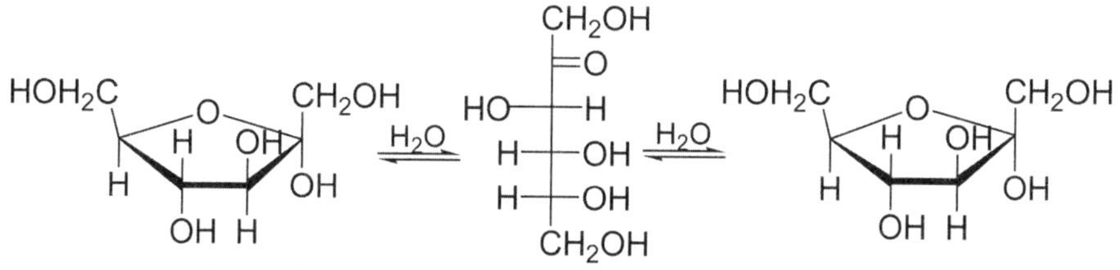

α-D-呋喃果糖 $\rightleftharpoons^{H_2O}$ D-果糖 $\rightleftharpoons^{H_2O}$ β-D-呋喃果糖

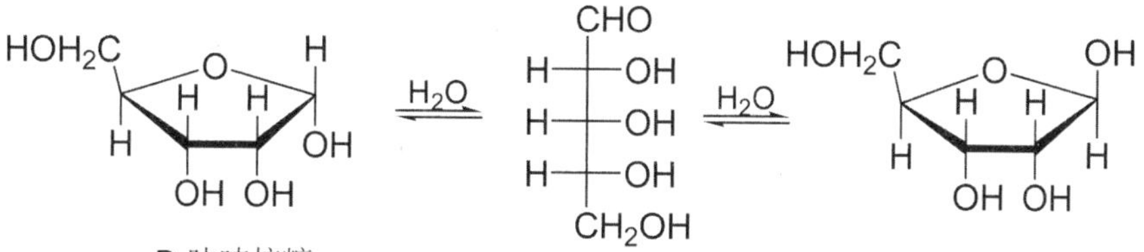

α-D-呋喃核糖 $\rightleftharpoons^{H_2O}$ D-核糖 $\rightleftharpoons^{H_2O}$ β-D-呋喃核糖

2. 单糖在碱性条件下的差向异构化反应

差向异构体是指含有多个手性碳原子的构型中，只有一个手性碳原子构型不同，其他的手性碳原子的构型是相同的。醛糖与酮糖在碱性条件下经烯醇式可以相互转变，发生差向异构化反应。

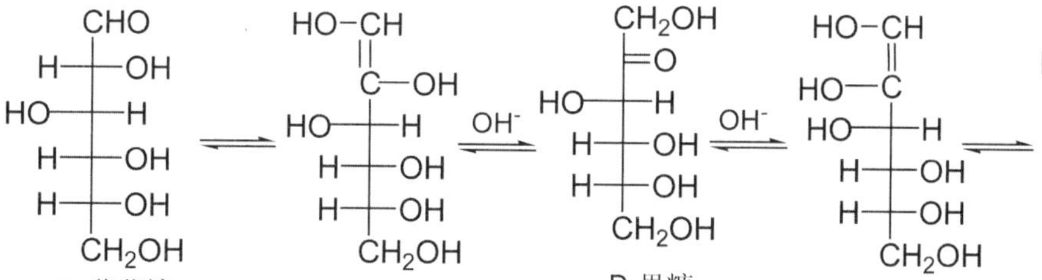

D-葡萄糖 $\rightleftharpoons$ 烯二醇 $\overset{OH^-}{\rightleftharpoons}$ D-果糖 $\overset{OH^-}{\rightleftharpoons}$ 烯二醇 $\rightleftharpoons$ D-甘露糖

所以酮糖也有还原性，不能用 Tollens 试剂或本尼迪试剂加以鉴别，但单糖在弱酸性条件下不发生上述转化反应，利用溴水可氧化醛糖而不氧化酮糖来鉴别。

3. 糖的 HIO_4 氧化

邻位二醇、邻位羰基醇、邻位羟基酸、邻位二羰基等化合物在 HIO_4 作用下发生碳碳键氧化断裂，氧化产物依醇→醛(酮)→羧酸→CO_2 顺序升一级。如：

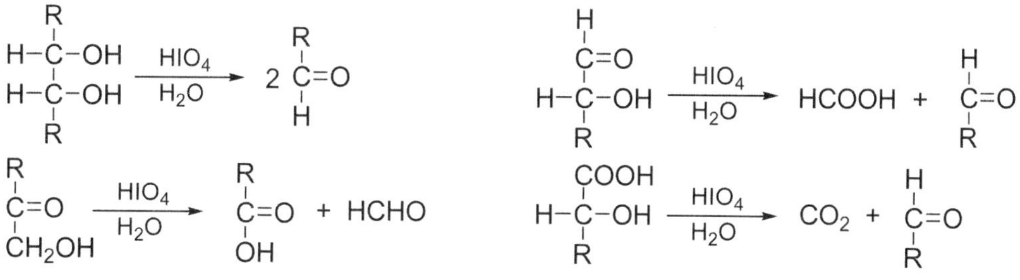

$$\text{RCH(OH)CH(OH)R} \xrightarrow[H_2O]{HIO_4} 2\ \text{RCHO}$$

$$\text{OHC-CH(OH)R} \xrightarrow[H_2O]{HIO_4} \text{HCOOH} + \text{RCHO}$$

$$\text{RCOCH}_2\text{OH} \xrightarrow[H_2O]{HIO_4} \text{RCOOH} + \text{HCHO}$$

$$\text{HOOC-CH(OH)R} \xrightarrow[H_2O]{HIO_4} CO_2 + \text{RCHO}$$

4. 双糖和多糖的结构和性质

双糖和多糖的结构和性质见表 17-1。

表 17-1 双糖和多糖的结构和性质

名称	结构	性质
麦芽糖	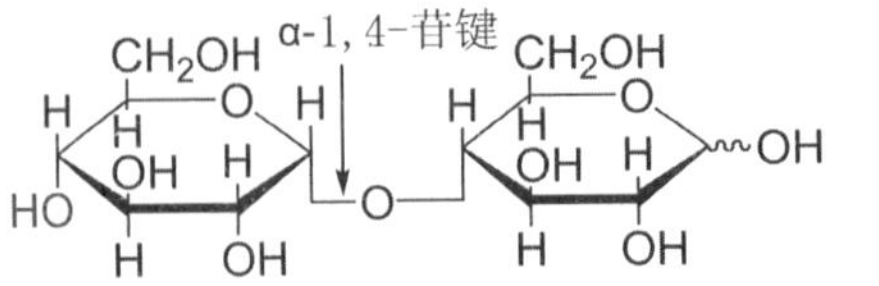 α-1, 4-苷键 α-D-吡喃葡萄糖 α(β)-D-吡喃葡萄糖 4-*O*- (α-D-吡喃葡萄糖基)-D-吡喃葡萄糖	有苷羟基，具有还原性和变旋现象
纤维二糖	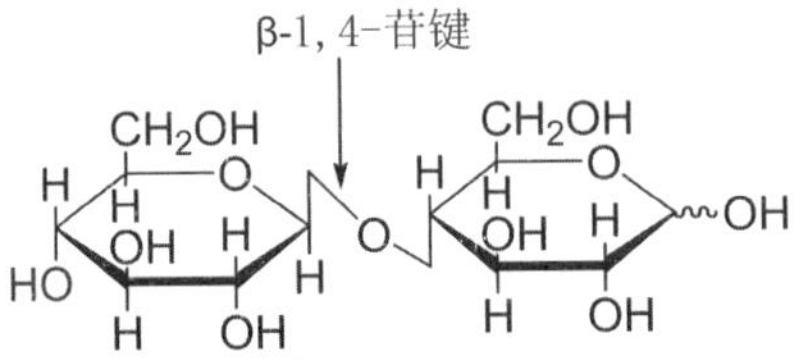 β-1, 4-苷键 β-D-吡喃葡萄糖 α(β)-D-吡喃葡萄糖 4-*O*-(β-D-吡喃葡萄糖基)-D-吡喃葡萄糖	同上
乳糖	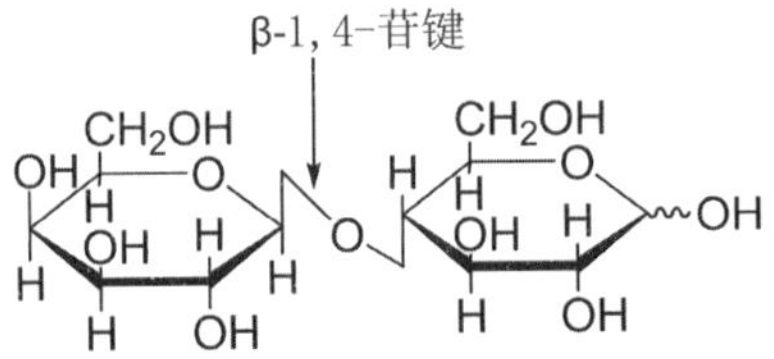 β-1, 4-苷键 β-D-吡喃半乳糖 α(β)-D-吡喃葡萄粮 4-*O*-(β-D-吡喃半乳糖基)-D-吡喃葡萄糖	同上
蔗糖	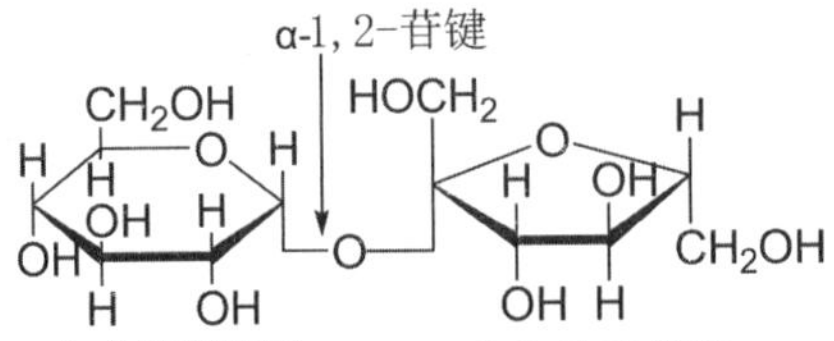 α-1, 2-苷键 α-D-吡喃葡萄糖 β-D-呋喃果糖 α-D-吡喃葡萄糖基-β-D-呋喃果糖苷	无苷羟基，没有还原性和变旋现象
纤维素	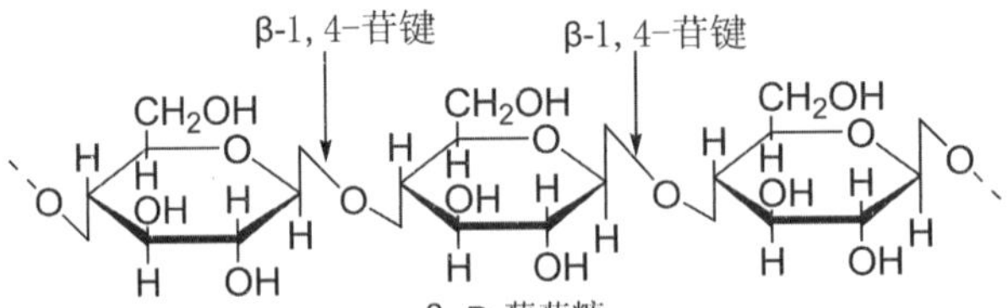 β-1, 4-苷键 β-1, 4-苷键 β- D-葡萄糖	无苷羟基，没有还原性和变旋现象
直链淀粉	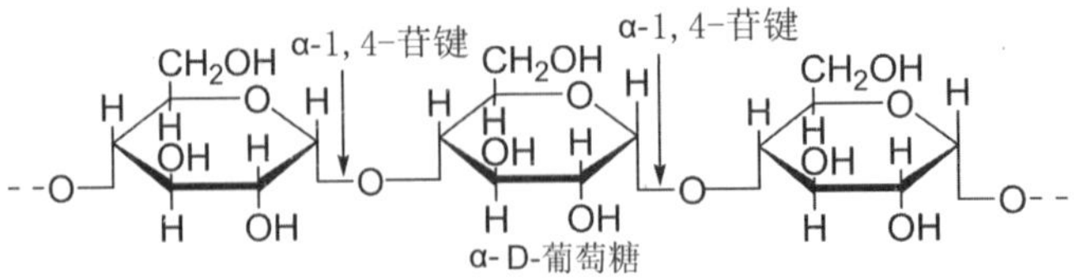 α-1, 4-苷键 α-1, 4-苷键 α- D-葡萄糖	无苷羟基，没有还原性和变旋现象

四、典型例题

例 1　用简单的化学方法区分葡萄糖、葡萄糖二酸、果糖、脱氧核糖、甲基-D-吡喃葡萄糖苷。

[解析]　六种物质中，葡萄糖、果糖、脱氧核糖具有还原性，葡萄糖二酸、甲基-D-吡喃葡萄糖苷没有还原性。前一组中，脱氧核糖不能生成糖脎，果糖溴水不氧化。后一组中，用 Na_2CO_3 可区分。

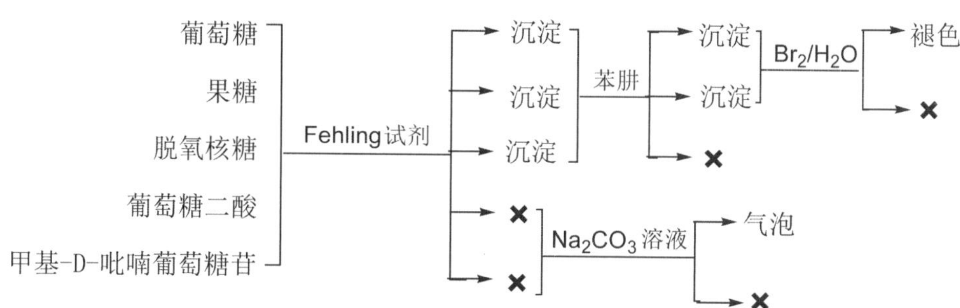

例 2　写出 D-甘露糖或 β-D-吡喃甘露糖与下列试剂反应的产物。

(1) HIO_4

(2) NH_2OH

(3) ① HCN/NaOH；② H_3O^+；③ Hg-Na/H_2O

(4) ① $PhNHNH_2$（过量）；② PhCHO

(5) $(CH_3CO)_2O$，吡啶

(6) ① CH_3OH/HCl；② HIO_4

(7) ① CH_3OH/HCl；② $(CH_3)_2SO_4$/NaOH；③ HCl/H_2O

[解析]　(1)邻二醇之间及邻羟基醛之间碳碳键断裂氧化。

(2)与醛基加成后脱水成肟。

(3)醛基加 HCN，CN 水解为羧酸，羧基还原为醛基。

(4)1、2 号位形成苯腙（糖脎），同侧的邻二醇与醛生成缩醛。

(5)环状结构中 1,2,3,4,6-羟基酯化。

(6)环状苷羟基成苷反应，邻二醇之间碳碳键断裂氧化。

(7)苷羟基成苷，2,3,4,6-羟基醚化，苷键水解为苷羟基。

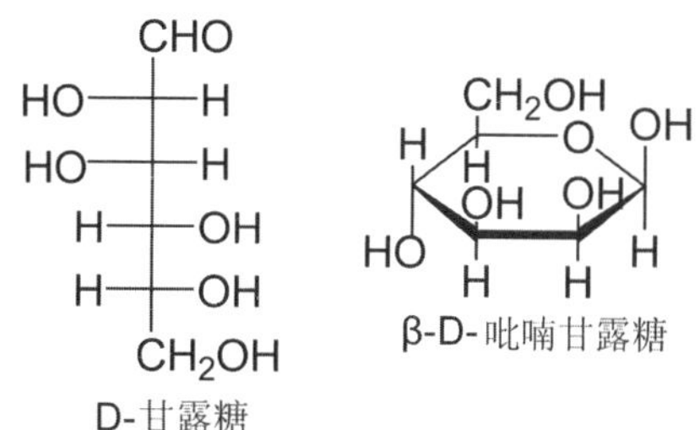

D-甘露糖　β-D-吡喃甘露糖

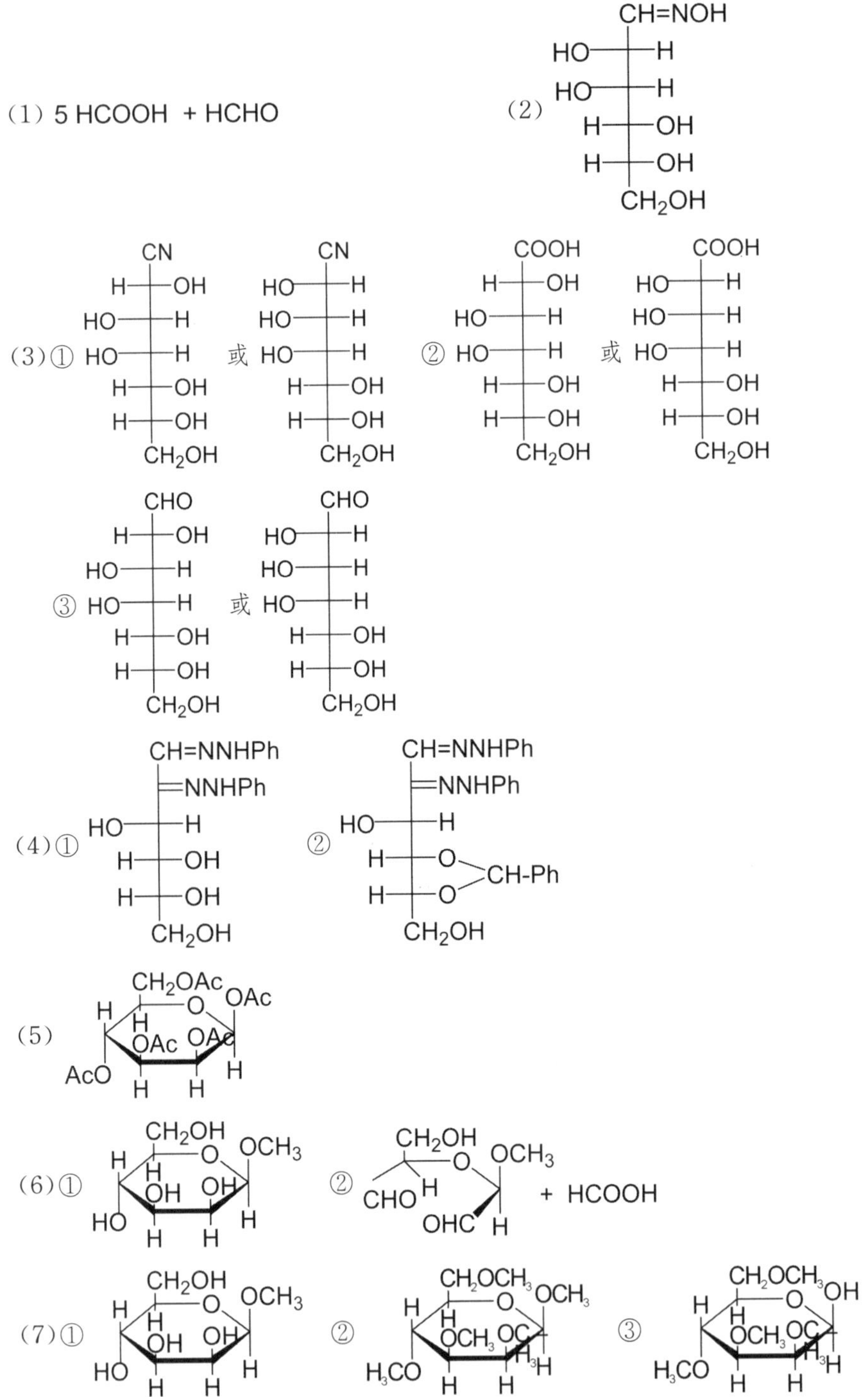

例 3 二糖 A 分子式为 $C_{11}H_{20}O_{10}$，不能被 Fehling 试剂氧化，在 α-葡萄糖苷酶作用下水解生成 D-葡萄糖和 B(β-D-戊糖)。在碱性条件下，A 与过量的 $(CH_3)_2SO_4$ 反应生成七-甲氧基衍生物，经酸性水解生成 2,3,4,6-四-*O*-甲基-D-葡萄糖和三-*O*-甲基戊糖 C，C 经稀硝酸氧化得无旋光性的 2,3,4-三-*O*-甲基-D-戊糖二酸。试推测 A～C 的结构。

[解析] 由 A 不能被 Fehling 试剂氧化，但可被 α-葡萄糖苷酶催化水解及其产物可知，

A 是由 α-D-葡萄糖苷羟基与 β-D-戊糖的苷羟基脱水的非还原性二糖。无旋光性的 2,3,4-三-*O*-甲基-D-戊糖二酸有两种结构，由此可推知各有两种结构的 C 和 β-D-戊醛糖，且 β-D-戊醛糖是 C_5 羟基与醛基成环。结构如下：

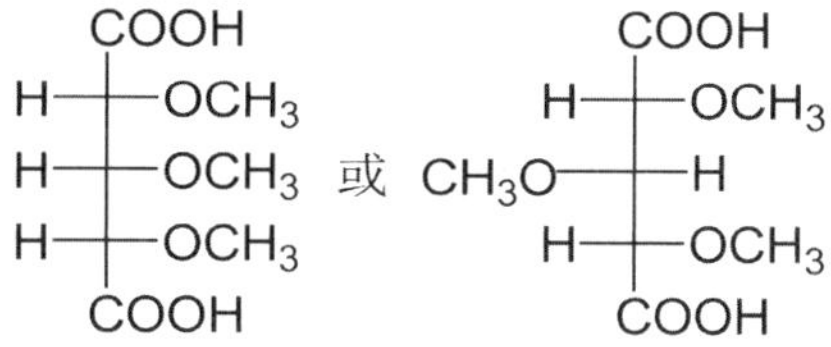

或

2,3,4-三-*O*-甲基-D-核糖二酸(无旋光性)

A. 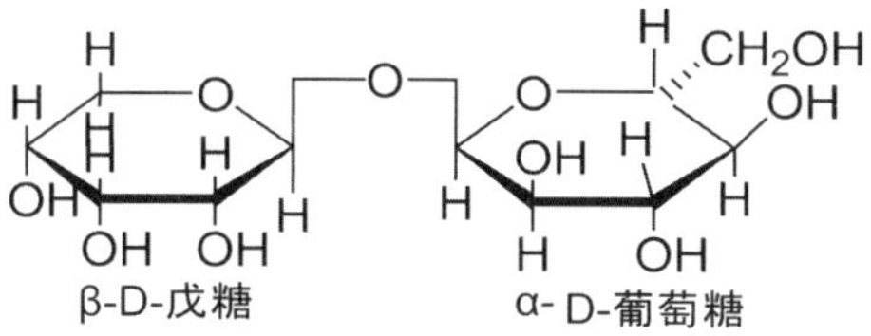 β-D-戊糖 α-D-葡萄糖 或 β-D-戊糖 α-D-葡萄糖

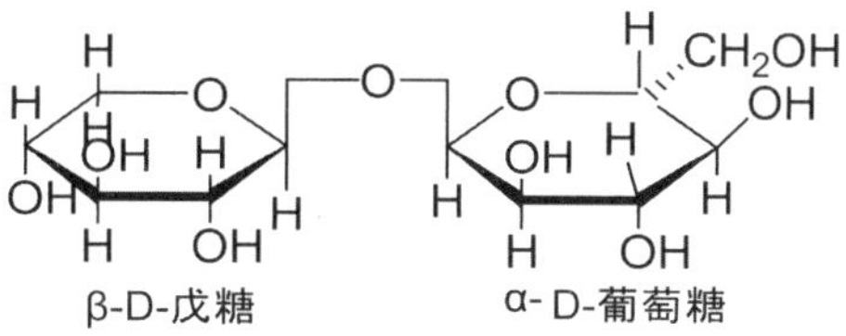

B. 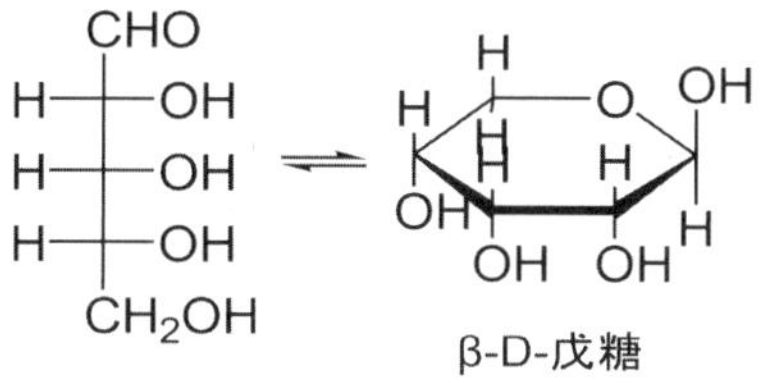 β-D-戊糖 或 β-D-戊糖

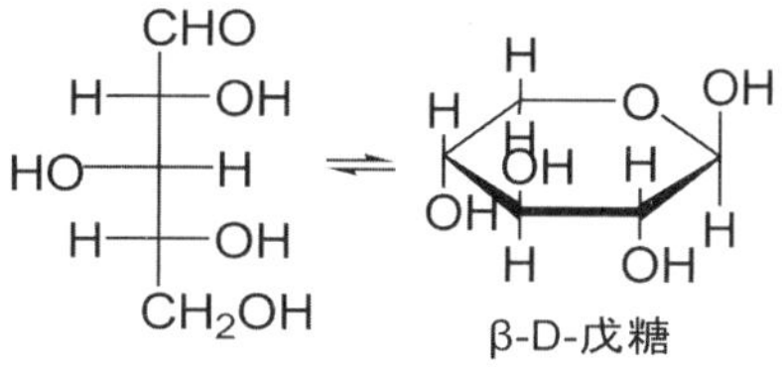

C. 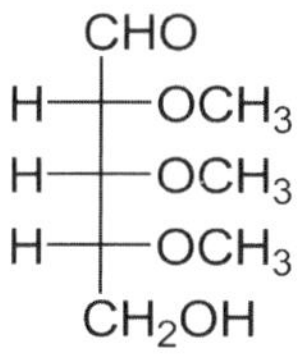 或

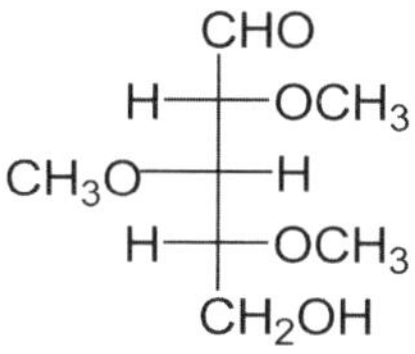

五、巩固提高

1. 按要求完成下列各题。

(1)将下列糖的费歇尔投影式改写成 Haworth 式。

① 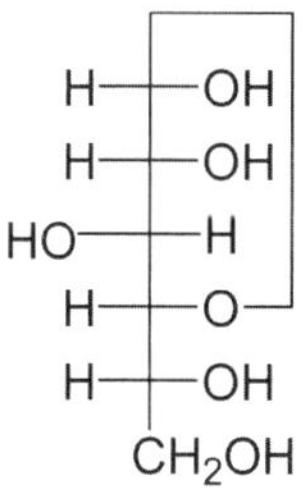 ②

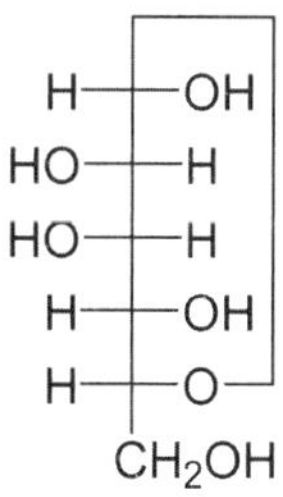

(2)将下列糖的 Haworth 式改写成费歇尔投影式。

① 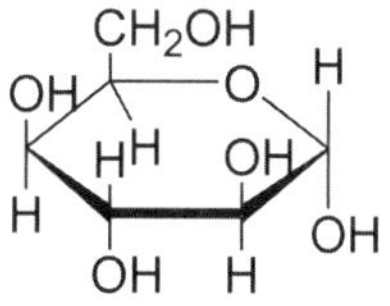 ②

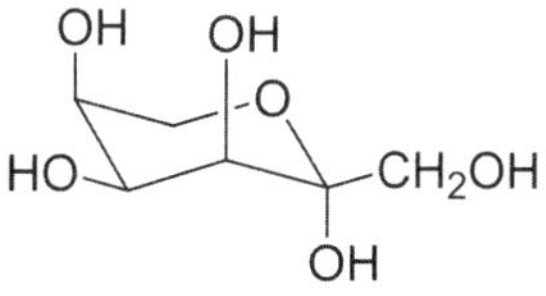

(3)写出下列糖的稳定构象。

2.写出 D-核糖与下列试剂反应的产物。

(1)Br_2/H_2O　(2)HNO_3　(3)Tollens 试剂　(4)$NaBH_4$

(5)HIO_4　(6)$HCN;H_2O/H^+$　(7)$PhNHNH_2$　(8)CH_3OH/HCl

(9)$(CH_3)_2SO_4/OH^-$　(10)CH_3COCl

3.设计合成路线,完成下列转变。

(1)
$$\begin{array}{c}CHO\\ H-\!\!\!-OH\\ H-\!\!\!-OH\\ CH_2OH\end{array}\longrightarrow\begin{array}{c}CHO\\ H-\!\!\!-OH\\ H-\!\!\!-OH\\ H-\!\!\!-OH\\ CH_2OH\end{array}+\begin{array}{c}CHO\\ HO-\!\!\!-H\\ H-\!\!\!-OH\\ H-\!\!\!-OH\\ CH_2OH\end{array}$$

(2)
$$\begin{array}{c}CHO\\ HO-\!\!\!-H\\ HO-\!\!\!-H\\ H-\!\!\!-OH\\ H-\!\!\!-OH\\ CH_2OH\end{array}\longrightarrow\begin{array}{c}CHO\\ HO-\!\!\!-H\\ H-\!\!\!-OH\\ H-\!\!\!-OH\\ CH_2OH\end{array}$$

4.D-戊醛糖 A、B 与苯肼反应得到相同的脎 C,A 还原得到没有光学活性的 D,B 降解得到 E,E 用硝酸氧化得到内消旋物质 F。试写出 A~F 的费歇尔投影式。

5.化合物 A($C_5H_{10}O_4$)用溴水氧化得到 B($C_5H_{10}O_5$),B 易形成内酯。A 与乙酸酐反应生成三乙酸酯,与苯肼反应生成脎,用 HIO_4 氧化只消耗一分子的 HIO_4。试写出 A、B 的费歇尔投影式。

6.有一化合物 A($C_7H_{14}O_6$)属于 D 型非还原糖,也无变旋现象。A 用盐酸水解,生成还原糖 B($C_6H_{12}O_6$);A 用 HIO_4 氧化,没有 HCOOH 生成。B 用 HNO_3 氧化,得无旋光性的糖二酸 C。B 经递降反应生成 D($C_5H_{10}O_5$),D 经 HNO_3 氧化得具有光学活性的糖二酸 E。试推断 A~E 的结构式。

解析与答案
(17)

第 18 章 含硫、磷和硅的有机化合物

一、知识点与要求

✧ 了解常见含硫、磷、硅化合物的结构和命名。

✧ 了解硫醇、硫酚的酸性、氧化反应与亲核性，硫醚的氧化与成盐反应，锍盐、锍碱的热分解，硫叶立德与醛、酮、α,β-不饱和羰基化合物的反应。

✧ 掌握三烃基膦与卤代烃、环氧化合物的反应，磷叶立德与醛、酮的反应，亚磷酸酯与卤代烃的反应。

✧ 了解有机硅的水解与醇解反应。

二、化学性质与制备

(一)含硫有机化合物

1. 硫醇

(1)化学性质

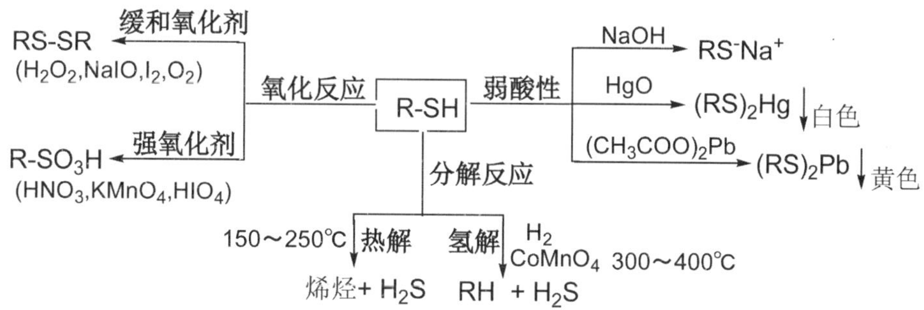

(2)制备

①卤代烷与 KHS

$$R\text{-}X + KHS \xrightarrow{\triangle} R\text{-}SH + KX$$

②醇与 H_2S

$$R\text{-}OH + H\text{-}SH \xrightarrow[400^\circ C]{ThO_2} R\text{-}SH + H_2O$$

2. 硫醚

(1)化学性质

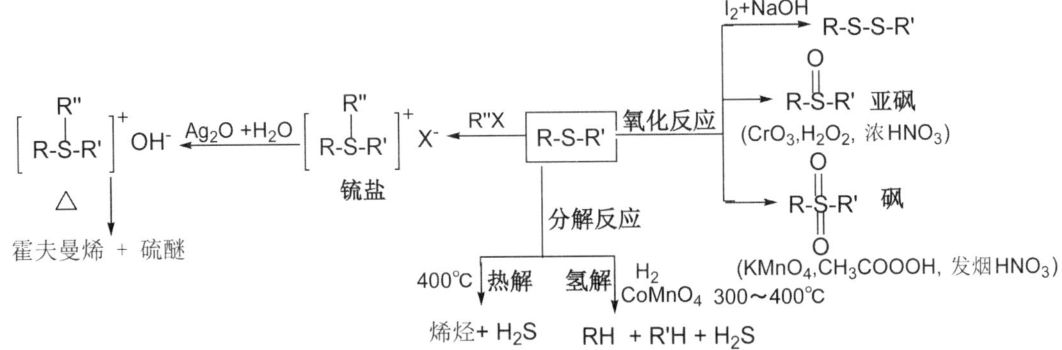

(2)制备

①卤代烷或烷基硫酸酯与 K_2S 制备单硫醚

$$2CH_3I + K_2S \xrightarrow{\triangle} CH_3\text{-}S\text{-}CH_3 + 2KI$$

$$2(CH_3)_2SO_4 + K_2S \xrightarrow{\triangle} CH_3\text{-}S\text{-}CH_3 + 2CH_3OSO_3K$$

②硫醇钠与卤代烷制备混硫醚(威廉姆森法)

$$R\text{-}SNa + R'\text{-}X \xrightarrow{\triangle} R\text{-}S\text{-}R' + NaX$$

3. 硫叶立德

(1)制备

$$Ph_2S \xrightarrow{RCH_2I} Ph_2\overset{+}{S}\text{-}CH_2RI^- \xrightarrow[THF]{n\text{-}C_4H_9Li} Ph_2\overset{\oplus}{S}\text{-}\overset{\ominus}{C}HR$$

(2)反应

①与醛、酮反应生成环氧化合物

$$Ph_2\overset{\oplus}{S}\text{-}\overset{\ominus}{C}HR + O{=}C\begin{matrix}R'\\R''\end{matrix} \longrightarrow R\text{-}HC\overset{O}{\triangle}C\begin{matrix}R'\\R''\end{matrix} + Ph_2S$$

②与 α,β-不饱和醛、酮、酯反应生成环丙烷衍生物

$$Ph_2\overset{\oplus}{S}\text{-}\overset{\ominus}{C}HR + CH_2{=}CH\text{-}COOCH_3 \longrightarrow R\text{-}HC\triangle\text{-}COOCH_3 + Ph_2S$$

(二)含磷有机化合物

1. 叔膦

(1)制备

$$3R\text{-}MgX + PX_3 \xrightarrow{Et_2O} R_3P + 3MgX_2$$

格氏试剂　三卤化磷　叔膦

(2)化学性质

$$R_3P \xrightarrow[\text{氧化}]{\text{空气}} R_3P{\rightarrow}O \text{（氧化叔膦）}$$

$$R_3P \xrightarrow[\text{成盐}]{R'X} [R_3P\text{-}R']^+X^- \text{（季鏻盐）} \xrightarrow{AgOH} [R_3P\text{-}R']^+OH^- \text{（季鏻碱）} \xrightarrow{\triangle} \text{霍夫曼烯+叔膦}$$

2. 亚磷酸酯($P(OR)_3$)

(1)制备

$$PX_3 + 3ROH \longrightarrow P(OR)_3 + HX$$

亚磷酸酯

(2)化学性质

①与卤代烃反应

$$R'X + P(OR)_3 \longrightarrow [R'\text{—}P(OR)_2\text{—}O\text{-}R]^+ X^- \xrightarrow{\triangle} R'\text{—}P(=O)(OR)_2 + RX$$

烃基膦酸酯

②与羰基化合物反应

$$R'\text{-}CHO + P(OR)_3 \longrightarrow [R'\text{-}CH(O^-)\text{—}P^+(OR)_2\text{—}O\text{-}R] \xrightarrow{\triangle} R'\text{-}CH(O\text{-}R)\text{—}P(=O)(OR)_2$$

烃基膦酸酯

3. 磷叶立德

(1)制备

$$Ph_3P + CH_3CH_2Cl \longrightarrow [Ph_3P\text{-}CH_2CH_3]^+Cl^- \xrightarrow{PhLi} Ph_3\overset{+}{P}\text{-}\overset{-}{C}HCH_3 \longleftrightarrow Ph_3P{=}CHCH_3$$

磷叶立德

(2)化学性质(魏悌希反应)

磷叶立德与醛或酮加成,羰基氧转移到磷上,亚甲基碳置换了羰基氧,这个反应叫作魏悌希(Wittig)反应。

$$C_6H_5\text{-}CHO + Ph_3\overset{+}{P}\text{-}\overset{-}{C}HCH_3 \longrightarrow C_6H_5\text{-}CH{=}CHCH_3 + Ph_3P{\rightarrow}O$$

$$RR'C{=}O + Ph_3\overset{+}{P}\text{-}\overset{-}{C}(CH_3)(CH_2CH_3) \longrightarrow RR'C{=}C(CH_3)(CH_2CH_3) + Ph_3PO$$

(三)含硅有机化合物

1. 烃基氯硅烷的制备

$$RCl + Si \xrightarrow[300\sim500^{\circ}C]{Ag} R_2SiCl_2$$

二烃基二氯硅烷

$$SiCl_4 \xrightarrow{RMgCl} RSiCl_3 \xrightarrow{RMgCl} R_2SiCl_2 \xrightarrow{RMgCl} R_3SiCl \xrightarrow{RMgCl} R_4Si$$

四烃基硅烷

2. 烃基氯硅烷的性质

$$\underset{\text{烃基烷氧基硅烷}}{R_2Si(OR')_2} \xleftarrow[\text{醇解}]{R'OH} \boxed{R_2SiCl_2} \xrightarrow[\text{水解}]{H_2O} \underset{\text{硅醇}}{R_2Si(OH)_2} \xrightarrow{H^+} \underset{\text{多聚硅醚(硅橡胶)}}{\left[\text{-}\underset{R}{\overset{R}{Si}}\text{-}O\text{-}\right]_n}$$

三、重难点知识概要

1. 常见含硫有机化合物结构与命名

常见含硫有机化合物有负价硫化合物(硫醇、硫酚、硫醚、二硫化物等)和正价硫化合物(亚砜、砜、磺酸等)。命名硫醇、硫酚、硫醚时,在相应的含氧化合物名称的官能团前加“硫”;命名二硫化物、亚砜、砜、磺酸化合物时,以它们为主官能团,其他为取代基;遇到复杂的化合物时,可将含硫基团作为取代基,常见—SH(巯基)、—SO_3H(磺酸基)、—SR(烷硫基)。

$CH_3CH(SH)CH_3$ 异丙硫醇	$H_3C\text{-}C_6H_4\text{-}SH$ 对甲基苯硫酚	$C_6H_5\text{-}S\text{-}CH_3$ 苯甲硫醚
$CH_3\text{-}C({=}S)\text{-}CH_3$ 丙硫酮(硫代丙酮)	$CH_3\text{-}C({=}S)\text{-}SH$ 二硫代乙酸	$CH_3\text{-}S\text{-}S\text{-}C_2H_5$ 甲基乙基二硫
$CH_3\text{-}S({=}O)\text{-}CH_3$ 二甲亚砜(DMSO)	$C_6H_5\text{-}CH_2\text{-}S(O_2)\text{-}CH_3$ 甲基苄基砜	$CH_2(SH)CH(NH_2)COOH$ 3-巯基-2-氨基丙酸

2. 硫醇与醇在酸性、氧化性和亲核性方面的差别

由于 S 的 3p 轨道比 O 的 2p 轨道扩散，它与 H 原子的 1s 轨道的交盖不如 2p 轨道有效，所以硫醇、硫酚中的 H 容易解离，表现出较强的酸性；醇类的氧化发生 α-C 的 H 上，而硫醇的氧化发生在 S 原子上，氧化剂的氧化性不同，硫醇可氧化为二硫化物、亚磺酸和磺酸，硫醚则可氧化为亚砜和砜；虽然碱性 $RS^- < RO^-$，因硫的外层电子离核远，受核束缚力小，极化度大，所以 RS^- 的亲核性要比 RO^- 强；在与卤代烃反应时，因 RS^- 的碱性弱，亲核性强，易发生取代反应，难发生消去反应。

3. 叶立德

凡具有 $\overset{\oplus}{Y}-\overset{\ominus}{\ddot{C}}$—（Y = P,S,N）结构的一类化合物总称为叶立德。如：

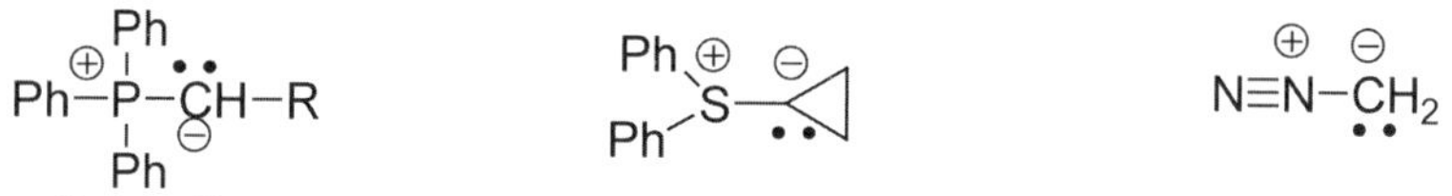

$Ph_3\overset{\oplus}{P}-\overset{\ominus}{\ddot{C}}H-R$　磷叶立德

$Ph_2\overset{\oplus}{S}-\overset{\ominus}{\ddot{C}}(CH_2)_2$（环丙基）　硫叶立德

$N\equiv\overset{\oplus}{N}-\overset{\ominus}{\ddot{C}}H_2$　氮叶立德

磷叶立德、硫叶立德通常由三苯基膦、二苯硫醚和一个伯卤代烷或仲卤代烷反应，先生成季盐，再用一个强碱（如 C_6H_5Li）处理得到（见本章二）。如果结构中具有能分散碳负电荷的取代基-COR、- COOR、- CN 等，生成叶立德更稳定，一般用较弱的碱即可完成反应，如：

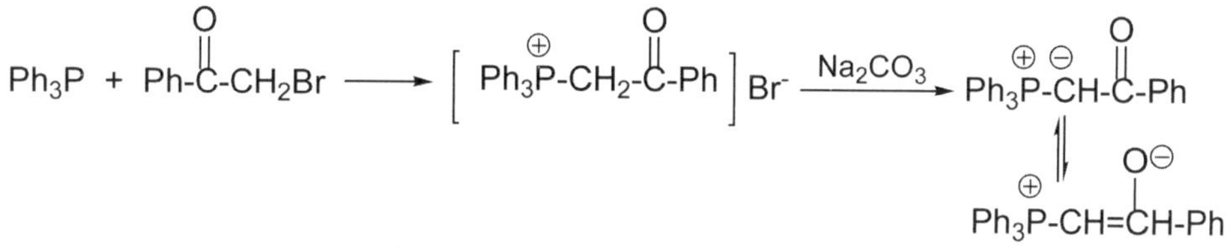

$$Ph_3P + Ph\text{-}\overset{O}{\overset{\|}{C}}\text{-}CH_2Br \longrightarrow \left[Ph_3\overset{\oplus}{P}\text{-}CH_2\text{-}\overset{O}{\overset{\|}{C}}\text{-}Ph\right]Br^- \xrightarrow{Na_2CO_3} Ph_3\overset{\oplus}{P}\text{-}\overset{\ominus}{C}H\text{-}\overset{O}{\overset{\|}{C}}\text{-}Ph \rightleftharpoons Ph_3\overset{\oplus}{P}\text{-}CH=\overset{O^{\ominus}}{\overset{|}{C}}H\text{-}Ph$$

叶立德遇水分解，所以制备时必须无水。

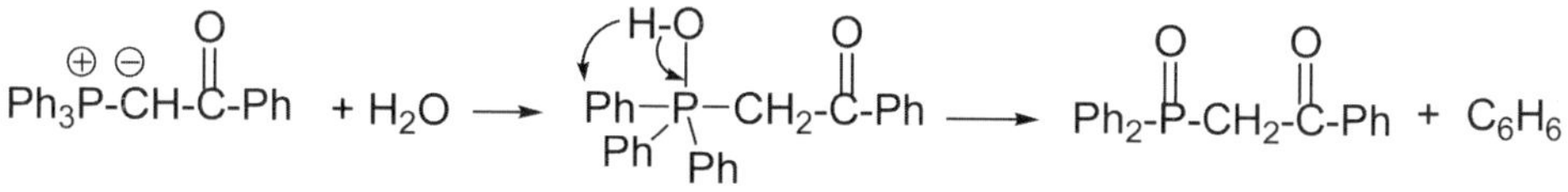

$$Ph_3\overset{\oplus}{P}\text{-}\overset{\ominus}{C}H\text{-}\overset{O}{\overset{\|}{C}}\text{-}Ph + H_2O \longrightarrow Ph_3\overset{H\text{-}O}{\overset{|}{P}}\text{-}CH_2\text{-}\overset{O}{\overset{\|}{C}}\text{-}Ph \longrightarrow Ph_2\text{-}\overset{O}{\overset{\|}{P}}\text{-}CH_2\text{-}\overset{O}{\overset{\|}{C}}\text{-}Ph + C_6H_6$$

四、典型例题

例 1　写出下列反应的主要产物。

（1）四氢噻吩 $\xrightarrow{CH_3COOOH}$

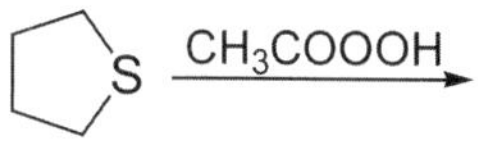

（2）环己酮 + $HSCH_2CH_2SH \xrightarrow{H^+} \xrightarrow{H_2/Ni}$

（3）$\left[CH_3CH_2\underset{CH_3}{\underset{|}{C}}H\text{-}\overset{CH_3}{\overset{|}{\underset{+}{S}}}\text{-}CH_3\right]OH^- \xrightarrow{\triangle}$

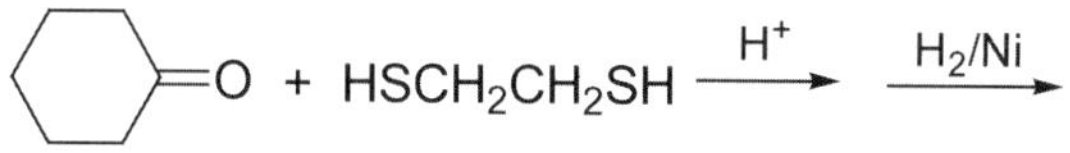

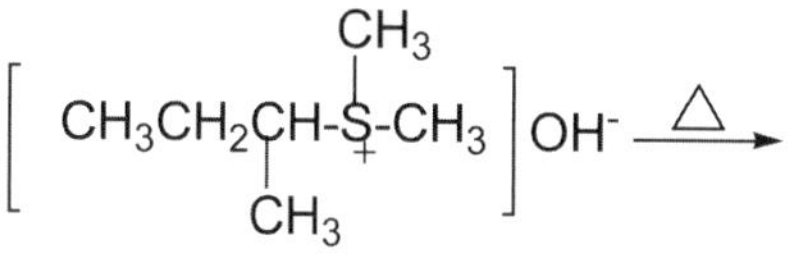

(4) $\overset{\oplus\ \ominus}{Ph_2S\text{-}CHPh}$ + PhCHO $\longrightarrow$

(5) Ph-S-CH_3 $\xrightarrow{PhLi}$ $\xrightarrow{CH_3CH_2Br}$ $\xrightarrow{CH_3I}$

(6) 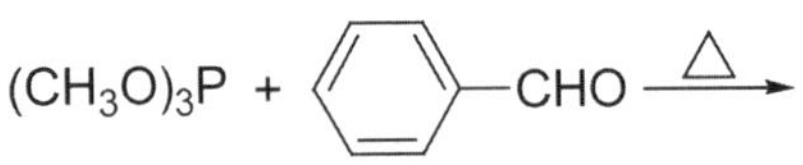 $(CH_3O)_3P$ + C_6H_5-CHO $\xrightarrow{\triangle}$

(7) $3CH_3CH_2OH$ $\xrightarrow{PCl_3}$ $\xrightarrow[\triangle]{BrCH_2COOCH_3}$

(8) $PhCH_2Br$ + Ph_3P $\xrightarrow{PhLi}$ $\xrightarrow{PhCHO}$

(9) $2CH_3MgBr$ $\xrightarrow{SiCl_4}$ $\xrightarrow{H_2O}$ $\xrightarrow{H^+}$

[解析] (1)硫醚被强氧化剂氧化为砜。

(2)硫醇与醇相似，与酮反应生成缩酮，硫醚还原分解。

(1) 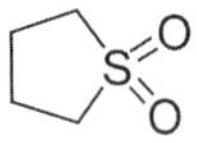 环丁砜（四氢噻吩-1,1-二氧化物，S=O，S=O）　　(2) 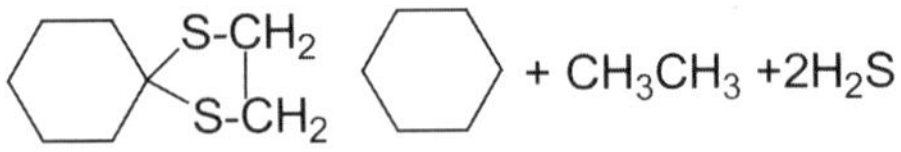 环己烷螺环（S-CH_2，S-CH_2）　环己烷 + CH_3CH_3 +$2H_2S$

(3)季锍碱受热类似于季铵碱，生成霍夫曼烯。

(4)硫叶立德先与羰基发生亲核加成，硫是很好的离去基团，形成环氧化合物。

(3) $CH_3CH_2CH{=}CH_2$ + CH_3SCH_3　　(4) 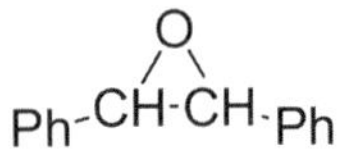 Ph-CH-CH-Ph（O 桥连两个 CH）

(5)硫有强的容纳电子的能力，α-C 上的 H 容易失去质子，生成碳负离子，碳负离子与卤代烷发生亲核取代反应，硫醚与卤代烷生成锍盐。

(5) Ph-S-$\overset{\ominus}{C}H_2$　　Ph-S-$CH_2CH_2CH_3$　　$\left[\text{Ph-}\overset{+}{S}(CH_3)\text{-}CH_2CH_3CH_3\right]I^-$

(6)亚磷酸酯先与羰基发生亲核加成，因 P 有强的配位能力，发生重排，生成烃基膦酸酯。

(6) 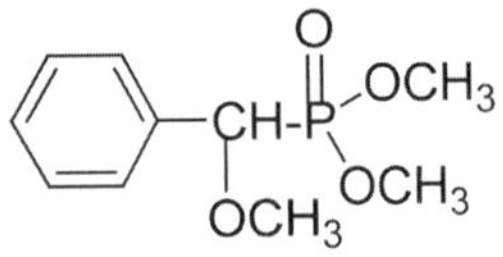 C_6H_5-CH(OCH_3)-P(=O)(OCH_3)(OCH_3)

(7)生成亚磷酸酯，亚磷酸酯与卤代烃发生重排，生成烃基膦酸酯。

(7) $P(OCH_2CH_3)_3$　　CH_3OOCCH_2-P(=O)(OC_2H_5)-OC_2H_5 + CH_3CH_2Br

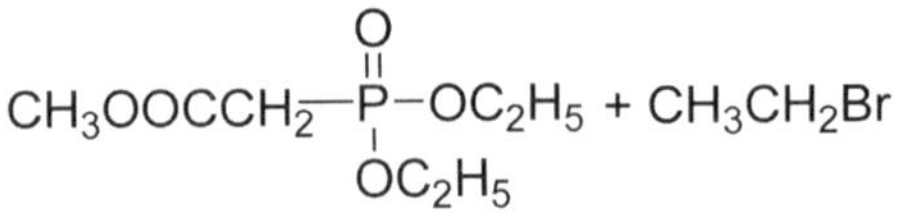

(8)生成季鏻盐，季鏻盐与强碱反应生成磷叶立德，磷叶立德与醛发生魏悌希反应。

(8) $\left[Ph_3\overset{+}{P}\text{-}CH_2Ph\right]Br^-$　　$\overset{\oplus\ \ominus}{Ph_3P\text{-}CHPh}$　　PhCH=CHPh

(9)生成二甲基二氯硅烷，二氯硅烷水解为硅醇，硅醇缩合生成多聚硅醚。

(9) $(CH_3)_2SiCl_2$　　$(CH_3)_2Si(OH)_2$　　$\left[\text{-}Si(CH_3)_2\text{-}O\text{-}\right]_n$

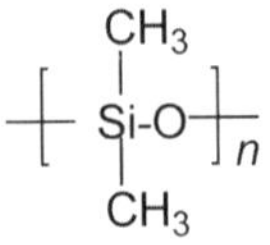

例 2　推测下列反应机理。

(1) $\overset{\oplus}{Ph_2S}-\overset{\ominus}{CH_2} + CH_3-\overset{O}{\overset{\|}{C}}-CH_3 \longrightarrow$ (环氧化合物：H_2C—C 与 O 成三元环，C 上连两个 CH_3) $+ Ph_2S$

(2) $\overset{\oplus}{Ph_3P}-\overset{\ominus}{CHCH_3} + C_6H_5-CHO \longrightarrow C_6H_5-CH=CHCH_3 + Ph_3P=O$

(3) $CH_3CH_2Br + P(OCH_3)_3 \longrightarrow CH_3CH_2-\overset{O}{\overset{\|}{P}}(OCH_3)-OCH_3 + CH_3Br$

(4) 环氧化合物（两个环碳上各连 H 和 CH_3）$+ Ph_3P \longrightarrow H_3C-CH=CH-CH_3 + Ph_3P=O$

[解析]　(1)首先硫叶立德中的碳负离子进攻羰基碳，形成氧负离子，因硫是较好的离去基团，所以氧负离子进攻正电性较高的碳，生成环氧化合物。

$$\overset{\oplus}{Ph_2S}-\overset{\ominus}{CH_2} + CH_3-\overset{O}{\overset{\|}{C}}-CH_3 \longrightarrow Ph_2-\overset{\oplus}{S}-CH_2-\overset{O^-}{C}(CH_3)-CH_3 \xrightarrow{-Ph_2S} H_2C\overset{O}{—}C(CH_3)-CH_3$$

(2)磷叶立德中的碳负离子进攻羰基碳，形成氧负离子，氧与磷有很强的成键能力。

$$\overset{\oplus}{Ph_3P}-\overset{\ominus}{CHCH_3} + H-\overset{O}{\overset{\|}{C}}-C_6H_5 \longrightarrow \overset{\oplus}{Ph_3P}-CH(CH_3)-CH(O^-)-C_6H_5 \xrightarrow{-Ph_3P=O} C_6H_5-CH=CHCH_3$$

(3)亚磷酸酯中 P 有孤对电子，与卤代烷形成配合物(盐)，然后 O 与 P 形成 P═O。

$$CH_3CH_2Br + P(OCH_3)_3 \longrightarrow \left[CH_3CH_2-\overset{+}{P}(O-CH_3)_2-O-CH_3\right]Br^- \xrightarrow{-CH_3Br} CH_3CH_2-\overset{O}{\overset{\|}{P}}(OCH_3)-OCH_3$$

(4)三苯基膦中 P 作为亲核原子进攻环碳原子，开环生成氧负离子，O 与 P 形成 P═O 脱去。

$$Ph_3P + \text{环氧化合物} \longrightarrow Ph_3P-CH(CH_3)-CH(O^-)-CH_3 \rightleftharpoons H_3C-CH(Ph_3P)-CH(O^-)-CH_3$$

$$\longrightarrow H_3C-CH=CH-CH_3 + Ph_3P=O$$

五、巩固提高

1.命名下列化合物。

(1) 环己基-SH（$C_6H_{11}SH$）

(2) $(CH_3CH_2CH_2CH_2)_2S$

(3) $CH_3CH_2C(=S)CH_2CH_3$

(4) $C_6H_5S(=O)C_6H_5$

(5) $HOCH_2CH_2CH_2SH$

(6) $CH_3CH_2\text{-}S\text{-}S\text{-}CH_2CH_3$

(7) 环丁砜（五元环，SO_2）

(8) $C_6H_5SO_3CH_3$

(9) $C_6H_{11}\overset{+}{S}(CH_3)_2Br^-$

(10) $(CH_3)_2CHCH_2PH_2$

(11) $(PhCH_2)_3P$

(12) $(CH_3)_2\overset{+}{P}(C_2H_5)_2Cl^-$

(13) $Ph_3P=O$

(14) $C_6H_{11}P(=O)(OCH_3)_2$

(15) $H_3CO\text{-}P(OCH_3)\text{-}OCH_3$

(16) $(C_2H_5)_3SiCl$

(17) $(C_2H_5)_3SiOH$

(18) $H_3CO\text{-}Si(CH_3)_2\text{-}OCH_3$

2.排列下列化合的酸性强弱。

A. CH_3CH_2SH　　B. CH_3CH_2COOH　　C. $CH_3CH_2SO_3H$

D. CH_3CH_2OH　　E. C_6H_5SH

3.完成下列反应式。

(1) $C_6H_5\text{-}S\text{-}CH_3 + CH_3CH_2Br \longrightarrow$

(2) $CH_3CH(CH_3)CH_2SH \xrightarrow{KMnO_4}$

(3) $(CH_3CO)_2O + CH_3CH_2SH \longrightarrow$

(4) 2-甲氧羰基环己酮 $\xrightarrow{HSCH_2CH_2SH} \xrightarrow{H_2,Ni}$

(5) $CH_3CH_2CH(CH_3)\text{-}S\text{-}CH_3 \xrightarrow{CH_3Cl} \xrightarrow{Ag_2O,H_2O} \xrightarrow{\triangle}$

(6) $C_6H_{10}^{\ominus}\text{-}\overset{\oplus}{S}Ph_2 + CH_2=CH\text{-}C(=O)\text{-}CH_3 \longrightarrow$

(7) $P(OC_2H_5)_3 + CH_3Br \xrightarrow{\triangle}$

(8) $C_6H_5\text{-}C(=O)\text{-}CH_3 + CH_3\overset{\ominus}{C}H\text{-}\overset{\oplus}{P}Ph_3 \longrightarrow$

(9) $P(OCH_3)_3 + ClCH_2COOCH_3 \longrightarrow \xrightarrow{Na_2CO_3} \xrightarrow{CH_3CHO}$

(10) $C_6H_5-\overset{O}{\overset{\|}{C}}-CH_2CH_2CH_2CH_2Br \xrightarrow{Ph_3P} \xrightarrow{C_2H_5ONa}$

(11) $CH_3CH_2Cl + Si \xrightarrow[300\sim500℃]{Ag}$

(12) $(CH_3)_3SiCl + CH_3CH_2OH \longrightarrow$

(13) $(CH_3)_2SiCl_2 \xrightarrow{H_2O} \xrightarrow{H^+}$

4.完成下列转换反应。

(1) $(CH_3)_3CCH_2Br \longrightarrow (CH_3)_3CCH_2\text{-}SO_3H$

(2) 环戊基-Br $\longrightarrow$ 环戊基$-\overset{O}{\overset{\|}{\underset{O}{\underset{\|}{S}}}}-$环戊基

(3) 2-($COOC_2H_5$)环戊酮 $\longrightarrow$ 环戊基-$COOC_2H_5$

(4) $C_6H_5-CH_3 \longrightarrow H_3C-C_6H_4-\overset{O}{\overset{\|}{\underset{O}{\underset{\|}{S}}}}-C_6H_4-CH_3$

(5) $CH_3CH_2OH \longrightarrow CH_3\overset{O}{\overset{\|}{C}}\text{-}SCH_2CH_3$

(6) $CH_2{=}CHCH_3 \longrightarrow CH_3CH_2CH_2SCH(CH_3)_2$

(7) $CH_2{=}CH\text{-}CH{=}CH_2 \longrightarrow Ph_3P{=}CH\text{-}CH_2CH_2\text{-}CH{=}PPh_3$

(8) $C_6H_5-CH_2Cl \longrightarrow C_6H_5-CH_2-\overset{O}{\overset{\|}{\underset{OC_2H_5}{\underset{|}{P}}}}-OC_2H_5$

5.用苯甲醛和适当的 Wittig 试剂合成下列化合物。

(1) $C_6H_5-CH{=}CH\text{-}\underset{CH_3}{\underset{|}{C}}{=}CH_2$

(2) $C_6H_5-CH{=}CH\text{-}CH_2\text{-}CH{=}CH-C_6H_5$

解析与答案

(18)

第 19 章　氨基酸和多肽

一、知识点与要求

- ✧ 了解氨基酸的结构、分类和命名。
- ✧ 掌握氨基酸的化学性质(酸碱性、等电点、羧基性质、氨基性质及鉴别方法)。
- ✧ 掌握 α-氨基酸的制备方法。
- ✧ 了解多肽的结构、结构分析方法及合成方法。

二、化学性质与制备

1. 氨基酸的性质

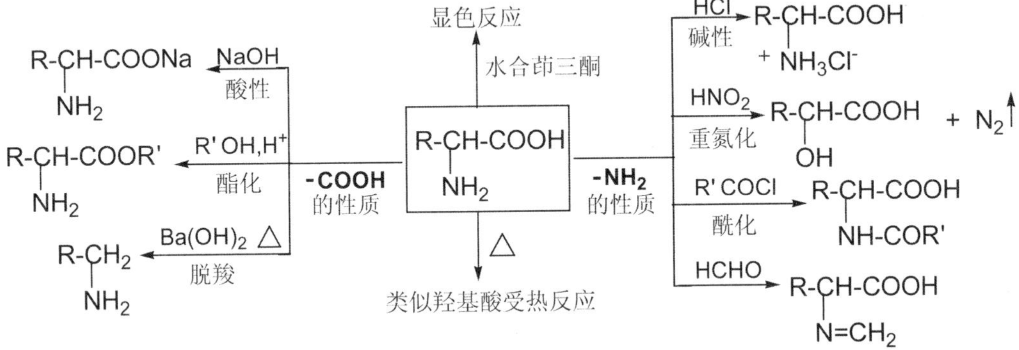

2. α-氨基酸的制备

(1)α-卤代酸的氨解

$$CH_3CH_2COOH \xrightarrow[P]{Br_2} CH_3\underset{\displaystyle Br}{\underset{|}{C}}HCOOH \xrightarrow{NH_3} CH_3\underset{\displaystyle NH_2}{\underset{|}{C}}HCOONH_4 \xrightarrow{H^+} CH_3\underset{\displaystyle NH_2}{\underset{|}{C}}HCOOH$$

$$\rightleftharpoons CH_3\underset{\displaystyle ^{+}NH_3}{\underset{|}{C}}HCOO^-$$

(2)盖布瑞尔(Gabriel)法

先将丙二酸酯转化为 *N*-邻苯二甲酰亚胺基丙二酸酯，然后烷基化、水解、脱羧得到 α-氨基酸。

$$CH_2(COOC_2H_5)_2 \xrightarrow[CCl_4]{Br_2} BrCH(COOC_2H_5)_2 \xrightarrow{\text{邻苯二甲酰亚胺钾}} \text{邻苯二甲酰亚胺基}\text{-}N\text{-}CH(COOC_2H_5)_2$$

N-邻苯二甲酰亚胺基丙二酸酯

$$\xrightarrow[\text{② RX}]{\text{① } C_2H_5ONa} \text{邻苯二甲酰亚胺基}\text{-}N\text{-}C(R)(COOC_2H_5)_2 \xrightarrow[\triangle]{H_3O^+} R\text{-}CH(NH_2)\text{-}COOH \rightleftharpoons R\text{-}CH(\overset{+}{N}H_3)\text{-}COO^-$$

(3)丙二酸酯法

丙二酸酯与亚硝酸反应生成硝基丙二酸酯，异构为肟，肟在乙酸酐中催化氢化，生成乙酰氨基丙二酸酯，然后烷基化、水解、脱羧得到 α-氨基酸。

$$CH_2(COOC_2H_5)_2 \xrightarrow{HNO_2} O{=}N\text{-}CH(COOC_2H_5)_2 \rightleftharpoons HON{=}C(COOC_2H_5)_2 \xrightarrow[H_2/Pd]{(CH_3CO)_2O}$$

亚硝基丙二酸酯

$$CH_3CONH\text{-}CH(COOC_2H_5) \xrightarrow[\text{② RX}]{\text{① } C_2H_5ONa} CH_3CONH\text{-}C(R)(COOC_2H_5) \xrightarrow[\triangle]{H_3O^+} R\text{-}CH(\overset{+}{N}H_3)\text{-}COO^-$$

乙酰胺基丙二酸酯

(4)Strecker 法

利用醛与 NH_3 及 HCN 反应，生成 α-氨基腈，然后水解得 α-氨基酸。

$$C_6H_5\text{-}CH_2CHO \xrightarrow{NH_3} C_6H_5\text{-}CH_2CH{=}NH \xrightarrow{HCN} C_6H_5\text{-}CH_2CH(CN)\text{-}NH_2 \xrightarrow{H_3O^+} C_6H_5\text{-}CH_2CH(COO^-)\text{-}\overset{+}{N}H_3$$

α-氨基腈

(5)α-羰基酸氨化还原法

α-羰基酸与 NH_3 反应生成亚胺，然后还原得到 α-氨基酸。

$$CH_3\text{-}\overset{O}{\overset{\|}{C}}\text{-}COOH \xrightarrow{NH_3} CH_3\text{-}\overset{NH}{\overset{\|}{C}}\text{-}COONH_4 \xrightarrow{H_2/Pt} CH_3\text{-}\overset{NH_2}{\overset{|}{C}H}\text{-}COONH_4 \xrightarrow{H_3O^+} CH_3\text{-}\overset{\overset{+}{N}H_3}{\overset{|}{C}H}\text{-}COO^-$$

三、重难点知识概要

1. 氨基酸的两性与等电点

氨基酸含有—NH_2 和—COOH，是两性化合物，固态时以两性离子[$H_3N^+CH(R)COO^-$，偶极离子]的形式存在。氨基酸的酸性部分是—NH_3^+，碱性部分是—COO^-，在水溶液中的电离反应为：

$$\underset{\text{阳离子}}{\underset{|}{\overset{+}{H_3N}CHCOOH}\atop R} \underset{K_1}{\overset{-H^+}{\rightleftharpoons}} \underset{\text{偶极离子}}{\overset{+}{H_3N}CHCOO^-\atop R} \underset{K_2}{\overset{-H^+}{\rightleftharpoons}} \underset{\text{阴离子}}{H_2NCHCOO^-\atop R}$$

$$pH < pI \qquad pH=pI=\frac{pK_1+pK_2}{2} \qquad pH > pI$$

在水溶液中的存在形式取决于溶液的 pH 和氨基酸的本性。强酸性中主要以阳离子形式存在;强碱性中主要以阴离子形式存在;当阳离子和阴离子的浓度相等时,主要以两性离子存在,此时溶液的 pH 值称为氨基酸的等电点(pI)。等电点时,氨基酸的净电荷为零,溶解度最小。

2. 肽的合成

为了在指定的—NH_2 和—COOH 上发生反应生成肽键,在反应之前,先将—NH_2 或—COOH保护起来,要求反应后容易去保护而不影响肽键。

(1)氨基的保护与去保护

①氯代甲酸苄酯(苄氧甲酰氯)

$$C_6H_5CH_2O\text{-}\overset{O}{\overset{\|}{C}}\text{-}Cl + R\text{-}\underset{COO^-}{CH}\text{-}\overset{+}{N}H_3 \xrightarrow[\text{-NaCl 保护}]{NaOH} C_6H_5CH_2O\text{-}\overset{O}{\overset{\|}{C}}\text{-}NH\text{-}\underset{R}{CH}\text{-}COOH \xrightarrow[\text{去保护}]{H_2/Pd\text{-}C}$$

$$R\text{-}\underset{COO^-}{CH}\text{-}\overset{+}{N}H_3 + C_6H_5CH_3 + CO_2$$

②二叔丁基二碳酸酯

$$(CH_3)_3C\text{-}O\text{-}\overset{O}{\overset{\|}{C}}\text{-}O\text{-}C(CH_3)_3 + R\text{-}\underset{COO^-}{CH}\text{-}\overset{+}{N}H_3 \xrightarrow[\text{-(CH}_3)_3\text{COH 保护}]{(C_2H_5)_3N} (CH_3)_3C\text{-}O\text{-}\overset{O}{\overset{\|}{C}}\text{-}NH\text{-}\overset{R}{CH}\text{-}COOH$$

$$\xrightarrow[\text{去保护}]{H_3O^+} R\text{-}\underset{COO^-}{CH}\text{-}\overset{+}{N}H_3 + CO_2 + (CH_3)_2C{=}CH_2$$

(2)羧基的保护与去保护

通过与甲醇、乙醇、叔丁醇或苄醇在酸催化下生成酯保护,因为酯比酰胺容易水解,在温和条件下碱性水解来解除保护。

$$R\text{-}\underset{COO^-}{CH}\text{-}\overset{+}{N}H_3 + CH_3CH_2OH \xrightarrow[\text{-H}_2\text{O 保护}]{H^+} R\text{-}\underset{COOCH_2CH_3}{CH}\text{-}NH_2 \xrightarrow[\text{去保护}]{OH^-/H_2O} R\text{-}\underset{COO^-}{CH}\text{-}NH_2 + CH_3CH_2OH$$

(3)羧基的活化

将保护了氨基的氨基酸的羧基转变为酰氯加以活化,以利于在温和条件下与游离的氨基反应生成肽。

$$(CH_3)_3C\text{-}O\text{-}\overset{O}{\overset{\|}{C}}\text{-}NH\text{-}\underset{}{\overset{R}{\overset{|}{C}}}H\text{-}COOH \xrightarrow{SOCl_2} (CH_3)_3C\text{-}O\text{-}\overset{O}{\overset{\|}{C}}\text{-}NH\text{-}\overset{R}{\overset{|}{C}}H\text{-}COCl$$

(4)举例——甘氨酰丙氨酸二肽的合成

$$C_6H_5\text{-}CH_2O\text{-}\overset{O}{\overset{\|}{C}}\text{-}Cl + \overset{+}{N}H_3CH_2COO^- \xrightarrow[-NaCl]{NaOH} C_6H_5\text{-}CH_2O\text{-}\overset{O}{\overset{\|}{C}}\text{-}NH\text{-}CH_2\text{-}COOH \xrightarrow{SOCl_2}$$

$$C_6H_5\text{-}CH_2O\text{-}\overset{O}{\overset{\|}{C}}\text{-}NH\text{-}CH_2\text{-}COCl \xrightarrow[\underset{NH_3^+}{\underset{|}{CH_3CHCOO^-}}]{} C_6H_5\text{-}CH_2O\text{-}\overset{O}{\overset{\|}{C}}\text{-}NH\text{-}CH_2\text{-}CONH\text{-}\underset{CH_3}{\underset{|}{C}}H\text{-}COOH$$

$$\xrightarrow{H_2/Pd\text{-}C} \underset{\text{甘氨酰丙氨酸}}{NH_2CH_2CONH\text{-}\underset{CH_3}{\underset{|}{C}}H\text{-}COOH} + C_6H_5\text{-}CH_3 + CO_2$$

3. 多肽结构测定——端基分析法

(1)N-端分析法

①Sanger 降解法

利用 N-端氨基酸与 2,4-二硝基氟苯(DNFB)的标记反应，水解得到标记的氨基酸与氨基酸混合物，分离并鉴定标记的氨基酸。

$$O_2N\text{-}C_6H_3(NO_2)\text{-}F + \underset{\text{多肽}}{H_2N\text{-}\underset{R}{\underset{|}{C}}HCO\text{-}NH\underset{R'}{\underset{|}{C}}HCO\cdots\cdots} \xrightarrow{HCO_3^-} O_2N\text{-}C_6H_3(NO_2)\text{-}NH\text{-}\underset{R}{\underset{|}{C}}HCO\text{-}NH\underset{R'}{\underset{|}{C}}HCO\cdots\cdots$$

$$\xrightarrow{H_3O^+} \underset{\text{标记的氨基酸}}{O_2N\text{-}C_6H_3(NO_2)\text{-}NH\text{-}\underset{R}{\underset{|}{C}}HCOOH} + \underset{\text{氨基酸混合物}}{H_3N^+\underset{R'}{\underset{|}{C}}HCOO^-} + \text{---}$$

②Edman 降解法

利用 N-端氨基酸与异硫氰酸苯酯的标记反应，水解得到标记的氨基酸与少一个氨基酸的多肽。

$$C_6H_5\text{-}N{=}C{=}S + \underset{\text{多肽}}{H_2N\text{-}\underset{R}{\underset{|}{C}}HCO\text{-}NH\underset{R'}{\underset{|}{C}}HCO\cdots\cdots} \xrightarrow{pH=9} C_6H_5\text{-}NH\text{-}\overset{S}{\overset{\|}{C}}\text{-}NH\underset{R}{\underset{|}{C}}HCO\text{-}NH\underset{R'}{\underset{|}{C}}HCO\cdots\cdots$$

$$\xrightarrow{H_3O^+} \text{(3-苯基-5-R-2-硫代乙内酰脲：}C_6H_5\text{-}N\text{环}(\overset{S}{\overset{\|}{C}}\text{-}NH\text{-}CH(R)\text{-}\overset{O}{\overset{\|}{C}})\text{)} + \underset{\text{少一个氨基酸的多肽}}{H_2N\text{-}\underset{R'}{\underset{|}{C}}HCO\text{-}NH\underset{R''}{\underset{|}{C}}HCO\cdots\cdots}$$

(2)C-端分析法

利用羧肽酶选择性地水解与羧基相邻的肽键，得到C-端氨基酸与少一个氨基酸的肽链。

$$\cdots\cdots \mathrm{HN\text{-}\underset{\displaystyle R'}{CH}CO\text{-}NH\underset{\displaystyle R}{CH}COOH} \xrightarrow{\text{羧肽酶}} \mathrm{H_2N\text{-}\underset{\displaystyle R}{CH}COOH} + \cdots\cdots \mathrm{HN\text{-}\underset{\displaystyle R''}{CH}CO\text{-}NH\underset{\displaystyle R'}{CH}COOH}$$

多肽　　　　　　　　　　　　　　　　　少一个氨基酸的多肽

四、典型例题

例 1　写出赖氨酸($H_2NCH_2CH_2CH_2CH_2CH(NH_2)COOH$)在强酸性、强碱性及等电点溶液中的主要存在形式。

[解析]　赖氨酸有两个—NH_2，在强酸性溶液中，两个—NH_2质子化为双正离子；在强碱性溶液中，—COOH失去质子，成为阴离子；等电点以偶极离子(两性离子)，哪一个—NH_2质子化，取决于两个—NH_2的碱性强弱，因—COOH具有吸电子作用，α-NH_2的碱性较ε-NH_2的碱性弱，故ε-NH_2质子化与—COOH失质子构成等电点时的偶极离子。

$$\mathrm{H_3\overset{+}{N}CH_2CH_2CH_2CH_2\underset{\displaystyle NH_3^+}{CH}COOH} \rightleftharpoons \mathrm{H_3\overset{+}{N}CH_2CH_2CH_2CH_2\underset{\displaystyle NH_2}{CH}COO^-} \rightleftharpoons \mathrm{H_2NCH_2CH_2CH_2CH_2\underset{\displaystyle NH_2}{CH}COO^-}$$

强酸性　　　　　　　　　等电点　　　　　　　　　强碱性

例 2　写出下列反应的主要产物。

(1) $\mathrm{H_2N\text{—}C(COOH)(H)(CH_3)} \xrightarrow{(CH_3CO)_2O} \xrightarrow{SOCl_2} \xrightarrow{NH_3}$

(2) $\mathrm{H_2N\text{—}C(COOH)(H)(CH_2OH)} \xrightarrow[CH_3OH]{HCl} \xrightarrow{PCl_3} \xrightarrow{OH^-} \xrightarrow{NaSH} \xrightarrow[②OH^-]{①H_3O^+}$

(3) $CH_3SH + CH_2{=}CHCHO \xrightarrow{KOH} \xrightarrow{NH_3} \xrightarrow{HCN} \xrightarrow{OH^-} \xrightarrow{H_3O^+}$

(4) $C_6H_5\text{—}N{=}C{=}S + CH_3\underset{\displaystyle NH_2}{CH}COOH \xrightarrow{OH^-} \xrightarrow{H_3O^+}$

(5) $C_6H_5\text{—}CH_2CHO \xrightarrow{HCN} \xrightarrow{HCl} \xrightarrow{NH_3} \xrightarrow{H_3O^+}$

[解析]　(1)—NH_2酰化为酰胺；—COOH转化为酰氯；酰氯氨解生成酰胺。

$$\mathrm{CH_3CONH\text{—}C(COOH)(H)(CH_3)} \qquad \mathrm{CH_3CONH\text{—}C(COCl)(H)(CH_3)} \qquad \mathrm{CH_3CONH\text{—}C(CONH_2)(H)(CH_3)}$$

(2)—NH_2 与 HCl 生成铵盐，—COOH 酯化；醇羟基被—Cl 取代；铵盐中和恢复为—NH_2；—Cl 被—SH 取代；酯水解，酸化为氨基酸。

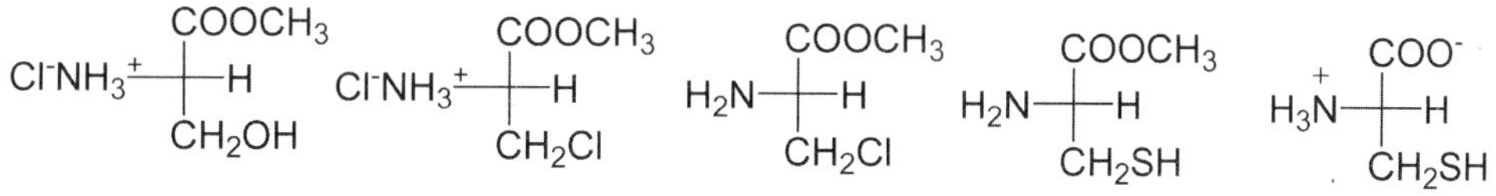

$Cl^-NH_3^+-CH(COOCH_3)-CH_2OH$ $Cl^-NH_3^+-CH(COOCH_3)-CH_2Cl$ $H_2N-CH(COOCH_3)-CH_2Cl$ $H_2N-CH(COOCH_3)-CH_2SH$ $H_3\overset{+}{N}-CH(COO^-)-CH_2SH$

(3)CH_3S—H 与丙烯醛 1,4-加成；—CHO 与 NH_3 加成脱水生成亚胺；亚胺与 HCN 加成；—CN 水解酸化生成氨基酸。

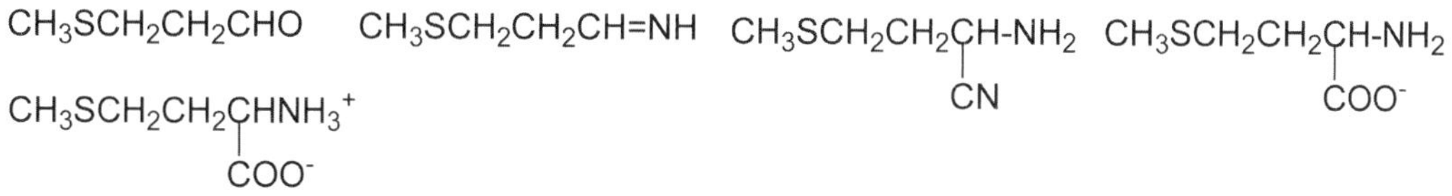

$CH_3SCH_2CH_2CHO$ $CH_3SCH_2CH_2CH=NH$ $CH_3SCH_2CH_2CH(CN)-NH_2$ $CH_3SCH_2CH_2CH(COO^-)-NH_2$

$CH_3SCH_2CH_2CH(COO^-)NH_3^+$

(4)—NH_2 与异硫氰酸苯酯中 N═C 加成；在酸作用下，—COOH 与—NH—脱水成五元环产物。

$C_6H_5-NH-C(=S)-NHCH(CH_3)COOH$ 1-苯基-2-硫代-4-甲基五元环（C_6H_5—N、C=S、NH、CH—CH_3、C=O）

(5)—CHO 与 HCN 亲核加成生成 α-羟基腈；羟基被—Cl 取代，—Cl 被—NH_2 取代，—CN水解。

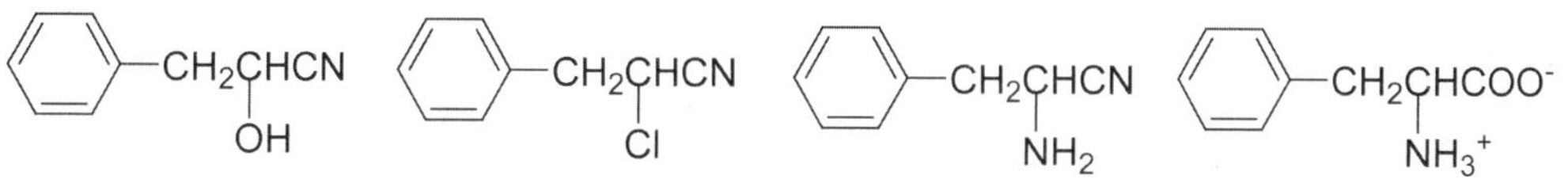

$C_6H_5-CH_2CH(OH)CN$ $C_6H_5-CH_2CH(Cl)CN$ $C_6H_5-CH_2CH(NH_2)CN$ $C_6H_5-CH_2CH(NH_3^+)COO^-$

例 3 有一个九肽，完成水解后得 2 个精氨酸、2 个苯丙氨酸、3 个脯氨酸、1 个丝氨酸、1 个甘氨酸。用 2,4-二硝基氟苯和羧基肽酶试验表明两端基都是精氨酸。部分水解得下列二肽和三肽：苯丙-丝、脯-甘-苯丙、脯-脯、丝-脯-苯丙、苯丙-精、精-脯，试推测该九肽的氨基酸连接次序。

［解析］ 因为精氨酸为九肽的两端，在部分水解得到的二肽和三肽中，因只有一个丝氨酸，故有苯丙-丝-脯-苯丙片段，再将其他片段重叠部分排列如下：

```
精-脯
   脯-脯
      脯-甘-苯丙
            苯丙-丝-脯-苯丙
                        苯丙-精
```

该九肽氨基酸的连接次序为：精-脯-脯-甘-苯丙-丝-脯-苯丙-精。

例 4 写出以$(CH_3)_2CHCH_2CHO$为原料，分别用下列方法合成亮氨酸$(CH_3)_2CHCH_2CH(NH_2)COOH$的路线。

(1)卤代酸的氨解 (2)盖布瑞尔法 (3)丙二酸酯法

(4)Strecker 法 (5)羰基酸氨化还原法

［解析］（1）因卤代酸氨解法碳原子数不变，而原料较目标物少一个碳，所以用醛与HCN加成合成增加一个碳的羧酸。

$$(CH_3)_2CHCH_2CHO \xrightarrow[OH^-]{HCN} (CH_3)_2CHCH_2CH(OH)CN \xrightarrow{\triangle} (CH_3)_2CHCH{=}CHCN \xrightarrow{H_3O^+}$$

$$(CH_3)_2CHCH{=}CHCOOH \xrightarrow[Ni]{H_2} (CH_3)_2CHCH_2CH_2COOH \xrightarrow[P]{Br_2} (CH_3)_2CHCH_2CH(Br)COOH$$

$$\xrightarrow{NH_3} (CH_3)_2CHCH_2CH(NH_2)COONH_4 \xrightarrow{H_3O^+} (CH_3)_2CHCH_2CH(NH_2)COOH \rightleftharpoons (CH_3)_2CHCH_2CH(NH_3^+)COO^-$$

（2）盖布瑞尔法的关键反应是卤代烃与邻苯二甲酰亚胺盐水解后可提供—NH_2，所以只要合成α-卤代酸即可[见题(1)]，考虑到羧酸与亚胺盐反应，将α-卤代酸转化为α-卤代酸酯加以保护。

$$(CH_3)_2CHCH_2CH(Br)COOH \xrightarrow[H^+]{C_2H_5OH} (CH_3)_2CHCH_2CH(Br)COOC_2H_5$$

$$\text{邻苯二甲酰亚胺} \xrightarrow{KOH} \text{邻苯二甲酰亚胺钾}(N^-K^+)$$

两者反应 → N-[CH(COOC_2H_5)CH_2CH(CH_3)_2]邻苯二甲酰亚胺

$$\xrightarrow{H_3O^+} (CH_3)_2CHCH_2CH(NH_3^+)COO^-$$

（3）因丙二酸酯法在反应过程中能提供2个碳的酸，还需要$(CH_3)_2CHCH_2Br$反应物，所以本题的关键是由$(CH_3)_2CHCH_2CHO$合成少一个碳的$(CH_3)_2CHCH_2Br$，利用羧酸银与Br_2反应来完成。

$$(CH_3)_2CHCH_2CHO \xrightarrow{K_2Cr_2O_7/H^+} (CH_3)_2CHCH_2COOH \xrightarrow{Ag_2O} (CH_3)_2CHCH_2COOAg \xrightarrow[CCl_4]{Br_2}$$

$$(CH_3)_2CHCH_2Br$$

$$CH_2(COOC_2H_5)_2 \xrightarrow{HNO_2} HO\text{-}N{=}C(COOC_2H_5)_2 \xrightarrow[Ni]{H_2} \xrightarrow{(CH_3CO)_2O} CH_3CONHCH(COOC_2H_5)_2$$

$$\xrightarrow[②(CH_3)_2CHCH_2Br]{①C_2H_5ONa} CH_3CONH\text{-}C(COOC_2H_5)_2(CH_2CH(CH_3)_2) \xrightarrow[②H_3O^+\triangle]{①OH^-/H_2O} (CH_3)_2CHCH_2CH(NH_3^+)COO^-$$

（4）Strecker法是用少一个碳的醛与NH_3及HCN反应后，再水解。

$$(CH_3)_2CHCH_2CHO \xrightarrow{NH_3} (CH_3)_2CHCH_2CH{=}NH \xrightarrow{HCN} (CH_3)_2CHCH_2CH(CN)\text{-}NH_2 \xrightarrow{H_3O^+}$$

$$(CH_3)_2CHCH_2CH(NH_3^+)COO^-$$

(5)羰基酸氨化还原法碳原子数不变，所以先用少一个碳的原料合成多一个碳的 α-酮酸。利用醛与 HCN 加成来完成。

$$(CH_3)_2CHCH_2CHO \xrightarrow[OH^-]{HCN} (CH_3)_2CHCH_2CH(OH)CN \xrightarrow{H_3O^+} (CH_3)_2CHCH_2CH(OH)COOH \xrightarrow{K_2Cr_2O_7/H^+}$$

$$(CH_3)_2CHCH_2\text{-}C(=O)\text{-}COOH \xrightarrow{NH_3} (CH_3)_2CHCH_2\text{-}C(=NH)\text{-}COONH_4 \xrightarrow[Ni]{H_2} \xrightarrow{H_3O^+} (CH_3)_2CHCH_2CH(NH_3^+)COO^-$$

五、巩固提高

1.有一氨基酸可完全溶于 pH = 7 的纯水中，所得的氨基酸溶液的 pH = 8，试推测该氨基酸的等电点________（<、>、=)8。若要使该氨基酸在电泳时不发生移动，应加适量的________（酸、碱、水）?

2.按要求写出结构。

(1)色氨酸、半胱氨酸、天冬酰胺的费歇尔投影式；

(2)天冬氨酸（pI = 2.95)、丝氨酸（pI = 5.68)、赖氨酸（pI = 9.74)在水中的主要存在形式；

(3)三肽谷-半胱-甘、四肽亮-缬-丙-脯的结构

3.某多肽完全水解产物中有精氨酸、脯氨酸、甘氨酸、丝氨酸、苯丙氨酸五种组分；部分水解后，得到下列片断：精-脯-脯、甘-苯丙-丝、脯-苯丙-精、脯-甘-苯丙、丝-脯-苯丙。试推测该多肽的氨基酸排列次序。

4.写出苯丙氨酸与下列试剂反应的产物。

(1)$(CH_3)_2SO_4$　(2)CH_3OH, H^+　(3)2,4-二硝基氟苯　(4)HNO_2

(5)$CH_3CH_2NH_2$　(6)$PhN{=}C{=}S$　(7)$LiAlH_4$　(8)$(CH_3CO)_2O$

5.写出下列反应各步的主要产物。

(1) $C_6H_5CH_2CHO + HCN + NH_3 \longrightarrow \quad \xrightarrow{NaOH/H_2O} \quad \xrightarrow{H^+}$

(2) $CH_3CH_2COOH + Br_2 \xrightarrow{P} \quad \xrightarrow{NH_3}$

(3) 邻二甲苯 $\xrightarrow[400\sim500^\circ C]{V_2O_5, O_2} \quad \xrightarrow{NH_3} \quad \xrightarrow{KOH} \quad \xrightarrow{(CH_3)_2CHCH(Br)COOCH_3} \quad \xrightarrow[\triangle]{H_2O}$

(4) $CH_2(COOC_2H_5)_2 + HNO_2 \longrightarrow \quad \xrightarrow{H_2/Pt} \quad \xrightarrow{Ac_2O} \quad \xrightarrow[OH^-]{HCHO} \quad \xrightarrow[\triangle]{H^+}$

(5) $CH_2(COOC_2H_5)_2 + Br_2 \xrightarrow{CCl_4} \quad \xrightarrow{\text{邻苯二甲酰亚胺钾}} \quad \xrightarrow[C_2H_5ONa]{CH_2=CHCOOC_2H_5} \quad \xrightarrow[\triangle]{H^+}$

6.用苯、环己烷、C 原子数≤3 的有机化合物、吲哚、丙二酸二乙酯、邻苯二甲酰亚胺盐及其他必要的试剂合成下列 8 种必需氨基酸。

(1)缬氨酸　(2)亮氨酸　(3)异亮氨酸　(4)苯丙氨酸

(5)苏氨酸　(6)蛋氨酸　(7)赖氨酸　(8)色氨酸

7.请设计三肽甘-丙-苯丙的合成路线。

解析与答案

(19)

第 20 章　周环反应

一、知识点与要求

- ✧ 了解周环反应的类型和特点。
- ✧ 了解轨道对称性守恒规律和前线轨道理论，能用前线轨道理论解释电环化反应、环化加成反应、σ 迁移反应的轨道“允许”与“禁阻”，以及反应的立体化学特征。
- ✧ 掌握 $4n\pi$ 和 $(4n+2)\pi$ 体系电环化反应条件、关环和开环规律、产物的立体化学特征。
- ✧ 掌握[2+2]和[4+2]加成反应的条件及产物的立体化学特征。
- ✧ 掌握 σ[1,5]、σ[1,3]和 σ[3,3]迁移反应的条件及产物的立体化学特征。

二、周环反应的类型

1. 电环化反应

在光或热作用下，直链共轭多烯烃末端两个烯碳原子以一个 σ 键环合，同时双键发生转移，形成比原来少一个双键的环烯烃的反应，以及它的逆反应（环烯烃开环形成共轭多烯烃），统称为电环化反应。

(1)$4n\pi$ 体系

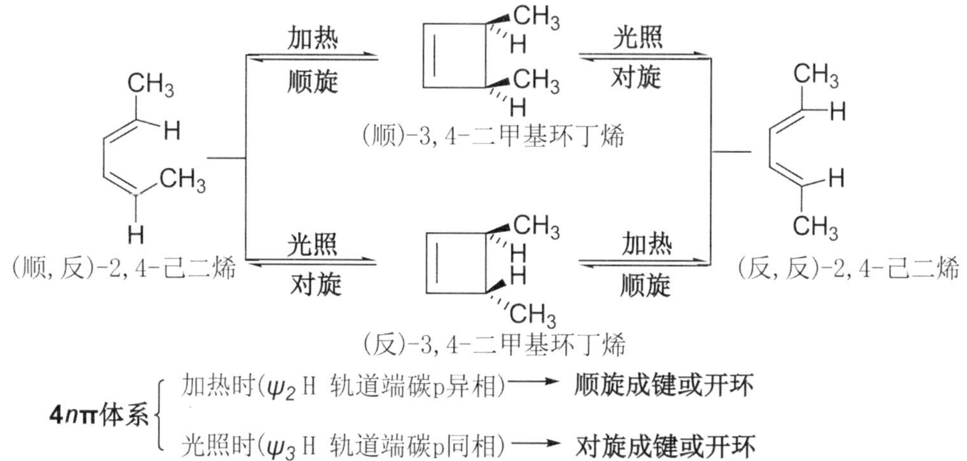

(2)(4n＋2)π 体系

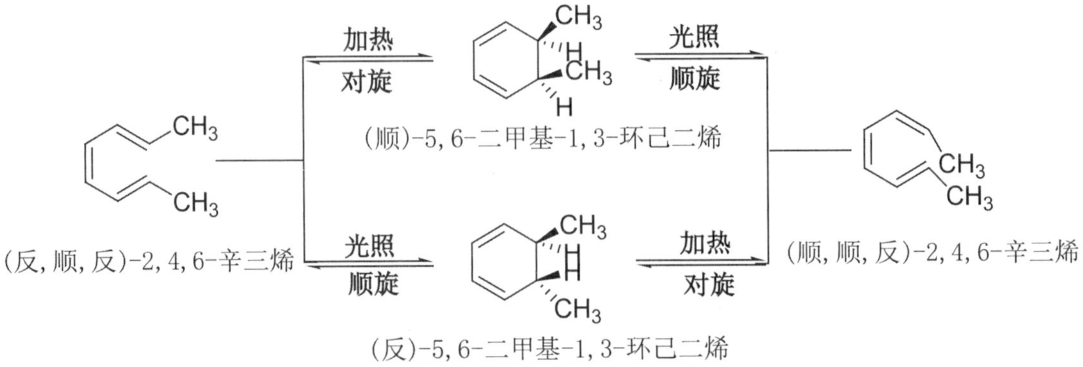

加热 对旋

光照 顺旋

(反,顺,反)-2,4,6-辛三烯

(顺)-5,6-二甲基-1,3-环己二烯

(反)-5,6-二甲基-1,3-环己二烯

(顺,顺,反)-2,4,6-辛三烯

(4n+2)π体系
- 加热时(ψ_3 H 轨道端碳p同相)⟶ **对旋成键或开环**
- 光照时(ψ_4 H 轨道端碳p异相)⟶ **顺旋成键或开环**

2. 环化加成反应

在加热或光照作用下，两个烯烃或共轭多烯烃分子由于 π 键的相互作用，通过两个 σ 键连接成一个环状化合物的反应，称为环化加成反应。

(1)[2＋2]环化加成

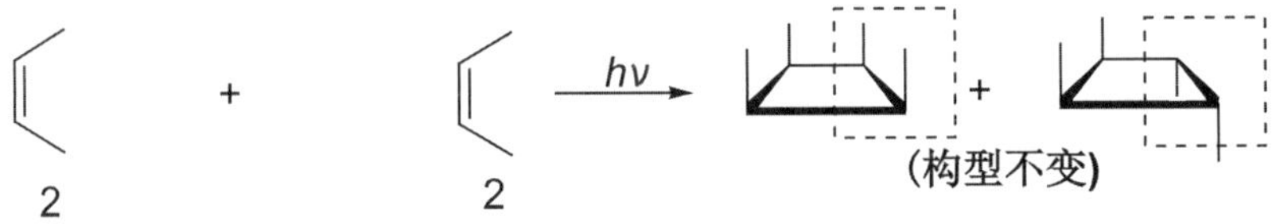

2 + 2 $\xrightarrow{h\nu}$ + (构型不变)

(ψ_1 H 轨道端碳p同相) --- (ψ_2 L 轨道端碳p异相)⟶ **加热禁阻**

(ψ_2 H 轨道端碳p异相) --- (ψ_2 L 轨道端碳p异相)⟶ **光照允许**

(2)[2＋4]环化加成

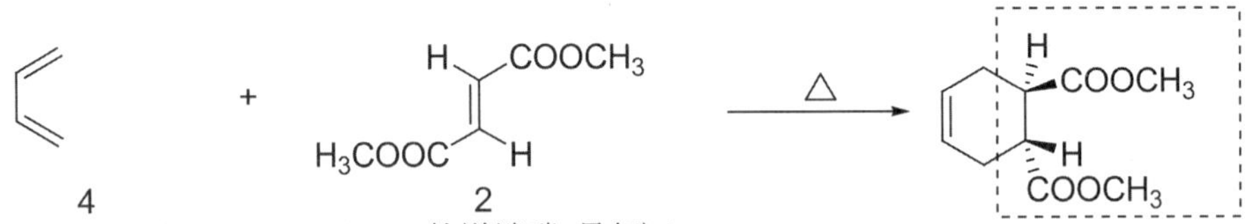

4 + 2 $\xrightarrow{\triangle}$ (构型不变)

(ψ_2 H 轨道端碳p异相)--- (ψ_2 L 轨道端碳p异相)
(ψ_3 L 轨道端碳p同相)--- (ψ_1 H 轨道端碳p同相) } 加热允许

(ψ_3 H 轨道端碳p同相)--- (ψ_2 L 轨道端碳p异相)
(ψ_3 L 轨道端碳p同相)--- (ψ_2 H 轨道端碳p异相) } (光照禁阻)

3. σ 迁移反应

一个以 σ 键相连的原子或基团，从共轭体系的一端迁移到另一端，同时伴随着 π 键转移的协同反应称为 σ 迁移反应，

(1)σ[1,3]和σ[1,5]迁移

[1,3]迁移 3π：△ 异面迁移（ψ_2 H 轨道端碳p异相）；$h\nu$ 同面迁移（ψ_3 H 轨道端碳p同相）

[1,5]迁移 5π：△ 同面迁移（ψ_3 H 轨道端碳p同相）；$h\nu$ 异面迁移（ψ_4 H 轨道端碳p异相）

(2)σ[3,3]迁移

$$\text{[3,3]迁移}\ \triangle$$

[3,3]迁移属(4n+2)π体系：加热同面迁移（ψ_3 H 轨道端碳p同相）；光照异面迁移（ψ_4 H 轨道端碳p异相）

三、重难点知识概要

1. π 分子轨道对称性规律

2～6 个电子的 π 分子轨道与能级如下：

2π分子轨道　3π分子轨道　4π分子轨道　5π分子轨道　6π分子轨道

由上可以看出，不同π电子的分子轨道两端碳原子的p轨道对称性有如下规律：奇数能级分子轨道ψ_1、ψ_3、ψ_5等两端碳原子的p轨道位相相同（p同相），偶数能级分子轨道ψ_2、ψ_4、ψ_6等两端碳原子的p轨道位相相反（p异相）。

2. 电环化反应条件与立体选择性解释

前线轨道理论认为，电环化反应只与能量最高电子已占分子轨道（HOMO）有关。反应时，HOMO两端的碳原子（端碳）轨道要通过一定方式的旋转，使其轨道以相同的位相“头碰头”交盖形成σ键。

(1)4nπ体系

基态时，4个π电子分别占据ψ_1和ψ_2轨道，ψ_2轨道为HOMO。加热时，基态不变，因偶数能级（ψ_2）端碳原子p异相，故通过顺旋方式，p轨道位相相同，可重叠成键；光照时，ψ_2的一个电子激发到ψ_3上，结果ψ_3轨道为HOMO，因奇数能级（ψ_3）端碳原子p同相，所以通过对旋方式，p轨道可重叠成键。

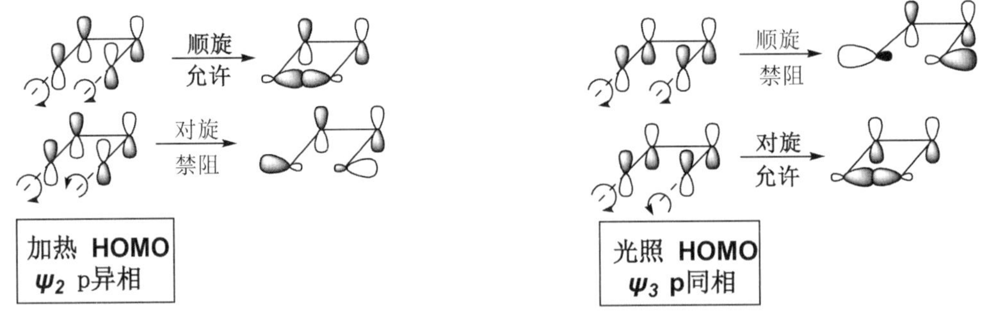

(2)(4n+2)π体系

基态时，6个π电子分别占据ψ_1、ψ_2和ψ_3轨道，ψ_3轨道为HOMO。加热时，基态不变，因奇数能级（ψ_3）端碳原子p同相，故通过对旋方式，p轨道位相相同，可重叠成键。光照时，ψ_3的一个电子激发到ψ_4上，结果ψ_4轨道为HOMO，因偶数能级（ψ_4）端碳原子p异相，所以通过顺旋方式，p轨道可重叠成键。

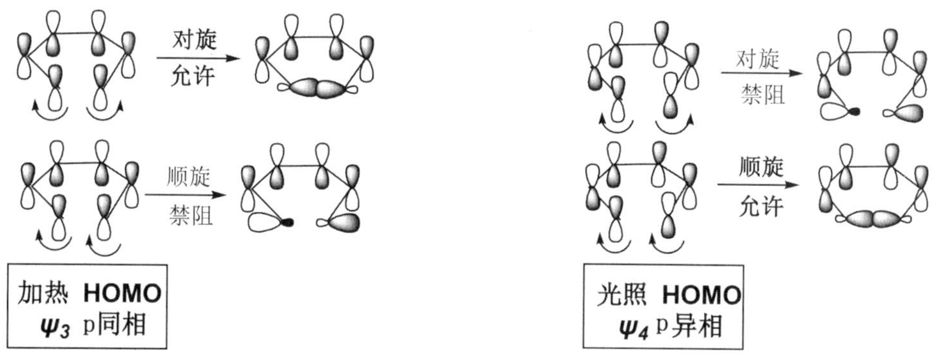

3. 环化加成反应条件与立体选择性解释

前线轨道理论认为，环化加成反应与能量最高电子已占分子轨道（HOMO）和能量最低电子未占轨道（LUMO）有关，反应时，HOMO 中的电子流入 LUMO 而生成 σ 键。

（1）[2+2]环化加成

基态时，2 个 π 电子占据 ψ_1 轨道，ψ_1 为 HOMO，ψ_2 为 LUMO。加热条件下，基态不变，因 ψ_1 端碳 p 同相，而 ψ_2 端碳 p 异相，所以对称性禁阻，不发生[2+2]环化加成反应。光照条件下，一个乙烯的 ψ_1 电子激发到 ψ_2 上，结果这个 ψ_2 轨道成为 HOMO，这样 ψ_2 的 HOMO 与 ψ_2 的 LUMO 端碳 p 同相，可以成键发生[2+2]关环反应。

乙烯基态 ψ_2 LUMO
乙烯基态 ψ_1 HOMO
对称禁阻
（不反应）
加热条件

乙烯基态 ψ_2 LUMO
乙烯激发态 ψ_2 HOMO
对称允许
（反应）
光照条件

（2）[2+4]环化加成

基态时，乙烯 2 个 π 电子占据 ψ_1 轨道，则 ψ_1 为 HOMO，ψ_2 为 LUMO；1,3-丁二烯 4 个 π 电子占据 ψ_1 和 ψ_2 轨道，则 ψ_2 为 HOMO，ψ_3 为 LUMO。加热条件下，基态不变，有乙烯 ψ_1 为 HOMO 对 1,3-丁二烯 ψ_3 为 LUMO、乙烯 ψ_2 为 LUMO 对 1,3-丁二烯 ψ_2 为 HOMO 两种成键方式，因 $\psi_1-\psi_3$ 与 $\psi_2-\psi_2$ 端碳的 p 轨道位相均相同，所以加热条件下，可发生[2+4]环化加成反应。同理，在光照条件下，乙烯与 1,3-丁二烯是以 $\psi_1-\psi_4$ 与 $\psi_2-\psi_3$ 轨道成键，因它们端碳的 p 轨道位相各不相同，所以光照下不发生[2+4]环化加成反应。

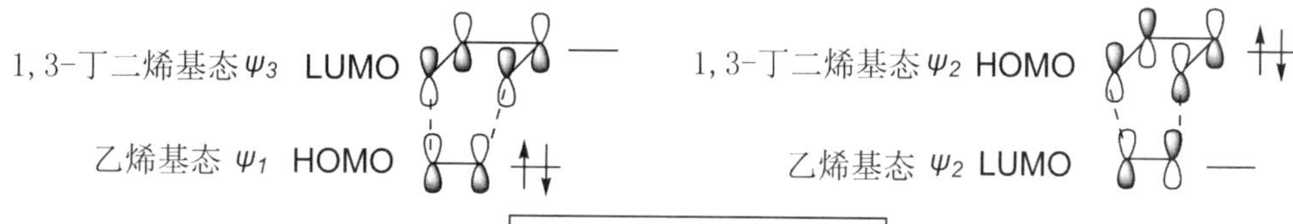

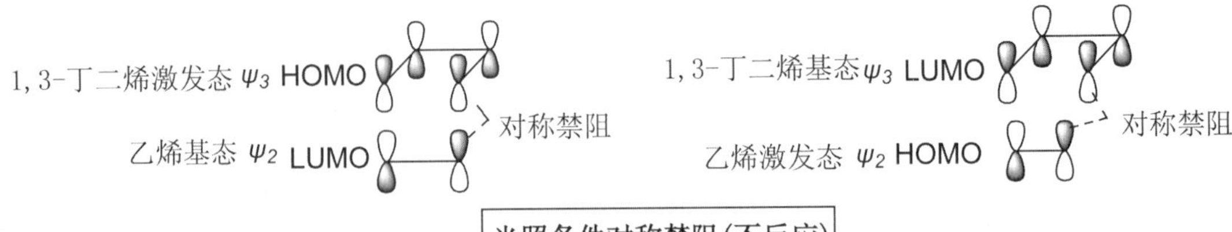

光照条件对称禁阻(不反应)

四、典型例题

例 1　写出下列电环化反应的产物。

(1) 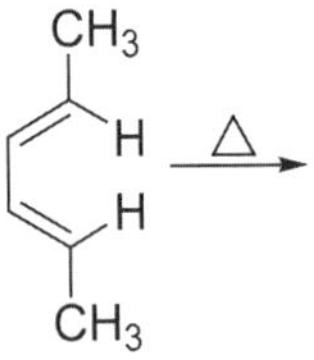 △ →　　(2) 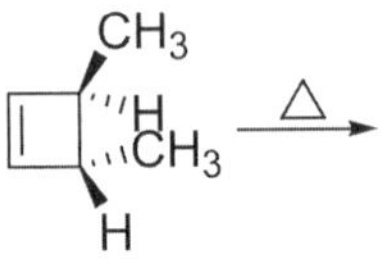 △ →

(3) 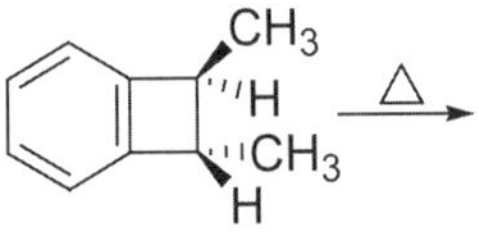 △ →　　(4) 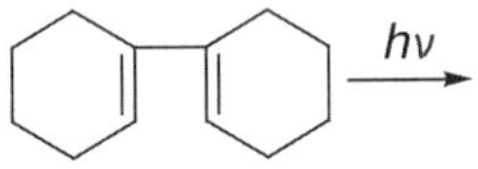 hν →

(5) 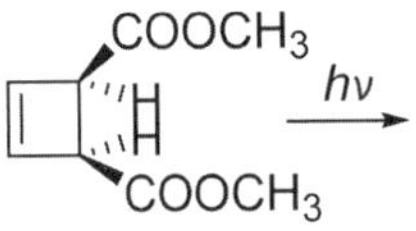 hν →　　(6) 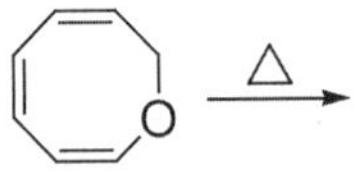 △ →

(7) 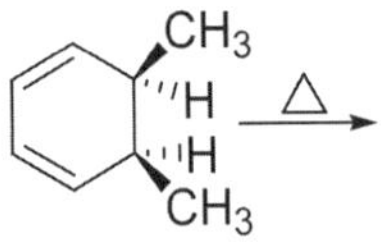 △ →　　(8) 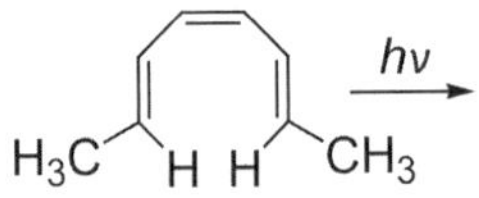 hν →

(9) 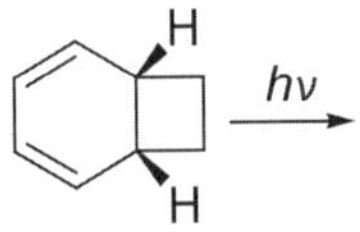 hν →　　(10) 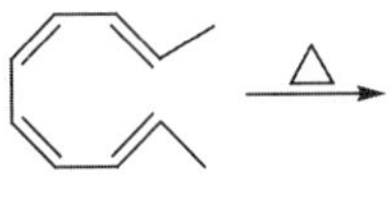 △ →

[解析]　(1)为 4π 电环化反应。

(2)、(3)为 4π 电开环反应。加热条件下，ψ_2 为 HOMO 轨道，偶数能级端碳 p 异相，顺旋为成环或开环反应方式。

(4)为 4π 电环化反应。

(1) 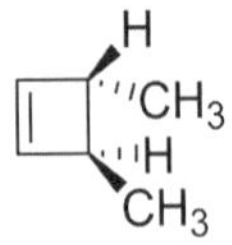　　(2) 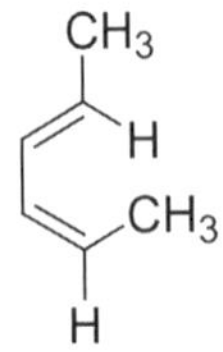　　(3) 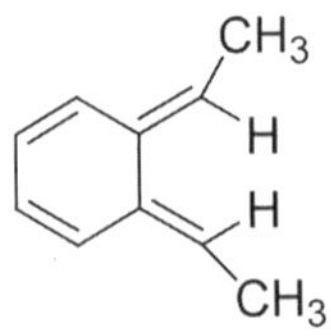　　(4)

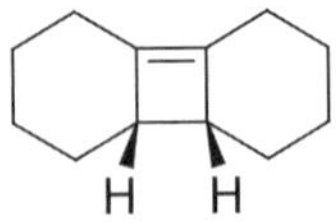

(5)为 4π 电开环反应。光照条件下，激发后 ψ_3 为 HOMO 轨道，奇数能级端碳 p 同相，对旋为成环或开环反应方式。

(6)为 6π 电环化反应。

(7)为 6π 电开环反应。加热条件下，ψ_3 为 HOMO 轨道，奇数能级端碳 p 同相，对旋为成环或开环反应方式。

(5)　(6)　(7)

(8)为 6π 电环化反应。

(9)为 6π 电开环反应。光照条件下，激发后 ψ_4 为 HOMO 轨道，偶数能级端碳 p 异相，顺旋为成环或开环反应方式。

(10)为 8π 电环化反应。加热条件下，ψ_4 为 HOMO 轨道，偶数能级端碳 p 异相，顺旋为成环反应方式。

(8)　(9)　(10)

例 2　写出下列环化加成反应的产物。

(1)　+　$\xrightarrow{h\nu}$

(2)　$\xrightarrow{h\nu}$

(3)　+　$COOCH_3$ / $COOCH_3$　$\xrightarrow{\triangle}$

(4)　$=CH_2$　+　$CH_3OOC\text{-}C\equiv C\text{-}COOCH_3$　$\xrightarrow[\text{[4+2]}]{\triangle}$

(5)　+　$=O$　$\xrightarrow[\text{[4+6]}]{\triangle}$

［解析］　(1)为［2＋2］环化加成反应，构型保持不变。

(2)为分子内［2＋2］环化加成反应。

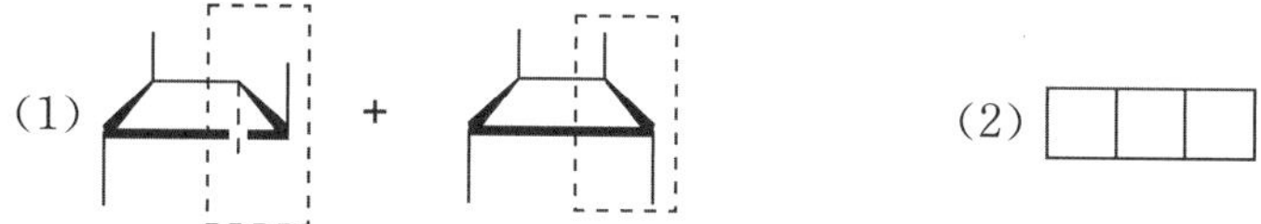

(3)、(4)为［4＋2］顺式环化加成反应，二烯和亲二烯的立体关系保持不变。

(5)为［4＋6］环化加成反应。

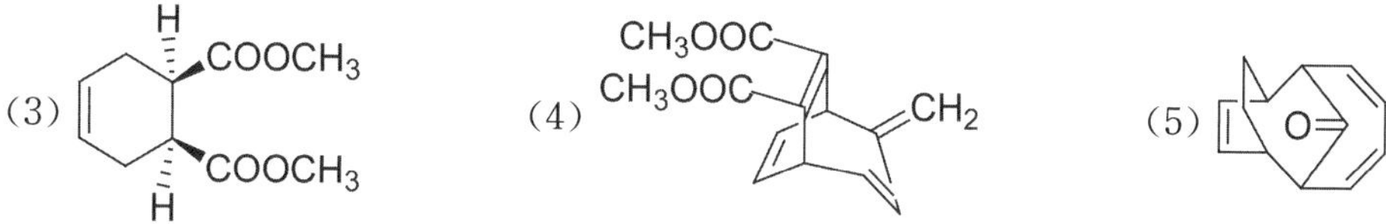

例 3　指出下列反应的迁移类型。

(1)

(2)

(3) CH_2-CH=CH-CH=CH_2 / CH_2-CH=CH-CH=CH_2 → CH_2=CH-CH-CH=CH_2 / CH_2=CH-CH=CH-CH_2

(4) H, $OOCCH_3$ → H, $OOCCH_3$

(5) H_3COOC, $COOCH_3$, H_3C → $COOCH_3$, $COOCH_3$

(6) $OCH_2CH=\overset{*}{C}H_2$ → OH, $CH_2CH=\overset{*}{C}H_2$

(7) D, H → D, H

[解析]

(1) 1, 2, 3, 4, 5, CH_3, H_3C, CH_3, H, D —[1,5]H迁移→ 1, 2, 3, 4, 5, H, D, CH_3, H_3C, CH_3

(2) 1, 2, 3, 1, 2, 3 —[3,3]迁移→ 1, 2, 3, 1, 2, 3

(3) $\overset{1}{C}H_2$-$\overset{2}{C}H$=$\overset{3}{C}H$-CH=CH_2 / $\underset{1}{C}H_2$-$\underset{2}{C}H$=$\underset{3}{C}H$-$\underset{4}{C}H$=$\underset{5}{C}H_2$ —[3,5]迁移→ $\overset{1}{C}H_2$=$\overset{2}{C}H$-$\overset{3}{C}H$-CH=CH_2 / $\underset{1}{C}H_2$=$\underset{2}{C}H$-$\underset{3}{C}H$=$\underset{4}{C}H$-$\underset{5}{C}H_2$

(4) H, $OOCCH_3$, 1, 2, 3, 4, 5 —[1,3]C迁移→ 1, 2, 3, 4, 5, H, $OOCCH_3$

(5) H_3COOC, $COOCH_3$, H_3C, 1, 2, 3, 5, 6 —[1,5]C迁移→ H_3C, 1(2′), 2(3′), 3(4′), 4(5′), 5(6′), 6(1′), $COOCH_3$, $COOCH_3$ —[1′, 5′]C迁移→ 1, 2, 3, 4, 5, 6, $COOCH_3$, $COOCH_3$

(6) 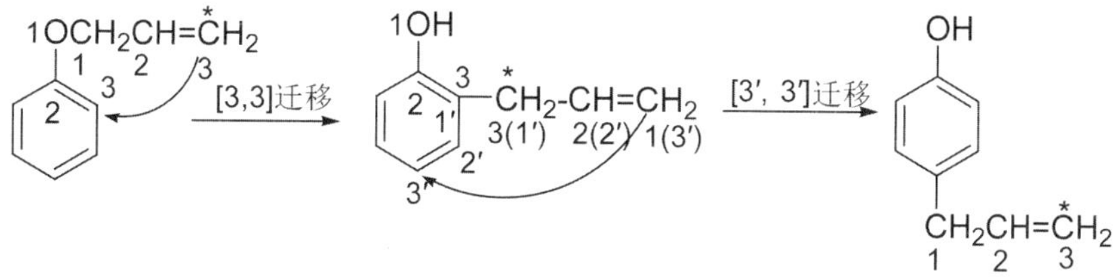 1OCH₂CH=C*H₂ [3,3]迁移 → [3',3']迁移 →

(7) 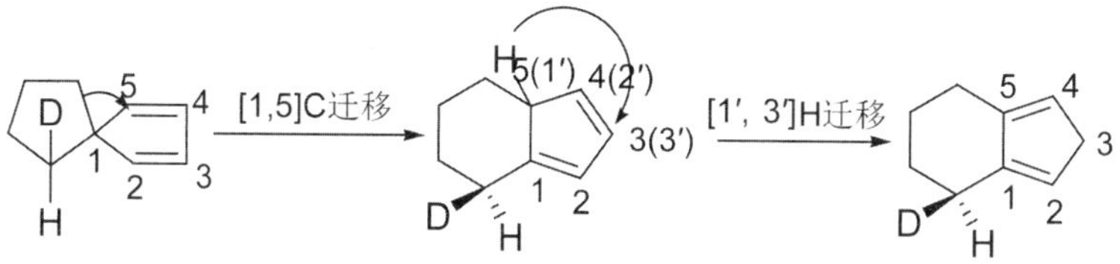 [1,5]C迁移 → [1',3']H迁移 →

例 4 给出下列反应合理的机理。

(1) 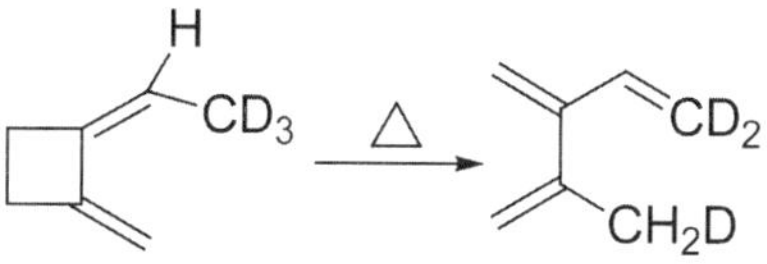 △

(2) 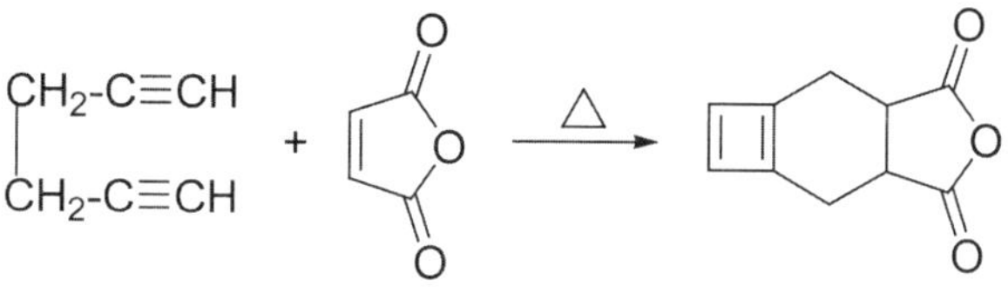 CH_2-C≡CH / CH_2-C≡CH + 马来酸酐 △

［解析］ (1)为[1,5]D 同面迁移，4π 体系加热电化顺旋开环。

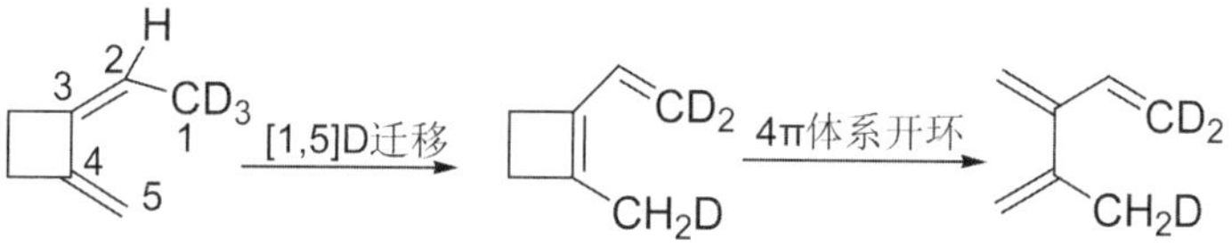

[1,5]D迁移 → 4π体系开环 →

(2)先进行[3,3]迁移，然后 4π 体系加热顺旋电化关环，最后发生[4+2]环化加成反应。

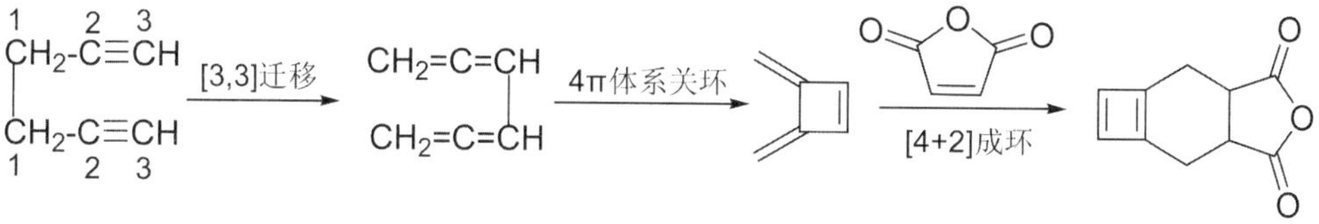

[3,3]迁移 → 4π体系关环 → [4+2]成环 →

例 5 解释下列实验结果。

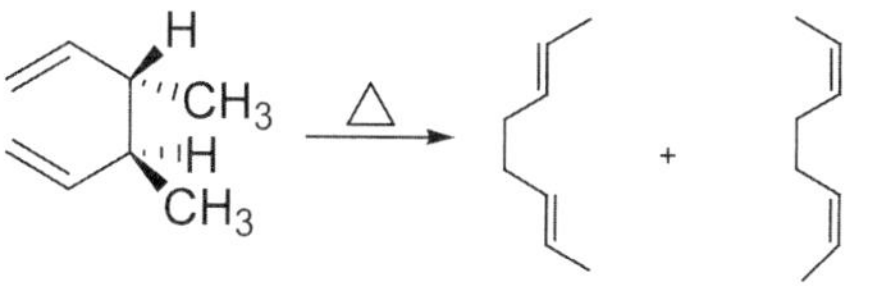

△ (E,E) 主要产物 + (Z,Z)

［解析］ 二烯 σ[3,3]迁移通过六元环过渡态发生，六元环以椅式为稳定构象，2 个甲基反式有 e,e 键和 a,a 两种构象，其中 e,e 键构象较稳定，所以由此过渡态形成的产物为主要产物。

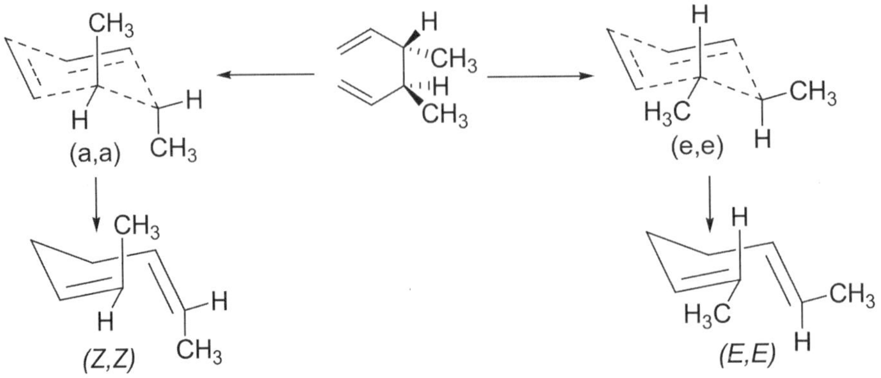

(a,a)

(Z,Z)

(e,e)

(E,E)

五、巩固提高

1.指出下列反应在什么条件下发生了何种类型的协同反应。

(1)

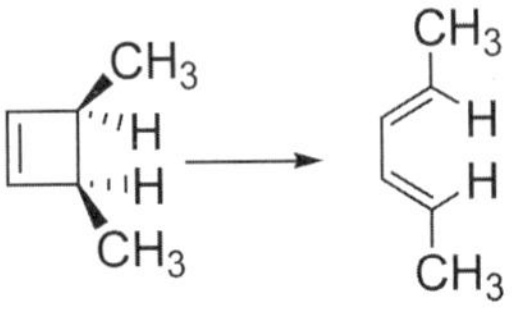

(2)

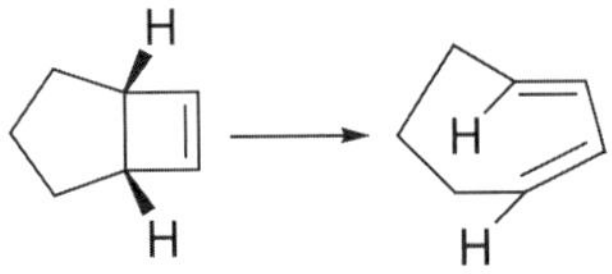

(3)

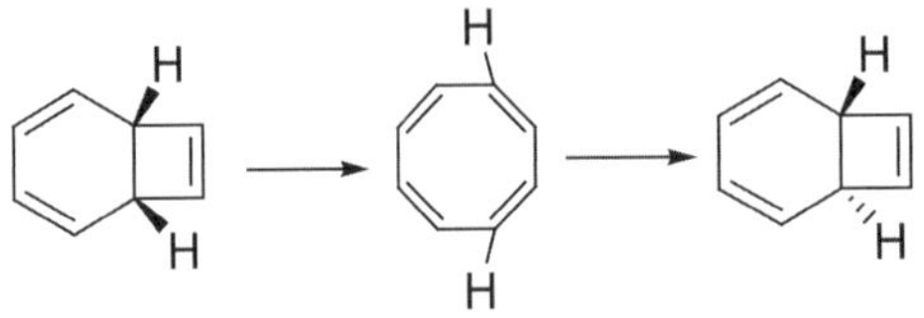

(4)

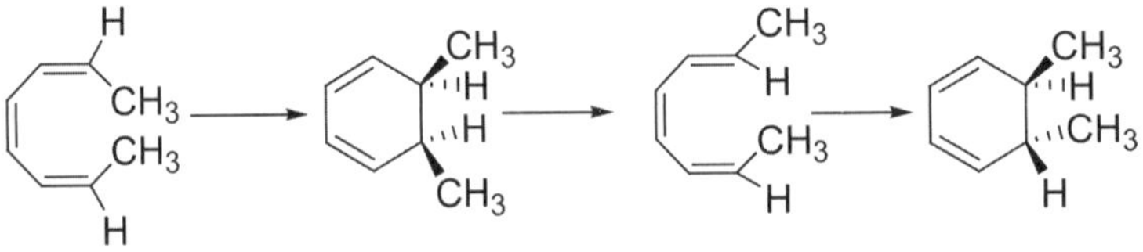

2.如何通过光照或加热来实现下列转化反应。

(1)

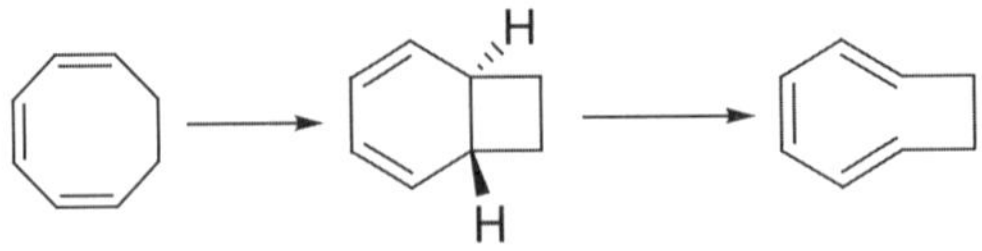

(2)

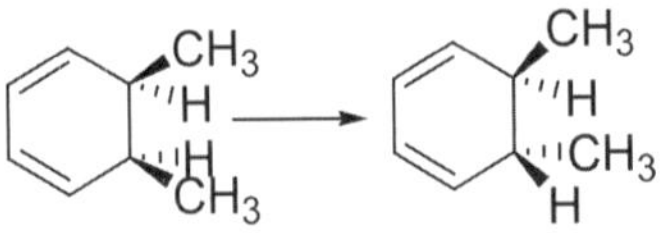

(3)

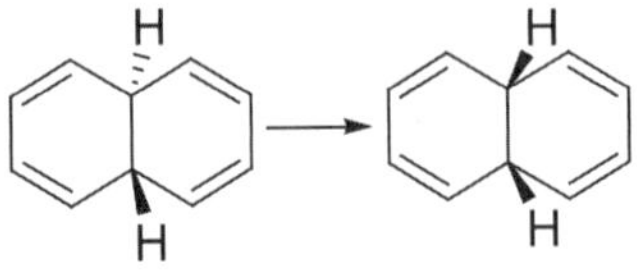

(4)

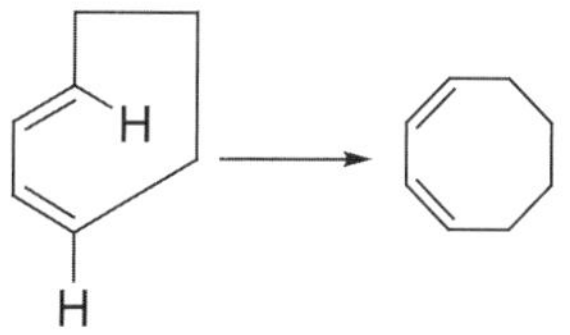

3.指出下列协同反应的类型。

(1)

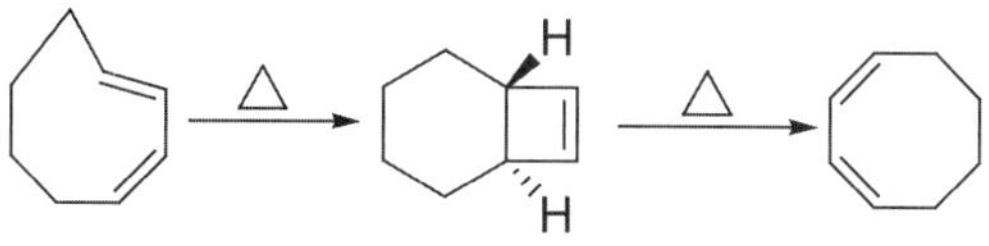

(2)

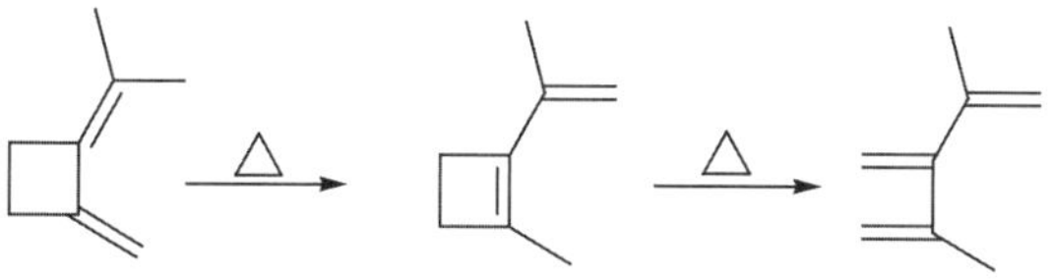

(3) 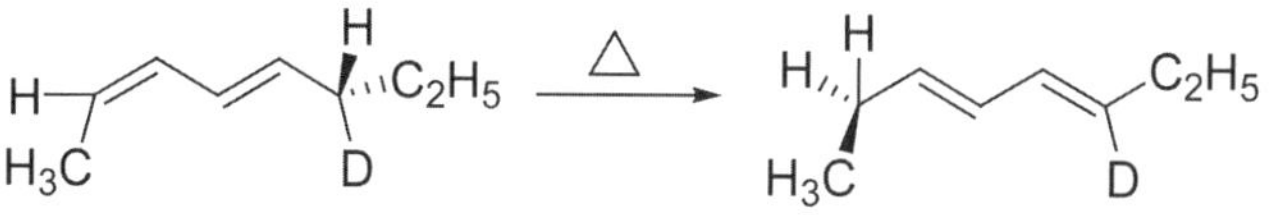 H—C(H_3C)=CH-CH=CH-C(H)(D)C_2H_5 $\xrightarrow{\triangle}$ H,H_3C-C(H)-CH=CH-CH=C(D)C_2H_5

(4) 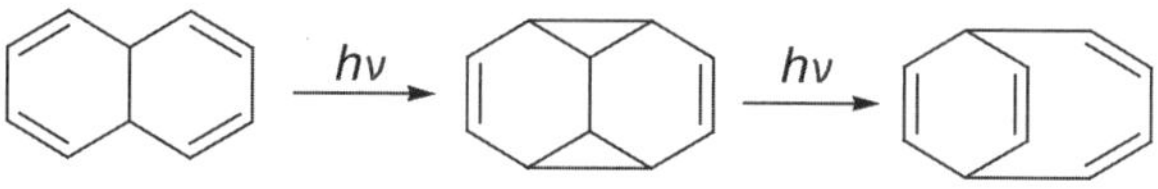 $\xrightarrow{h\nu}$ $\xrightarrow{h\nu}$

(5) C_6H_5-O-CH(CH_3)-CH=CH-C_2H_5 $\xrightarrow{\triangle}$ p-HO-C_6H_4-CH(CH_3)-CH=CH-C_2H_5

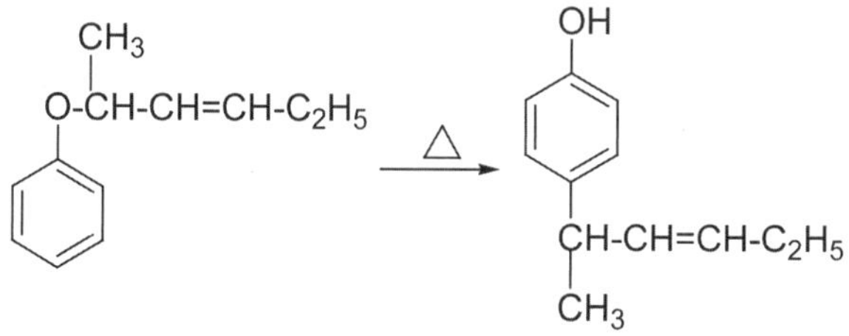

(6) 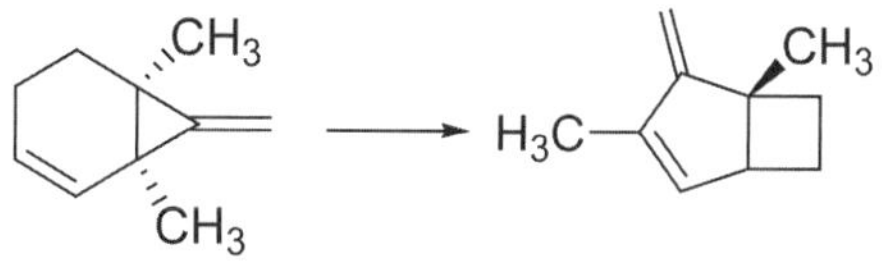 CH_3 CH_3 ⟶ H_3C CH_3

(7) 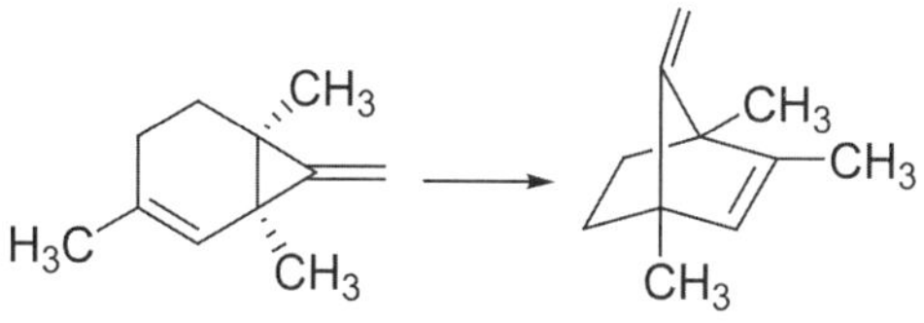 CH_3 H_3C CH_3 ⟶ CH_3 CH_3 CH_3

4.完成下列反应。

(1) 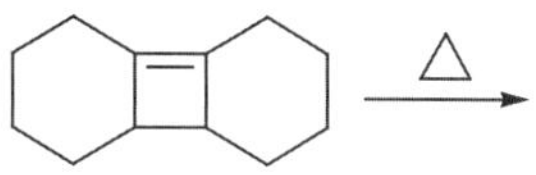 $\xrightarrow{\triangle}$

(2) 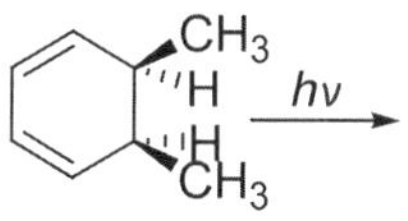 CH_3 H H CH_3 $\xrightarrow{h\nu}$

(3) + $CH_3OOC-C\equiv C-COOCH_3$ $\xrightarrow{\triangle}$ $\xrightarrow{h\nu}$

(4) 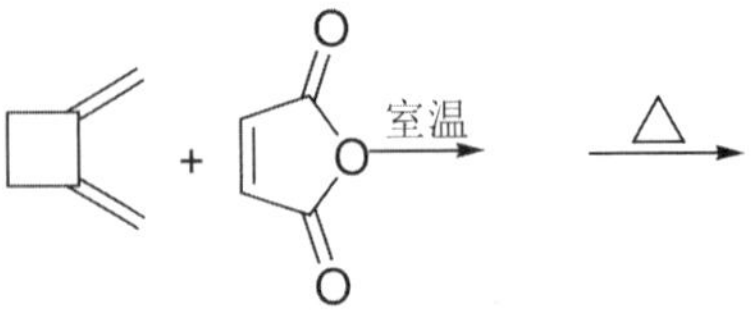 室温 △

(5) 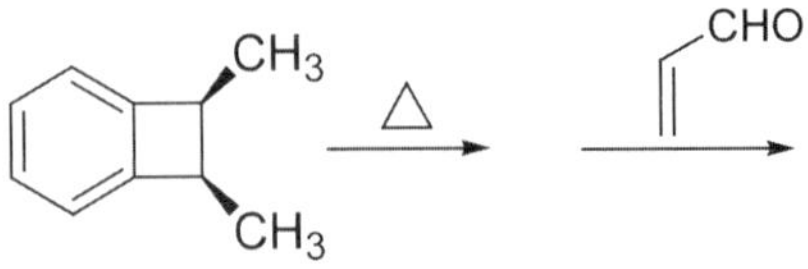 CH_3 CH_3 △ CHO

(6) 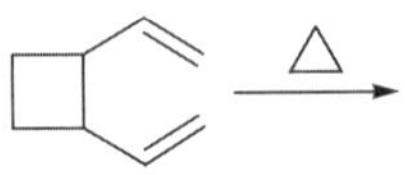 △

(7) 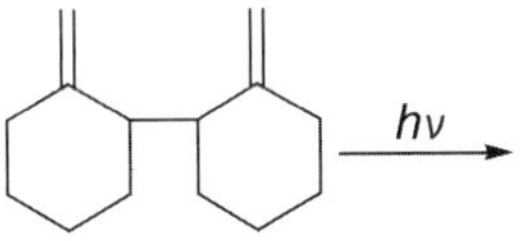 $h\nu$

(8) 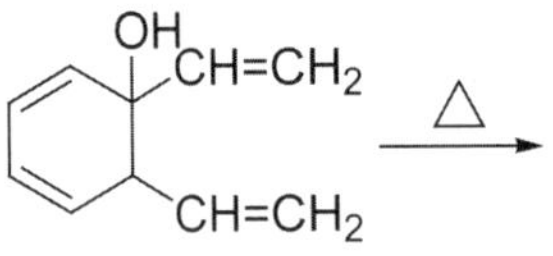 OH $CH=CH_2$ $CH=CH_2$ △

(9) 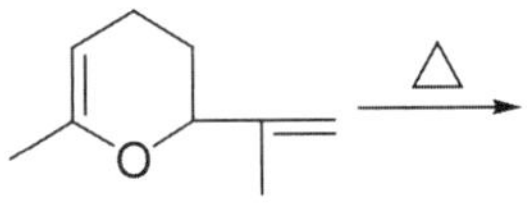 O △

(10) 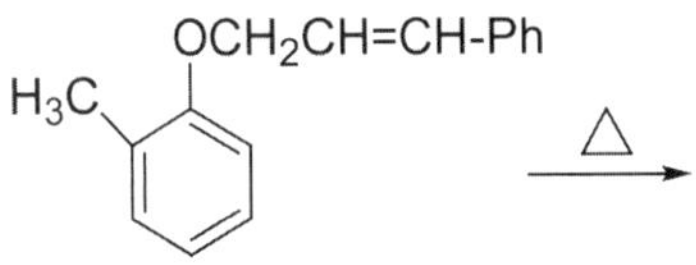 $OCH_2CH=CH\text{-}Ph$ H_3C △

(11) 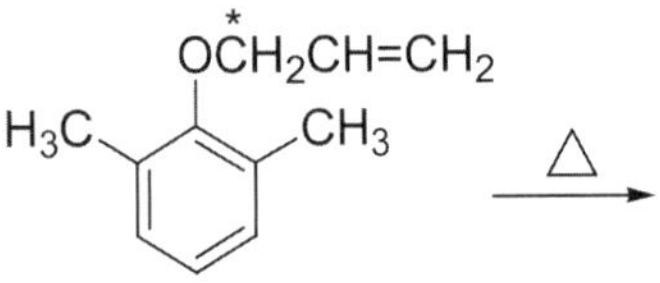 $O\overset{*}{C}H_2CH=CH_2$ H_3C CH_3 △

5. 以以下指定物质和 C 原子数≤4 的有机物为原料合成下列化合物。

(1) 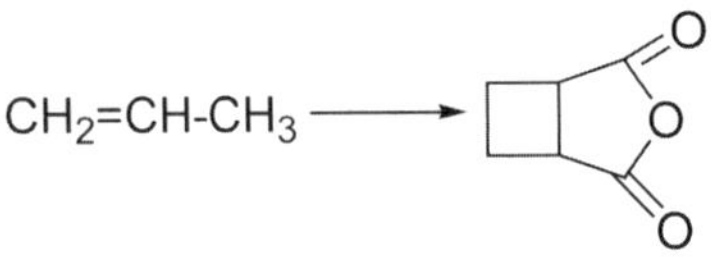 $CH_2=CH\text{-}CH_3$ →

(2) 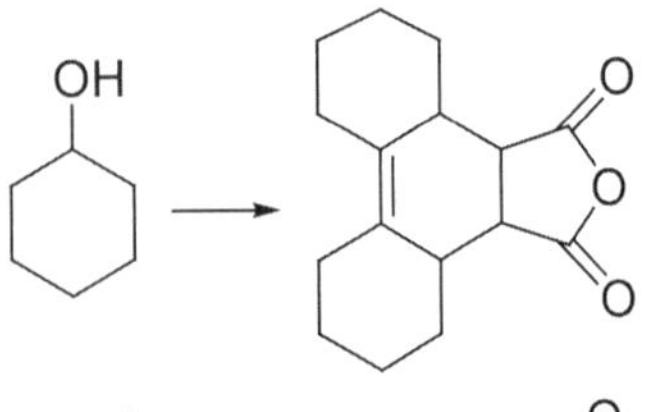 OH →

(3) →

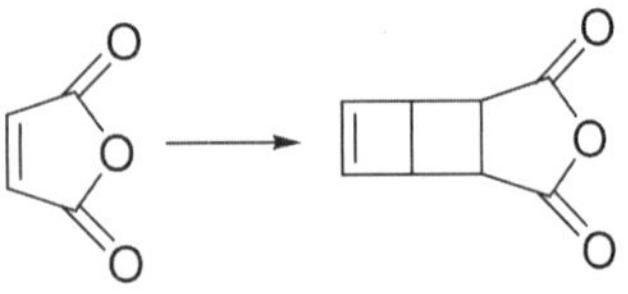

(4) 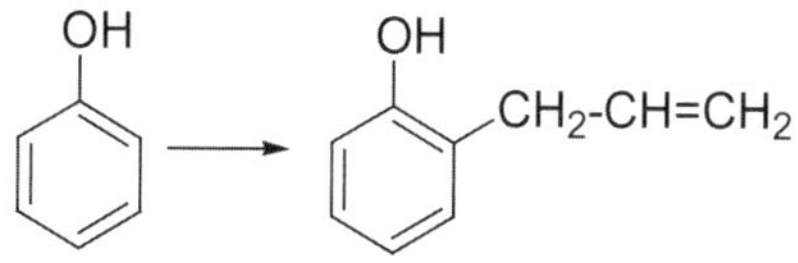 OH $\longrightarrow$ OH CH_2-CH=CH_2

6. 为下列反应提出合理的机理。

(1) 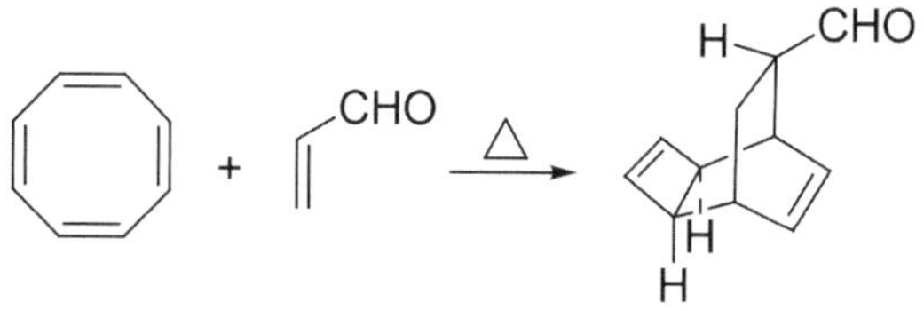 + CHO $\xrightarrow{\triangle}$ H CHO H H

(2) 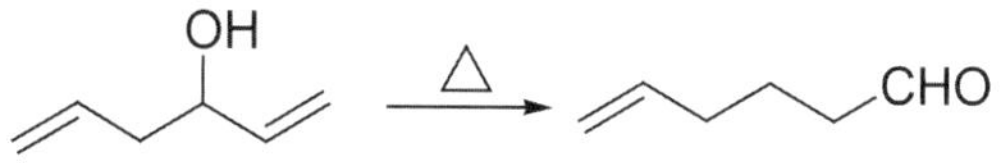 OH $\xrightarrow{\triangle}$ CHO

(3) 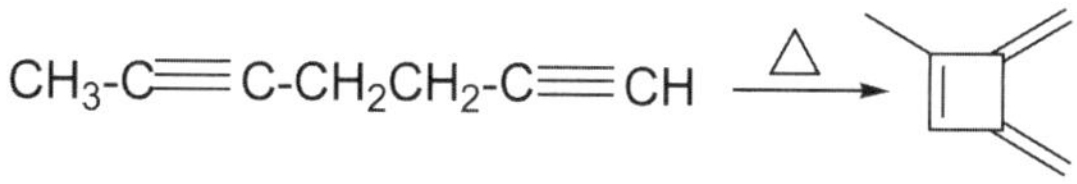 CH_3-C$\equiv$C-CH_2CH_2-C$\equiv$CH $\xrightarrow{\triangle}$

解析与答案

(20)

第21章　有机合成

一、知识点与要求

✧ 了解有机合成路线设计的一般原则与基本内容。

✧ 掌握碳链增加、缩短、成环、开环的常见方法。

✧ 掌握逆合成分析法的基本思路及常见化合物的切割方法。

✧ 掌握常见官能团引入、转化、去除、保护与解除方法，常见立体化学选择与控制反应。

✧ 掌握活化基、钝化基、位阻基的应用技巧。

二、重难点知识概要

1. 有机合成路线设计一般原则、基本内容和基本方法

(1)一般原则

①原料易得。

②反应步骤少，操作简单，总产率较高。

③产物易于分离提纯，产物纯度高。

④反应条件温和，易于实现。

(2)基本内容

①碳架的建造(碳链的增长和缩短、成环与开环、环扩大与缩小、重排反应等)。

②官能团的引入、转化、除去、保护与解除。

③立体化学选择与控制。

(3)基本方法(逆合成分析法)

从目标分子出发，通过官能团转换或键的切断，去寻找一个又一个的前体分子，直到最易得的原料为止，这是设计各种复杂目标化合物合成路线的有效方法。

2. 常见碳链增长的反应

(1)活泼亚甲基上的反应

①丙二酸二乙酯

$$CH_2(COOC_2H_5)_2 \xrightarrow[\text{② RX}]{\text{① } C_2H_5ONa} RCH(COOC_2H_5)_2 \xrightarrow[\text{② } H^+\ \triangle]{\text{① } H_2O/OH^-} R\boxed{CH_2COOH}$$

主要用于合成一取代乙酯、二取代乙酸、二元羧酸、甲酸环烷烃。

②乙酰乙酸乙酯

$$CH_3\text{-}\overset{O}{\overset{\|}{C}}\text{-}CH_2\text{-}COOC_2H_5 \xrightarrow[\text{② RX}]{\text{① }C_2H_5ONa} CH_3\text{-}\overset{O}{\overset{\|}{C}}\text{-}\underset{R}{\underset{|}{C}}H\text{-}COOC_2H_5 \xrightarrow[\text{② }H^+\ \triangle]{\text{① 稀}OH^-} \boxed{CH_3\text{-}\overset{O}{\overset{\|}{C}}\text{-}CH_2}\text{-}R$$

也可以用酰卤(RCOX),主要用于合成一取代甲基酮、二取代甲基酮、环烷烃乙酮及二酮。

③迈克尔(Michael)加成反应

$$A\text{-}CH_2\text{-}B + \text{—}\underset{|}{C}\text{=}\underset{|}{C}\text{—}Y \xrightarrow{\text{碱}} \text{—}\underset{|}{\overset{A\text{—}\overset{B}{\overset{|}{C}}H}{\overset{|}{C}}}\text{—}\underset{|}{\overset{H}{\overset{|}{C}}}\text{—}Y \xrightarrow{\text{水解或脱羧}} \text{1,5-二羰基化合物}$$

$$\left(\begin{array}{l} A,B = COR,\ COOR,\ NO_2,\ CN,\ SO_2R \\ Y = COR,\ COOR,\ CHO,\ CN \end{array}\right)$$

主要用于合成一取代1,5-二羰基结构的化合物。

④斯托克(Stork)烯胺烃基化和酰基化

环己酮 $\xrightarrow{\text{HN(吗啉)}}$ 吗啉烯胺(环己烯基,$\overset{+}{N}$) $\xrightarrow{RX}$ 2-R-环己烯基吗啉鎓 $\xrightarrow{H_2O/H^+}$ 2-R-环己酮

也可以用酰卤、α-卤代羧酸酯等,用于合成α-取代酮。

(2)格氏试剂参与的反应

CH_3CH_2MgX +

- $\xrightarrow[\text{卤代烃}]{RX}$ $R\text{-}\boxed{CH_2CH_3}$
- $\xrightarrow[\text{醛}]{R\text{-}CHO} \xrightarrow{H_2O}$ $R\text{-}\overset{OH}{\overset{|}{C}}H\text{-}\boxed{CH_2CH_3}$
- $\xrightarrow[\text{酮}]{R\text{-}\overset{O}{\overset{\|}{C}}\text{-}R'} \xrightarrow{H_2O}$ $R\text{-}\underset{R'}{\underset{|}{\overset{OH}{\overset{|}{C}}}}\text{-}\boxed{CH_2CH_3}$
- $\xrightarrow[\text{α、β-不饱和酮(醛、酯)}]{CH_3\text{-}CH\text{=}CH\text{-}\overset{O}{\overset{\|}{C}}\text{-}CH_3} \xrightarrow{H_2O}$ $CH_3\text{-}\underset{\boxed{CH_2CH_3}}{\underset{|}{C}}H\text{-}CH_2\text{-}\overset{O}{\overset{\|}{C}}\text{-}CH_3$
- $\xrightarrow[\text{环氧乙烷}]{\text{环氧乙烷}} \xrightarrow{H_2O}$ $\boxed{CH_3CH_2}CH_2CH_2OH$
- $\xrightarrow{CO_2} \xrightarrow{H_2O}$ $\boxed{CH_3CH_2}COOH$
- $\xrightarrow[\text{酰卤}]{R\text{-}\overset{O}{\overset{\|}{C}}\text{-}X}$ $R\text{-}\overset{O}{\overset{\|}{C}}\text{-}\boxed{CH_2CH_3} \xrightarrow{CH_3CH_2MgX} \xrightarrow{H_2O}$ $R\text{-}\underset{\boxed{CH_2CH_3}}{\underset{|}{\overset{OH}{\overset{|}{C}}}}\text{-}\boxed{CH_2CH_3}$
- $\xrightarrow[\text{酯}]{RCOOEt}$ $R\text{-}\overset{O}{\overset{\|}{C}}\text{-}\boxed{CH_2CH_3} \xrightarrow{CH_3CH_2MgX} \xrightarrow{H_2O}$ $R\text{-}\underset{\boxed{CH_2CH_3}}{\underset{|}{\overset{OH}{\overset{|}{C}}}}\text{-}\boxed{CH_2CH_3}$

(3)分子间的缩合反应

①羟醛缩合反应

$$2\,RCH_2CHO \xrightarrow{稀OH^-} R\text{-}CH_2\text{-}\underset{}{\overset{OH}{|}}{CH}\text{-}\underset{R}{|}{CH}\text{-}CHO \xrightarrow{\triangle} R\text{-}CH_2\text{-}CH{=}\underset{R}{|}{C}\text{-}CHO$$

也可以醛与酮、酮与酮缩合，主要用于合成β-羟基醛(酮)与α,β-不饱和醛、酮。

②克莱森酯缩合反应

$$R\text{-}CH_2\text{-}COOC_2H_5 + R'COOC_2H_5 \xrightarrow{C_2H_5ONa} R\text{-}CH(\text{-}C(=O)\text{-}R')\text{-}COOC_2H_5$$

β-酮酸酯

③曼尼希缩合反应

$$R\text{-}C(=O)\text{-}CH_2\text{-}R' + HCHO + H\text{-}N(CH_3)\text{-}CH_3 \xrightarrow{-H_2O} R\text{-}C(=O)\text{-}CH(R')\text{-}CH_2\text{-}N(CH_3)\text{-}CH_3 \xrightarrow{CH_3I}$$

$$R\text{-}C(=O)\text{-}CH(R')\text{-}CH_2\text{-}\overset{+}{N}(CH_3)_2\text{-}CH_3\ I^- \xrightarrow[\triangle]{碱} R\text{-}C(=O)\text{-}C(R'){=}CH_2$$

α,β-不饱和酮

④安息香缩合反应

$$C_6H_5\text{-}CHO + OHC\text{-}C_6H_5 \xrightarrow{CN^-} C_6H_5\text{-}C(=O)\text{-}CH(OH)\text{-}C_6H_5$$

α-羟基酮

⑤珀金反应

$$C_6H_5\text{-}CHO + (CH_3CO)_2O \xrightarrow{CH_3COOK} C_6H_5\text{-}CH{=}CH\text{-}COOH$$

α,β-不饱和酸

⑥雷福尔马斯基反应

$$R\text{-}C(=O)\text{-}R(H) + BrCH_2COOC_2H_5 \xrightarrow{Zn} R\text{-}C(ZnBr)(R(H))\text{-}CH_2COOC_2H_5 \xrightarrow{H_2O} R\text{-}C(OH)(R(H))\text{-}CH_2COOH$$

β-羟基酸

(4)其他类型的反应

①烯烃的羰基化反应

$$R\text{-}CH{=}CH_2 + CO + H_2 \xrightarrow[\triangle]{Co_2(CO)_8} R\text{-}CH_2\text{-}CH_2\text{-}CHO + R\text{-}CH(CHO)\text{-}CH_3$$

②炔烃的加 HCN 及炔负离子的烷基化反应

$$R\text{-}C{\equiv}CH + HCN \longrightarrow R\text{-}\underset{\displaystyle CN}{\underset{|}{C}}{=}CH_2 \xrightarrow{H_3O^+} R\text{-}\underset{\displaystyle COOH}{\underset{|}{C}}{=}CH_2$$

$$R\text{-}C{\equiv}CH \xrightarrow{Na} R\text{-}C{\equiv}CNa \xrightarrow{R'X} R\text{-}C{\equiv}C\text{-}R'$$

③芳烃的烷基化、酰基化及氯甲基化反应

$$C_6H_6 \xrightarrow[AlCl_3]{RX} C_6H_5\text{-}R$$

$$C_6H_6 \xrightarrow[AlCl_3]{RCOX} C_6H_5\text{-}COR$$

$$C_6H_6 \xrightarrow[ZnCl_2]{HCHO\ +\ HCl} C_6H_5\text{-}CH_2Cl$$

④卤代烃的氰解和武兹反应

$$\underset{\text{(伯卤代烃)}}{R\text{-}X} \xrightarrow{NaCN} R\text{-}CN \xrightarrow{H_3O^+} R\text{-}COOH$$

$$2\,RX + 2Na \xrightarrow{\text{干醚}} R\text{-}R + 2NaX$$

⑤醛、酮的加 HCN 和魏悌希反应

$$>C{=}O \xrightarrow{HCN} -\underset{\displaystyle CN}{\underset{|}{\overset{|}{C}}}\text{-}OH \xrightarrow{H_3O^+} -\underset{\displaystyle COOH}{\underset{|}{\overset{|}{C}}}\text{-}OH \quad \alpha\text{-羟基酸}$$

$$>C{=}O \xrightarrow{Ph_3\overset{\oplus}{P}\text{-}\overset{\ominus}{C}HR} >C{=}CH\text{-}R$$

⑥酮的双分子还原反应

$$R\text{-}\overset{\displaystyle O}{\overset{\|}{C}}\text{-}R' \xrightarrow[C_6H_6]{Mg\text{-}Hg} R\text{-}\underset{\displaystyle OH}{\underset{|}{\overset{\displaystyle R'}{\overset{|}{C}}}}\text{-}\underset{\displaystyle OH}{\underset{|}{\overset{\displaystyle R'}{\overset{|}{C}}}}\text{-}R$$

⑦酚酯的弗瑞斯重排和酚烯丙基醚的克莱森重排反应

$$R'\text{-}C_6H_4\text{-}O\text{-}\overset{\displaystyle O}{\overset{\|}{C}}\text{-}R \xrightarrow[\triangle]{AlCl_3} \text{(邻位)}\ R'\text{-}C_6H_3(OH)(COR) + \text{(对位)}\ R'\text{-}C_6H_3(OH)(COR)$$

$$\text{C}_6\text{H}_5\text{-O-CH}_2\text{-CH=}\overset{*}{\text{C}}\text{H-R} \xrightarrow{\triangle} o\text{-HO-C}_6\text{H}_4\text{-}\overset{*}{\text{C}}\text{H(R)-CH=CH}_2$$

3. 常见碳链缩短的反应

(1)烯烃、炔烃、芳烃、邻二醇、α-羟基醛(酮)的氧化

$$\text{RR'C=CH-R''} \xrightarrow{KMnO_4/H^+} \text{R-CO-R'} + \text{R''COOH}$$

$$\text{RR'C=CH-R''} \xrightarrow[\text{② }Zn/H_2O]{\text{① }O_3} \text{R-CO-R'} + \text{R''CHO}$$

$$\text{R-C}\equiv\text{CH} \xrightarrow{KMnO_4/H^+} \text{RCOOH} + CO_2$$

$$\text{R-C}\equiv\text{CH} \xrightarrow[\text{② }Zn/H_2O]{\text{① }O_3} \text{RCOOH} + \text{HCOOH}$$

$$\text{C}_6\text{H}_5\text{-CHRR'} \xrightarrow{KMnO_4/H^+} \text{C}_6\text{H}_5\text{-COOH}$$

$$\text{C}_6\text{H}_6 \xrightarrow[V_2O_5\ 400\sim500℃]{O_2} \text{顺丁烯二酸酐}$$

$$\text{R'-CR(OH)-CR''(OH)-R'''} \xrightarrow{HIO_4} \text{R-CO-R'} + \text{R''-CO-R'''}$$

$$\text{R-CO-CH(OH)-R'} \xrightarrow{HIO_4} \text{RCOOH} + \text{R'CHO}$$

(2)卤仿反应

$$\left.\begin{matrix}\text{R-CO-CH}_3\\ \text{R-CH(OH)-CH}_3\end{matrix}\right] \xrightarrow{X_2,NaOH} CHX_3 + \text{R-COO}^-$$

(3)一元酸、二元酸、β-酮酸的脱羧反应

$$\text{RCOONa} + \text{NaOH} \xrightarrow{CaO} \text{R-H} + Na_2CO_3$$

$$HOOCCH_2COOH \xrightarrow{\triangle} CH_3COOH + CO_2$$

$$R\text{-}\overset{O}{\overset{\|}{C}}\text{-}CH_2\text{-}COOH \xrightarrow{\triangle} R\text{-}\overset{O}{\overset{\|}{C}}\text{-}CH_3 + CO_2$$

(4)伯酰胺的霍夫曼降级反应

$$R\text{-}\overset{O}{\overset{\|}{C}}\text{-}NH_2 \xrightarrow{Br_2,NaOH} RNH_2$$

(5)β-酮酸酯的酸式和酮式分解反应

$$R\text{-}\overset{O}{\overset{\|}{C}}\text{-}CH_2\text{-}COOC_2H_5 \xrightarrow{稀OH^-} \xrightarrow[\triangle]{H^+} R\text{-}\overset{O}{\overset{\|}{C}}\text{-}CH_3 + CO_2 + C_2H_5OH \text{(酮式)}$$

$$R\text{-}\overset{O}{\overset{\|}{C}}\text{-}CH_2\text{-}COOC_2H_5 \xrightarrow{浓OH^-} \xrightarrow[\triangle]{H^+} RCOOH + CH_3COOH + C_2H_5OH \text{(酸式)}$$

(6)肟的重排反应(贝克曼重排)

$$\underset{R'}{\overset{R}{C}}=N\text{-}OH \xrightarrow{H^+} \underset{HO}{\overset{R}{C}}=N\text{-}R' \xrightarrow{H_2O} RCOOH + R'NH_2$$

4. 成环反应

(1)狄尔斯-阿尔德双烯合成反应(环加成反应)

(2,3-二甲基-1,3-丁二烯 + 2-丁烯 $\xrightarrow{\triangle}$ 1,2,4,5-四甲基环己烯)

(2)烯烃与卡宾的加成反应

$$>C=C< + :C< \longrightarrow \text{环丙烷}$$

(3)分子内二元酯缩合反应

$$\begin{matrix} R\text{-}CH\text{-}COOC_2H_5 \\ (CH_2)_n \\ COOC_2H_5 \end{matrix} \xrightarrow{C_2H_5ONa} \begin{matrix} R\text{-}C\text{-}COOC_2H_5 \\ (CH_2)_n \\ C=O \end{matrix} + C_2H_5OH$$

$(n=3,4,5)$

(4)二元羧酸受热脱羧反应

$$\text{(CH}_2\text{)}_n\begin{cases}CH_2\text{-}COOH\\COOH\end{cases}\xrightarrow{\triangle}\text{(CH}_2\text{)}_n\begin{cases}CH_2\\C{=}O\end{cases}+CO_2+H_2O$$

(n=3,4)

(5)电环化反应

$$\text{丁二烯}\xrightarrow{\text{光或热}}\text{环丁烯}\qquad\text{己三烯}\xrightarrow{\text{光或热}}\text{1,3-环己二烯}$$

(6)β-二羰基化合物的烃基化反应

$$X—(CH_2)_n—X+H_2C(COCH_3)_2\xrightarrow{2\ C_2H_5ONa}(CH_2)_nC(COCH_3)_2$$

5. 官能团的引入、转化与除去

(1)官能团的引入

卤代烃是联系烃与烃衍生物的桥梁。烷烃利用叔氢易取代来引入卤原子;烯烃、炔烃可通过加成反应或 α-H 易取代来引入卤原子;芳烃利用苯环上亲电取代和定位规则或 α-H 易取代来引入卤原子。然后将氯或溴原子再转化为其他官能团。

(2)官能团的转化

利用各类有机化合物的基本反应来实现官能团之间的相互转化,所以熟悉各类有机化合物的基本反应是有机合成的基础。

(3)官能团的除去

常见官能团除去方法见表 21-1。

表 21-1 常见官能团除去方法

官能团	除去方法
卤素、醇、醛基、羧基、羧酸酯	RCHO, RCOOH, RCOOR' $\xrightarrow[\text{还原}]{LiAlH_4}$ $RCH_2OH\xrightarrow{HX}RCH_2X\xrightarrow[Et_2O]{Mg}RCH_2MgX\xrightarrow{H_2O}RCH_2\text{-}H$ ($RCH_2OH \rightarrow RCH_2\text{-}H$:先消去,再还原)
酮基	$RR'C{=}O\xrightarrow[\text{或}NH_2NH_2/NaOH]{Zn\text{-}Hg/H^+}RR'CH_2$
醇、烯、炔	$—\overset{H}{C}—\overset{OH}{C}—\xrightarrow[-H_2O]{H^+}\left.\begin{matrix}>C{=}C<\\—C{\equiv}C—\end{matrix}\right]\xrightarrow{H_2/Ni}>CH\text{-}CH<$

续表

官能团	除去方法
磺酸基	$C_6H_5SO_3H \xrightarrow[\triangle]{H_2O} C_6H_6 + H_2SO_4$
硝基、氨基	$C_6H_5NO_2 \xrightarrow{Fe,HCl} C_6H_5NH_2 \xrightarrow{NaNO_2,HCl} C_6H_5N_2Cl^- \xrightarrow[或C_2H_5OH]{H_3PO_2} C_6H_6 + N_2$ $R\text{-}NO_2 \xrightarrow{Fe,HCl} R\text{-}NH_2 \xrightarrow{NaNO_2,HCl}$ 烯/醇/卤代烃 + N_2

6. 常见官能团的保护与解除方法

常见官能团的保护与解除方法见表 21-2。

表 21-2　常见官能团的保护与解除方法

保护官能团	保护方法(→),解除方法(←)	备注
—OH(醇)	(1)转化为醚 $—OH \underset{HI}{\overset{(CH_3)_2SO_4/OH^-}{\rightleftarrows}} —O\text{-}CH_3$	对 OH^-、RMgX、CrO_3、$LiAlH_4$ 稳定
	(2)转化为酯 $—OH \underset{OH^-/H_2O}{\overset{CH_3COCl}{\rightleftarrows}} —O\text{-}C(=O)\text{-}CH_3$	对 H^+、CrO_3 稳定
	(3)转化为缩酮 $\begin{matrix}—OH\\—OH\end{matrix} \underset{H^+/HCl}{\overset{CH_3\text{-}C(=O)\text{-}CH_3}{\rightleftarrows}} \begin{matrix}—O\\—O\end{matrix}\!\!>C(CH_3)_2$	对 OH^-、RMgX、CrO_3、$LiAlH_4$ 稳定,特别适用于保护二元醇
—OH(酚)	转化为醚 $—OH \underset{HI}{\overset{CH_3I\ 或(CH_3)_2SO_4,NaOH}{\rightleftarrows}} —O\text{-}CH_3$	对 OH^-、RMgX、CrO_3 稳定
—C═O(羰基)	转化为缩醛或缩酮 $(H)\!>C=O$ (醛或酮) $\underset{H_3O^+}{\overset{HOCH_2CH_2OH,干HCl}{\rightleftarrows}}$ $(H)\!>C<\!\begin{matrix}O\\O\end{matrix}\!>$(环)	对还原剂、氧化剂、RMgX、OH^- 稳定

续表

保护官能团	保护方法(→),解除方法(←)	备注
—COOH(酸)	转化为酯 $-COOH \underset{OH^-/H_2O}{\overset{ROH,H^+}{\rightleftharpoons}} -COOR$	对酰卤、酸酐稳定
—NH_2(胺)	(1)转化为盐 $-NH_2 \underset{OH^-}{\overset{H^+}{\rightleftharpoons}} -NH_3^+$	
	(2)转化为酰胺 $-NH_2 \underset{H^+或OH^-,H_2O}{\overset{(CH_3CO)_2O}{\rightleftharpoons}} -NH-\overset{O}{\overset{\|}{C}}-CH_3$	对氧化剂、烷基化试剂稳定

7. 导向基

在芳环上发生亲电取代反应时,为了使反应能按设计的方向进行,在反应之前引入一个控制基团,称之为导向基。导向基有活化导向基、钝化导向基和位阻导向基三种。

(1)活化导向基

芳环上的取代反应常利用—NH_2 来活化。如由苯合成 1,3,5-三溴苯,如果直接用苯溴化,不可能得到所要求的产物,但用苯胺溴化,由于—NH_2 是一个定位能力很强的邻对位定位基,很容易得到 2,4,6-三溴苯胺,然后除去—NH_2 即得到目标产物。

(2)钝化导向基

—NH_2 能活化苯环,若要降低其活性,可将其转化为酰胺,因酰胺对苯环的活化能力比—NH_2 要弱得多,起到钝化作用。如由苯胺合成对溴苯胺,将—NH_2 转化为酰胺后再溴化,可避免生成三溴代物。

(3)位阻导向基

磺酸基因体积大,且容易引入与解除,常作为苯环上的位阻导向基。如上例中若要得到邻溴苯胺，若钝化为酰胺后直接溴代，因邻位空间位阻大，主要产物为对溴苯胺，如将对位用磺酸基占据后再溴代，则一定得到邻溴代物。

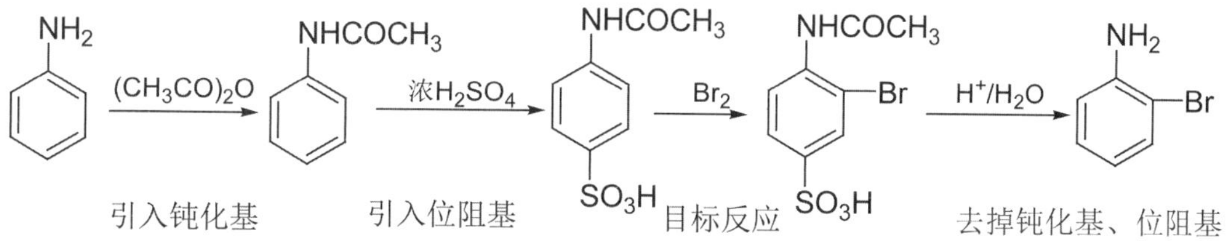

8. 立体化学的选择性与控制

当合成的目标物可能有一种以上立体构型时，可以通过立体化学的选择性加以控制，以获得某一立体构型的产物。常见具有立体选择性的反应见表 21-3。

表 21-3 常见具有立体选择性的反应

反应类型	反应举例	立体选择性
烯烃的亲电加成	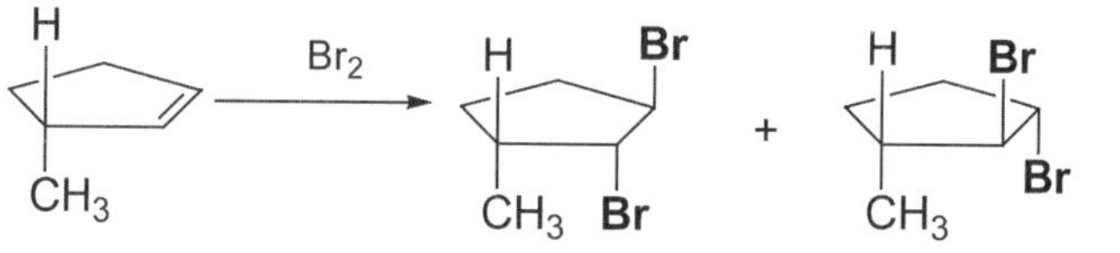 H, CH_3 —Br_2→ H, Br, CH_3, Br + H, Br, CH_3, Br	反式加成
烯烃的硼氢化-氧化	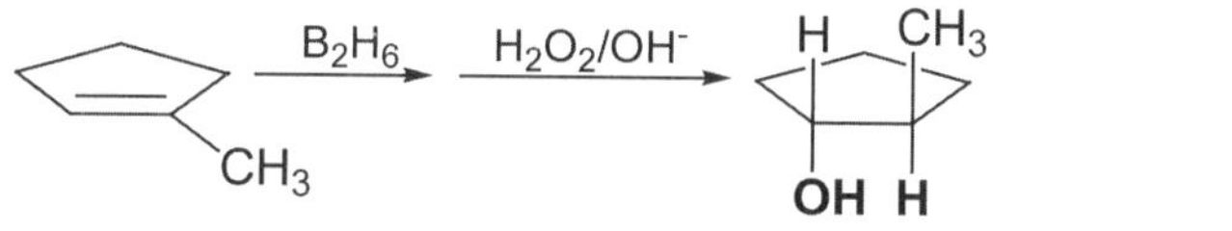 CH_3 —B_2H_6→ —H_2O_2/OH^-→ H, CH_3, OH, H	顺式反马氏醇
烯烃的催化氢化	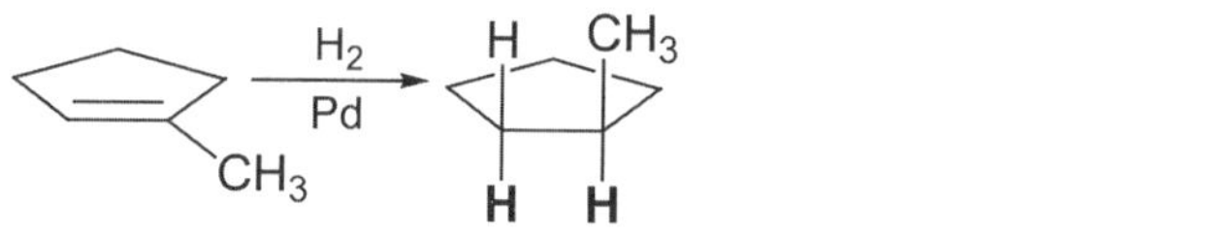 CH_3 —H_2/Pd→ H, CH_3, H, H	顺式加成
烯烃的 $KMnO_4$/OH^- 氧化	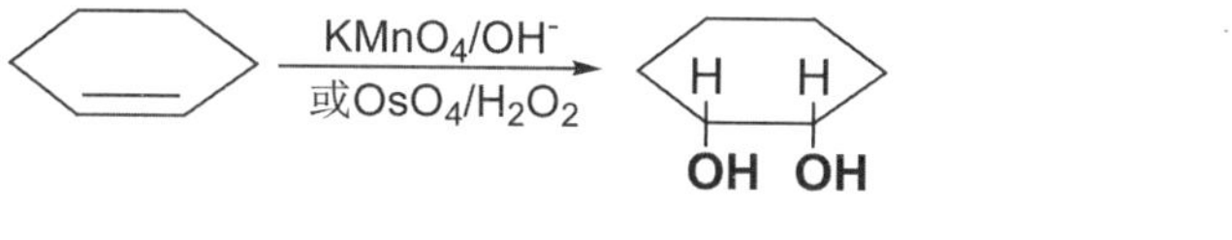 —$KMnO_4/OH^-$ 或OsO_4/H_2O_2→ H, H, OH, OH	顺式邻二醇
烯烃的环氧化和开环	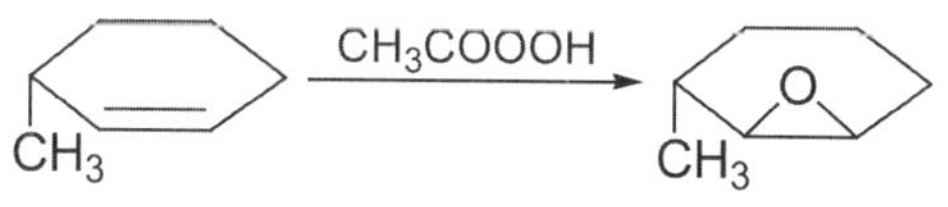 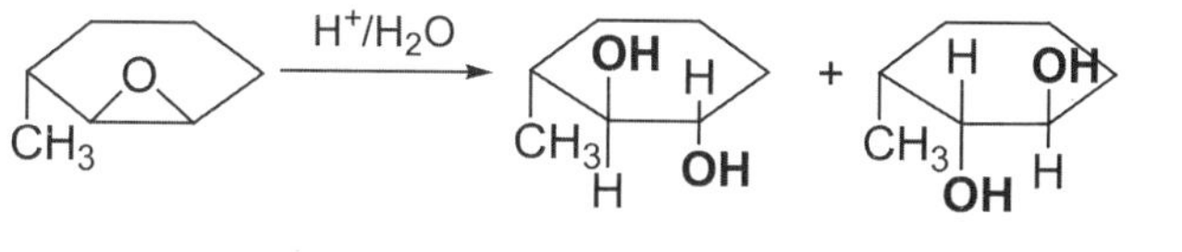 CH_3 —CH_3COOOH→ O, CH_3 O, CH_3 —H^+/H_2O→ OH, H, CH_3, H, OH + H, OH, CH_3, OH, H	顺式环氧化 反式邻二醇

续表

反应类型	反应举例	立体选择性
炔烃的催化氢化与氨化还原	R−C≡C−R' 经 H_2/Pd-BaSO₄ 得顺式 RHC=CHR'（R、R'同侧）；经 Na/NH_3 得反式 RHC=CHR'（R、R'异侧）	顺式加成 反式加成
卤代烃的 S_N2 反应	氯代环己烷（Cl） $\xrightarrow{NaOH/H_2O}$ 环己醇（OH，构型反转）	构型反转
卤代烃的 E2 反应	1-甲基-2-乙基-3-氯环己烷（H 与 Cl 反式） $\xrightarrow{NaOH/C_2H_5OH}$ 3-甲基-1-乙基环己烯（CH_3，C_2H_5）	反式同平面消除

9. 常见化合物结构的切割方法

(1)醇

①增加一个碳的伯醇

$$R \vdots CH_2OH \Leftarrow RMgX + HCHO$$

$$R \vdots CH_2OH \Leftarrow R \vdots COOH \Leftarrow RMgX + CO_2$$

$$R \vdots COOH \Leftarrow R\text{-}CN \Leftarrow RX$$

②增加两个碳的伯醇

$$R \vdots CH_2CH_2OH \Leftarrow R\text{-}MgX + H_2C\overset{O}{—}CH_2$$

③碳增加的仲醇

$$R \overset{①}{\vdots} CH(OH) \overset{②}{\vdots} R' \overset{①}{\Leftarrow} RMgX + R'CHO$$

$$R \overset{①}{\vdots} CH(OH) \overset{②}{\vdots} R' \overset{②}{\Leftarrow} RCHO + R'MgX$$

$$R \vdots CH(OH) \vdots R \Leftarrow 2RMgX + H\text{-}\overset{O}{\overset{\|}{C}}\text{-}OC_2H_5$$

结构对称的仲醇

④碳增加的叔醇

$$R-\underset{R'}{\overset{OH}{C}}-R'' \Leftarrow \begin{cases} \stackrel{①}{\Leftarrow} RMgX + R'-\overset{O}{\overset{\|}{C}}-R'' \\ \stackrel{②}{\Leftarrow} R''MgX + R-\overset{O}{\overset{\|}{C}}-R' \\ \stackrel{③}{\Leftarrow} R'MgX + R-\overset{O}{\overset{\|}{C}}-R'' \end{cases}$$

(2)β-羟基醛(酮)与 α,β-不饱和醛(酮)

$$R-CH=\underset{R}{C}-CHO \Leftarrow R-\overset{OH}{CH}-\underset{R}{CH}-CHO \Leftarrow R-CHO + H-\underset{R}{CH}-CHO$$

(3)β-羟基酸(酯)与 α,β-不饱和酸(酯)

$$R'-\underset{R(H)}{C}=CHCOOH \Leftarrow R'-\underset{R(H)}{C}=CHCOOC_2H_5 \Leftarrow R'-\underset{R(H)}{\overset{OH}{C}}-CH_2COOC_2H_5 \overset{Zn}{\Leftarrow} R'-\overset{O}{\overset{\|}{C}}-R(H) + XCH_2COOC_2H_5$$

(4)1,3-二羰基化合物

$$HOOC-\underset{R}{CH}-COOH \Leftarrow NC-\underset{R}{CH}-COOH \Leftarrow X-\underset{R}{CH}-COOH \Leftarrow R-CH_2COOH$$

1,3-二羧酸

$$CH_3-\overset{O}{\overset{\|}{C}}-CH_2-\overset{O}{\overset{\|}{C}}-OC_2H_5 \xLeftarrow{\text{酯缩合反应}} CH_3-\overset{O}{\overset{\|}{C}}-OC_2H_5 + CH_3-\overset{O}{\overset{\|}{C}}-OC_2H_5$$

1,3-酮酸酯

$$R-\overset{O}{\overset{\|}{C}}-CH_2-\overset{O}{\overset{\|}{C}}-R \Leftarrow \begin{cases} \Leftarrow R-\overset{O}{\overset{\|}{C}}-\underset{COOC_2H_5}{CH}-\overset{O}{\overset{\|}{C}}-R \Leftarrow R-\overset{O}{\overset{\|}{C}}-\underset{COOC_2H_5}{CH_2} + R-\overset{O}{\overset{\|}{C}}-Cl \\ \Leftarrow R-\overset{O}{\overset{\|}{C}}-CH_3 + R-\overset{O}{\overset{\|}{C}}-OC_2H_5 \end{cases}$$

1,3-二酮　引入活化基

(5)1,4-二羰基化合物

$$R\text{-}\overset{O}{\overset{\|}{C}}\text{-}CH_2\text{—}CH_2\text{-}\overset{O}{\overset{\|}{C}}\text{-}R \Longleftarrow R\text{-}\overset{O}{\overset{\|}{C}}\text{-}\underset{COOC_2H_5}{\underset{|}{CH}} \vdots CH_2\text{-}\overset{O}{\overset{\|}{C}}\text{-}R \Longleftarrow R\text{-}\overset{O}{\overset{\|}{C}}\text{-}CH_2\text{-}COOC_2H_5 + X\text{-}CH_2\text{-}\overset{O}{\overset{\|}{C}}\text{-}R$$

引入活化基

(6)1,5-二羰基化合物

$$R\text{-}\overset{O}{\overset{\|}{C}}\text{-}CH_2\text{-}CH_2 \vdots CH_2\text{-}\overset{O}{\overset{\|}{C}}\text{-}R \xLeftarrow{\text{迈克尔加成}} R\text{-}\overset{O}{\overset{\|}{C}}\text{-}CH{=}CH_2 + CH_3\text{-}\overset{O}{\overset{\|}{C}}\text{-}R$$

(7)1,6-二羰基化合物

$$R\text{-}\overset{O}{\overset{\|}{C}}\text{-}CH_2\text{-}CH_2\text{-}CH_2\text{-}CH_2\text{-}\overset{O}{\overset{\|}{C}}\text{-}R \Longleftarrow R\text{-}\overset{O}{\overset{\|}{C}}\text{-}\underset{COOC_2H_5}{\underset{|}{CH}} \vdots CH_2\text{-}CH_2 \vdots \underset{COOC_2H_5}{\underset{|}{CH}}\text{-}\overset{O}{\overset{\|}{C}}\text{-}R \Longleftarrow 2\,R\text{-}\overset{O}{\overset{\|}{C}}\text{-}CH_2COOC_2H_5 + XCH_2CH_2X$$

引入活化基

(8)α-羟基化合物

①α-羟基酸

$$\gt C(OH)COOH \Longleftarrow \gt C(O\vdots H)\vdots CN \xLeftarrow{\text{亲核加成}} \gt C{=}O + HCN$$

②α-羟基酮

$$\gt C(OH)\text{-}\overset{}{\underset{O}{\underset{\|}{C}}}\text{-}R \Longleftarrow \gt C(O\vdots H)\vdots C{\equiv}CR \xLeftarrow{\text{亲核加成}} \gt C{=}O + H\text{-}C{\equiv}CR$$

三、典型例题

例 1　以 C 原子数≤3 的有机物为原料合成以下化合物。

$$CH_3\text{-}\overset{O}{\overset{\|}{C}}\text{-}CH_2\text{-}CH_2\text{-}CH{=}CH\text{-}CH_3$$

[解析]　本题为碳链增长，有 2 种分析方法。其一为利用炔 H 来增长碳链，将烯复原为炔再切割；其二为增 3 个 C 的甲基酮可用乙酰乙酸乙酯与卤代烃反应来完成。分析如下：

$$CH_3\text{-}\overset{O}{\overset{\|}{C}}\text{-}CH_2 \vdots CH_2\text{-}CH{=}CH\text{-}CH_3 \overset{②}{\Longleftarrow} CH_3\text{-}\overset{O}{\overset{\|}{C}}\text{-}CH_2CH_2 \vdots C{\equiv}C\text{-}CH_3 \Longleftarrow CH_3\text{-}\overset{O}{\overset{\|}{C}}\text{-}CH_2CH_2Br + NaC{\equiv}C\text{-}CH_3$$

$$CH_3\text{-}\overset{O}{\overset{\|}{C}}\text{-}CH_2CH_2Br \Longleftarrow CH_3\text{-}\overset{O}{\overset{\|}{C}}\text{-}CH{=}CH_2 \Longleftarrow HC{\equiv}C\text{-}CH{=}CH_2 \Longleftarrow HC{\equiv}CH$$

$$HC{\equiv}C\text{-}CH{=}CH_2 \Longrightarrow CH_2{=}CH\text{-}CH{=}CH_2 \Longrightarrow BrCH_2\text{-}CH{=}CH\text{-}CH_3$$

$$CH_3\text{-}\overset{O}{\overset{\|}{C}}\text{-}CH_2\vdots CH_2\text{-}CH{=}CH\text{-}CH_3 \overset{①}{\Longrightarrow} CH_3\text{-}\overset{O}{\overset{\|}{C}}\text{-}CH_2\text{-}COOC_2H_5 + BrCH_2\text{-}CH{=}CH\text{-}CH_3$$

$$CH_3\text{-}\overset{O}{\overset{\|}{C}}\text{-}CH_2\text{-}COOC_2H_5 \Longleftarrow CH_3COOC_2H_5$$

合成路线如下：

① $$2HC{\equiv}CH \xrightarrow{NH_4Cl,Cu_2Cl_2} HC{\equiv}C\text{-}CH{=}CH_2 \xrightarrow[\text{Lindlar 催化剂}]{H_2} CH_2{=}CH\text{-}CH{=}CH_2 \xrightarrow[R\text{-}O\text{-}OR]{HBr} BrCH_2\text{-}CH{=}CH\text{-}CH_3$$

$$CH_3COOH \xrightarrow[H^+]{C_2H_5OH} CH_3COOC_2H_5 \xrightarrow{C_2H_5ONa} CH_3\text{-}\overset{O}{\overset{\|}{C}}\text{-}CH_2\text{-}COOC_2H_5$$

$$\xrightarrow{C_2H_5ONa} CH_3\text{-}\overset{O}{\overset{\|}{C}}\text{-}\underset{COOC_2H_5}{\underset{|}{C}H}\text{-}CH_2\text{-}CH{=}CH\text{-}CH_3 \xrightarrow[② H^+ \triangle]{① OH^-/H_2O} CH_3\text{-}\overset{O}{\overset{\|}{C}}\text{-}CH_2\text{-}CH_2\text{-}CH{=}CH\text{-}CH_3$$

② $$2HC{\equiv}CH \xrightarrow{NH_4Cl,Cu_2Cl_2} HC{\equiv}C\text{-}CH{=}CH_2 \xrightarrow{Hg^{2+},H_2O/H^+} CH_3\text{-}\overset{O}{\overset{\|}{C}}\text{-}CH{=}CH_2 \xrightarrow{HBr} CH_3\text{-}\overset{O}{\overset{\|}{C}}\text{-}CH_2CH_2Br$$

$$CH_3C{\equiv}CH \xrightarrow{Na} CH_3C{\equiv}CNa$$

$$\longrightarrow CH_3\text{-}\overset{O}{\overset{\|}{C}}\text{-}CH_2CH_2\text{-}C{\equiv}C\text{-}CH_3 \xrightarrow[\text{Lindlar 催化剂}]{H_2} CH_3\text{-}\overset{O}{\overset{\|}{C}}\text{-}CH_2\text{-}CH_2\text{-}CH{=}CH\text{-}CH_3$$

例 2 用适当的原料合成以下化合物。

（环戊烷，反式：一位 ···O-CH₂—HC—CH₂（环氧），邻位 OH）

$$\text{环戊基(OH)}\cdots O\text{-}CH_2\text{—}\overset{O}{HC\!-\!CH_2}$$

［解析］ 环氧化合物可由烯过氧化形成，醚由醇钠与卤代烃生成，立体构型反式邻卤代醇则由烯烃与次卤酸加成引入。设计路线时，要注意官能团的先后顺序，以免各官能团共同反应。

$$\text{环戊基(OH)}\cdots O\text{-}CH_2\text{—}\overset{O}{HC\!-\!CH_2} \Longleftarrow \text{环戊基(OH)}\cdots O\text{-}CH_2\text{-}CH{=}CH_2 \Longleftarrow \text{环戊基(OH)}\cdots Cl + NaOCH_2\text{-}CH{=}CH_2$$

$$\text{环戊基(OH)}\cdots Cl \Longleftarrow \text{环戊烯}$$

$$NaOCH_2\text{-}CH{=}CH_2 \Longleftarrow BrCH_2\text{-}CH{=}CH_2$$

合成路线如下：

CH_2=CH-CH_3 —NBS→ CH_2=$CHCH_2Br$ —NaOH/H_2O→ CH_2=$CHCH_2OH$ —Na→ CH_2=$CHCH_2ONa$

环戊烯 —Cl_2,H_2O→ 2-氯环戊醇（Cl, OH）

→ 2-(烯丙氧基)环戊醇 (-O-CH_2-CH=CH_2, OH) —CH_3COOOH→ -O-CH_2—HC—CH_2（环氧）, OH

例 3　用适当的原料合成以下化合物。

$COOC_2H_5$

［解析］　1,5-二羰基用迈克尔加成反应，α,β-不饱和酮用酮与酮缩合或酮与醛缩合反应生成，而β-酮酸酯则用酯缩合反应引入。分析如下：

$COOC_2H_5$ ⟸ $COOC_2H_5$ ⟸ $COOC_2H_5$ + H_3C ⟸ CH_3-C(=O)-CH_3 + HCHO

⇑ H_2C $COOC_2H_5$ $COOC_2H_5$ ⟸ 环己烷

合成路线如下：

环己烷 —O_2, 60% HNO_3→ COOH COOH —$2C_2H_5OH$→ $COOC_2H_5$ $COOC_2H_5$ —①C_2H_5ONa ②H_3O^+→ $COOC_2H_5$

CH_3-C(=O)-CH_3 + HCHO —①OH^- ②△→ CH_2=CH-C(=O)-CH_3

—①C_2H_5ONa ②H_3O^+→ $COOC_2H_5$ H_3C —Al[OC$(CH_3)_3$]$_3$ △→ $COOC_2H_5$

（亚甲基H活性高）　（用更强的碱提高酮的α-H活性）

例 4　以简单的有机物为原料合成以下化合物。

O　O

OCH_3　$COOCH_3$

［解析］ 先将酯切割，再将醇转化为酮得 A。A 中有 3 个羰基，根据 2 个羰基之间的距离可进行多种切断，得到 2 组起始原料 3 条合成路线。

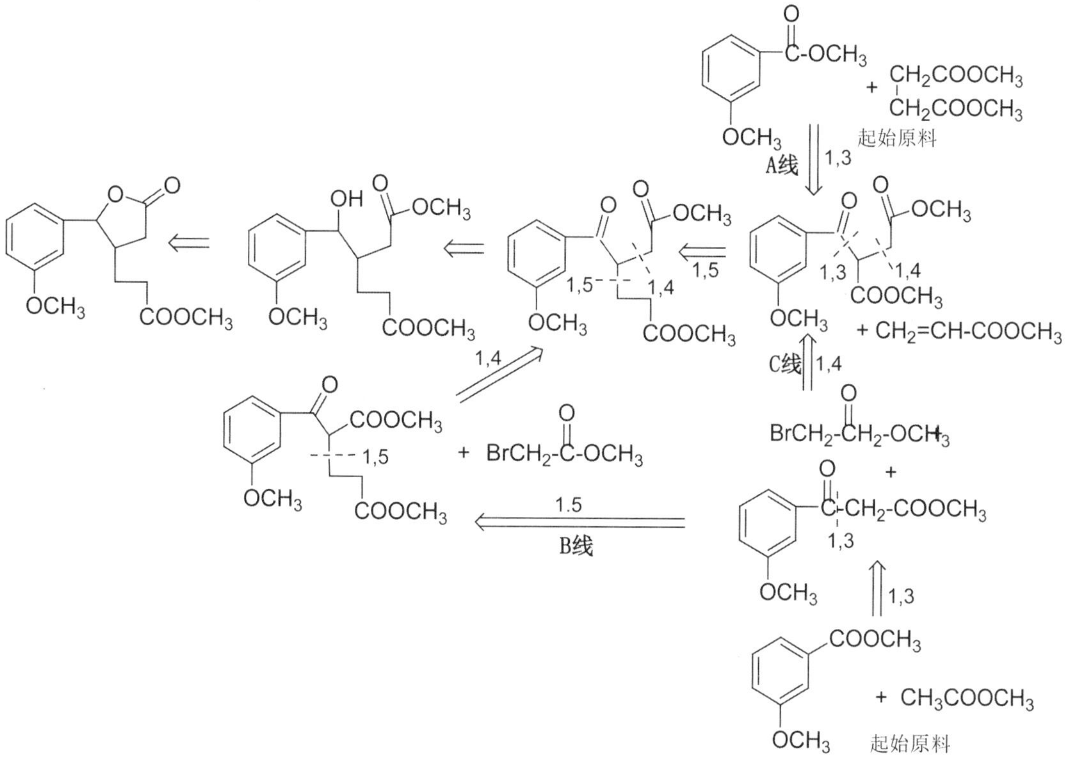
C-OCH3
CH2COOCH3
CH2COOCH3
OCH3
起始原料
A线
1,3
OCH3
OH
O
OCH3
COOCH3
1,5
1,4
+ CH2=CH-COOCH3
C线
BrCH2-C-CH2-OCH3
COOCH3
BrCH2-C-OCH3
C-CH2-COOCH3
B线
1.5
CH3COOCH3
起始原料

其中，A 线合成为：

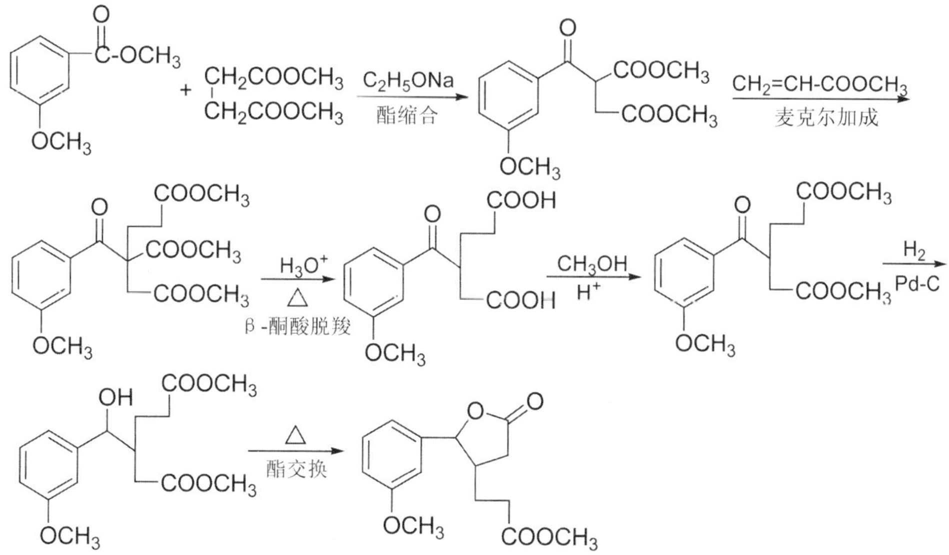
C-OCH3
CH2COOCH3
CH2COOCH3
OCH3
C2H5ONa
酯缩合
COOCH3
CH2=CH-COOCH3
麦克尔加成
H3O+
△
β-酮酸脱羧
COOH
CH3OH
H+
H2
Pd-C
OH
△
酯交换

例 5 用适当的原料合成以下化合物。

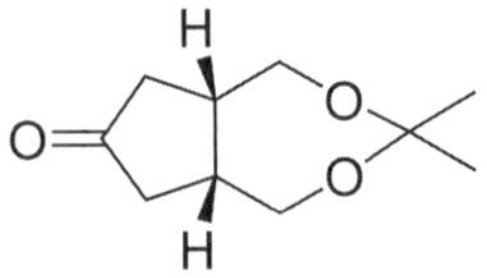

［解析］ 缩酮拆为二醇与酮，环戊酮可由己二酸脱酸脱水或己二酯缩合后水解脱羧生成，己二酸由环己烯氧化所得，环烯则由双烯合成形成。分析如下：

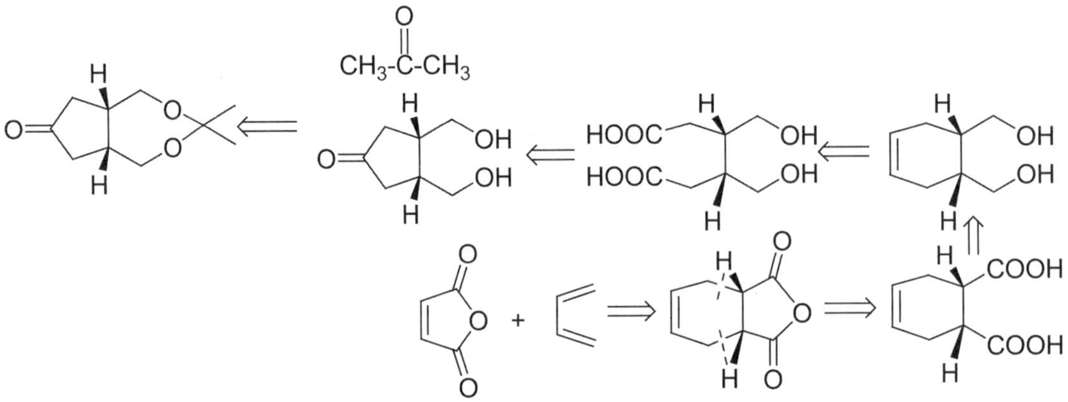

CH_3-C(=O)-CH_3

合成路线如下：

$\xrightarrow{\triangle}$ $\xrightarrow{H_3O^+}$ $\xrightarrow{LiAlH_4}$ $-CH_2OH$ $\xrightarrow[HCl(气)]{CH_3-C(=O)-CH_3}$

（先生成缩酮，因醇易氧化）

$\xrightarrow{KMnO_4}$ HOOC, HOOC $\xrightarrow{\triangle}$; $\downarrow CH_2N_2$; $\xleftarrow[HCl(气)]{CH_3-C(=O)-CH_3}$

C_2H_5OOC $\xrightarrow{C_2H_5ONa}$ C_2H_5OOC $\xrightarrow{OH^-/H_2O}$ $\xrightarrow[\triangle]{H^+}$ OH, OH

（遇酸缩酮分解）

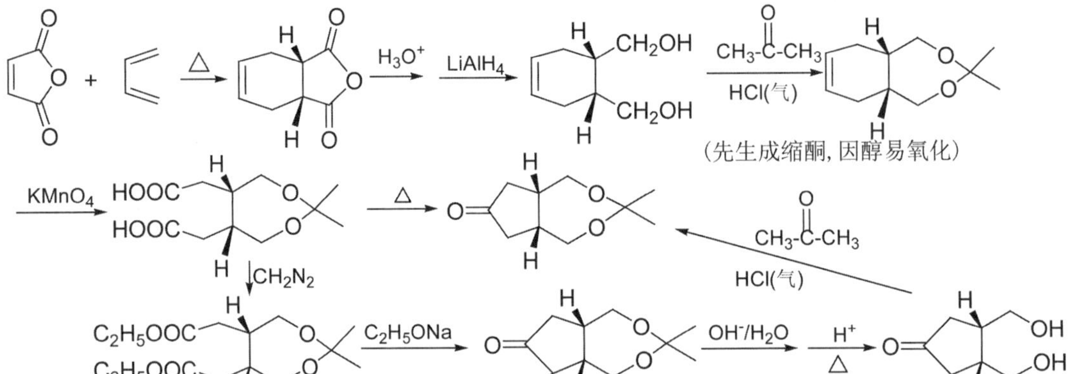

例 6 以乙炔为原料合成（顺）-3-溴-3-己烯。

［解析］ 目标物中 Br 与 H 处于同侧位置，显然不能通过炔烃与 HBr 的亲电加成来制备（因为是反式加成），必须通过消去反应来完成。逆分析如下：

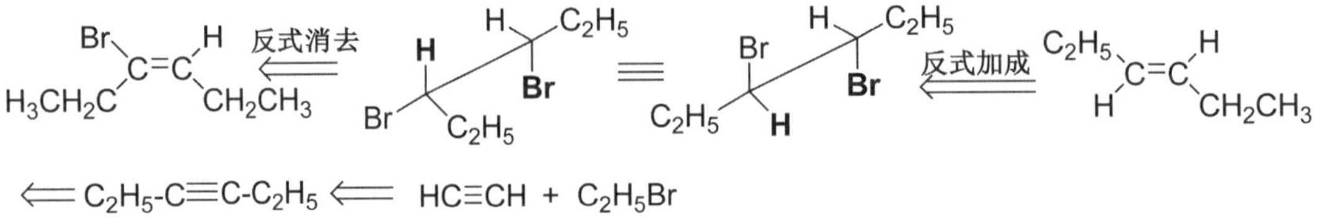

Br(H₃CH₂C)C=C(H)CH₂CH₃ $\xLeftarrow{反式消去}$ ≡ $\xLeftarrow{反式加成}$ C_2H_5(H)C=C(H)CH_2CH_3

$\Longleftarrow C_2H_5-C\equiv C-C_2H_5 \Longleftarrow HC\equiv CH + C_2H_5Br$

合成路线如下：

$HC\equiv CH \xrightarrow[\text{Lindlar 催化剂}]{H_2} 2\,CH_2{=}CH_2 \xrightarrow{HBr} 2C_2H_5Br$

$HC\equiv CH \xrightarrow{Na} NaC\equiv CNa$

$2C_2H_5Br + NaC\equiv CNa \longrightarrow C_2H_5\text{-}C\equiv C\text{-}C_2H_5 \xrightarrow{Na,NH_3(液)}$ (E)-$C_2H_5CH{=}CHCH_2CH_3$

$\xrightarrow{Br_2/CCl_4} C_2H_5CHBr\text{-}CHBrC_2H_5 \xrightarrow[\triangle]{KOH\text{-}C_2H_5OH} CH_3CH_2C(Br){=}CHCH_2CH_3$

四、巩固提高

1. 用指定原料合成下列化合物。

(1) $CH_3CH_2CHO \longrightarrow$ 3-己酮（$CH_3CH_2CH_2COCH_2CH_2CH_3$）

(2) C 原子数≤4 的有机物 $\longrightarrow$ $HOOCCH_2CH(COOH)CH_2CH_2COOH$

(3) 环己酮 $\longrightarrow$ $CH_3(CH_2)_5COOH$

(4) 苯 及C 原子数≤4 的有机物 $\longrightarrow$ $C_6H_5OCH_2CH_2CH_2CH{=}CH_2$

(5) 环己酮 $\longrightarrow$ 螺环缩酮（环己烷螺接 2,2-二甲基-1,3-二氧六环）

(6) C 原子数≤4 的有机物 $\longrightarrow$ 3,4-二甲基环己-3-烯基-CH=CH-COOH

(7) 环戊酮 $\longrightarrow$ 3-（CH_2COOH）环戊酮

(8) 苯 $\longrightarrow$ 间-D-苯甲醚（OCH_3，D）

(9) $CH_3(CH_2)_5COOH \longrightarrow CH_3(CH_2)_5CH_2OH$

(10) 环己基-C(=O)-CH_3 $\longrightarrow$ 环己基-NH_2

2.用指定的原料，通过引入适当的基团合成下列化合物。

(1)

(2)

(3)

(4) $HOCH_2C\equiv CH \longrightarrow HOCH_2C\equiv C\text{-}COOH$

(5)

(6)

3.用指定的原料合成下列环状化合物。

(1)

(2)

(3) $HC\equiv CH \longrightarrow$

(4) $CH_3\text{-}\overset{O}{\overset{\|}{C}}\text{-}CH_2\text{-}COOC_2H_5 \longrightarrow$

(5)

4.用指定的原料合成下列构型的化合物。

(1)

(2) $HC\equiv CH \longrightarrow$

(3) C_2H_5, H, C=C, C_2H_5, H ⟶ C_2H_5, H, C=C, H, C_2H_5

(4) OH ⟶ CH_3, OH

(5) CHO ⟶ COOH, H—OH, HO—H, C_6H_5 和 COOH, HO—H, H—OH, C_6H_5

(6) CH_3, H—OH, C_2H_5 ⟶ CH_3, HO—H, C_2H_5

5.以苯、甲苯、C 原子数≤4 的有机物为原料合成下列化合物。

(1) COOH

(2) Cl, H_3C, N=N, HO, NH_2

(3) CH_3-CH-CH_2, CH_3, CH-COOH, CH_3

(4) O

6.以简单的芳香族化合物为原料合成下列化合物。

H_3CO, H_3CO, CH_2-CH_2-NH-C(=O)-CH_2, OCH_3, OCH_3

7.用适当的原料合成下列化合物。

(1) O, OH, O

(2) O, O

解析与答案

(21)

综合训练

学业自测题

本部分内容根据普通本科院校教学大纲要求编写，旨在帮助学生将有机化学基本概念、基本原理联系起来并应用于实际解题过程中，从而提高学生的综合分析能力。若一个学期完成授课，建议完成学业自测题（1～17 章）；若分两个学期完成授课，第一学期建议完成学业自测题 A（1～10 章），第二学期建议完成学业自测题 B（11～21 章）。

学业自测题（1～17 章）

（一） （二） （三） （四） （五）

（六） （七） （八） （九） （十）

学业自测题 A（1～10 章）

（一） （二） （三） （四） （五）

学业自测题 B(11～21 章)

（一）　（二）　（三）　（四）　（五）

考研测试题

本部分内容是根据国内多所高校近年来硕士研究生招生考试题型，参阅国内外一些优秀教材及习题后集精心选编的，涵盖了有机化学的主要知识，对硕士研究生招生考试具有很强的针对性和实践性，旨在使学生灵活运用所学知识，提高分析问题和解决问题的能力，进而激发对有机化学深入钻研的兴趣，提升有机化学修养。

（一）　（二）　（三）　（四）　（五）

（六）　（七）　（八）　（九）　（十）

参考文献

[1]董陆陆.有机化学图表解.北京:人民卫生出版社,2008
[2]冯骏材,张进琪,俞马金,等.有机化学学习指导.北京:高等教育出版社,1997
[3]冯骏材,朱成建,俞寿云.有机化学原理.北京:科学出版社,2015
[4]谷亨杰,张力学,丁金昌.有机化学.3版.北京:高等教育出版社,2016
[5]郭书好,李毅群.有机化学.北京:清华大学出版社,2007
[6]姜文风,陈宏博.有机化学学习指导及考研试题精解.大连:大连理工大学出版,2008
[7]李艳梅,赵圣印,王兰英.有机化学.2版.北京:科学出版社,2014
[8]李瀛,高坤,王清廉,等.有机化学质疑暨考研指导.兰州:兰州大学出版社,2010
[9]李瀛,王清廉,薛吉军.有机化学简明教程.北京:科学出版社,2013
[10]汪秋安.有机化学考研指导.北京:科学出版社,2005
[11]王敏灿,卢会杰.有机化学学习指导.兰州:兰州大学出版社,2008
[12]徐寿昌.有机化学.2版.北京:高等教育出版社,2005
[13]杨秉勤,史真,王兰英,等.新编有机化学习题集.北京:科学出版社,2009
[14]张岐,林强.简明基础有机化学--重点归类习题精选与解答.北京:中国原子能出版社,2001